机载 GNSS 动态定位定速与定姿理论及应用

Airborne GNSS Kinematic Position Velocity and Attitude Determination Theory and Application

王潜心　著

测绘出版社

·北京·

内容简介

本书是系统介绍机载平台下利用全球导航卫星系统进行动态定位、定速、定姿理论方法及典型应用研究的专著。本书共分为 11 章。第 1 章为绪论。第 2 章为机载动态定位中对流层延迟误差的处理方法。第 3 章为机载动态定位中粗差的处理方法。第 4 章为卫星钟差的实时预报方法。第 5 章为自适应换站方法及在长距离机载动态定位中的应用。第 6 章为定速方法。第 7 章为定姿方法。第 8 章为基于地基增强技术的实时动态定位原理与方法。第 9 章为 GNSS/INS 组合导航数据处理方法。第 10 章为机载动态数据处理软件。第 11 章为结论与展望。

本书可作为测绘、地理信息、规划、自然资源等专业相关人员、研究生的参考用书。

图书在版编目(CIP)数据

机载 GNSS 动态定位定速与定姿理论及应用/王潜心著.—北京:测绘出版社,2019.12
ISBN 978-7-5030-4254-6

Ⅰ.①机…　Ⅱ.①王…　Ⅲ.①卫星导航—全球定位系统—研究　Ⅳ.①P228.4

中国版本图书馆 CIP 数据核字(2019)第 149065 号

责任编辑　赵福生
执行编辑　张　磊　**封面设计**　李　伟　**责任校对**　石书贤　**责任印制**　吴　芸

出版发行	测绘出版社	**电　　话**	010—83543956(发行部)
地　　址	北京市西城区三里河路 50 号		010—68531609(门市部)
邮政编码	100045		010—68531363(编辑部)
电子信箱	smp@sinomaps.com	**网　　址**	www.chinasmp.com
印　　刷	北京建筑工业印刷厂	**经　　销**	新华书店
成品规格	169mm×239mm		
印　　张	18	**字　　数**	348 千字
版　　次	2019 年 12 月第 1 版	**印　　次**	2019 年 12 月第 1 次印刷
印　　数	0001—1000	**定　　价**	88.00 元

书　　号　ISBN 978-7-5030-4254-6

前　言

航空测量技术是传统地面测量技术和现代卫星测量技术的有益补充，它相对于地面测量技术具有更高的工作效率，相对卫星测量技术具有更高的自由度和灵活性，因此得到了广大测量工作者的青睐。近年来，随着无人机、飞艇、动力三角翼等小型飞行器的普及与推广，进一步降低了机载测量平台成本，推动了该技术的广泛应用。而精确测定机载测量平台的位置、速度、姿态等运动信息，是航空测量的核心技术，它是保证航空测量成果精度及可靠度的关键。目前基于全球导航卫星系统(global navigation satellite system, GNSS)的载体动态定位技术已较为成熟，但基于GNSS技术的载体速度及姿态测量理论与方法还亟待进一步完善和发展。尤其是针对机载测量平台这一特定运动载体，如何利用GNSS技术实现载体位置、速度和姿态信息的精确获取，还急需系统深入的研究。

本书基于笔者主持的国家自然科学基金项目(41874039，41404033)、中国博士后科学基金一等资助项目(2013M532135)、国家科技基础性工作专项子课题(2015FY310200)等项目的研究工作，结合笔者在德国地学研究中心和澳大利亚皇家墨尔本理工大学访学期间的阶段性研究成果，以机载GNSS动态数据的处理理论和方法为核心，以精确测定机载测量平台的位置、速度和姿态等运动信息为主线，结合大量实际航空测量中的GNSS数据处理实例，开展机载测量环境下GNSS观测数据误差处理、长距离飞行中基准站的自适应更换、基于载波和多普勒观测值融合的载体速度测定、基于抗差卡尔曼滤波的载体姿态测定等理论方法研究和实例分析。本书的技术内容属于卫星导航定位技术领域的理论与应用技术研究，既可作为本科高年级学生学习卫星导航定位相关知识的参考书，也可以作为研究生深入科研以及企业软硬件研发人员、生产一线的测量工作者的重要参考资料。

本书共分11章，第1章为绪论，概述本书编写的主要目的、相关技术的研究现状与发展趋势，以及本书的主要内容和章节安排，使读者对本书内容有概要了解；第2章为机载动态定位中对流层延迟误差的处理方法，主要针对航空测量中基准站与流动站高程相差大，无法通过差分方式有效消除对流层延迟误差，提出了一种新的处理方法——投影延拓法；第3章为机载动态定位中粗差的处理方法，针对机载GNSS数据采样频率高、数据量大的特点，提出了一种粗差探测与抗差估计相结合的粗差处理策略；第 4 章为卫星钟差的实时预报方法，针对 GPS 和 BDS 不同类型卫星钟的钟差变化特性，提出了“基于非平稳时序模型的 GPS 卫星钟差实时预报方法”和“顾及钟差参数之间相关性的 BDS 卫星钟差实时预报方法”；第 5 章主要为参考站自适应更换方法，为避免因长距离飞行导致飞机离基准站距离过远，致使定位精度下降，介绍了一种参考站自适应更换方法；第 6 章为 GNSS 定速方法，在全面分析现有 GNSS 定速方法基础上，提出了一种更加稳健的定速方法——综合法定速；第 7 章为 GNSS 定姿方法，为提高 GNSS 独立定姿能力，提出了一种基于抗差自适应卡尔曼滤波的 GNSS 定姿方法；第 8 章为基于 GNSS 地基增强技术的实时动态定位原理与方法，阐述了地基增强技术和实时动态定位技术的基本原理，并结合中国矿业大学北斗数据处理与分析中心的建设实例，介绍了实时位置服务系统的设计方法；第 9 章为 GNSS/INS 组合导航数据处理方法，介绍了一种基于位置、速度及姿态全息融合的 GNSS 与 INS 组合导航方法；第 10 章为机载 GNSS 动态数据处理软件，介绍了笔者研发的两个大型机载 GNSS 数据处理软件，对软件的主要功能、用户操作流程、常见错误处理方法等进行了详细介绍，并结合大量的算例演示了软件的各项功能与性能；第 11 章为结论与展望，总结本书的主要内容，并对该领域的研究方向与发展进行了设想与展望。

本书编写得到了山东大学徐天河教授的大力帮助，相关成果都是在徐天河教授指导下完成；同时本书得到了博士生杨旭、胡超，硕士生毛亚、苗伟的大力协助；并且编写期间，获得了江苏省双创团队人才项目的经费支持，在此表示真诚的感谢。由于作者水平有限，书中错误与不当之处在所难免，恳请读者批评指正。

目　录

第 1 章　绪　论 …… 1
§ 1.1　概　述 …… 1
§ 1.2　研究现状 …… 4
§ 1.3　主要内容 …… 19

第 2 章　机载动态定位中对流层延迟误差的处理方法 …… 22
§ 2.1　引　言 …… 22
§ 2.2　对流层延迟误差的形成原理 …… 22
§ 2.3　对流层延迟误差的改正方法 …… 23
§ 2.4　延拓投影法 …… 26
§ 2.5　本章小结 …… 35

第 3 章　机载动态定位中粗差的处理方法 …… 36
§ 3.1　引　言 …… 36
§ 3.2　常用的粗差处理方法 …… 36
§ 3.3　粗差对 GNSS 动态相对定位的影响分析 …… 37
§ 3.4　粗差探测与抗差估计相结合的处理方法 …… 41
§ 3.5　本章小结 …… 45

第 4 章　卫星钟差的实时预报方法 …… 46
§ 4.1　引　言 …… 46
§ 4.2　常用的预报模型及预报精度比较 …… 46
§ 4.3　GPS 卫星钟差的特性分析 …… 50
§ 4.4　基于非平稳时序模型卫星钟差预报方法 …… 53
§ 4.5　算例及分析 …… 55
§ 4.6　相关性对北斗卫星钟差预报精度影响研究 …… 57
§ 4.7　北斗三号试验卫星的钟差评估及预报 …… 69

§4.8 本章小结…… 84

第 5 章 自适应换站方法及在长距离机载动态定位中的应用 …… 86
§5.1 引 言…… 86
§5.2 参考卫星更换方法…… 87
§5.3 自适应换站算法的基本原理…… 87
§5.4 算例及分析…… 91
§5.5 本章小结…… 95

第 6 章 GNSS 定速方法 …… 97
§6.1 引 言…… 97
§6.2 常用的 GNSS 定速方法及对比分析 …… 98
§6.3 综合法定速的基本原理 …… 115
§6.4 算例与分析 …… 119
§6.5 本章小结 …… 129

第 7 章 GNSS 定姿方法 …… 130
§7.1 引 言 …… 130
§7.2 现有的 GNSS 定姿方法分析 …… 130
§7.3 基于抗差卡尔曼滤波的 GNSS 定姿方法 …… 134
§7.4 算例与分析 …… 137
§7.5 本章小结 …… 140

第 8 章 基于 GNSS 地基增强技术的实时动态定位原理与方法…… 141
§8.1 引 言 …… 141
§8.2 差分 GNSS 定位技术 …… 148
§8.3 地基增强网络 RTK 技术 …… 152
§8.4 精密单点定位技术 …… 168
§8.5 区域/广域增强的 PPP-RTK 技术 …… 175
§8.6 实时精密定位服务系统设计 …… 178
§8.7 本章小结 …… 191

第 9 章 GNSS/INS 组合导航数据处理方法 …… 192
§9.1 引 言 …… 192

§9.2 组合定位中的卡尔曼滤波 …… 192
§9.3 机载高精度 GPS/INS 组合导航的数学模型 …… 196
§9.4 机载高精度 GPS/INS 定位、定速与定姿软件开发 …… 199
§9.5 BDS/SINS 组合导航理论 …… 212
§9.6 伪距、伪距率组合理论 …… 214
§9.7 北斗卫星信号 …… 216
§9.8 本章小结 …… 218

第 10 章 机载 GNSS 动态数据处理软件 …… 220
§10.1 引 言 …… 220
§10.2 XHGNSS 软件的总体设计 …… 221
§10.3 XHGNSS 软件操作说明 …… 225
§10.4 数据测试及分析 …… 234
§10.5 常见错误与处理方法 …… 240
§10.6 CASM PIG-I 软件总体设计 …… 241
§10.7 CASM PIG-I 软件主要函数 …… 244
§10.8 CASM PIG-I 软件的输入与输出 …… 248
§10.9 CASM PIG-I 软件操作说明 …… 248
§10.10 CASM PIG-I 数据测试及分析 …… 254
§10.11 本章小结 …… 259

第 11 章 结论与展望 …… 260
§11.1 主要结论 …… 260
§11.2 研究展望 …… 262

参考文献 …… 264

Contents

Chapter 1 Introduction ······ 1

§ 1. 1 Background ······ 1

§ 1. 2 Research Status ······ 4

§ 1. 3 Objectives and Structure ······ 19

Chapter 2 Tropospheric Delay Correction in Airborne GNSS Positioning ······ 22

§ 2. 1 Introduction ······ 22

§ 2. 2 Formation Mechanism of Tropospheric Delay Error ······ 22

§ 2. 3 Methods of Tropospheric Delay Error Correction ······ 23

§ 2. 4 Projection Extension Method ······ 26

§ 2. 5 Summary ······ 35

Chapter 3 Outlier Dection and Estimation in Airborne GNSS Positioning ······ 36

§ 3. 1 Introduction ······ 36

§ 3. 2 Methods of Outlier Detection and Estimation ······ 36

§ 3. 3 Influence of Outlier on GNSS Kinematic Relative Positioing ··· 37

§ 3. 4 A Combining Method of Outlier Detection and Robust Estimation ······ 41

§ 3. 5 Summary ······ 45

Chapter 4 Satellite Clock Error Real-time Prediction ······ 46

§ 4. 1 Introduction ······ 46

§ 4. 2 Current Prediction Models and Their Precision Comparison ······ 46

§ 4. 3 Characteristic Analysis of GPS Satellite Clock Error ······ 50

§ 4. 4 A Method of Satellite Clock Error Prediction Based on Non-stationary Time Series Model ······ 53

§ 4. 5 Experiment and Analysis ······ 55

§4.6 Influence of Parameters Correlation on Prediction Precision of BeiDou Satellite Clock Error ······ 57
§4.7 Evaluation and Prediction of BeiDou-3 Test Satellite Clock Error ··· 69
§4.8 Summary ······ 84

Chapter 5 Adaptively Changing Reference Station Algorithm and Its Application in Long Range Airborne Positioning ······ 86
§5.1 Introduction ······ 86
§5.2 Method of Changing Reference Satellite ······ 87
§5.3 Principle of Adaptively Changing Reference Station ······ 87
§5.4 Experiment and Analysis ······ 91
§5.5 Summary ······ 95

Chapter 6 GNSS Velocity Determination Method ······ 97
§6.1 Introduction ······ 97
§6.2 Comparison of Current Velocity Determination Methods ······ 98
§6.3 An Integrated Method of Velocity Determination ······ 115
§6.4 Experiment and Analysis ······ 119
§6.5 Summary ······ 129

Chapter 7 GNSS Attitude Determination Method ······ 130
§7.1 Introduction ······ 130
§7.2 Comparison of Current Attitude Determination Methods ······ 130
§7.3 A Method of GNSS Attitude Determination Based on Robust Kalman Filter ······ 134
§7.4 Experiment and Analysis ······ 137
§7.5 Summary ······ 140

Chapter 8 Real-time Kinematic Positioning Based on GNSS Ground-based Augmentation Technology ······ 141
§8.1 Introduction ······ 141
§8.2 GNSS Differential Positioning Technology ······ 148
§8.3 Ground-based Augmentation Network RTK Technology ······ 152
§8.4 Precision Point Positioning Technology ······ 168

§ 8.5 Regional/Wide Area Augmentation PPP-RTK Technology …… 175
§ 8.6 System Design of Real-time PPP Service …… 178
§ 8.7 Summary …… 191

Chapter 9 GNSS/INS Integrated Navigation Data Processing …… 192
§ 9.1 Introduction …… 192
§ 9.2 Kalman Filter for INS/GNNS Integrated Navigation …… 192
§ 9.3 Model of Airborne GPS/INS Integrated Navigation …… 196
§ 9.4 Software Development for Airborne GPS/INS Integrated Navigation Application …… 199
§ 9.5 BDS/SINS Integrated Navigation Theory …… 212
§ 9.6 Distance and Pseudorange Rate Combination Theory …… 214
§ 9.7 BeiDou Satellite Signal …… 216
§ 9.8 Summary …… 218

Chapter 10 Airborne GNSS Kinematic Data Processing Software …… 220
§ 10.1 Introduction …… 220
§ 10.2 Design of XHGNSS Software …… 221
§ 10.3 Operating Manual of XHGNSS Software …… 225
§ 10.4 Experiment and Analysis of Data …… 234
§ 10.5 Common Mistakes and Solutions …… 240
§ 10.6 Design of CASM PIG-I Software …… 241
§ 10.7 Main Function of CASM PIG-I Software …… 244
§ 10.8 Input and Output of CASM PIG-I Software …… 248
§ 10.9 Operating Manual of CASM PIG-I Software …… 248
§ 10.10 Experiment and Analysis of CASM PIG-I …… 254
§ 10.11 Summary …… 259

Chapter 11 Conclusions and Prospects …… 260
§ 11.1 Conclusions …… 260
§ 11.2 Prospects …… 262

References …… 264

第1章 绪 论

§1.1 概 述

航空动态测量技术是指以飞机或其他载体为平台，在空中对地球表面及内部进行动态测量的方法。它包括航空摄影测量、航空重力测量以及机载激光雷达(LiDAR)和机载合成孔径雷达(InSAR)等。航空动态测量技术不受地形条件和气象条件的限制，可在高寒地区、陡峭山区、原始森林和沼泽湖泊等人员难以到达的地区进行空中测量，其高效的作业方式是常规地面测量手段所无法相比的(李德仁 等，2001)。2000年，美国的“奋进”号航天飞机利用机载雷达系统 SIR-C 和 X-SAR，仅用220小时的在轨作业，就测绘出了占全球面积75%的“三维世界地图”。若按现行的测图方法，需组织一支数十万人的测绘大军，用几十年的时间才能完成“奋进”号九天多的在轨作业工作量(刘基余，2008)。鉴于其高效的作业方式，航空动态测量技术已被广泛地应用于大地测量学、地球物理学、海洋学、考古学等众多学科和领域(党亚民 等，2007)。

精确获取载体的位置、速度和姿态信息是航空动态测量中至关重要的一步。如在航空重力测量中，我们必须准确地获取由于飞机自身运动产生的扰动加速度，以便从总的加速度中扣除，进而得到该地区真实的重力加速度(夏哲仁 等，2004；孙中苗，2004)；又如在航空摄影测量中，我们必须精确地获取曝光时刻航摄仪的位置和姿态信息，以便为后面的数据处理及成像工作提供每张像片所需的高精度的外方位元素，即三个线元素和三个角元素(袁修孝，2001；孙红星，2004)。再如在利用机载干涉 SAR 绘制高精度的数字高程模型时，我们通常希望载体以匀速直线运动的方式相对目标运动。但实际上，由于大气扰动等因素影响，造成雷达平台在轨迹和姿态上偏离理想状态，产生运动误差。这就要求我们必须准确地确定载体的运动轨迹和姿态，以便在 SAR 成像阶段进行位置误差补偿、干涉相位误差补偿以及图像配准，进而反演出高精度的数字高程模型(张继贤 等，2004；黄钰林，2008)。综上可见，准确地获取载体的空间几何信息在航空动态测量中扮演着关键角色。

目前，航空动态测量中常用的导航方法有天文导航、惯性导航及无线电导航。其中惯性导航属于自主式导航，无线电导航属于非自主式导航，天文导航不需要设置专门的导航信息源，一般称为自主式导航，但由于导航信息源(恒星)在载体之外，因此也称为半自主式导航(张国良 等，2008)。以上三种导航方式都各有其优缺点。惯性导航是通过测量载体的加速度，并自动进行积分运算，获取载体瞬时速度和瞬时位置信息的技术。其优点是：①导航信号在时间上是连续的；②导航系统不发射电磁波，也不接收电磁波，因而不受电子干扰的影响，具有完全的自主性和隐蔽性。缺点是：①导航信号的误差是积累的，随时间而增大；②高精度的惯性导航仪结构复杂，价格昂贵（章燕申，2005）。天文导航是根据天体来测定飞行器位置和航向的航行技术。其优点是：①设备简单，造价低，便于推广；②抗干扰性强，隐蔽性好；③定向定位精度高，误差与时间无关。缺点是：①不能提供连续的导航信息，很难独立地完成导航定位任务；②对于低空飞行器，易受能见度的限制，可用性不强（黄智刚，2007）。无线电导航是利用无线电引导载体沿规定路线，在规定时间到达目的地的技术。其优点是：①导航误差不随时间而积累；②导航信息采用广播式的发射方式，接收设备成本较低；③不受天气和能见度的限制，可以实现全天候导航定位。但早期的无线电导航系统多为陆基系统，它把整体系统的复杂性集中在地面导航台上，使机载或船载的用户设备比较简单，并且价格低廉、可靠性高，易于推广应用，如无线电信标、伏尔导航系统、塔康导航系统及罗兰导航系统等。这些系统的导航信号覆盖范围极其有限，如罗兰导航系统的工作距离仅为2000 km。导航范围覆盖大的陆基式无线电导航系统，如美国的奥米伽系统和原苏联的阿尔法系统，虽然做到了覆盖全球，但其导航精度很低，如奥米伽导航系统的定位精度仅为2～4 km（张国良 等，2008）。

卫星导航系统的出现，特别是全球定位系统（GPS）的建成并投入使用，彻底改变这一状况。它从真正意义上实现了为运动载体提供实时的全球、全天候、高精度的位置、速度和时间信息（周忠谟，1997）。相对于惯性导航系统、天文导航系统以及地基式无线电导航系统，它的主要优势是：①将导航台设在外层空间的卫星上，解决了导航信号大范围覆盖的问题；②定位精度高，GPS卫星定位系统能提供毫米级的静态定位，厘米级的动态定位以及微秒级的授时服务（李天文，2003）；③信号频率高，可顺利穿过电离层等大气层，提供全天候的导航定位服务；④系统容量大，用户数量可以无限多；⑤系统完备性好，GPS接收机都具有自主完备性监测功能（RAIM），能够在导航卫星发生故障、定位误差超限前，及时地向用户发出警告信号（张勤 等，2005）。从衡量导航系统优劣的五项技术指标（覆盖范围、定位精度、可用性、系统容量及完备性）来看，GPS卫星导航系统都要优于其他导航系统。因此，它被广泛地应用于人们的生产、生活、科研及军事等众多领域，成为继移动通信、互联网后世界第三大信息产业（刘经南 等，1999）。

在过去的几十年中，国内外的众多学者已对卫星导航定位系统的相关理论与方法展开了广泛而深入的研究，取得了令人瞩目的成就，极大地推动了卫星导航产业的发展。近年来，卫星导航产业发展迅猛（如GPS的现代化、GLONASS的更新、我国北斗卫星导航系统的逐步建成和Galileo系统的拟建成），人们对卫星导航定位的要求也越来越高，这就对现有的卫星导航定位理论和方法提出了新的挑战。进一步深入研究卫星导航定位的理论与方法，特别是动态定位中的关键技术问题，显得十分重要和迫切，具体表现为：

(1)现有的动态定位理论仍有许多遗留问题尚未完全解决。如针对载体的不规则运动，如何建立更加相适应的动态模型；又如动态测量中多路径效应的消除问题：静态测量时，多路径效应可以通过其重复性效应进行很好的消除，但机载动态定位中，由于载体的周边环境变化非常之快，因此很难通过重复性效应进行消除，如何有效地抑制机载动态测量中的多路径效应急需解决；再如在森林或市内导航时，由于观测条件较差，导致卫星数据中断十分频繁，因此如何保证定位结果的连续性和可靠性十分关键。此外，相对于 GNSS 定位而言，GNSS 定速和定姿方面的研究相对较少，但它们都是获取载体空间信息中不可或缺的组成部分。因此如何解决 GNSS 动态定位中的这些遗留问题，对补充和完善现有的 GNSS 动态定位理论和方法具有重要的理论与实际意义。

(2)近年来人们对动态定位的实时性需求越来越强，对动态定位精度的要求也越来越高，这就要求将传统的卫星定位数据后处理方式发展成为实时处理。它将涉及整周模糊度的实时解算问题、观测数据质量的实时控制、导航数据的实时通信等诸多问题。这对现有的 GNSS 数据处理工作提出了更高的要求。

(3)随着多个卫星导航系统的逐步建成，未来用户可观测到的卫星数将成倍地增加。可见卫星数目的增加，一方面对改善几何精度因子、提高定位精度以及增强粗差探测能力都是有益的；另一方面，可见卫星数的增加也使得待求的整周模糊度个数随之增加，因此如何有效地解决高维模糊度的降相关问题十分重要。此外，利用多卫星导航系统进行组合定位时，各系统间均在一定的系统误差，因此如何利用多卫星导航系统进行系统误差的互验、互校与互补也是一个亟待解决的问题。

(4)随着我国国民经济的高速发展和科学技术的快速进步，航空动态测量技术在测绘生产中的应用已越来越普遍，如：数字中国项目，西部测图工程，以及西藏、内蒙古、新疆地区 1∶5 万的高精度航磁勘查项目等。更好地解决机载动态定位、定速及定姿中的关键技术问题，对保证这些重大工程项目的成果质量具有重要的现实意义。

(5)按照我国北斗卫星导航系统的“三步走”建设策略，北斗卫星导航系统于 2012 年实现我国及周边地区的覆盖，2020 年前后实现全球覆盖。因此加紧研究现有卫星导航系统的相关理论与技术，对于保证我国北斗卫星导航系统建设计划的顺利实施具有重要的现实意义，并可为系统建成后更快更好地服务于国民生产和国防建设积累宝贵的理论与实践经验。

综上可见，航空动态测量技术在国民生产和国防建设中的应用已十分广泛，而精确获取航空动态测量中移动测量平台的空间信息又是其关键的一步，全球卫星导航技术的出现无疑为移动测量平台空间信息的确定提供了一个强有力的支持。经过半个多世纪的发展，全球卫星导航技术取得了令人瞩目的成就，但仍然存在许多遗留问题没有完全解决。随着人们对动态定位精度、可靠度及实时性的需求越来越高，如何进一步改善现有卫星动态定位技术以满足人们新的需求显得十分紧迫。近年来世界各国都在努力建设自己的卫星定位系统，未来天空将会“群星璀璨”，而如何合理有效地利用多卫星系统进行组合定位和导航，对现有的卫星定位技术又提出了新的挑战。因此进一步研究卫星定位系统的相关理论与技术，特别是高动态情况下的精密定位定速与定姿技术，对完善GNSS动态定位理论、提高GNSS动态定位能力，具有重要理论与实际意义。

本书将围绕机载动态测量中载体空间信息的获取这一中心问题展开研究，主要涉及机载动态定位中主要误差的处理方法、长距离机载动态定位的参考站更换方法、GNSS定速方法、GNSS定姿方法、多功能GNSS数据处理软件的开发及GNSS/INS组合导航等诸多内容，从而构成了一个较为完整的机载GNSS动态定位定速与定姿的理论体系。希望本书所做的理论研究和开发的数据处理软件可为卫星定位技术的进步和发展提供一些有益的参考与帮助。

§1.2 研究现状

1.2.1 概　述

人类对卫星无线电导航定位的研究最早可追溯到1957年，原苏联成功发射第一颗人造卫星后不久，美国约翰·霍普金斯(Johns Hopkins)大学应用物理实验室的麦克雷(F. T. Meclure)提出了一个大胆的设想——“反向观测方案”：即当已知在轨卫星的轨道坐标，地面上的观测者又测得该卫星的多普勒频移时，可计算出观测者的点位坐标。这个设想，成为第一代卫星导航系统的基本工作原理。利用这个原理，在20世纪60年代美国和原苏联分别建立了自己的卫星多普勒导航系统TRANSIT和CICADA，通过卫星导航电文实时地告诉用户卫星的精确在轨点位(动态已知点)，从而开创了被动式无线电导航的新时代(刘基余，2008)。但第一代卫星导航系统存在以下主要不足：①卫星数少，因此不能提供连续的导航定位服务；②卫星轨道低，因此受地球引力、大气阻力等摄动力影响大，卫星轨道精度难以保证；③信号频率低，因此难以补偿高阶电离层效应的影响。为了弥补第一代卫星导航系统的缺陷，实现全天候、全球性和高精度的连续导航与定位，第二代卫星导航系统GPS应运而生。卫星导航产业也随之发展到了一个辉煌的历史阶段，相关的理论研究也越来越深入。目前，GNSS静态相对定位的精度已达到1×10^{-9}，已接近甚长基线干涉测量(VBLI)和卫星激光测距(SLR)的精度(魏子卿 等,1998)。但动态定位中,由于观测时间短、观测信息少、环境多变及速度多样等特点,其数据处理方法要比静态定位更加复杂和困难,因而成为目前GNSS领域的主要研究方向。近年来,国内外众多学者对此进行了大量研究,归纳起来主要集中在以下几个方面:

(1)理论研究:①如何更好地消除GNSS动态定位中的误差源;②如何建立更加准确的动态函数模型和随机模型;③如何更加有效地求解动态定位中的未知参数;④如何更加合理地确定观测值的权;⑤如何快速固定整周模糊度。

(2)应用研究:①基于移动参考站的动对动研究;②利用GNSS对中低轨卫星的定轨研究;③利用GNSS研究大气现象;④GNSS与其他导航系统的组合定位;⑤网络RTK以及实时PPP。

综上所述,目前GNSS动态定位中理论研究的五个主要方向其实都可以归结为对测量平差中四个基本问题的研究,即观测值、数学模型、平差准则和精度估计。例如,对动态定位中观测误差的研究可以归结为对观测值的研究;对动态模型以及随机模型的精化研究可归结为对数学模型的研究;对参数估计方法的研究可归结为对平差准则的研究;对观测值的合理定权的研究可归结为对精度估计的研究;而整周模糊度的固定问题是GNSS载波相位测量中一个特有问题。下面就针对上述五个主要研究方向,对目前国内外的具体研究现状进行简要的归纳与评述。

1.2.2 GNSS动态定位中误差控制方法的研究进展

根据德国物理学家海森堡的“测不准”原理,一个观测总是对被观测的对象有所扰动,这个扰动最终导致观测值精度的基本限制,即观测值中总会含有误差。观测误差按性质可分为三类:系统误差、偶然误差和粗差(黄维彬,1990)。GNSS观测中的系统误差主要有:卫星轨道误差、卫星钟误差、卫星天线相位中心偏差、电离层折射误差、对流层延迟误差、多路径效应、相对论效应、地球自转效应、接收机钟差、接收机天线相位中心偏差及负荷潮影响。GNSS观测中的偶然误差主要来源于接收机的内部噪声。值得注意的是多路径效应,它与卫星信号方向、反射系数以及反射物距离相关。在静态测量时,若天线位置和周围环境不变,则反射系数和反射物距离均为常数,多路径效应的影响只随卫星信号方向的变化而变化。而GNSS卫星的运行轨道是每一个恒星日(23 h 56 min 02 s)重复一次。多路径效应误差在该条件下呈现明显的周期性,因此可归为系统误差(Genrich et al,1992)。但在动态测量中,由于测量环境的不断变化,多路径效应更多地表现为随机性误差(Shi et al,1995)。同样GPS观测值中也不可避免地存在粗差。因此,如何有效地控制和消除这三类误差的影响,一直以来都是GNSS研究的一项重要内容。

1. GNSS 动态定位中系统误差的消除方法

针对 GNSS 动态定位中系统误差，改正的方法有很多，归纳起来主要是以下三种：一是直接利用已有的误差改正模型进行改正；二是在函数模型中附加参数进行估计；三是通过观测值间的线性组合来减弱其影响。下面具体就对流层延迟误差、电离层折射误差、多路径效应影响、接收机钟差、接收机相位中心偏差及负荷潮的代表性方法进行归纳和总结。

对流层延迟误差是指中性大气对电磁波的折射影响，它使电磁波的传播路径比实际几何距离变长。在中纬海平面上，天顶方向上的对流层延迟误差约为 2.3 m，高度角为 10°的倾斜路径上可达 20 m。因此它是影响 GNSS 定位精度的一个主要误差源。目前针对对流层的延迟误差常用的改正方法有：①模型改正，如 Hopfield 模型（Hopfield，1971）、Saastamoinen 模型（Saastamoinen，1973）、UNB3 模型（Collins，1999）、EGNOS 模型（Gauthier et al，2001），以及基于区域 GPS 网的对流层改正法，即利用地面多个已知参考站的精确对流层延迟改正值建立该地区的区域对流层延迟改正模型，然后利用该模型去获取区域内流动站处的实时对流层延迟改正值（Xu，2000；Zhang et al，2005；李征航，2003；Zheng et al，2005；熊永良 等，2006；殷海涛 等，2007；王勇 等，2007；王潜心 等，2010b）；②附加参数改正，如单参数估计法、多参数估计法、分段线性估计法以及随机过程方法（Tralli et al，1988，1992；葛茂荣 等，1996；邵占英 等，1996）；③利用站间差分的方法削弱对流层延迟误差的影响。上述三种方法都各有优缺点。模型改正法虽简单实用，但标准对流层改正模型大多考虑的是全球范围内大气的变化情况，并且假定大气处于流体静力平衡的理想条件下，因此精度不高，一般在厘米水平；基于区域 GPS 网的对流层改正方法虽精度较高，一般在毫米水平，但需要在地面架设多个已知参考站，并且参考站越密集建立的区域对流层改正模型精度就越高，相应的成本也越高。参数估计法的优点是能真实地反映出测站处对流层延迟的实时变化情况，精度较高，一般在毫米水平。但过多的参数会导致解的强度变差以及法方程的病态。站间差分法只对短基线有效，当基线较长或基线两端的高程相差较大时，基线两端的大气变化会相差较大，因此都很难通过差分的方式进行有效的消除。

电离层折射误差是指电磁波穿过电离大气层时产生的弥散效应，具体表现为传播路径与实际几何路径间的偏差，以及传播速度与真空中传播速度间的偏差。其影响主要表现为传播速度上的偏差，它使电磁波的相速度加快，群速度减慢。即载波相位观测距离比真空距离变短，码观测距离比真空距离变长，取一阶近似，两者大小相当，符号相反。文献显示：电离层折射所引起的等效距离误差在天顶方向最大可达 50 m，水平方向最大可达 150 m，因此必须加以改正（党亚民 等，2007）。目前常用的电离层折射误差改正方法有三种：①模型改正法，如 Klobuchar 模型、

IRI模型、Bent模型、NeQiuck模型，这些广播式的电离层改正模型虽简单实用，但精度不高，一般只能改正电离层影响的50%～75%(魏子卿 等，1998)。近年来随着各国区域GNSS网的建成(如：日本的GEONET网，美国的SCIGN网，德国的SAPOS网，中国的CORS网等)，许多学者开始研究基于区域GNSS网的区域电离层改正模型(Komjathy et al，1996；Mannucci et al，1998；Afraimovich et al，2000；袁运斌，2002；袁运斌 等，1999，2003，2005；陈武 等，2001；章红平 等，2005；柳景斌 等，2008)，用该方法得到的电离层折射误差的改正值精度一般可为毫米水平。②半和改正法，即利用伪距观测值与载波测量值的电离层效应距离偏差改正大小相等、符号相反的原理，通过伪距观测值和相位观测值求和的办法来抵消电离层延迟误差，这种方法一般可将电离层延迟误差改正80%以上(刘基余，2008；李征航 等，2009)。③通过不同频率间观测值的组合来消除电离层延迟误差的影响，如利用双频组合观测值可消除一阶电离层的影响，剩余的高阶影响只有2～4 cm，其中二阶影响约为1.6～3.3 cm，三阶影响约为0.9～2.4 mm(伍岳，2005)。

多路径效应是指接收机除直接收到卫星发射的信号外，还同时收到经天线周围地物一次或多次反射的卫星信号。这些信号与直接信号叠加，从而使观测量产生误差。根据多路径效应的计算公式可知：由多路径引起的最大相位偏移为90°，也就是1/4个波长。对L1载波来说，大约为4.8 cm；对L2载波，约为6.2 cm。并且多路径效应对伪距观测值产生的影响大约是载波相位观测值的200倍，周期与载波相位的多路径误差周期相同。目前针对多路径效应误差的削弱方法大致有三种。一是天线设计法，它通过特殊的天线设计来达到抑制多路径效应的效果，包括天线增益法(Schupler et al，1994)、天线极化法及扼流圈天线法等；二是接收机信号处理法，它是通过改进接收机信号的处理技术，在信号处理阶段来削弱多路径效应的影响，如窄相关技术、多路径削减技术、削减多路径的延迟锁相环技术及自适应滤波削减技术；三是在数据后处理阶段从观测数据中提取多路径效应的影响，其主要方法有天线阵列法(Kenneth et al，2008)、信噪比法、反射信号计算法及多路径重复性方法(Ge et al，2008；戴吾蛟，2006)。天线阵列法是利用至少5个天线组成的天线阵列同时接收GNSS信号，由于天线的位置不同，因此多路径对每颗卫星的空间关系也不一样，通过建立5个多路径特征方程解算出多路径特征的5个参数，即可得出被多路径干扰的那部分GNSS信号，然后从观测值中减去这部分信号达到消除多路径的目的。但实际上天线阵列的方向特性对直射信号比对多路径信号更敏感。信噪比法则是利用相位观测值和信噪比都是反射物位置和方位的函数这一性质，用信噪比估计出反射物的几何信息，从而得到相位观测值的多路径误差。反射信号计算法是根据GNSS天线周围的多路径环境以及卫星的高度角和方位角，确定天线接收到的反射信号的几何特征，并根据每个反射面的反射系数计算反射信号的能量，然后依据反射信号的能量及几何特征计算出每颗卫星的多路径效应改正数。多路径重复性方法是利用当天线的位置及其周围的环境不变时，GNSS 多路径效应以一个恒星日为周期进行重复性变化的这个特性，通过对静态观测时的残余误差序列进行消噪处理，建立多路径重复性误差改正模型，从而达到削弱多路径误差的目的。

由于 GNSS 测量的实质是对时间的测量，因此获取高精度的时间基准对 GNSS 观测而言十分关键。接收机不像卫星采用高精度的原子钟，而是采用价格相对便宜的石英钟作为计时器，其日稳定性约为 10^{-9}，而卫星钟的日稳定性约为 10^{-14}（魏子卿 等，1998）。并且每款接收机使用的钟的稳定性都不尽相同，因此接收机钟差很难像卫星钟差一样用一个确切的误差模型进行改正，而只能通过参数估计和星间差分的办法予以改正。接收机钟差的参数估计方法有两种：一是将接收机钟差表示成一个时间多项式，参数估计时对时间多项式的系数进行求解；二是将接收机钟差当作白噪声，即每个历元设一个钟差未知参数。大量文献的研究结果表明：将接收机钟差当作白噪声比多项式更能逼真地描述接收机钟的行为，特别是当接收机钟欠稳定时（Gao，2006；周泽波 等，2008）。

接收机天线相位中心偏差是指接收机天线相位中心与几何中心之间的偏差，它包括两部分：一部分是天线理论设计相位中心与几何中心之间的偏差（phase center offset，PCO），一部分是天线理论设计相位中心与瞬时天线实际相位中心之间的偏差（phase center variation，PCV）。第一部分 PCO 是一个常数，第二部 PCV 则会随卫星信号输入的强度、方向及高度角的变化而变化。GPS 接收机天线相位中心偏差的改正方法通常采用模型改正法，即事先测定出该类型接收机天线的 PCO 和 PCV 的改正参数，数据处理时只需利用一个简单的几何改正模型即可计算出具体的改正量，改正时既可以通过改正卫星或接收机的坐标来实现，也可直接改正卫地距。IGS 中心每周公布的 IGS05_GPSWeek.atx 文件提供了常用的 GNSS 接收机的天线相位中心改正参数，改正精度为亚毫米。若不能找到使用接收机的天线相位中心改正参数，用户也可以自己测定。条件允许的情况下，可在微波暗室用专门的微波天线测定设备来测定。条件有限的情况下也可采用旋转天线法（蔡宏翔，2000；戴水财 等，2005）、交换天线法（高玉平，2001）及相对定位法（郭金运 等，2000）等野外测定的方法，改正精度一般在毫米水平。

负荷潮的影响主要包括地球固体潮和海洋负荷潮两部分，两者都由日周期和半日周期项组成，但海洋负荷潮的数值要比地球固体潮的数值低一个量级。固体潮对测站位置的径向方向影响最大可达 80 cm，水平方向可达 5 cm（李征航 等，2009）。目前针对负荷潮影响的改正方法主要有两种：一是负荷潮改正模型，如 IERS1989、IERS2003 及 TPX06 海洋潮模型等，这些模型的改正值精度一般都优于 1 cm；二是站间差分法。值得注意的是：①对于几百甚至上千千米的长基线必须使用模型改正法；②当测站离海洋的距离小于 1000 km 时必须考虑海洋负荷潮

(Dragert et al,2000);③对飞行载体进行动态定位时,要分阶段进行负荷潮改正,当飞机在地面时应加负荷潮改正,当飞机离开地面时不应再加负荷潮改正(Xu,2000)。

2. GNSS动态定位中偶然误差的消除方法

偶然误差又称随机误差,是指在相同的观测条件下对观测量做一系列观测,若单个误差的大小及符号呈现随机性,但其总体具有统计的规律性,我们就认为这类误差属于偶然误差。产生偶然误差的主要原因有观测环境的微小波动、观测仪器性能的微小变化以及人感官的分辨能力等。对GNSS测量而言主要是前两项,即观测环境的微小波动和观测仪器性能的微小变化,所引起的偶然误差主要有多路径效应的高频部分、对流层延迟误差的残差项及接收机的内部噪声等。在GNSS观测中消除和控制偶然误差的主要方法有:静态测量时可通过延长观测时间来增加多余观测量,从而减少偶然误差的影响;动态测量时一般只能通过建立合理的随机模型来控制偶然误差的影响。

3. GNSS动态定位中粗差的控制方法

目前针对粗差的剔除与控制的方法主要有两类:一是粗差探测,它通过构造检验统计量来对粗差进行判断和剔除,如均值漂移模型、多维粗差探测、拟准检定法、粗差探测的贝叶斯方法等(Huber et al,1964;周江文,1989;欧吉坤,1999;宋迎春等,2005;归庆明,2006);二是抗差估计,它通过等价权来对粗差观测值进行控制,以消除或减弱异常误差的影响,如IGG3方案、双因子等价权及等价方差—协方差函数等(杨元喜,1993;杨元喜 等,2002;刘经南 等,2000;陶本藻 等,2004;施闯等,1998;姚宜斌 等,2006;徐天河 等,2008,2009)。这两类方法各有优缺点。粗差探测方法将粗差归为函数模型,在正式进行最小二乘平差之前探测和定位粗差,然后剔除含有粗差的观测值,得到一组比较净化的观测值,以便符合最小二乘平差观测值只有偶然误差的条件。但要准确选取粗差的判别标准并不容易。过于宽松的判别标准,会导致粗差不能被完全剔除。过于严格的判别标准,则可能导致有些历元的观测值太少,影响解的可靠性。抗差估计方法将粗差归为随机模型,处理思想是根据逐次迭代平差的结果来不断改变观测值的权或方差,最终使粗差观测值的权趋于零或方差趋于无穷大,即稳健估计,但对于海量观测数据处理会增加计算负担。

1.2.3　GNSS动态定位中数学模型的研究进展

模型是指研究对象所涉及的理论抽象,它既是对客观现实的一种描述,也是对客观现实的一种抽象。模型的种类很多,有形象模型(如建筑模型、飞机模型)和抽象模型(如地图)。在抽象模型中又包括模拟模型、概念模型和数学模型。测量平差中大部分内容属于数学问题,因此一般研究的都是数学模型(黄维彬,1990)。测量平差中的数学模型分两类:函数模型和随机模型。其中函数模型是指描述观测值数学期望的模型,即待估参数与观测值数学期望之间或待估参数之间所建立的数学表达式;随机模型是指描述观测值精度特性的模型,即观测值的先验精度及观测值之间可能的随机相关性模型,通常用协方差矩阵表示(石金峰 等,1993)。

例如,著名的高斯-马尔可夫模型:

函数模型:

$$\boldsymbol{L}=\boldsymbol{B}\boldsymbol{X}+\boldsymbol{\Delta} \tag{1.1}$$

随机模型:

$$E(\boldsymbol{\Delta})=0 \tag{1.2}$$

$$\sum=\sigma_0^2\boldsymbol{Q}=\sigma_0^2\boldsymbol{P}^{-1} \tag{1.3}$$

式中,$\boldsymbol{L}$ 为观测向量,$\boldsymbol{X}$ 为未知参数向量,$\boldsymbol{B}$ 为 $\boldsymbol{X}$ 的系数矩阵,$\boldsymbol{\Delta}$ 为模型误差,$\sum$ 为 $\boldsymbol{L}$ 的协方差矩阵,σ_0^2 为单位权方差,$\boldsymbol{Q}$ 为观测向量 $\boldsymbol{L}$ 的权逆阵。

高斯-马尔可夫模型是经典平差的代表模型,人们通过对经典平差数学模型进行扩展,使测量平差从经典平差进入了近代平差。

对随机模型的扩展:①将权阵 $\boldsymbol{P}$ 由对角方阵扩展成非对角方阵,即相关平差法。相关平差的出现,观测值的概念被广义化了,即不仅随机独立的直接观测值可作为平差对象,而且它的导出量,即它的函数或任何一种初步平差的结果也可以作为平差的对象。它的出现,使得最小二乘产生了分解,即最小二乘分解法,如阶段平差、分组(分区)平差、序贯平差等。②将权逆阵 $\boldsymbol{Q}$ 由满秩阵扩展成奇异阵,即具有奇异权逆阵的最小二乘平差。③将权阵 $\boldsymbol{P}$ 由验前确定扩展到验后估计,即通过平差估计方差,称为随机模型的验后估计,或称为方差-协方差分量估计。它的出现对合理定权以及提高多类观测值平差结果的精度具有重要意义。④将 $E(\boldsymbol{\Delta})=0$ 扩展为 $E(\boldsymbol{\Delta})\neq0$,即顾及模型误差的平差方法,如附加系统参数的平差、有偏估计(岭估计、广义岭估计、主成分估计及特征根估计等)。

函数模型的扩展:①将函数模型 $\boldsymbol{L}=\boldsymbol{B}\boldsymbol{X}+\boldsymbol{\Delta}$ 扩展为 $\boldsymbol{L}=\boldsymbol{B}\boldsymbol{X}+\boldsymbol{G}\boldsymbol{Y}+\boldsymbol{\Delta}$,即最小二乘配置,它既包含了非随机参数 $\boldsymbol{X}$ 也包含了随机参数 $\boldsymbol{Y}$;②将系数矩阵 $\boldsymbol{B}$ 由列满秩扩展到列降秩,从而提出了秩亏自由网平差,如加权秩亏网平差、普通秩亏网平差及拟稳平差等。

由此可见,数学模型是测量平差的基础,它具有根本的重要性。在 GNSS 动态定位中,我们通常使用卡尔曼滤波进行动态参数的估计。而卡尔曼滤波被证明为最优滤波的前提条件是要具有准确的函数模型和随机模型,即必须预先假设模型参数或其统计性质,如初值、转移矩阵、控制矩阵、量测矩阵、状态噪声和量测噪声的均值及方差等。但实际应用时这些参数往往是未知的或部分未知的,偏离理想假设函数模型和随机模型的卡尔曼滤波不仅得不到最优估计,而且可能造成滤波发散(杨元喜 等,2005)。因此,许多专家和学者就如何在GNSS动态定位的卡尔曼滤波中建立准确的函数模型和随机模型问题,以及如何减小模型偏差对解算结果的影响进行了大量卓有成效的研究,形成了许多减弱和抵制模型偏差的方法,现归纳如下。

1. GNSS动态定位中函数模型的研究进展

卡尔曼滤波的函数模型由一个运动模型(状态方程)和一个观测模型(观测方程)组成,如式(1.4)和式(1.5):

$$\boldsymbol{X}_k=\boldsymbol{\Phi}_{k,k-1}\boldsymbol{X}_{k-1}+\boldsymbol{\Gamma}_{k-1}\boldsymbol{W}_{k-1} \tag{1.4}$$

$$\boldsymbol{Y}_k=\boldsymbol{B}\boldsymbol{X}_k+\boldsymbol{V}_k \tag{1.5}$$

式中,$\boldsymbol{X}_k$ 为 k 时刻系统的 n 维状态向量;$\boldsymbol{X}_{k-1}$ 为 $k-1$ 时刻的(k 的上一时刻)的 n 维状态向量;$\boldsymbol{\Phi}_{k,k-1}$ 为由 $k-1$ 时刻到 k 时刻系统的状态转移矩阵;$\boldsymbol{\Gamma}_{k-1}$ 为 $k-1$ 时刻的系统噪声驱动矩阵;$\boldsymbol{Y}_k$ 为 k 时刻 m 维观测矢量;$\boldsymbol{B}$ 观测系数矩阵;$\boldsymbol{W}_{k-1}$ 为 n 维系统噪声矢量;$\boldsymbol{V}_k$ 为 m 维观测噪声矢量,且 $\boldsymbol{W}_k$ 和 $\boldsymbol{V}_k$ 为互不相关的零均值白噪声。

卡尔曼滤波器的最优估计是在线性无偏最小方差估计准则下推得的一种递推滤波方法,即只有在系统的状态方程和观测方程均为线性时,所得到的状态估值才是无偏的,相应的协方差矩阵的迹为最小;但在GNSS动态定位中,观测值与状态参数的函数关系呈非线性。因此,GNSS动态导航常采用扩展卡尔曼滤波(EKF),也就是将滤波中的非线性状态方程和观测方程按泰勒级数展开,取一次项将其线性化,成为线性卡尔曼滤波模型。事实上,扩展卡尔曼滤波并不是真正的卡尔曼滤波,存在发散倾向,且估计量有偏。为此一些学者针对如何减少模型线性化所带来的误差提出了许多方法,如采用基于泰勒级数展开至二阶的非线性卡尔曼滤波(SONF)、基于Bancroft算法的两步GNSS滤波算法(张勤 等,2005)以及杨元喜提出的一种顾及整体状态信息的自适应滤波算法(杨元喜 等,2001),该算法中的自适应因子由观测信息与模型状态信息的不符值自适应地确定,具有整体稳健性和可靠性。随后欧吉坤又将自适应因子分为单个分量的自适应因子,这样有利于对那些稳定可靠的参数保持原有权信息或对那些具有整数特性的参数保持原有的整数特性(欧吉坤 等,2004)。

另外,为了建立更加准确的动力学模型(状态方程),许多学者也进行了大量的研究,提出的动力学模型有:微分多项式模型、常速模型(CV)、常加速模型(CA)(Mertikas et al,1997)、时间相关模型、半马尔可夫模型、Noval统计模型及动力机载的"当前"统计模型(张双成,2005)等。实际应用中,通常是根据所得到的观测量类型选择采用其中的一种动态模型。对于低动态应用环境,通常取定常速度模型;对于高动态应用环境,常采用定常加速度模型。但高动态载体的运动往往不属于等速或等加速范围的运动,而是存在有较大的机动性,因而需要建立更合理、更准确的运动载体的动态模型。

此外，一些学者从减少模型误差对定位结果的影响出发，提出了一系列实用的方法，如附加补偿参数滤波。该方法是在观测方程和动态系统的状态方程中附加一定的模型参数，用以补偿模型误差，并在解算过程中一起求出这些参数，从而减弱模型偏差对状态参数估计的影响。但是附加参数的引入会增加滤波方程的解算负担，而且当确定的附加参数的个数及其系数矩阵不恰当时，其补偿效果很差，甚至可能出现负面效应。另外，附加参数滤波法只是通过附加补偿参数来减弱模型预测参数与观测值的不符值，从而达到改进状态估计的目的，并没有对状态参数自身进行修正(张双成，2005)。2005 年，杨元喜提出了一种均值补偿算法来克服系统误差对动态定位结果的影响(杨元喜 等，2005)。但是这个算法对于运动载体出现大的扰动仍然无法进行补偿。另外有许多学者提出一些自适应卡尔曼滤波来减弱系统偏差的影响，如 SAGE 自适应滤波法(徐天河 等，2000)，衰减自适应估计法(张金槐，1994)以及模型方差的自适应补偿法(胡丛玮 等，2002)。这些方法的主要思想是利用自适应估计法增大状态噪声协方差矩阵，即减小观测噪声协方差。

2. GNSS 动态定位中随机模型的研究进展

随机模型是指描述观测值精度特性的模型，即观测值的先验精度以及观测值之间可能的随机相关性模型，通常用协方差矩阵表示。在 GNSS 定位中，常用的随机模型有等权模型、高度角模型及信噪比模型(柳响林 等，2003)等。这些模型是对随机模型进行验前估计，即用经验公式近似地描述观测值的方差，估计结果受观测环境因素影响较大。由于最小二乘残差能够较好地反映 GNSS 观测值的统计特征，一些学者用方差分量验后估计方法对 GNSS 随机模型精化方面做了许多工作(胡国荣 等，2001)。方差分量估计方法是利用验后方差重新定权的，常用的有赫尔默特估计方法、最小范数二次无偏估计法以及最优不变二次无偏估计法等。对于 GNSS 动态定位我们常采用卡尔曼滤波进行参数估计，卡尔曼滤波中随机模型的形式一般为：

$$E(\boldsymbol{W}_k)=0 \tag{1.6}$$

$$E(\boldsymbol{V}_k)=0 \tag{1.7}$$

$$\mathrm{cov}(\boldsymbol{W}_k,\boldsymbol{W}_j)=\mathrm{cov}(\boldsymbol{W}_k,\boldsymbol{W}_j^{\mathrm{T}})=\boldsymbol{Q}_k\delta_{k,j} \tag{1.8}$$

$$\mathrm{cov}(\boldsymbol{V}_k,\boldsymbol{V}_j)=\mathrm{cov}(\boldsymbol{V}_k,\boldsymbol{V}_j^{\mathrm{T}})=\boldsymbol{R}_k\delta_{k,j} \tag{1.9}$$

$$\mathrm{cov}(\boldsymbol{W}_k,\boldsymbol{V}_j)=\mathrm{cov}(\boldsymbol{W}_k,\boldsymbol{V}_j^{\mathrm{T}})=0 \tag{1.10}$$

$$\delta_{k,j}=\begin{cases}1 & k=j\\ 0 & k\neq j\end{cases} \tag{1.11}$$

式中，$\boldsymbol{Q}_k$ 为系统噪声向量的方差矩阵，$\boldsymbol{R}_k$ 为观测噪声向量的方差矩阵。

由上式可知，卡尔曼滤波的随机模型是假设系统噪声和观测噪声服从零均值的高斯白噪声分布。但实际情况并非如此，动态定位中系统噪声和观测噪声往往都是时间相关的有色噪声，即功率谱密度函数不为常数。因此，许多学者对时间相关的噪声进行了大量的研究(Howind et al,1999)。2003年,杨元喜在一阶AR模型下,针对有色噪声在动态定位中的影响进行了定性和定量的分析(杨元喜 等,2003)。宋迎春推导了考虑观测噪声时间相关时的卡尔曼滤波递推公式(宋迎春 等,2006)。黄圣源提出采用多项式长除法将有色状态噪声模型展开成无穷级数,截断其有限项,进而求取有色状态噪声方差。利用该方差对随机模型进行修正,再结合现代时间序列分析方法,构造出新的ARMA信息模型,并根据该信息模型设计状态最优滤波器。赵长胜推导了动态噪声、观测噪声为有色噪声的线性系统滤波公式,并证明了白噪声卡尔曼滤波是有色噪声卡尔曼滤波的特例,而有色噪声的卡尔曼滤波是白噪声卡尔曼滤波的推广(赵长胜 等,2007)。崔先强详细比较了几种考虑有色噪声的自适应滤波算法,分析了各种算法的优缺点(崔先强 等,2006)。吴富梅利用时间相关的噪声高阶AR模型准确地估计了陀螺仪的随机漂移误差,并在GNSS/INS组合定位中取得了较好的效果(吴富梅 等,2007)。

此外,葛茂荣分析了机动(动力)随机模型的严格公式和近似公式对GPS解算的影响,实验表明:对于定位而言,两者相差在亚毫米,因此可以用近似公式代替严格公式;但对于定速而言,两者具有明显差别(9 cm/s),因此应该采用严格的机动随机模型(葛茂荣 等,1999)。

1.2.4　GNSS动态定位中参数估计方法的研究进展

GNSS动态定位中参数估计方法的研究主要集中以下五个方面。

1. 动态定位中法方程的常用求解方法

GNSS动态定位的参数估计工作归根到底就是如何准确高效地解算法方程组。而动态定位中待估参数的个数要明显多于静态定位。因此,在过去手算年代,解算大量的法方程,不仅费时,而且解算精度不易保证。经典平差的一个主要研究方向就是如何减少一些法方程。许多学者为此进行了大量的研究,提出了许多少解法方程的平差方法,如:1876年史赖伯(O. Schreiber)提出的解法方程前先消去一些未知参数和合并一些误差方程式的史赖伯法则;1905年克里格尔(L. Krueger)提出的将条件方程分成两组解算的分组平差法;1923年博尔兹(H. Boltz)提出的扩展法以及赫尔默特分区平差法等。序贯平差是柯尔莫哥洛夫(A. H. Kolmogorov)和维纳(N. Wiener)在通信统计理论和随机过程理论的著作中提出的。它是一种逐一平差法,其理论基础是阶段平差,但与阶段平差不同之处在于序贯平差有一套规律性很强的递推公式。该方法可以不需要高阶逆阵,便于实施电算。1960年,卡尔曼在《基础工程》杂志上发表了“线性滤波和预估的新方法”一文,对序贯平差法进行了进一步发展,这一方法现在被人们称为卡尔曼滤波。它相对于上述方法的主要特点是增加了状态方程,即将状态空间的概念引入随机估计理论中,把信号过程视为白噪声作用下的一个线性系统的输出,用状态方程来描述这种输入-输出关系，估计过程中利用系统状态方程、观测方程和白噪声激励（系统噪声和观测噪声）的统计特性形成滤波算法，由于所用的信息都是时域内的量，所以不但可以对平稳的一维随机过程进行估计，也可以对非平稳的、多维随机过程进行估计。这完全避免了滤波在频域内设计时遇到的限制，因此在许多领域都得到了广泛的应用，目前也是 GNSS 动态定位中一种主要的参数估计方法。此外，近年来出现的 H^{∞} 控制理论引起了人们浓厚的兴趣，并已被引入 GNSS 动态定位的参数估计中。它的主要特点是无须对状态噪声和观测噪声做任何先验假设（这与标准的卡尔曼滤波恰好相反），它对噪声的不确定性具有鲁棒性。因此在系统噪声完全未知的情况下，H^{∞} 滤波方法较标准的卡尔曼滤波能获得更优的参数估值（Mangoubi et al，1994；段志勇 等，2000；岳晓奎 等，2001；何秀凤 等，2004）。

2. 参数的估计准则

参数估计的主要目的是从一些含有误差的观测值中，按照一定的估计准则，得到待估参数的最优估值（一致性、无偏性和有效性）。因此，估计准则对于参数的估计具有至关重要的作用。目前常用的估计准则有极大似然估计、最小二乘估计、贝叶斯估计及线性最小方差估计等。而贝叶斯估计还可根据不同的风险函数得到不同的估计方法，常用的有极大验后估计和最小方差估计。极大似然估计、极大验后估计和最小方差估计都需要观测值与参数的联合概率密度函数或条件概率密度函数，它们的估计公式与分布信息有关，且不一定是观测值的线性组合。而最小二乘估计和线性最小方差估计不需要参数和观测值的分布信息，参数估值是观测值的线性组合。最小二乘估计需要观测值的统计信息，线性最小方差估计需要观测值和参数的统计信息。但在一定条件下，这些估计准则导出的参数估值是等价的（李博峰，2010）。

3. 稳健估计

我们知道，进行参数估计，首先要有观测数据和数学模型，然后再依据一定的估计准则求出参数估值。因此，观测数据和数学模型是参数估计的基础。通常观测数据被认为是理论模型所规定的随机抽样，从分别模型上说，含有粗差的观测值可以看作来自另外总体（母体）的观测值。样本中含有个别包含粗差的异常值，可以认为是对理论分别模型的微小偏离；含有较多异常值，则是对理论模型的较大偏离。观测值的粗差问题，也可以归结为实际情况对理论模型的一种偏离，因此粗差也可以看作是模型误差（黄维彬，1990）。并且在实际中，模型与理论上的要求严格符合的情况可以说是没有的。这就自然地提出了一个要求：所使用的估计方法，应具备一定的“抗干扰性”。而稳健估计，就是保证所估计的参数不受或少受模型误差特别是少受粗差影响的一种参数估计方法。它满足以下三点：①当实际模型与假定模型符合时，该方法具有良好的性能，但不必要在某种标准下最优；②当实际模型与假定模型有少许差异时，其性能所受到的影响也较小；③当实际模型与假定模型有严重偏离时，其性能仍“过得去”（崔希璋 等，2001）。Tukey、Huber、Hampel、Rousseeuw 等人对参数的稳健估计进行了卓有成效的研究，我国著名大地测量学家周江文教授和杨元喜教授对抗差估计也进行系统性的研究，并提出了 IGG 等价权方案，发展了相关观测值等价权理论（周江文，1989；杨元喜，1991，1993，1994；杨元喜 等，2002）。

4. 病态方程的求解

在 GNSS 动态定位中，卫星几何结构较差会导致法方程病态，这时最小二乘解往往是不稳定的，这就需要在有偏线性估计类中找到某种估计，使其在均方误差下优于最小二乘估计（陈希孺，1981）。1963 年，Tikhonov 提出的正则化方法是求解病态方程的常用方法。1970 年，Hoerl 提出的岭估计方法也是一种正则化算法，且能在有偏估计的均方误差意义下给出参数估值精度的评定。近年来随着正则化方法研究的深入，已发展了截尾正则化法、多元正则化法（Xu，2006； Xu et al，1998）。此外，沈云中和刘大杰通过对正则化解的残差二次型改正，得到了正则化解单位权方差的无偏估计公式。徐培亮则直接改正正则化解的残差，采用已有的方差分量估计公式（如 MINQUE）计算无偏的方差分量估值（Xu，2006）。最近，沈云中教授研究了对正则化估值进行偏差改正的理论，得到了偏差改正后的正则化估值。

5. 混合整数模型的解算

GNSS 定位中的参数估计与传统实参数估计的不同之处在于：它的待估参数中既含有实参数又含有整型参数。传统大地测量的电磁波测距也需求解整型参数，只因其整型参数可通过多个测尺的频率容易求解，所以未被大地测量数据处理所重视。直到 20 世纪 80 年代末，GNSS 技术被广泛地应用于大地测量，才将混合整数模型纳入大地测量数据处理的主要研究范畴，并开展了大量的研究工作。最初求解整数采用简单的四舍五入或顾及整数向量部分相关信息的 bootstrapping 方法；Teunissen 教授首次采用最小二乘估计理论严格处理了混合整数模型，并提出采用三个准则分三步求解（Teunissen，1995）。1995 年徐培亮同样基于最小二乘准则，利用实参数可导、整参数不可导，导出了整参数最小二乘搜索准则。此外，他还研究了采用整数规划求解模糊度的方法（Xu et al，1998）。2010 年，李博峰博士在博士论文中对混合整数模型的数据处理方法进行了系统研究，推导了 P 范分布混合整数模型的极大似然估计公式，并证明了最小二乘估计只是它的特例，给出了 P 范分布混合整数模型的 P 参数估计、整参数搜索和实参数求解的方法和计算流程（李博峰，2010）。

1.2.5　GNSS 动态定位结果的主要评定指标

对于 GNSS 动态定位结果的好坏评定主要有三个衡量指标：一是精度指标；二是可靠性指标；三是完好性指标。

精度指标反映了定位结果的准确性，它包括相对精度和绝对精度。在机载动态定位中一般很难找到一个绝对的真值，因此通常采用相对精度或称为内部符合精度来衡量。但在条件允许的情况下，可采用绝对精度或叫外部比较精度来评价。

可靠性指标是衡量测量成果可靠程度的重要指标，它反映了系统抵御粗差的能力，离开可靠性的精度是一种纯粹的理论精度。可靠性可分为内部可靠性和外部可靠性两种。其中内部可靠性也称观测的可控性，是指观测数据中存在的模型误差（或粗差）在一定显著水平和功效下，用数理统计检验方法探测出的能力，可用最小可检测偏差（MDB）来表示。外部可靠性指系统抵抗观测数据中残存粗差对平差结果（及其函数）的影响，可用指标 MDE 来度量。荷兰代尔夫特理工大学大地测量计算中心给出了 MDB 和 MDE 的计算公式（周江文，1999）。2005 年赵春梅博士提出了一种统一的可靠性评定方法，即可同时判断成果的内外可靠性，并将该方法成功地应用到了 GPS/Galileo 组合定位中（赵春梅 等，2005a，2005b）。

完好性指标体现了系统提供导航服务的连续性，它包括：空间信号准确度 SISA（signal in space accuracy）、空间信号监测精度 SISMA（signal in space monitoring accuracy）、完备性标志 IF（ integrity flag）和用户水平或垂直保护水平 xPL（level/vertical protection level，总称 xPL）。SISA 是衡量空间信号误差 SISE（signal in space error，即空间信号在距离域上引起的最大误差）的指标，一般在卫星轨道确定和卫星钟时间比对过程中求得，以轨道和卫星钟差的协方差形式或等效距离误差的标量形式表示。由于 SISA 是预测值，每隔 100 min 上传一次，因此存在极大的不确定性，需要利用地面监测网络对其进行监测，利用 SISMA 可以确定 SISA 反映 SISE 的精度，形成完备性指标 IF。用户根据 SISA、SISMA、IF，计算定位保护水平 xPL，以确定定位是否可靠（赵春梅 等，2007）。大量研究表明，利用多卫星系统进行组合导航或 GNSS/INS 的组合导航都可大幅提高导航系统的完好性（刘广军 等，2001；高为广，2010）。

1.2.6 GNSS 动态定位中整周模糊度求解方法的研究进展

GNSS 定位中整周模糊度一旦被正确确定，相位观测值就变成了毫米级的距离观测值，一个历元便可获得厘米级甚至毫米级的定位结果。因此，如何快速准确地确定整周模糊度一直以来都是高精度 GNSS 定位中的关键问题。

1. 动态定位中求解整周模糊度的主要难点

GNSS 动态定位中的求解模糊度要比静态定位中的求解模糊度困难得多，主要原因有两点：一是静态定位时可以通过较长时间的观测利用卫星空间几何结构的变化将载体的固定位置参数与模糊度参数分开，但动态定位中载体的位置随时间不断变化，而模糊度参数和位置参数又高度相关，因此很难像静态定位一样将其分离；二是由于载体的运动，不同的环境误差很难通过时间平滑进行消除，大的环境误差将导致不精确的模糊度初值和较大的搜索空间，进而导致搜索时间变长甚至搜索失败。

2. 一般解算策略

GNSS 动态定位中的模糊度求解方法一般被称为 OTF(on the fly)，即在航求解模糊度。影响 OTF 模糊度解算的因素主要有：观测值的选择、接收机间的距离、卫星数和卫星分布、GNSS 误差的最大值、模糊度搜索方法和实时或非实时处理等。自 20 世纪 80 年代以来，发展了许多 OTF 模糊度解算方法，但这些方法采用的模糊度求解策略大体上都可分为三步：①求解模糊度实数解；②构建模糊度搜索空间；③利用一定的假设检验条件在构建的搜索空间内搜索出正确的整周模糊度。其中实数解和它的方差用来定义搜索的起点和候选值的范围。通常实数解由伪距观测值、最小二乘平差或卡尔曼滤波平滑获得。协方差矩阵并不直接用来定义模糊度搜索空间，这是因为仅三个双差模糊度是独立的。当卫星数较多时，双差模糊度就多于三个，由于模糊度间强相关使得方差-协方差矩阵为非对角矩阵。相关性使模糊度解算变得困难，因为它大大地伸长了搜索空间，使得全搜索方法通常是耗时和低效的。为减少模糊度间的相关性，可采用矩阵变换和条件平差方法。目前，固定整周模糊度的方法大体上也可分为两类：一是取整法，取实数解最接近的整数作为模糊度解，要求模糊度的实数解有足够的精度，且模糊度间的相关性要小；二是搜索法，依残差平方和(square sum of residual，SSR)最小或模糊度函数值(ambiguity function value，AFV)最大准则在模糊度搜索空间内搜索最佳解。SSR 最小准则的前提是残差服从正态分布，如果模型含有多路径误差、轨道误差、电离层及对流层误差，则会做出错误决策。AFV 最大准则要求格网点的坐标要有足够的精度。

3. 代表方法及比较

在过去的 20 多年中，提出的代表性 OTF 方法有：模糊度函数法(AFM)、最小二乘搜索法(LAST)、快速模糊度算法(FARA)、快速模糊度搜索滤波(FASF)以及最小二乘降相关平差(LAMBDA)。

模糊度函数法(AFM)是利用模糊度的整数特性，建立模糊度函数，然后以未知点的近似解为中心，以一定的误差为半径，建立搜索空间，寻找使模糊度函数值为最大的点作为未知点的解来确定整周模糊度。该方法的最大优点是它的解对周跳不敏感，尤其适用于有准确近似坐标的情形，缺点是计算量大。

最小二乘搜索法(LAST)的基本思想是：首先确定未知点的初始坐标，进而得到初始模糊度值，然后以初始值为中心建立一个搜索空间，最后利用最小二乘原理在此空间搜索出正确的整周模糊度。该方法当初值的精度较高时，搜索时间大大减少。

快速模糊度算法(FARA)的思想是：以数理统计的参数估计和假设检验为基

础，利用初始平差的解向量（包括基线分量和整周未知数的实数解）及其精度信息（协因数矩阵和单位权中误差），确定在某一置信区间内整周模糊度可能的整数解的组合，然后依次将每一组合假定为已知值，逐个进行平差计算。其中估计的验后方差最小的一组整数组合，即为搜索的整周模糊度的最佳估。

快速模糊度搜索滤波算法（FASF）则利用了卡尔曼滤波和一个模糊度范围搜索的回归算法（RCSR）来确定整周模糊度。RCSR 算法的基本思想是：假设模糊度序列为 a_1，a_2，…，a_m，模糊度的搜索范围从 a_1 到 a_m 逐个计算，模糊度参数 a_i 的搜索范围是在假定其前面的模糊度序列 a_1，a_2，…，a_{i-1} 已经固定的基础上进行计算，搜索的范围是回归地确定的，且相互之间是相关的。固定某个模糊度参数时，充分考虑了其他的模糊度参数的选择对它的影响，这些整数值的选择可能是正确的，也可能是不正确的。当然，不正确的将在后面被拒绝，在这种范围计算中，几何信息被更加有效地开发出来，条件参数估值的条件方差将非常小，搜索范围也很小，因此搜索整周模糊度需要更少的时间。

最小二乘降相关平差（LAMBDA）（Teunissen，1995）考虑到模糊度的相关性，由于模糊度方差矩阵为非对角矩阵，引入了整数线性变换的思想，模糊度方差矩阵经整数线性变换后，成了主对角占优的矩阵，变换后的模糊度间相关性减弱，模糊度空间从扁长的超椭球变成半径接近相等的近似球的超椭球，新的模糊度搜索空间远小于原模糊度搜索空间，能很快解算出模糊度。其后，经 Teunissen 及代尔夫特理工大学的许多学者的努力，LAMBDA 方法已成为世界公认的理论严密、模糊度搜索成功率最高的方法。

表 1-1 和表 1-2 分别是几种模糊度解算方法的理论比较（李淑慧，2002）和搜索时间对比（刘基余，2008）。

表 1.1　几种模糊度解算方法的理论比较

类目	AFM	LAST	FARA	FASF	LAMBDA
卫星数	4+SV	4+SV	4+SV	4+SV	4+SV
频率	单/双	单/双	单/双	单/双	单/双
历元数	几个历元	几个历元	几个历元	几个历元	几个历元
初始解	伪距	伪距	载波浮点	载波浮点	载波浮点
搜索空间	伪距解与 σ_{amb}	伪距解与 σ_{amb}	浮点解与 σ_{amb}	浮点解、序贯平差与 σ_{amb}	浮点解、Z 变换与 σ_Z
判别准则	最大 AFV	最小 σ^2	最小 σ^2	最小 σ^2	最小 σ^2
检验准则	最大 AFV/次大 AFV	Ratio	Ratio	Ratio	Ratio
抗周跳	有	无	无	无	无

表 1.2　几种模糊度解算方法的搜索速度比较

搜索方法	FARA	LAST	Cholesky	FASF	LAMBDA
候选组数	24095934	83720	6.8×10^{8}	24637	978

4. 最新研究进展

由于 GPS 动态定位中，载体上通常会装有多台 GNSS 接收机，它们同步观测卫星，并且接收机间的几何距离又精确已知。因此，充分合理地利用这些几何限制条件和先验信息会大大提高模糊度的处理效率（熊永良 等，2002；喻国荣 等，2003）。此外，随着 GPS 系统的升级、Galileo 系统的拟建成以及中国北斗定位系统的逐步建成，这些系统都将拥有多个频率的观测值，因此近年来关于利用多频观测值快速解算模糊度的研究越来越多（伍岳，2005；Zheng et al，2005；Han et al，2001；梁开龙 等，2002；Teunissen et al，2010；Wang et al，2009，2010；李博峰 等，2009）。

§1.3　主要内容

GNSS 动态测量的研究由来已久，但专门针对机载 GNSS 动态测量的研究并不多见。随着我国国民经济和科技的迅猛发展，航空动态测量技术在国民生产和生活中的应用已越来越普遍，如航空测图、航空遥感、航空重力等。如何进一步提升航空动态测量中对载体测量平台的动态监测能力，最大限度地减少来自载体测量平台的空间信息误差，对保证航空动态测量最终成果的精度和可靠度至关重要。为此本书将对相关理论方法与实践进行深入浅出的介绍，其主要研究内容包括以下 11 个章节：

第 1 章，绪论。概述本书编写的主要目的，以及 GNSS 动态定位技术的发展现状与最新趋势，最后介绍本书的主要内容及章节安排。

第 2 章，机载动态定位中对流层延迟误差的处理方法。介绍常用的 GNSS 对流层误差处理方法，指出机载 GNSS 动态定位中对流层误差处理的特殊性。提出了一种适合机载动态相对定位的对流层延迟误差消除方法——延拓投影法，并利用大量实测机载 GPS 数据进行了检验，证明了该方法的正确性和有效性。

第 3 章，机载动态定位中粗差的处理方法。介绍两种常用 GNSS 粗差处理方法，即粗差探测与抗差估计，对两种方法的优缺点进行详细的对比分析，并给出两种方法各自的适用范围。在此基础上，结合机载动态数据处理的特性，提出了“粗差探测与抗差估计相结合的处理策略”。利用静态和机载动态数据对所提方法的实际效果进行了检验。

第 4 章，卫星钟差的实时预报方法。对目前常用卫星钟差预报模型的预报精度进行了对比分析，并讨论了 GPS 和 BDS 不同类型卫星钟的钟差变化特性。提出了“基于非平稳时序模型的 GPS 卫星钟差实时预报方法”和“顾及钟差参数之间相关性的 BDS 卫星钟差实时预报方法”。利用大量实测数据对所提方法进行了验证，结果显示上述方法可显著提高卫星钟差的预报精度。

第 5 章，自适应换站方法及在长距离机载动态定位中的应用。提出了一种适合长距离机载动态相对定位的 GNSS 数据方法——自适应换站法。该方法在发现流动站与原参考站间距离大于流动站与其他参考站间距离时，自动更换最近的参考站作为新参考站。实测机载数据的解算结果证明，该方法不仅可以克服因飞机飞行距离过远而导致定位精度下降，而且可避免因换站所引起的前后解的不连续。

第 6 章，GNSS 定速方法。介绍了目前常用 GNSS 定速方法的基本原理，指出了现有定速方法的优缺点和适用范围。在此基础上，提出了一种更加严格的定速方法——综合法定速。实验结果显示，该方法不仅可提高单独使用多普勒观测值时的定速精度，而且可以克服单独使用载波相位时受载体机动性影响较大的弊端，充分发挥了两者的优势，其定速结果更加准确可靠。

第 7 章，GNSS 定姿方法。介绍了三种常用 GNSS 定姿方法的基本原理与数据处理策略，并指出了现有定姿方法的主要缺陷，提出了一种基于抗差自适应卡尔曼滤波的 GNSS 定姿方法。相较现有方法，该方法可更加有效地抵御定姿过程中的粗差影响，可更加充分地利用载体运动模型信息，可在 GNSS 信号受遮挡时提供较准确的预报值。实测机载定姿数据处理显示，该方法的实际定姿精度可优于 0.01°。

第 8 章，基于 GNSS 地基增强技术的实时动态定位原理与方法。首先简要介绍了 GNSS 地基增强系统的国内外发展概况及系统组成与应用；接着介绍了 GNSS 差分定位类型及主要差分定位方法；再介绍了五种网络 RTK 技术，重点介绍了虚拟参考站技术的基本原理与关键算法，同时指出了现有网络 RTK 技术的应用难点；介绍了精密单点定位的数学模型与基于服务系统的实时精密单点定位技术；基于网络 RTK 与实时精密定位技术，提出区域/广域增强的 PPP-RTK 技术，重点介绍了其技术实现原理与区域增强 PPP-RTK 模糊度固定方法；最后，结合中国矿业大学“北斗数据处理与分析中心”平台，设计了基于广域与局域相结合的多模 GNSS 实时精密定位服务系统，重点介绍了该系统软、硬件平台，实时产品生成流程，系统总体设计与该增强网络的数据传输。本章内容旨在结合不同尺度的地面参考站网，生成多种实时服务产品，为用户提供多种模式下实时动态精密定位服务。

第 9 章，GNSS/INS 组合导航数据处理方法。简要介绍了 INS 粗对准、精对准及力学编排的基本原理，以及目前常用的 GNSS 与 INS 观测数据融合方法。提出了一种基于位置、速度和姿态全息融合的 GNSS/INS 组合导航新方法,并利用实测机载数据对该方法的有效性进行了检验。实验结果显示,该方法不仅可提高载体的定姿精度,而且对速度和位置精度也有一定程度的提高。

第 10 章,机载 GNSS 动态数据处理软件。为使本书的理论研究成果更好地服务于实际生产与科学研究,本章介绍了笔者研发的两个大型机载 GNSS 数据处理软件,即 XHGNSS 和 PIG-I。前者为机载 GNSS 定位定速与定姿软件,后者为 GNSS/INS 组合导航软件。对两个软件的主要功能模块、用户操作流程、常见错误处理方法等进行了详细介绍,并结合大量的算例演示了软件的各项功能与性能。

第 11 章,结论与展望。总结本书的主要内容,给出今后基于 GNSS 技术的航空测量平台运动状态测定领域的研究方向、设想与展望。

第2章　机载动态定位中对流层延迟误差的处理方法

§2.1　引　言

对流层延迟误差是影响GNSS动态定位精度的一个主要误差源。当卫星的高度角在25°～5°时，1 mm的天顶对流层延迟误差可导致高程方向上2.6～6.5 mm的定位误差（Santerre，1991）。而对流层延迟量在水平方向上的变化相对缓慢，在高程方向变化相对较快。在机载动态定位中，载体与参考站间的高程相差较大，一般达到几千米，因此很难通过差分的方法进行有效的消除。如何控制机载GNSS动态定位中对流层延迟误差的影响，对保证结果的精度和可靠度至关重要。

本章首先简要介绍了对流层延迟误差的形成原理，其后讨论了目前几种常用的对流层延迟误差改正方法，并对这些方法的优缺点进行了详细的比较分析。最后提出了一种适合机载动态定位的对流层延迟误差改正方法——投影延拓法（王潜心 等，2010b；Wang et al，2011a），并利用区域GNSS网数据和实测机载GNSS数据对该方法的精度和有效性进行了验证和分析。

§2.2　对流层延迟误差的形成原理

对流层延迟一般泛指非电离层大气对电磁波的折射。非电离层大气包括对流层和平流层，大约是大气层中从地面向上50 km部分。由于折射的80%发生在对流层，所以通常叫作对流层折射（周忠谟，1997）。

对流层大气对大约15 GHz的射电频率呈中性，信号传播产生的非色散延迟使电磁波传播路径比几何距离长，因而这一延迟通常叫作过剩路径长度（excess path length），图2.1显示了对流层延迟误差的形成原理。对于一个在海平面上的中纬度站，其典型值在天顶方向大约为2.3 m，在85°天顶角方向大约为25 m（魏子卿 等，1998）。

由对流层折射引起的过剩路径长度，即信号的光学路径长度L与几何距离R之差，可表示为：

$$\Delta D_{\text{trop}} = L - R \tag{2.1}$$

对流层延迟误差通常也可表示成天顶方向的对流层折射量ΔD_z与同高度角有关的映射函数$M(E)$之积：

$$\Delta D_{trop} = \Delta D_z M(E) \tag{2.2}$$

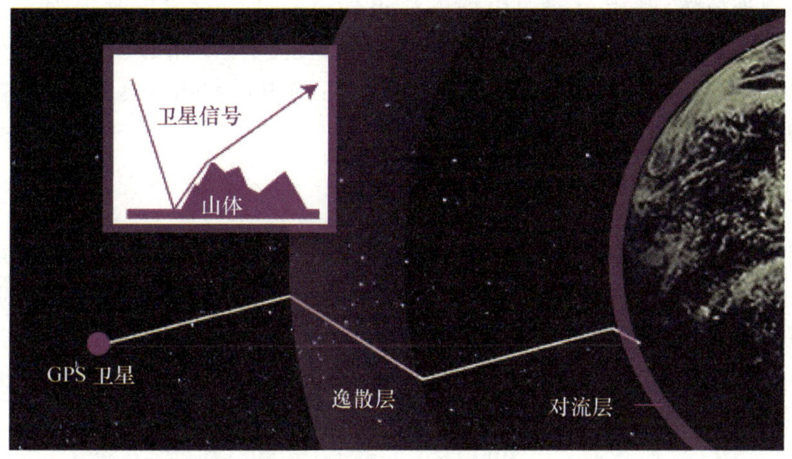

图 2.1　GPS 对流层延迟误差的形成原理

对流层延迟的 90% 是由大气中干燥气体引起的，称为干分量；其余 10% 是由水汽引起的，称为湿分量。由于对流层延迟由干、湿分量组成，对流层延迟也常用天顶方向的干、湿分量和相应的映射函数表示：

$$\Delta D_{trop} = \Delta D_{z,dry} M_{dry}(E) + \Delta D_{z,wet} M_{wet}(E) \tag{2.3}$$

假定大气层处于流体静力平衡状态的理想气体的前提下，经过适当的近似可以导出用测站气象元素和视线的高度角表示的对流层折射值，也可以导出用天顶方向的干、湿折射分量和相应的映射函数表示的对流层折射公式。后一种表示方法更为方便，也更为常用，它可进一步模拟对流层折射改正的误差。

由于大气层中的水汽分布在时间和空间上变化很大，其折射误差很难准确预测。正因为如此，湿分量成为限制对流层延迟改正精度的主要因素。

§2.3　对流层延迟误差的改正方法

对流层延迟误差的改正方法大体上可以分为三类：一是经验模型改正法，该方法简单方便，易于实现，但缺陷是估计值的精度不高。其原因是：大多数经验模型考虑的是全球范围内大气的一般变化规律，因此对于特定时间特定位置的对流层延迟量估计精度不可能很高。二是附加参数估计法，该方法的优点是估计的对流层延迟量精度非常高，因此在测站坐标已知的情况下，经常被用来进行 GNSS 水汽研究。其缺点是：在可见卫星数有限的情况下，增加的未知参数可能导致法方程秩亏，特别是在实时动态定位表现更为明显。并且过多的待求参数，也会造成参数间的相关现象。三是区域模型内插法，该方法的基本思想是：首先依据地面多个已知 GNSS 参考站的对流层延迟量建立该地区对流层延迟改正模型，然后根据流动站所处的地理位置，利用一定的内插方法得到流动站的对流层延迟误差改正值。该方法的优点是简单方便，且精度较高。其局限性为：流动站必须在所建区域改正模型之内，并且与参考站间的高差不能过大。否则很难利用该区域模型内插得到高精度的流动站的对流层延迟改正值。

2.3.1 经验模型改正法

常用的 GNSS 对流层延迟量的经验改正模型有 Hopfield 模型、Saastamoinen 模型、Black 模型、UNB3 模型及 EGNOS 模型等。下面以前三种模型为例简要介绍经验模型改正法的基本原理和使用方法。

Hopfield 模型：

$$\Delta S=\Delta S_d+\Delta S_w=\frac{K_d}{\sin\,(E^2+6.25)^{0.5}}+\frac{K_w}{\sin\,(E^2+2.25)^{0.5}} \tag{2.4}$$

$$K_d=155.2\times10^{-7}\frac{P_s}{T_s}(h_d-h_s) \tag{2.5}$$

$$K_w=155.2\times10^{-7}\frac{4810}{T_s^2}e_s(h_d-h_s) \tag{2.6}$$

$$h_d=40136+148.72(T_s-273.16) \tag{2.7}$$

$$h_w=1100 \tag{2.8}$$

式中，T_s 为测站的绝对温度，单位度；P_s 为测站的气压，单位毫巴；e_s 为测站的水汽压，单位为毫巴；h_s 为测站的高程，单位为米；h_d 为对流层外边缘高度，单位为米；E 为卫星高度角，单位为角度；ΔS 为对流层折射改正值，单位为米。

用户使用时只需将测站的 T_s、P_s、e_s、h_s 以及卫星高度角 E 代入上述公式，即可求得测站处的对流层延迟改正值。但在实际 GNSS 测量时，用户一般都没用实时测取上述气象元素，而是直接采用标准大气元素和测站高程来求取流动站的近似对流层延迟改正值。

Saastamoinen 模型：

$$\Delta S=\frac{0.002277}{\sin E'}\left[P_s+\left(\frac{1225}{T_s}+0.05\right)e_s-\frac{a}{\tan^2 E'}\right] \tag{2.9}$$

$$E'=E+\Delta E \tag{2.10}$$

$$\Delta E=\frac{16.00''}{T_s}\left(P_s+\frac{4810}{T_s}e^s\right)\tan E \tag{2.11}$$

$$a=1.16-0.15\times10^{-3}h_s+0.716\times10^{-8}h_s^2 \tag{2.12}$$

其符号意义和使用同前。

Black 模型：

$$\Delta S=K_d\left[\sqrt{1-\left[\frac{\cos E}{1+(1-l_0)h_d/r_s}\right]^2}-b(E)\right]+$$

$$K_w\left[\sqrt{1-\left[\frac{\cos E}{1+(1-l_0)h_w/r_s}\right]^2}-b(E)\right] \tag{2.13}$$

$$l_0=0.833+[0.076+0.00015(T-273)]^{-0.3E} \tag{2.14}$$

$$b(E)=1.92\,(E^2+0.6)^{-1} \tag{2.15}$$

$$h_d=148.98(T_s-3.96) \tag{2.16}$$

$$h_w=13000 \tag{2.17}$$

$$K_d=0.002312(T_s-3.96)\frac{P_s}{T_s} \tag{2.18}$$

$$K_w=0.20 \tag{2.19}$$

上述公式中的符号意义及计算方法也与前面相同。

若使用同一组气象数据，采用上述三种改正模型求得的天顶对流层延迟量相差较小，一般仅为几毫米。但由于地面气象元素的测定误差以及经验模型本身的模型误差问题，利用上述经验改正模型一般只能得到精度在 10 cm 左右的对流层延迟改正值。

2.3.2　附加参数估计法

通常情况下，附加参数估计法都是先利用上述经验改正模型和标准大气参数得到流动站的近似对流层延迟改正值，然后对剩余部分的对流层影响引入附加待估参数，在数据处理中一并求得。常用的方法有：单参数估计法，即认为剩余部分的对流层延迟量与真实值之间仅相差一个常数；多参数估计法，即认为剩余部分的对流层延迟量与真实值间的差值可用一个多项式描述；分段线性估计法，即每隔一定的时间段增加一个对流层参数进行估计，该方法被大多数 GNSS 软件所采用，如 GAMIT、BERNESE、Ashtech Solution 等；随机过程方法，即将剩余部分的对流层延迟量用一个随机过程进行描述，该方法在大气变化剧烈时效果较好。

2.3.3　区域模型内插法

该方法是随着目前越来越多的区域 GNSS 网的建成，而逐渐发展起来的一种对流层延迟改正方法。现有的区域对流层延迟改正模型有曲面模型（熊永良 等，2006）、网格模型（Zheng et al，2005）、反向距离权模型（Volker et al，2003）、克里格内插模型（Wackernagel，1998）等。利用这些模型，根据测站所处的地理位置，就可方便地内插出测站处的对流层延迟改正值。

目前对于区域对流层改正值的内插方法主要有两种：一是直接内插法（罗海滨 等，2007），它直接根据参考站的位置和对流层的改正信息建立一个区域对流层改正值模型，然后将流动站的位置信息代入该模型求得流动站的对流层改正值；二是移去恢复法（Zheng et al，2005），它先从参考站总的对流层改正值中扣除标准模型的改正量，然后对剩余值进行建模，再利用已有模型内插出流动站的剩余值，最后将流动站的标准模型改正值加上剩余值得到流动站总的对流层改正值。当流动站与参考站高程相差较小时，直接内插法和移去恢复法均可获得较高精度的对流层改正值；但当流动站与参考站高程相差较大时，直接内插法的精度会急剧下降。而移去恢复法虽可在一定程度上避免由此带来的精度损失，但当流动站比参考站高程高许多时（如几千米以上），移去恢复法的精度同样会迅速下降。

因此寻求一种新的对流层延迟量内插方法，使其能适用于流动站高程比参考站高许多的情况，对提高这类流动站（如高层建筑、大坝、飞机、导弹等）的对流层改正值精度至关重要。为此，我们提出了一种新的对流层延迟量内插方法——投影延拓法。下面将详细介绍该方法的基本原理、计算方法及实际使用效果。

§2.4 延拓投影法

该方法的总体思路是：先将流动站“投影”到参考站所包含的平均高程面上，然后对投影点进行反向距离权内插，最后根据大气参数随高程的变化关系将其“延拓”至流动站处。其基本原理及解算步骤如下。

2.4.1 基本原理

假设参考站的已知对流层改正值与标准模型改正值间函数关系可表示为：

$$dtrop(i,t)=\alpha(i,t)\times saas\_dtrop(i) \tag{2.20}$$

式中，$dtrop(i,t)$表示参考站的已知对流层改正值，$saas_dtrop(i)$为参考站的标准模型改正值，$\alpha(i,t)$为两者间的调整系数，i 表示测站编号，t 表示历元号。那么对于任意参考站我们都可用式(2.20)求得相应的调整系数 $\alpha(i,t)$。由于 $\alpha(i,t)$是一个关于时间 t 的函数，因此可采用一个多项式来表示，如式(2.21)：

$$\alpha(i,t)=\xi_1+\xi_2\times t+\cdots+\xi_i\times t^{i-1}+\cdots+\xi_n\times t^{n-1} \tag{2.21}$$

式中，ξ_i 为多项式系数，$i=1,2,\cdots n$。对于多项式的阶数，我们采用显著性检验来自动选取（徐天河 等，2001）。其方法如下：首先建立一个假设检验条件，$H:\xi_i=0$；然后计算出 $\xi_i=0$ 时的拟合残差 $S_{\xi_i=0}$ 以及 $\xi_i\neq 0$ 时的拟合残差 S；再利用式(2.22)计算出 F，这里 R 为多余观测值个数；最后根据给定的显著水平参数 α（假设为0.1)得到 $F_{0.1}(1,R)$，判定 F 是否小于 $F_{0.1}(1,R)$。若小于，则假设成立，即参数 ξ_i 显著，不继续检验；若大于，则假设不成立，即参数 ξ_i 不显著，需进一步对 ξ_{i-1} 进行检验，方法同前，依次进行。

$$F=\frac{S_{\xi_i=0}-S}{S/R} \tag{2.22}$$

对于流动站上的调整系数$\bar{\alpha}(i,t)$可通过周围已知参考站的 $\alpha(i,t)$内插获取。为了避免内插时空间结构上的畸形,我们先用高斯正算将流动站投影到参考站所包含的平均高程面上,然后根据反向距离权公式求得$\bar{\alpha}(i,t)$。计算公式如下:

$$\bar{\alpha}(t) = \sum_{i=1}^{n} \alpha(i,t) \times P(i,t) \tag{2.23}$$

$$P(i,t) = \frac{r(i,t)^{-2}}{\sum_{i=1}^{n} r(i,t)^{-2}} \tag{2.24}$$

$$r(i,t) = \sqrt{x(i) - \bar{x}(t))^2 + (y(i) - \bar{y}(t))^2 + (h(i) - \bar{h})^2} \tag{2.25}$$

式中,$\bar{\alpha}(t)$表示流动站的调整系数,$P(i,t)$为每个参考站的权,$x(i)$、$y(i)$、$\bar{x}(t)$、$\bar{y}(t)$为参考站和流动站平面坐标,$h(i)$为参考站高程,$\bar{h}$为所有参考站的平均高程,$r(i,t)$为参考站与流动站间的空间距离。

由于流动站的真实高程与投影面间存在一个高程差 Δh,而由 Δh 所引起的大气参数变化量可用下列公式求得(Xu et al,2005):

$$\Delta press(t) = press_{\bar{h}} \times (1 - 0.0000226 \times (rov\_h(t) - \bar{h}))^{5.225} \tag{2.26}$$

$$\Delta temp(t) = temp_{\bar{h}} - 0.0065 \times (rov\_h(t) - \bar{h}) \tag{2.27}$$

$$\Delta rh(t) = rh_{\bar{h}} \times e^{(-0.0006396 \times (rov\_h(t) - \bar{h}))} \tag{2.28}$$

$$rover\_saas(t) = SAAS(\Delta press(t), \Delta temp(t), \Delta rh(t)) \tag{2.29}$$

式中,$press_{\bar{h}}$、$temp_{\bar{h}}$、$rh_{\bar{h}}$为参考站平均高程面的气压、温度和相对湿度,$rov_h(t)$为流动站的高程,$rover_saas(t)$为流动站的标准模型改正量,其他符号意义同前。

最后,利用式(2.23)乘以式(2.29)即可求得流动站的对流层改正值,如式(2.30):

$$rover\_dtrop(t) = \bar{\alpha}(t) \times rover\_saas(t) \tag{2.30}$$

图 2.2 显示投影延拓法的整个数据处理流程,图 2.3 则显示了它与直接内插法以及移去恢复法在数据处理方式上的区别。

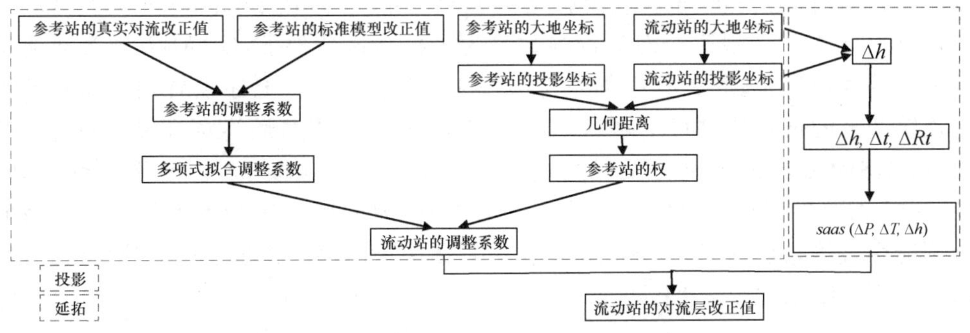

图 2.2　投影延拓法的数据处理流程

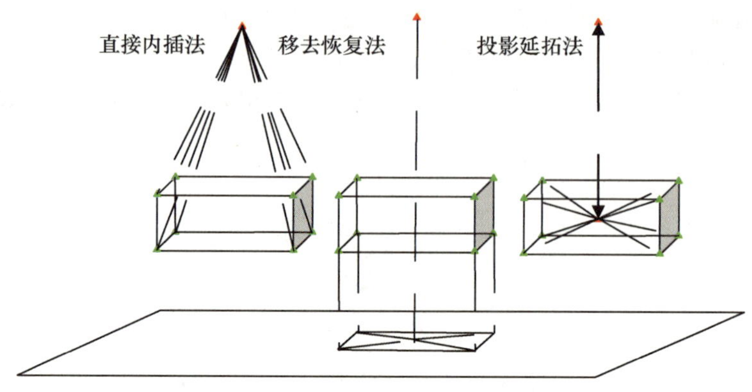

图 2.3 三种数据处理方式的主要区别

从图 2.3 可知，当参考站比流动站高许多时，直接内插法已不是真正意义上的内插，而是外推，因此精度不高；由于移去恢复法对每个参考站扣除的是相应的标准模型改正量，而不是一个常量，因此损失了原参考站的部分空间结构信息；而投影延拓法既保留了原参考站的所有空间结构信息，而且避免了由于流动站比参考站高许多所带来的空间内插结构上的畸形，因此理论上它的内插精度应该更高。

2.4.2 区域 GNSS 网数据实验

为了检验该方法的实际效果，我们选取了德国南部 SAPOS 网的一部分作为实验网。面积大约 600 km×200 km，共有 18 个 GNSS 基准站。由于该地区南临阿尔卑斯山，地势较高，因此山上的基准站可以用来检验流动站与参考站高程相差较大的情况。实验方法如下：选取外围和中间的 8 个基准站作为已知站（如图 2.4 中的 *A*—*H*），其他 10 个站作为检核点（如图 2.4 中的 1—10）。用 GAMIT 软件解算出该天（2008 年 9 月 30 日）所有站的对流层改正值，作为参考值。解算时参数设置为：卫星截止高度角 15°，投影函数 GMF（global mapping function）（Boehm et al，2006），每 2 h 设 1 个对流层参数。为了检验该条件下，GAMIT 解算对流层延迟的精度，我们选取了其中的一个 IGS 站（WTZR），按上述设置用 GAMIT 对它连续 7 天的观测值进行了解算，结果与 IGS 发布的该站最终对流层产品进行了比较（IGS 对流层的最终产品精度优于 4 mm），结果见图 2.5。从图 2.5 可知，GAMIT 解算的对流层结果精度在 6 mm 左右，因此可以作为参考值。最后我们分别应用直接内插法、移去恢复法和投影延拓法求出每个检核点的对流层改正值，与 GAMIT 结果比较，结果见表 2-1。

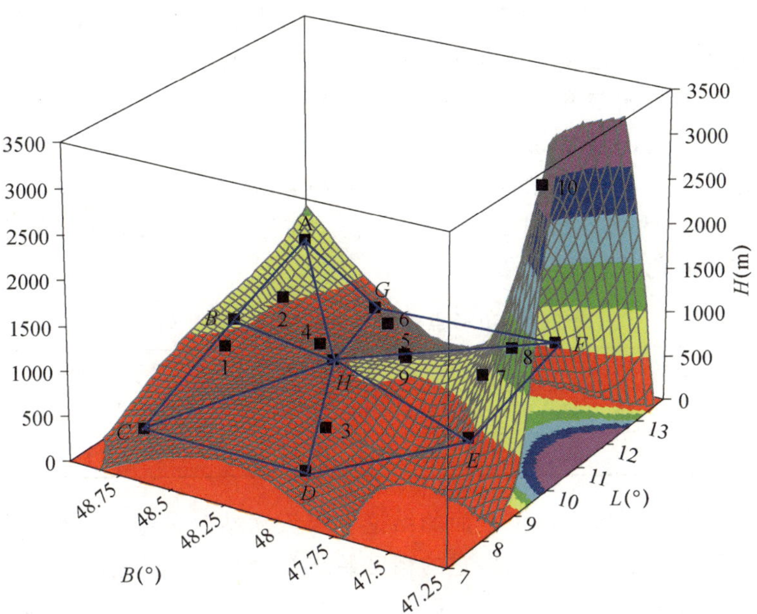

图 2.4　地面实验网的测站分布

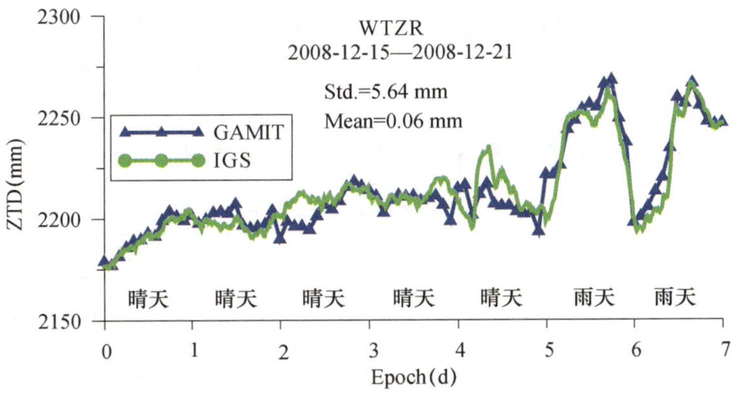

图 2.5　GAMIT 对流层解算结果与 IGS 产品的比较

表 2.1　三种数据处理方式的内插结果

RMS	1	2	3	4	5	6	7	8	9	10
高程(m)	514.9	604.6	420.2	494.4	579.6	432.6	955.4	481.3	642.3	3011.7
直接内插(mm)	12.93	26.45	13.96	30.92	16.17	34.52	136.93	19.14	56.96	649.37
移去恢复(mm)	8.35	9.77	4.96	4.32	7.14	5.32	9.82	8.32	8.60	18.73
投影延拓(mm)	8.81	9.36	4.60	4.38	7.41	5.30	7.43	8.21	8.20	6.97

由表 2.1 可知，在该实验条件下，直接内插法显然无法满足要求，因此它只适用于测区内地势平坦且参考站分布较密集的情况。而对于后两种方法：当检核点高程与参考站高程相差不大时，两种方法的精度基本相当，都在毫米级；但当检核点高程比参考站高许多时，投影延拓法的精度要明显好于移去恢复法，如 10 号点。为了证实这一结论，我们另外选取了 7 天的数据(2008 年 12 月 14 日至 20 日)，对 10 号检核点就后两种方法进行了再次比较。在这 7 天，该站处既有降雨也有晴天。实验方法同前，结果见表 2.2。

表 2.2 10 号点连续 7 天的检验结果比较 单位：mm

RMS	第 1 天	第 2 天	第 3 天	第 4 天	第 5 天	第 6 天	第 7 天
移去恢复	20.31	15.17	15.69	11.02	13.44	18.15	16.89
投影延拓	7.25	6.45	5.22	3.97	4.92	6.32	6.11

表 2.2 的结果再次验证了上面的结论。当流动站比参考站高程高 2 km 左右时，投影延拓法的优势非常明显，它的精度始终在毫米级。而它的误差主要来源于向上延拓时标准模型本身在垂直方向上分辨率的误差。为进一步消除这一误差，只有通过探空气球或大气层析模型(殷海涛 等，2007)去获取该测区对流层垂直方向上的实时大气参数。

为分析不同对流层改正值对 GNSS 定位的影响，我们做了如下实验：分别采用移去恢复法和投影延拓法生成对流层改正值，然后对上面 10 个检核点进行静态定位。结果显示它们的平面定位精度基本一致，而当检核点与参考站高程相差较大时，高程方向上的定位精度存在一定差异，实验结果见表 2.3。

表 2.3 高程方向定位结果比较 单位：mm

RMS	1	2	3	4	5	6	7	8	9	10
移去恢复	8.0	8.3	7.9	7.7	8.7	8.1	10.2	8.2	9.3	11.6
投影延拓	8.0	8.2	7.9	7.7	8.8	8.1	9.6	8.1	9.3	8.7

为进一步分析本书方法的有效性，我们进行了如下 GNSS 动态定位实验：将图 2.4 中 6 号点(该站为 IGS 站，站名 OBE3)作为固定站，10 号点(该站为 SAPOS 基准站，站名 ZUGS)作为动态站进行相对动态定位(即单历元解算)。分别采用移去恢复法和投影延拓法来提供对流层延迟改正值，数据时间为 2008 年 12 月 17 号 0 点 0 分 0 秒至 6 点 59 分 59 秒，共 7 小时。所有结果均与 GAMIT 的解算结果进行比较。图 2.6 为两种方法提供的对流层延迟量的残差；图 2.7 为两种方法在高程方向上的定位残差；表 2.4 为两种方法动态定位精度统计结果。

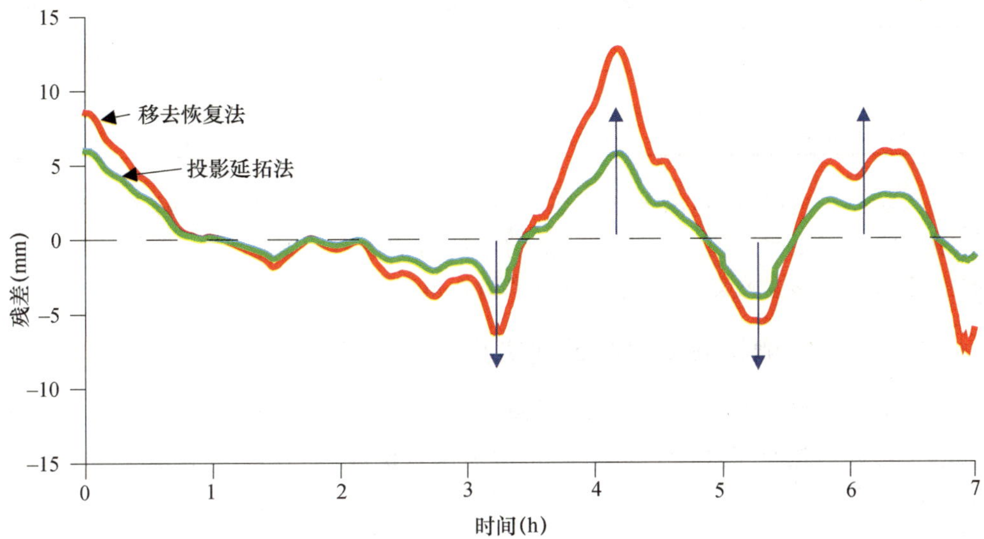

图 2.6　对流层延迟改正值的估计精度比较

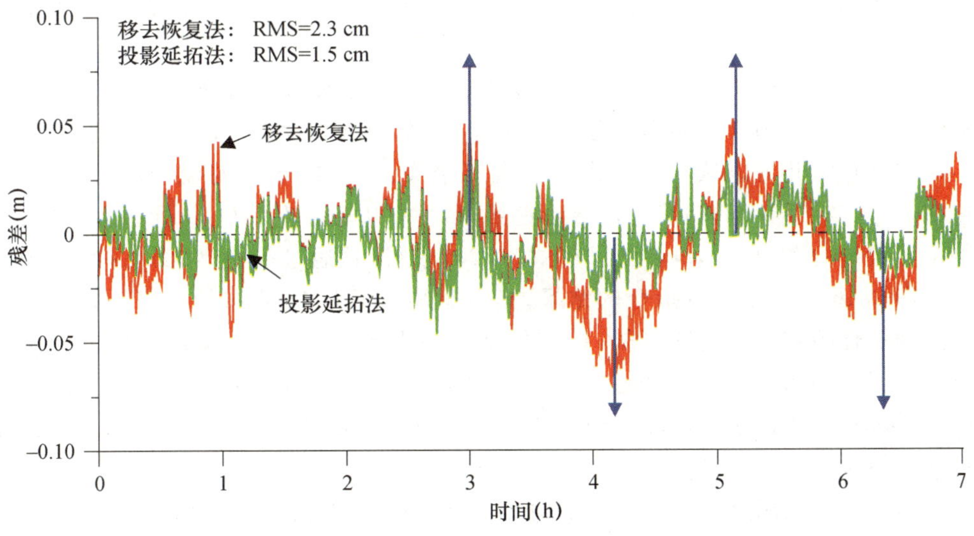

图 2.7　高程方向上的定位精度比较

对比图 2.6、图 2.7 可知，对流层延迟估计量与高程呈明显的负相关关系。即当估计的对流层改正值大于真实值时，解算出的高程就小于真实高程；当估计的对流层改正值小于真实值时，解算出的高程就大于真实高程。因此，准确估计对流层改正量对保证 GNSS 高程方向上的定位精度十分关键。

表 2.4 GNSS 动态定位精度比较 单位:cm

RMS	东西方向	南北方向	高程方向
移去恢复法	0.83	1.37	2.32
投影延拓法	0.85	1.34	1.51

从表 2.4 可以看出,两种方法在东西和南北方向上的定位精度基本一致,即不同精度的对流层改正值对水平方向上的定位精度没有明显影响。但高程方向上,投影延拓法比移去恢复法的精度提高了约 8 mm。

2.4.3 实测机载 GNSS 数据实验

为了检验投影延拓法在机载 GNSS 动态定位的实际效果,我们利用几组真实的飞行数据进行了实验。数据源于德国国家测绘局(BKG)、德国地球科学研究中心(GFZ)和德国地学环境研究所(BGR)2008 年联合执行的航空重力测量项目 AlpinAero2008(Schaefer et al,2009)。项目从 2008 年 9 月 25 日至 10 月 13 日共执行飞行 20 次,测区面积 85000 km^2,主要覆盖德国南部阿尔卑斯山区。我们选取 2008 年 10 月 4 日至 2008 年 10 月 11 日,共 7 天的飞行数据进行测试。

图 2.8 为飞机飞行的平面轨迹图,图 2.9 显示了该地区在该时段内的大气参数变化情况。由图 2.8 可知,测区内共有 12 个地面参考站,它们都属于德国的 SAPOS 网,因此可以从网上下载 GFZ 每天公布的 SAPOS 网对流层产品,进而直接获取这 12 站当天的精确对流层延迟量,精度在 1 mm 左右(Gendt et al,2001)。每个参考站的系数 $\alpha(i,t)$ 可通过等式(2.20)求得,并通过等式(2.21)进行自动拟合。图 2.10 显示了部分拟合的结果,其中蓝线表示 GFZ 公布的 ZTD 结果,红线为自动拟合的结果。由图可知,拟合精度大约为 2 mm。流动站(飞机)的调整系数 $\bar{\alpha}(i,t)$ 则通过内插这 12 个已知参考站的 $\alpha(i,t)$ 获取。流动站的标准模型改正量 $rover\_saas(t)$ 可通过等式(2.26)至式(2.29)求得。最后,利用等式(2.30)得到飞机的最终对流层延迟量。

为了分析利用上述方法得到的对流层延迟量与用标准模型得到的对流层延迟量会对实际的机载动态定位的影响,我们设计了如下四个实验方案。方案一:将投影延拓法获取的对流层延迟量作为初始值,在参数估计时对其残差进行参数估计;方案二:将投影延拓法获取的对流层延迟量作为固定值,参数估计时不另外增加参数估计;方案三:将 Saastamoinen 模型得到的对流层延迟量作为初始值,在参数估计时对其残差进行参数估计;方案四:将 Saastamoinen 模型获取的对流层延迟量作为固定值,参数估计时不另外增加参数估计。分别解算出四个方案的定位结果,并将方案一的解作为参考解,其他三个方案的结果与其相减得到差值。图 2.11 显示了上述四个方案在高程方向定位结果的差异(2008 年 10 月 5 日)，表 2.5 则显示了所有七天高程方向上的定位精度统计情况。

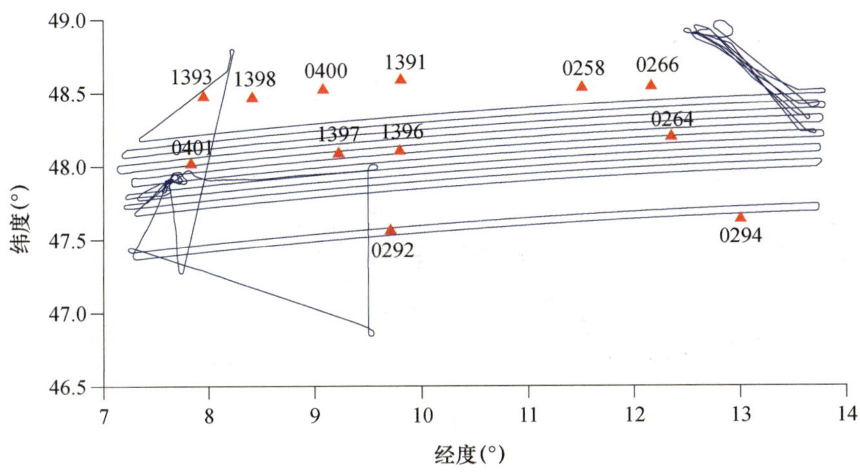

图 2.8　飞机飞行的平面轨迹以及地面参考站的分别情况

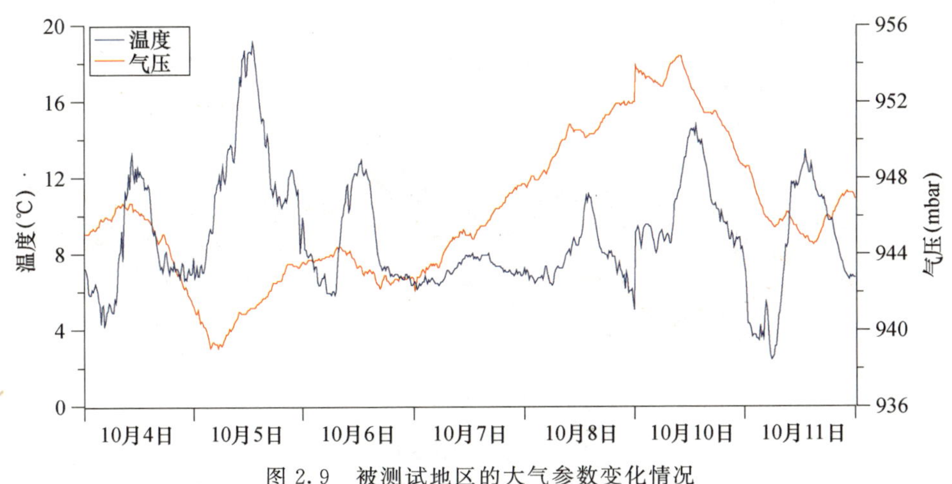

图 2.9　被测试地区的大气参数变化情况

表 2.5　高程方向定位精度统计　　单位:cm

实验	10 月 4 日	10 月 5 日	10 月 6 日	10 月 7 日	10 月 8 日	10 月 10 日	10 月 11 日
实验 2	1.51	1.12	0.98	1.06	0.97	0.93	1.21
实验 3	0.42	0.31	0.27	0.33	0.28	0.31	0.35
实验 4	3.28	3.02	2.93	3.24	2.95	2.79	3.13

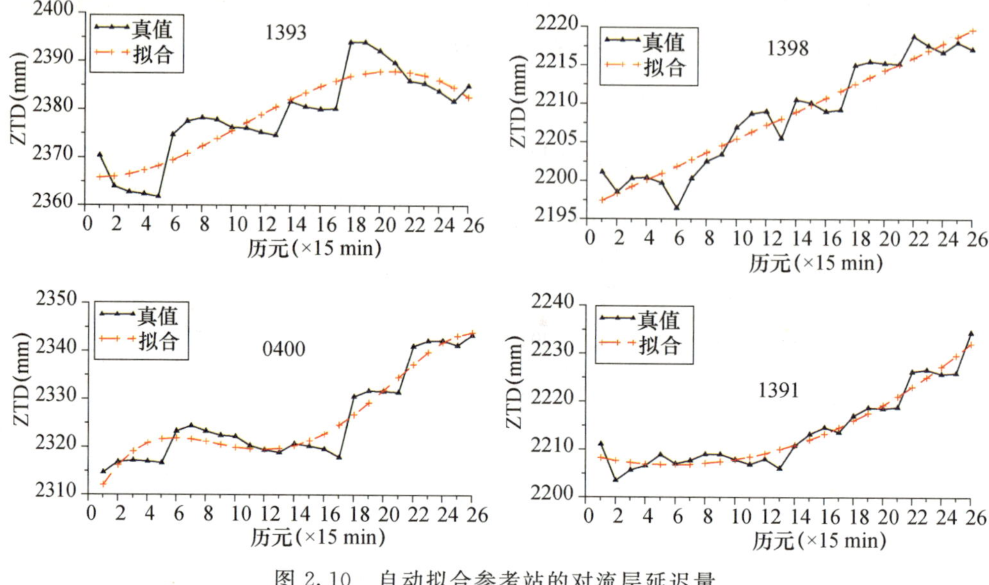

图 2.10 自动拟合参考站的对流层延迟量

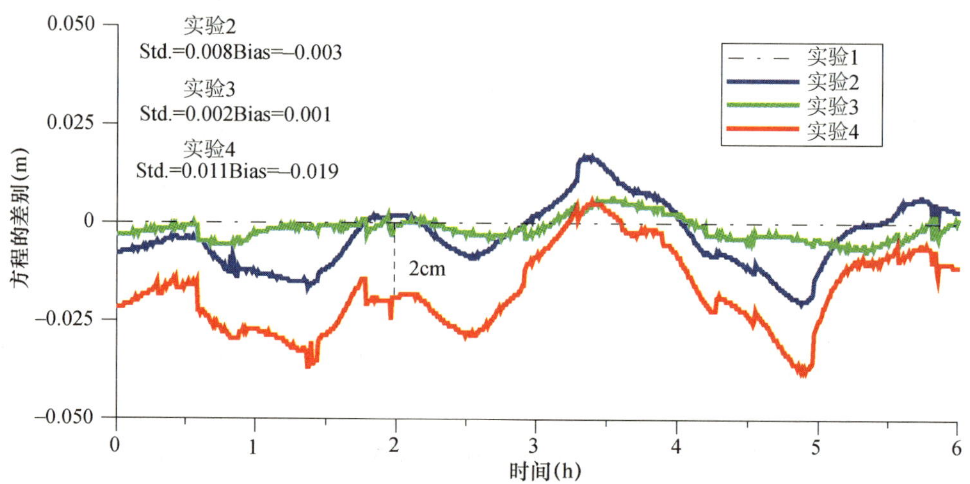

图 2.11 四个实验方案在高程方向的定位结果差异情况

由图 2.11 和表 2.5 的实验结果可以看出：方案 1 与方案 3 的结果很相近，它说明无论给什么样的初始值(对流层延迟量)，只要增加对流层参数的估计，其结果几乎是相同的。另外，方案 2 的结果相对于方案 4 的结果要更接近方案 1 和方案 3 的结果。它们之间存在一个 2 cm 的常数差，并且标准方案也相差 3 mm。这就说明在不另外增加对流层参数估计时，使用投影延拓法获取对流层延迟量要比用标准模型获取对流层延迟量得到的定位结果更加接近于增加对流层参数估计的定位结果。这个属性是非常有用的，因为在实时单点定位中，单个历元的可用观测值十分有限,因此在保证定位结果精度和可靠性的前提下,尽量减少待估参数的个数是十分重要的。

§2.5　本章小结

本章首先简要介绍了对流层延迟误差的形成机理,以及常用的改正方法。并将现有的改正方法归纳成了三类,即经验模型改正法、附加参数估计法和区域模型内插法。当然对于短基线而言,还可利用差分的方式进行消除。其后详细讨论了这三类方法的基本原理,代表性模型以及各自的优缺点。最后针对机载 GNSS 动态定位这一特定情况,提出了"投影延拓法"。大量实验结果显示:当流动站与参考站间高程相差较大时,投影延拓法获取的对流层延迟改正值精度要明显高于现有方法,进而有效地改善了测站高程方向上的定位精度。

当然,该方法也存在不足之处:它是基于区域模型内插法的一种改进方法,因此同样需要利用大量的地面 GNSS 参考站来建立区域对流层改正模型;此外,向上延拓时仍需要更精确的大气剖面模型来进一步提高其精度。

第3章 机载动态定位中粗差的处理方法

§3.1 引 言

GNSS载波相位观测值的观测精度一般可优于1 mm,因此被视作精密定位中的基本观测量。但在实际观测中,GNSS载波相位观测值中不可避免地会存在观测异常或粗差。特别是机载动态定位中,由于观测环境的复杂多变性,导致粗差出现更为频繁。若不对这些粗差进行剔除或有效控制,势必将会造成参数估值的扭曲(Huber et al,1964)。为此,本章首先简要介绍了目前几种常用的粗差处理方法。其后给出了粗差在GNSS动态定位中的影响函数的数学表达式。然后利用实测的GNSS数据对小粗差、大粗差在GNSS动态定位的影响进行定量的分析。最后针对机载GNSS动态定位这一特定情况,提出了采用"粗差探测与抗差估计相结合的处理方法"(王潜心 等,2011b)。并利用静态数据的动态处理实验和真实机载GNSS动态数据实验对该方法的正确性和有效性进行了检验。实验结果显示:基于粗差探测和抗差估计相结合的粗差处理方法可有效地控制和抵御粗差的影响;分别采用IGG3方案和双因子等价权函数的定位结果差异较小。但考虑到双差观测值的相关性,建议在GNSS精密相对动态定位中采用双因子等价权方案来控制粗差的影响。动态定位实验结果与商用软件TGO及科研软件GAMIT进行了比较,动态定位精度在厘米级。

§3.2 常用的粗差处理方法

目前常用的粗差处理方法有许多,但总体上可分为两类:一是粗差探测,它通过构造检验统计量来对粗差进行判断和剔除;二是抗差估计,它通过等价权来对粗差观测值进行控制,以消除或减弱异常误差的影响。上述两种方法各有优缺点:粗差探测方法可在数据预处理阶段完成粗差剔除工作,但要准确选取粗差的判别标准并不容易。过于宽松的判别标准,会导致粗差不能被完全剔除。过于严格的判别标准,则可能导致有些历元的观测值太少,影响解的可靠性。抗差估计方法是与参数解算同步进行的,计算中需迭代计算等价权,因此对于海量观测数据处理会大大增加计算负担。下面就上述两类方法的基本原理和使用方法进行简要的介绍和评述。

3.2.1　粗差探测

粗差探测法的主要优点是简单实用，缺点是很难选取一个合适的判别标准。常用的方法有均值漂移模型、多维粗差探测、拟准检定法、粗差探测的贝叶斯方法等(周江文，1989；欧吉坤，1999；宋迎春 等，2005；归庆明 等，2006)。上述粗差探测方法的具体计算公式可参见相应的参考文献，这里就不再赘述。

3.2.2　抗差估计

常用的抗差估计方法有 IGG3 方案、双因子等价权以及等价方差-协方差函数等。下面以 IGG3 方案和双因子等价权方案为例对此进行简要的介绍。

IGG3 方案：

$$\bar{P}=\gamma P \tag{3.1}$$

$$\gamma=\begin{cases}1 & \bar{v}\leqslant k_0 \\ \dfrac{k_0}{|\bar{v}|}\left(\dfrac{k_1-|\bar{v}|}{k_1-k_0}\right)^2 & k_0<\bar{v}\leqslant k_1 \\ 0 & \bar{v}>k_1\end{cases} \tag{3.2}$$

式中，$\bar{P}$ 为等价权，P 为观测值的原始权，γ 为自适应降权因子或收缩因子，$\bar{v}$ 为标准化残差。k_0 取值范围一般为 1.0～1.5，k_1 为 2.5～3.0。

双因子等价权方案：

$$\bar{P}_{ij}=\gamma_{ij}P_{ij} \tag{3.3}$$

$$\gamma_{ij}=\sqrt{\gamma_{ii}\gamma_{jj}} \tag{3.4}$$

$$\gamma_{ii}=\begin{cases}1 & |v_i|\leqslant c \\ \dfrac{c}{|v_i|} & |v_i|>c\end{cases} \tag{3.5}$$

式中，c 为常量，一般取 1.0～1.5；i、j 表示矩阵的行、列号；γ_{jj} 与 γ_{ii} 类似。

双因子等价权函数与 IGG3 方案的主要区别在于考虑了观测值之间的相关性，并保持了原权矩阵的对称性不变，因此它在处理相关性较强的观测数据时其抗差效果会更好。

§3.3　粗差对 GNSS 动态相对定位的影响分析

为了深入地了解粗差对 GNSS 动态相对定位的影响，我们进行了定性和定量的分析。即从原始的 GNSS 载波相位双差观测方程出发，推导出粗差影响函数的数学表达式。然后人为增加不同大小的粗差，以分析不同粗差对 GNSS 动态定位结果的影响情况。

3.3.1 影响函数

相对定位是目前 GNSS 测量中精度最高的一种定位方法，它广泛用于高精度测量工作中。利用 GNSS 载波相位观测值进行精密动态相对定位的双差观测方程可写为(Xu et al,2005)：

$$\lambda \nabla\Delta\varphi = \nabla\Delta\rho - \lambda \nabla\Delta N - \nabla\Delta\delta_{\text{ion}} + \nabla\Delta\delta_{\text{trop}} + \nabla\Delta\delta_p \tag{3.6}$$

式中，λ 为波长，$\nabla\Delta\varphi$ 为双差载波相位观测值，$\nabla\Delta\rho$、$\nabla\Delta N$ 分别为双差卫地距和双差模糊度，$\nabla\Delta\delta_{\text{ion}}$、$\nabla\Delta\delta_{\text{trop}}$ 为双差后剩余的电离层和对流层改正量，$\nabla\Delta\delta_p$ 表示其他残余误差。

式(3.6)线性化后，其误差方程可表示为：

$$\boldsymbol{L} - \boldsymbol{AX} = \boldsymbol{V},\ \boldsymbol{P} \tag{3.7}$$

式中，$\boldsymbol{L}$ 为双差观测距离与双差理论距离之差(O-C)；$\boldsymbol{A}$ 为系数矩阵；$\boldsymbol{X}$ 为待估参数向量，包含位置参数、双差模糊度以及其他模型参数；$\boldsymbol{V}$ 为残差矩阵；$\boldsymbol{P}$ 为权矩阵。

式(3.7)的最小二乘解为：

$$\boldsymbol{X} = (\boldsymbol{A}^{\mathrm{T}}\boldsymbol{PA})^{-1}\boldsymbol{A}^{\mathrm{T}}\boldsymbol{PL} \tag{3.8}$$

我们可以从误差影响函数来考察最小二乘解对粗差的敏感情况。式(3.8)对应的观测误差影响函数可表示为(杨元喜,1993)：

$$IF(L_j, \hat{X}_{LS}, \Delta_j) = (\boldsymbol{A}^{\mathrm{T}}\boldsymbol{PA})^{-1} \sum_{i=1}^{n} a_{ij} p_{ij} \Delta_j \tag{3.9}$$

式中，a_{ij}、p_{ij} 分别为系数矩阵 $\boldsymbol{A}$ 和权矩阵 $\boldsymbol{P}$ 的第 i 行和第 j 列的元素，Δ_j 为第 j 个观测量的观测误差。由式(3.9)可知，当观测值中含有异常值时，最小二乘解会直接受到影响。其影响程度取决于卫星的空间几何结构和该观测值的权。当观测误差 Δ_j 越大，卫星空间几何结构越差，该观测值的权越大，其影响程度也就越大。

3.3.2 定量分析

为了更加直观地分析粗差对 GNSS 动态相对定位的影响，我们选取中国香港地区的两个 GNSS 基准站进行了静态数据的动态解实验，站名分别为 HKST 和 HKLT。基准站 HKST 作为固定站，HKLT 被视为动态站进行相对动态定位(即单历元解算)，测站位置见图 3.1。

数据时间为 2010 年 1 月 2 号 0 点 0 分 0 秒至 1 点 23 分 15 秒，数据采样率为 5 s，共 1000 个历元。经检验，该段数据为不含粗差的干净数据，就此我们进行了以下三组实验：实验一，随机选取第 500 个历元 PRN7 号卫星的 L1 观测值，人为地增加 0.5 周，以分析较小粗差对 GNSS 动态相对定位的影响情况；实验二，将实验一人为误差增加到 20 周，以分析较大粗差的影响情况；实验三，直接利用干净的原始数据进行解算。HKLT 站本身为静态站，因此我们采用 IGS 中心对该站的天解作为参考值，检验上述三组实验的解算结果。数据处理软件采用德国地学研究中心(GFZ)的 HALO_GPS 精密动态定位软件(Wang et al，2010)，其中参数解算模式为可变参数的序贯平差，实验结果见图 3.2。

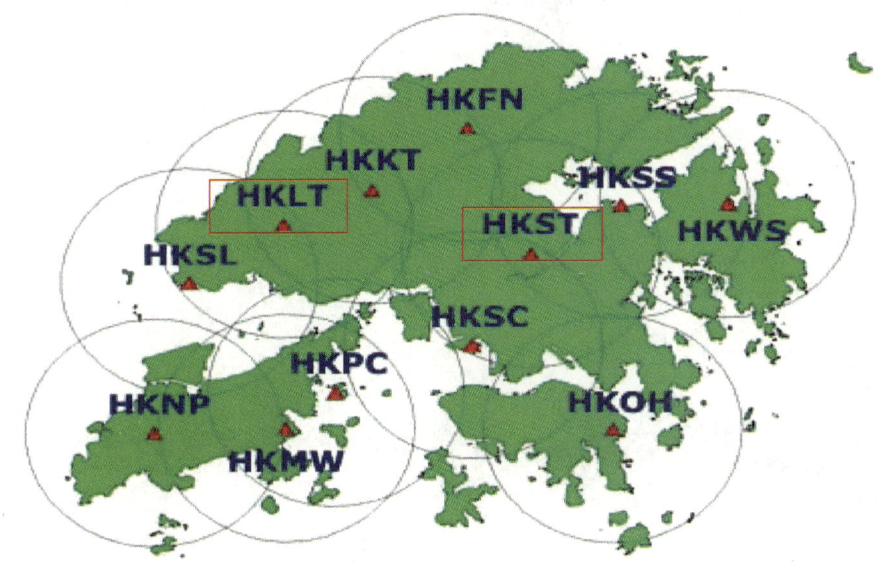

图 3.1　测站位置分布

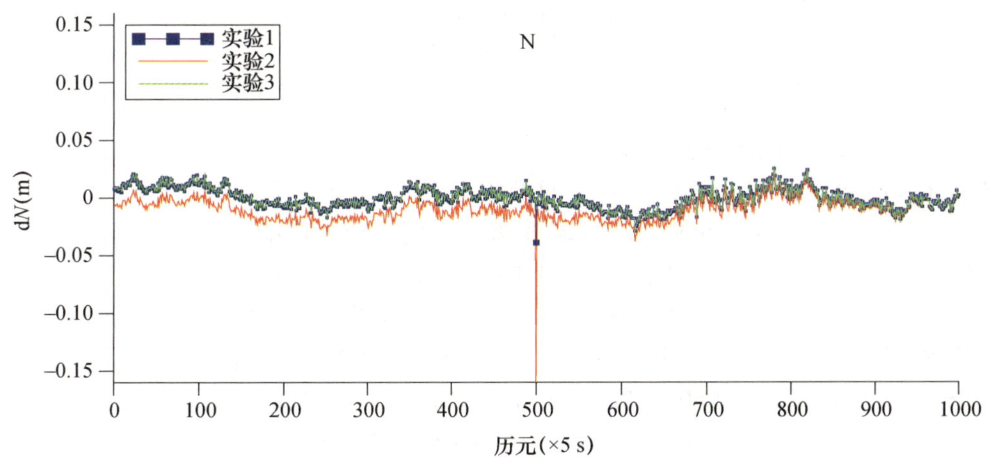

图 3.2　实验 1、2、3 中 NEU 三个方向的动态定位结果比较

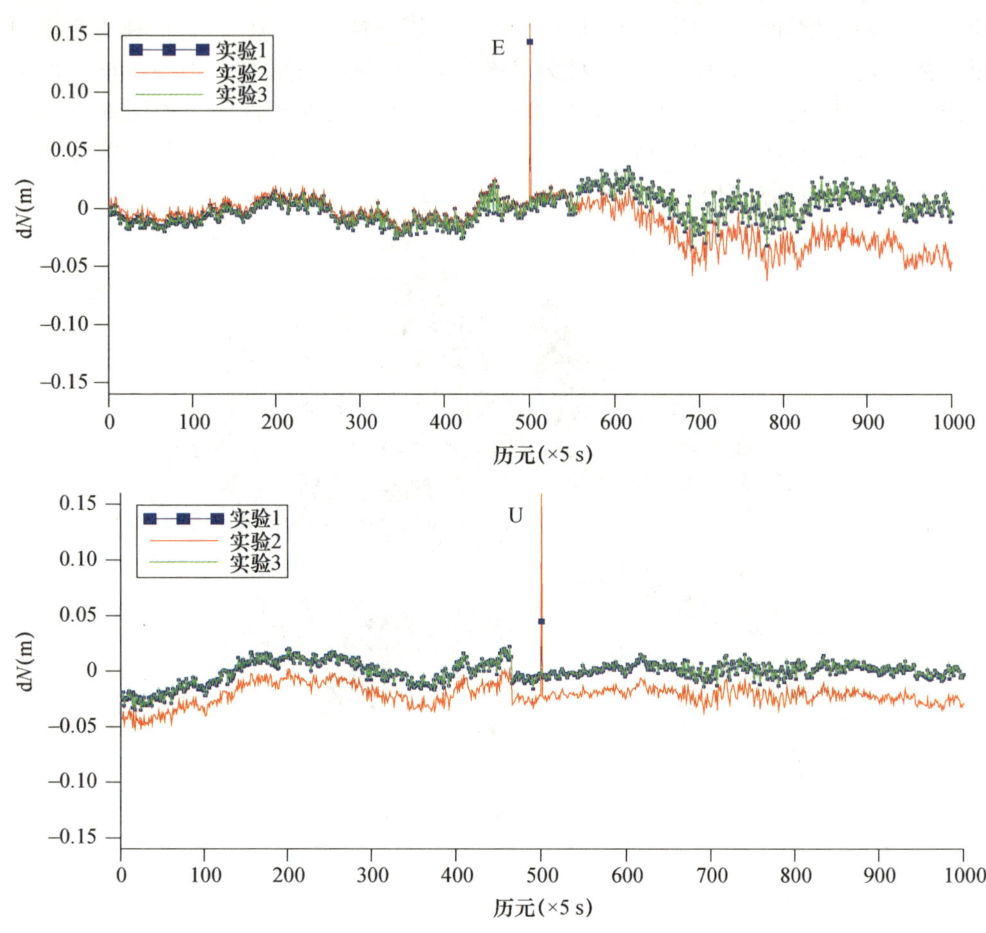

图 3.2(续) 实验 1、2、3 中 NEU 三个方向的动态定位结果比较

由图 3.2 可知：当观测值中仅含 1 个 0.5 周的小粗差时，异常观测值对该历元的定位结果影响较大，而对其他历元的定位结果影响较小；当观测值中含 1 个 20 周的大粗差时，异常观测值不仅对该历元的定位结果影响较大，而且使得与之相关的模糊度参数估计产生偏差，这一偏差导致了所有包含这些模糊度历元的定位结果产生了一个系统偏差。实际上小粗差和大粗差都会对模糊度参数的估计产生影响，只是影响的大小不同。由于小粗差的影响非常小，从图 3.2 很难看出系统性偏差；而大粗差的影响相对较大，因此从图 3.2 可以直观地看出这一系统性偏差。GNSS 数据处理中，未知参数主要包括位置参数和模糊度参数两部分。其中模糊度参数是一个公共参数，对于一颗没有发生周跳的卫星而言，它是一个常数。本文采用可变参数的序贯平差，即先解出公共参数，然后回代求出每个历元的位置参数。当人为地对观测值加入一个大的粗差并将其视为正常观测值对待，必将导

致估计出的模糊度与真实模糊度存在一定程度的偏差。回代时，这一偏差会影响含该模糊度的所有历元的位置参数。由于算例中的动态站实际上是一个静态站，因此产生的影响表现为一个系统性偏差；如果该测站是运动的，则产生的偏差将与载体的运动轨迹相关。由此可见，有效地识别、剔除和控制粗差的影响，对保证 GNSS 动态相对定位的精度和可靠性十分关键。

§3.4　粗差探测与抗差估计相结合的处理方法

在机载 GNSS 动态定位中，由于粗差出现的频率较高，而且机载数据的采样率一般较高，因此机载数据的处理量会非常大。若单独利用粗差探测方法则可能造成粗差剔除不完全，若单独利用抗差估计方法则可能大大增加软件计算负担。因此，我们提出采用粗差探测与抗差估计相结合的方式来处理机载动态定位中的粗差问题，其核心思想是：数据预处理阶段利用粗差探测方法来剔除大的粗差，在参数估计阶段利用抗差估计来控制小粗差的影响，这样既能有效抵御粗差的影响又能保证软件的解算速度。

3.4.1　基本原理

首先利用 L1 和 L2 上的双差相位观测值和双差伪距观测值，分别形成 LI 组合观测值($\nabla\Delta L4$)和 MW 组合观测值($\nabla\Delta L6$)，计算表达式如下：

$$\nabla\Delta L4=\nabla\Delta\varphi_1-\frac{\lambda_2}{\lambda_1}\nabla\Delta\varphi_2 \tag{3.10}$$

$$\nabla\Delta L6=\nabla\Delta\varphi_1-\nabla\Delta\varphi_2-\frac{f_1-f_2}{f_1+f_2}\left(\frac{\nabla\Delta P_1}{\lambda_1}+\frac{\nabla\Delta P_2}{\lambda_2}\right) \tag{3.11}$$

式中，$\nabla\Delta\varphi_1$、$\nabla\Delta\varphi_2$、$\nabla\Delta P_1$、$\nabla\Delta P_2$ 分别表示 L1 和 L2 上的双差载波相位观测值和伪距观测值，λ_1、λ_2、f_1、f_2 分别表示 L1 和 L2 的波长和频率。

由于$\nabla\Delta L4$ 和$\nabla\Delta L6$ 同时满足如下关系：

$$\nabla\Delta L4+\frac{\kappa}{c\lambda_1}\left(\frac{1}{f_1^2}-\frac{1}{f_2^2}\right)=\nabla\Delta N_1-\frac{\lambda_2}{\lambda_1}\nabla\Delta N_2 \tag{3.12}$$

$$\nabla\Delta L6=\nabla\Delta N_1-\nabla\Delta N_2 \tag{3.13}$$

式中，κ 表示双差后的剩余电离层延迟量，c 为光速。因此，当同一颗卫星没有发生周跳时，式(3.12)、式(3.13)的右边都应为一个常数。而式(3.12)的左边主要受电离层残差 κ 的影响，该影响因前面的系数被减少 65%。而式(3.13)的左边主要受双差伪距观测值的噪声影响。大量实验表明：$\nabla\Delta L4$ 和$\nabla\Delta L6$ 一般围绕一个常数上下波动，其标准差分别在 0.01～0.02 周和 0.1～0.2 周。对$\nabla\Delta L4$ 和$\nabla\Delta L6$ 历元间求差可得到两组服从正态分布的待检观测值序列$\nabla\Delta\overline{L4}$和$\nabla\Delta\overline{L6}$。分别对这两组观测值序列进行检验，只要其中一组在某一历元被检验出存在粗差，则该历元被判定存在粗差。检验时我们采用中位数法来避免过大的异常观测值对检验所产生的破坏性影响，其判别标准如下：

$$S=k\frac{|M|}{0.6745} \tag{3.14}$$

式中，S 为临界值，当被检验值大于 S 时被认定为粗差，小于则为正常值；M 为检验序列的中位数；k 为常量，通常取 3，但为适当放宽检验标准，经大量实验后我们取值为 5。利用上述方法，即可在数据预处理阶段完成对大粗差的判别与剔除工作。该方法的实际效果将在后面的算例中给出。

对于剩余的小粗差，我们在参数解算阶段采用抗差估计来消除或减弱其影响。本章主要对 IGG3 方案和双因子等价权函数进行了比较和分析。其中 IGG3 方案和双因子等价权函数的计算公式见式(3.1)至式(3.5)。

为了检验上述方法的有效性并比较 IGG3 方案和双因子等价权模型在 GNSS 动态相对定位中的实际抗差效果，我们进行如下两组实验：一是静态数据的动态处理实验，二是真实的飞行动态定位实验。实验情况及结果如下。

3.4.2 静态数据的动态处理实验

静态数据的动态处理实验同样采用了中国香港地区的 HKST 和 HKLT 两个 GNSS 基准站的观测数据，只是观测时间更长，从 2010 年 1 月 2 日 0 点 0 分 0 秒至 22 点 01 分 20 秒，共 16000 历元。我们共设计了如下 3 个实验方案：方案 1，不对数据做任何粗差探测和抗差估计处理，直接求解，分析观测数据中既含大粗差又含小粗差时对 GNSS 动态相对定位结果的影响情况；方案 2，仅对数据做粗差探测而不做抗差估计，分析当剔除大粗差后小粗差对动态定位结果的影响；方案 3，使用粗差探测与抗差估计相结合的办法来抵御粗差的影响，用于检验所提方法的实际效果。实验中粗差探测采用中位数法，抗差估计采用 IGG3 方案，数据处理软件采用 HALO_GPS 精密动态定位软件，IGS 的天解作为参考值。由于东西、南北和高程方向的图形结果十分的相似，因此这里仅给出高程方向的图形，但三者的精度统计情况均被列出，如表 3.1 和图 3.3 所示。

表 3.1　方案 1、2、3 的定位精度统计　　单位：cm

精度指标	方案 1			方案 2			方案 3		
	N	E	U	N	E	U	N	E	U
平均值	2.73	3.51	−4.45	0.33	0.41	0.47	0.19	0.25	0.26
标准差	2.11	2.36	3.31	1.37	1.55	2.22	1.08	1.21	1.73
最大值	77.34	81.14	86.60	8.26	9.32	11.01	5.22	5.78	7.34
最小值	−49.92	−50.09	−56.13	−3.54	−4.19	−5.14	−3.73	−4.22	−5.01

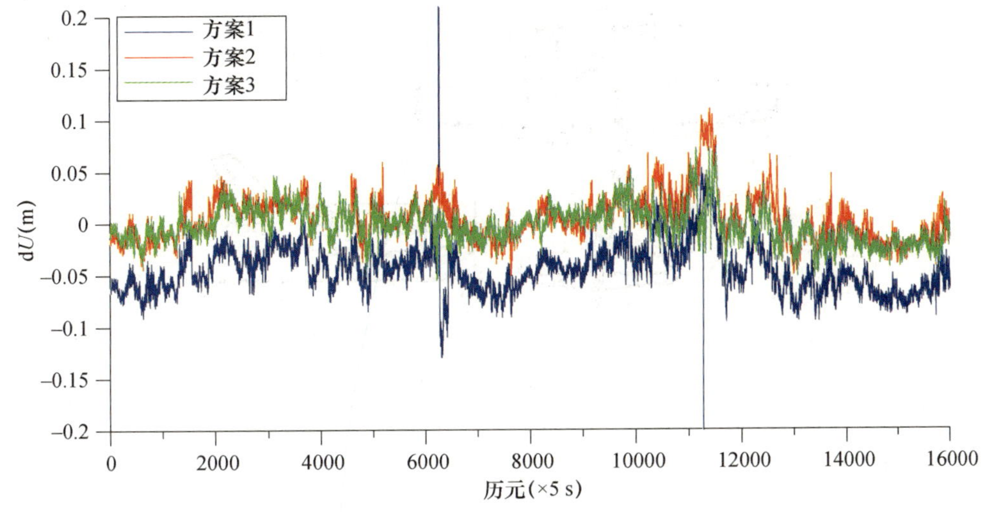

图 3.3　比较方案 1、2、3 在高程方向上的动态定位结果

由图 3.3 可知，方案 2 采用中位数法后，定位结果已不存在明显跳点，说明大粗差被有效剔除；方案 3 增加抗差估计后，定位精度得到了进一步改善，说明小粗差得以有效的控制。同时从表 1 的统计结果可知，方案 3 中的最大误差也达到了 7 cm。究其原因，主要是一些历元本身的卫星空间几何结构较差，PDOP 值较大，导致误差放大。

3.4.3　机载动态数据处理实验

为进一步检验上述方法对真实的 GNSS 动态数据的处理效果，我们采用德国国家测绘局、德国地学研究中心和德国地学环境研究所 2008 年联合执行的航空重力测量项目的飞行数据进行了检验。数据的起止时间为 2008 年 10 月13 日 13 点 10 分 24 秒至 17 点 58 分 4 秒，采样率为 1 s，共 17261 个历元。飞机型号为 Beech QueenAir 88，飞机的头尾部分别架设了 Novatel OEM-4 和 Topcon NET-G3 两台 GNSS 接收机，两台接收机在地面量测的精确距离为 5.343 m，如图 3.4 所示。

由于飞行动态定位中很难找到一个绝对的“真值”，因此我们采用内部检验与外部比较相结合的办法来对实验结果进行检验。首先我们采用相对动态定位模式分别求解两台 GNSS 接收机在整个飞行过程中的位置，然后计算出它们每个历元的空间几何距离，再与地面量测的精确距离进行比较，以检验其内符合精度。解算过程中，抗差方法为本书所提的粗差探测与抗差估计相结合的办法，其中抗差估计采用 IGG3 方案。中位数法中的系数 k 取 5，IGG3 方案的 $k_0=1.0$、$k_1=5.0$，实验结果如图 3.5 所示。

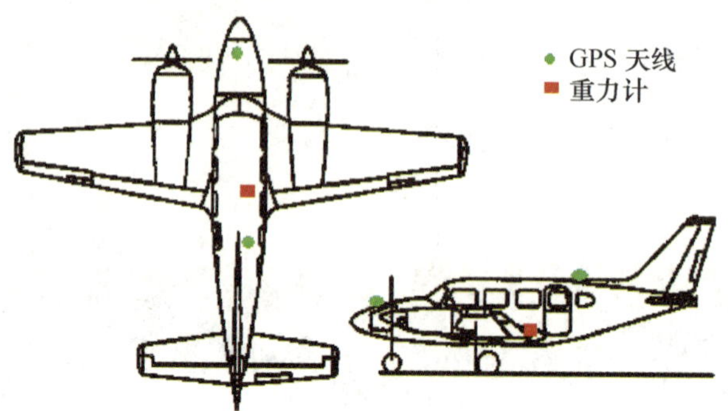

图 3.4 GPS 接收机在飞机上的位置

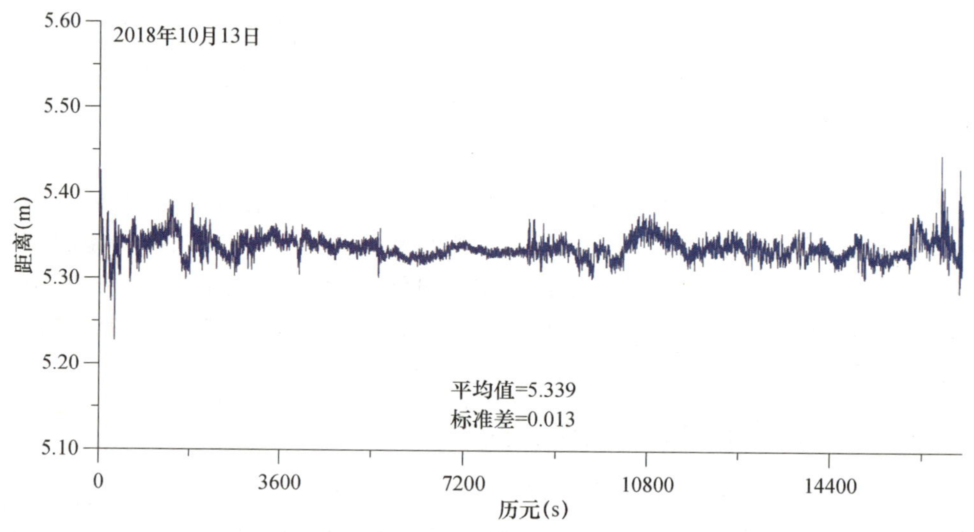

图 3.5 实验解得的两台 GNSS 接收机的空间几何距离

由图 3.5 可知,解算得到的平均值与真实值相差 4 mm,标准差为 13 mm。但曲线两端的波动相对较大,主要是因为飞机在起飞和降落时速度变化较快,机身震动较大,因此解算结果的内符合精度相对较低。

为进一步检验结果的可靠性,我们使用商用软件 Trimble Geomatics Office™(TGO)以及科研软件 GAMIT 的解算结果进行了比较,图 3.6 显示了它们在高程方向上定位结果的差异。

由图 3.6 可知,采用本书的抗差方法得到的动态定位结果与 GAMIT 和 TGO 软件的解算结果比较,标准差小于 3 cm,但几个软件间均存在几厘米的系统差,可能是因为使用的误差改正模型不一样。

为比较 IGG3 方案和双因子等价权函数在 GNSS 动态相对定位中的抗差效果,我们换用双因子等价权函数对该数据重新进行了计算,其中 $c=1.0$。结果显示：两者的定位结果差异非常小，仅为亚毫米级。但该算例为 GNSS 单基线动态相对定位，因此观测值间的相关性并不强。若采用多参考站进行网解，观测值的相关性会增强，因此建议在 GNSS 动态相对定位中采用双因子等价权方案来控制粗差的影响。此外，为了比较只使用抗差估计和使用粗差探测与抗差估计相结合的方法对软件运算速度的影响，我们分别采用这两种方法进行了大量的试算，发现使用粗差探测与抗差估计相结合方法的运算速度要明显快于只使用抗差估计。并且当观测数据质量较差、含粗差的个数较多时，只使用抗差估计会使软件迭代计算的次数明显增加，有时甚至造成死循环，导致解发散。

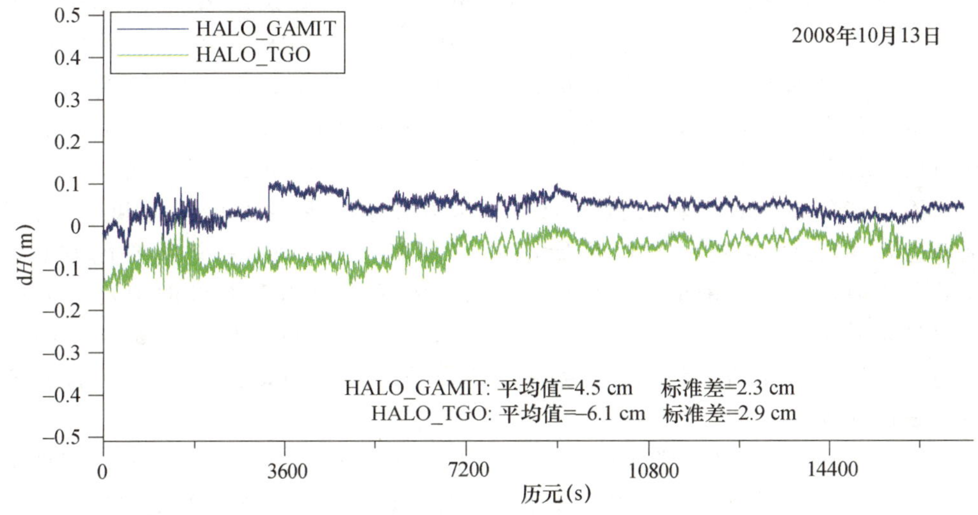

图 3.6　高程方向上的定位结果比较

§3.5　本章小结

GNSS 观测数据中不可避免地存在粗差，如果不能有效地对粗差进行识别和控制，势必会对参数的估计结果产生严重影响。本章针对粗差在 GNSS 相对动态定位的影响进行了定性和定量的分析，给出了相应的影响函数和抗差估计方法。建议采用粗差探测与抗差估计相结合的方法来抵御粗差的影响。即在数据预处理阶段，采用中位数法和较为宽松的粗差判别标准来剔除大的粗差；在参数解算阶段采用抗差估计来消除或减弱小粗差的影响。利用静态数据的动态处理和真实的机载 GNSS 数据，对该方法的正确性和有效性进行了检验。结果表明：基于粗差探测和抗差估计相结合的粗差处理方法不仅能有效地控制和抵御粗差的影响，而且与单独使用抗差估计方法相比，还可减少软件的计算量，提高运算速度。

第4章　卫星钟差的实时预报方法

§4.1　引　言

GNSS 卫星钟差是影响 GNSS 定位精度的一个主要误差源，它对 GNSS 测量的影响可以归结于三个方面：一是影响卫地距的正确求解，1 ns 的钟差将导致 0.3 m 的距离误差；二是影响卫星位置和卫星速度的正确求解，因为用户在计算卫星位置和速度时，需考虑卫星钟差、接收机钟差以及传播距离引起的时延，进而根据观测时刻卫星的位置和速度推求出发射时刻的卫星位置和速度，因此不正确的卫星钟差将直接影响用户求取发射时刻的卫星位置和速度；三是最近研究表明卫星钟差也是影响整周模糊度求解的一个重要因素（Xu et al，2003）。实时精密单点定位（RT-PPP）中，实时获取高精度的卫星钟差改正信息是其必要条件（Gao，2006；Han et al，2001）。因此，如何实时获取高精度的卫星钟差改正值，对实现精密单点定位技术向实时动态方向发展起着至关重要的作用。

本章首先对目前几种常用的 GNSS 卫星钟差预报模型及预报精度进行详细的比较和分析，其后利用大量的卫星钟差数据对 GNSS 卫星钟差的变化特性进行了深入分析，并找出其变化规律。在此基础上，提出了“基于非平稳时序模型的 GNSS 卫星钟差预报方法”（Wang Qianxin et al，2009；王潜心 等，2010a）。利用大量的 GNSS 卫星钟差数据对该方法的预报精度和实用性进行了检验，实验结果显示：利用该方法进行 GNSS 卫星钟差实时预报，预报精度可达 0.5 ns 的水平。最后介绍北斗卫星钟差预报的研究，并做最后总结。

§4.2　常用的预报模型及预报精度比较

目前国内外已有许多学者对 GNSS 卫星钟差的预报进行了深入的研究，提出的主要预报模型有：线型模型（LM）（Michitaka，1987）、二次多项式模型（QPM）（Hofmann et al，2001；Leick，2004）、二次多项式加周期项改正模型（QPM＋CT）（Kenneth et al，2008；Broederbauer，2003，2007）、灰色模型（GM）（崔先强 等，2005）及卡尔曼滤波模型（Breakiron，2001；朱祥维 等，2008）等。但从现有的研究结果来看，利用上述模型进行 GNSS 卫星钟差实时预报，预报精度一般在纳秒级。

而我们研究的目标是希望将现有的预报精度提高到亚纳秒级，以满足高精度 RT-PPP 的需求。

因此，我们首先对三种常用预报模型(LM、QPM、GM)的预报精度进行对比实验。实验采用的数据为 2008 年 1 月 1 日、2 月 1 日、3 月 1 日、4 月 1 日、5 月 1 日、6 月 1 日、7 月 1 日、8 月 1 日每天 00:00—05:45 的 IGS 超快速产品(IGS—URP)，分别利用上述三种模型预报当天接下来 6 h(06:00—11:45)的卫星钟差，结果与 13 天后 IGS 公布的最终产品(精度优于 0.1 ns)进行比较，得到相应的标准差(standard deviation)，结果见表 4.1。Ave 表示 32 颗卫星标准差的平均值，其中 NULL 表示当天 IGS 中心提供的超快速观测产品中没有该颗卫星的观测数据。

从表 4.1 的结果可知，在该实验条件下，LM 模型的预报精度好于 GM，两者均明显优于 QPM。为了再次证明这一结论，采用其他不同年份的数据做了类似的实验。实验数据为 2001—2008 年每年 4 月 1 日的 IGS-URP，实验方法同前。由于 IGS 中心 2005 年以前的 IGS-URP 是每 12 h 更新一次，所以 2001—2004 年是用每天前 12 h(00:00—11:45)的观测数据来预报当天接下来 12 h(12:00—23:45)的卫星钟差，实验结果见图 4.1。图 4.1 的结果再次证明了上述结论，同时我们注意到从 2005 年起三种模型的预报精度迅速提升。究其原因，主要是因为 GNSS 卫星钟差的预报精度随预报时间的延长迅速下降，从 2005 年起 IGS-URP 的更新周期缩短为 6 h，使得预报周期也相应缩短，因此预报精度迅速提高；其次是配有性能更加稳定的卫星钟的卫星数量在逐年增多，也使得 32 颗卫星的平均预报精度相应提高。GNSS 卫星的更新及卫星钟的配置情况可以参见文献(USNO, http://tycho.usno.navy.mil)。

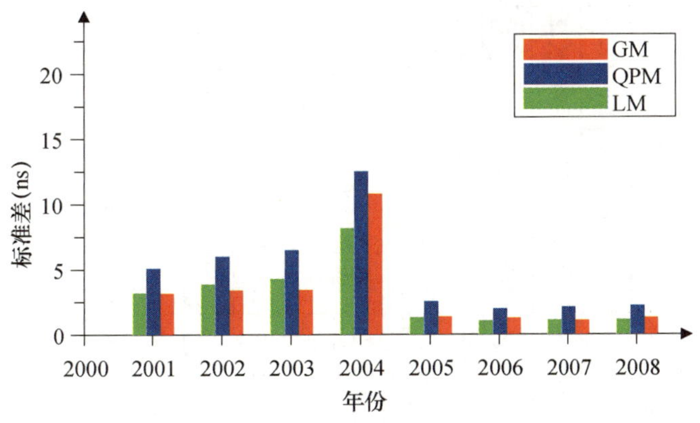

图 4.1 不同年的卫星钟差预报精度比较

表 4.1 LM、QPM、GM 模型的预报精度比较

单位：ns

日期	1月1日			2月1日			3月1日			4月1日			5月1日			6月1日			7月1日			8月1日		
PRN	LM	QPM	GM	LM	QPM	GM	LM	QPM	GM	LM	QPM	GM	LM	QPM	GM	LM	QPM	GM	LM	QPM	GM	LM	QPM	GM
1	5.191	9.99	4.75	1.61	9.46	1.46	6.97	4.84	6.97	6.68	2.50	6.51	NULL	NULL	NULL	NULL	NULL	NULL	NULL	NULL	NULL	NULL	NULL	NULL
2	0.23	0.47	0.25	0.27	0.57	0.28	0.19	0.37	0.19	0.10	0.11	0.10	0.69	0.94	0.69	0.30	0.14	0.30	0.34	0.82	0.33	0.16	0.15	0.16
3	3.19	4.95	3.35	1.40	3.24	1.39	1.00	2.69	1.03	3.05	4.45	3.05	2.51	0.91	2.57	0.88	1.54	0.86	3.02	3.49	3.14	1.571	2.80	1.42
4	0.29	0.67	0.36	0.68	0.23	2.32	0.58	0.39	0.40	0.99	1.90	0.82	0.86	3.50	0.67	0.65	1.03	0.78	0.87	2.18	0.81	0.38	0.65	0.46
5	1.10	0.95	1.05	1.28	1.68	1.26	0.47	1.13	0.45	0.57	1.21	0.62	0.39	2.22	0.46	0.81	2.25	0.88	1.67	1.50	1.78	2.49	1.30	2.59
6	0.56	0.97	0.70	0.51	0.40	1.26	0.49	0.55	0.42	0.82	0.43	0.61	0.91	1.72	0.81	0.70	3.56	0.75	0.48	1.83	0.45	1.28	0.45	1.30
7	0.65	0.98	0.64	NULL	NULL	NULL	NULL	NULL	NULL	0.48	1.15	0.22	0.26	0.23	0.24	0.25	0.92	0.20	0.37	1.05	0.25	0.57	0.63	1.41
8	1.54	8.31	1.69	2.43	5.71	2.61	3.56	7.03	3.87	2.60	5.41	2.55	1.96	3.97	1.93	1.68	4.01	1.98	4.681	3.22	5.00	3.95	1.73	3.92
9	1.67	1.14	1.75	0.84	4.81	0.84	1.211	0.38	1.14	2.49	3.21	2.53	4.521	4.00	4.81	2.23	5.10	2.15	4.15	1.95	4.16	2.65	1.98	2.69
10	2.28	8.94	2.64	1.43	3.74	1.33	2.67	0.53	2.64	1.38	6.92	1.46	2.65	2.79	2.79	2.80	6.47	2.87	2.03	2.63	2.05	2.03	3.12	2.06
11	0.73	0.35	0.74	0.30	1.19	0.32	0.59	1.24	0.61	0.63	0.75	0.66	0.22	0.28	0.23	0.64	0.91	0.67	0.52	0.72	0.55	0.39	0.17	0.41
12	0.27	0.27	0.28	0.39	1.26	0.42	0.34	1.70	0.37	0.24	1.87	0.33	0.25	0.51	0.27	0.31	1.59	0.34	0.29	1.26	0.30	0.25	1.69	0.23
13	0.22	0.44	0.22	0.16	1.13	0.15	0.39	0.14	0.39	0.31	0.33	0.31	0.34	0.52	0.35	0.21	0.60	0.21	0.16	0.42	0.17	0.26	0.36	0.26
14	0.30	0.14	0.31	0.50	0.60	0.53	0.15	1.32	0.17	0.19	0.39	0.20	0.36	1.08	0.41	0.27	1.08	0.28	0.12	0.49	0.13	0.11	0.14	0.11
15	0.12	1.26	0.12	0.19	0.21	0.19	0.14	0.93	0.15	0.18	1.36	0.23	0.14	0.57	0.16	0.15	0.23	0.16	0.13	0.13	0.12	0.28	0.93	0.28
16	0.27	1.42	0.25	0.49	0.49	0.51	0.21	0.49	0.20	0.39	1.21	0.43	0.26	0.33	0.26	0.24	0.37	0.25	0.56	1.44	0.58	0.58	2.29	0.62
17	0.20	0.16	0.19	0.20	1.46	0.21	0.19	1.14	0.20	0.24	0.15	0.25	0.16	0.23	0.17	0.18	0.75	0.19	0.34	0.38	0.36	0.40	0.55	0.38
18	0.17	0.16	0.18	0.36	0.43	0.38	0.51	1.02	0.55	0.60	1.74	0.65	0.21	0.26	0.21	0.25	0.31	0.26	0.28	1.02	0.26	0.38	0.85	0.38

续表

日期 PRN	1月1日			2月1日			3月1日			4月1日			5月1日			6月1日			7月1日			8月1日		
	LM	QPM	GM	LM	QPM	GM	LM	QPM	GM	LM	QPM	GM	LM	QPM	GM	LM	QPM	GM	LM	QPM	GM	LM	QPM	GM
19	0.13	0.85	0.14	0.24	0.54	0.24	0.13	1.33	0.17	0.19	0.42	0.20	0.23	1.06	0.25	0.20	0.30	0.20	0.22	0.41	0.22	0.18	0.31	0.18
20	0.12	1.99	0.21	0.47	1.53	0.50	0.25	0.21	0.25	0.33	0.21	0.34	0.27	0.23	0.27	0.19	1.18	0.17	0.16	0.13	0.16	0.18	0.38	0.18
21	0.33	0.28	0.34	0.30	0.60	0.33	0.25	0.63	0.24	0.31	0.28	0.32	0.46	2.27	0.50	0.50	0.75	0.54	0.25	0.60	0.24	0.38	0.64	0.38
22	0.32	1.19	0.31	0.50	0.65	0.50	0.24	0.44	0.21	0.18	0.34	0.18	1.05	3.70	0.99	0.24	0.50	0.25	0.63	0.45	0.63	0.25	0.40	0.25
23	0.37	0.26	0.36	0.17	0.13	0.17	0.34	0.31	0.34	0.22	0.65	0.20	0.15	0.45	0.16	0.25	0.54	0.25	0.24	0.30	0.26	0.13	0.74	0.14
24	5.15	5.31	5.16	2.581	1.12	2.38	3.73	1.99	3.78	1.67	8.60	1.67	2.23	5.87	2.45	1.04	2.44	1.06	3.92	5.18	3.93	4.38	2.51	4.44
25	0.87	1.31	0.93	0.19	0.24	0.19	0.96	1.58	0.96	0.39	0.80	3.62	0.26	1.19	1.09	0.95	0.29	0.43	0.79	1.93	0.78	0.81	2.68	0.67
26	0.51	1.58	0.37	0.81	2.06	0.94	0.98	3.40	1.12	0.87	0.57	0.94	0.30	1.23	0.31	0.36	3.73	0.39	1.02	1.30	1.05	0.74	1.68	0.73
27	1.142	2.17	1.56	4.19	6.89	4.47	4.76	3.92	4.90	6.53	1.77	6.64	2.361	8.60	2.14	4.38	7.33	4.58	7.811	5.43	8.14	3.75	5.34	3.91
28	0.63	0.75	0.64	0.41	0.68	0.42	0.20	0.22	0.20	0.15	0.25	0.16	0.45	1.30	0.47	0.40	0.41	0.40	0.57	0.30	0.58	0.24	0.97	0.23
29	NULL	NULL	NULL	NULL	NULL	NULL	0.38	0.60	0.35	0.49	0.36	0.49	0.12	0.59	0.11	0.13	0.53	0.13	0.16	0.38	0.16	0.33	0.49	0.32
30	0.93	0.82	0.91	1.98	5.95	1.97	1.22	4.60	1.29	1.27	1.36	1.25	1.30	4.71	1.34	1.61	4.58	1.75	1.31	6.93	1.28	2.55	4.00	2.65
31	0.19	0.91	0.20	0.16	0.22	0.17	0.21	0.55	0.22	0.18	0.99	0.18	0.25	1.74	0.26	0.20	1.11	0.20	0.21	0.58	0.23	0.34	0.50	0.34
32	NULL	NULL	NULL	NULL	NULL	NULL	NULL	NULL	NULL	0.36	1.77	0.34	0.58	1.61	0.63	0.68	1.79	0.66	NULL	NULL	NULL	1.68	1.38	1.73
Ave	0.99	2.97	1.02	0.86	2.32	0.96	1.11	1.86	1.13	1.10	1.67	1.19	0.86	2.54	0.90	0.76	1.82	0.78	1.24	2.28	1.27	1.09	1.67	1.12

§4.3 GPS 卫星钟差的特性分析

通过上述大量实验，我们得知在 GPS 卫星钟差的短周期预报中(如 6 h)，LM 模型有着较高的预报精度和简洁的形式，因此我们决定采用 LM 模型来分析每颗 GPS 卫星钟的特性。表 4.2 为目前 32 颗 GPS 卫星钟的种类和卫星编号对照表，数据来源于美国海军观测实验室(USNO)2008 年 7 月 21 日发布的最新信息。表 4.3 是利用 LM 模型和 2008 年 4 月 1 日至 4 月 30 日每天 00:00—05:45 的 IGS-URP 预报当天接下来 6 h(06:00—11:45)的卫星钟差，结果为与 IGS 发布的最终产品相比得到的标准差。对照表 4.2 和表 4.3 我们可以看到 PRN1、3、8、9、10、24、27、30 号卫星的预报精度明显低于其他卫星。而这 8 颗卫星都属于 BLOCK ⅡA 类卫星，且卫星钟都是铯钟，这就说明了 GPS 卫星钟差的预报精度与卫星钟的种类密切相关。从表 4.3 的结果可知，对于稳定的卫星我们直接利用 LM 模型和每天前 6 h 的 IGS-URP 预报当天接下来 6 h 的卫星钟差，预报精度在 0.5 ns 水平，可以满足 RT-PPP 定位的要求。因此，接下来的重点是如何提高不稳定卫星的钟差预报精度。

表 4.2 GPS 卫星钟种类和卫星号对照

卫星种类	钟	PRN
BLOCK ⅡA	Cs	1,3,8,9,10,24,27,30
	Rb	4,5,6,25,26,32
BLOCK ⅡR	Rb	2,11,13,14,16,18,19,20,21,22,23,28
BLOCK ⅡM	Rb	7,12,15,17,29,31

为了更好地预报不稳定卫星的卫星钟差，我们对它们的预报残差进行了仔细分析。图 4.2、图 4.3 是 PRN1 和 PRN27 两颗最不稳定的卫星连续 7 天(2008-4-1 至 2008-4-7)，每天 00:00—05:45 用 LM 模型预报所得的残差情况。

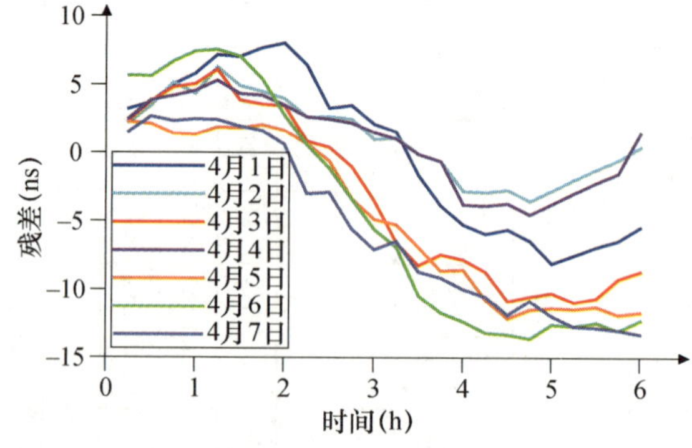

图 4.2 PRN1 号卫星连续 7 天的预报残差

表 4.3　连续 30 天所有卫星 6 h 的预报精度比较　　单位：ns

PRN	4-1	4-2	4-3	4-4	4-5	4-6	4-7	4-8	4-9	4-10	4-11	4-12	4-13	4-14	4-15	4-16	4-17	4-18	4-19	4-20	4-21	4-22	4-23	4-24	4-25	4-26	4-27	4-28	4-29	4-30	ave
1	6.68	8.44	11.64	7.73	8.20	4.37	5.31	10.30	9.60	9.38	5.67	8.81	2.93	6.20	4.37	5.75	9.69	6.01	12.52	8.60	5.94	7.51	7.43	7.92	7.40	9.46	7.14	5.56	1.87	NULL	7.32
2	0.10	0.12	0.11	0.23	0.12	0.10	0.21	0.20	0.13	0.16	0.15	0.14	0.25	0.24	0.13	0.16	0.13	0.15	0.10	0.27	0.19	0.12	0.27	0.09	0.12	NULL	NULL	0.31	0.96	0.79	0.22
3	3.05	5.69	1.18	2.63	3.68	4.20	1.58	2.14	1.89	1.30	1.91	1.19	3.47	4.99	5.51	1.06	2.20	2.52	4.05	4.09	1.34	3.69	1.56	2.59	1.26	3.42	3.14	4.05	4.07	2.65	2.87
4	0.99	0.81	1.00	1.11	0.46	0.46	1.05	0.85	1.65	1.08	0.40	1.02	0.69	0.57	0.52	0.67	1.40	0.82	0.19	0.73	0.30	0.82	0.41	0.54	0.39	0.26	0.29	0.72	0.33	0.34	0.70
5	0.57	0.49	0.53	0.80	0.24	0.28	0.70	0.68	0.56	0.32	0.35	0.49	0.48	0.36	0.75	0.23	0.22	0.50	0.65	0.32	0.19	0.25	0.32	0.26	0.37	0.37	0.41	0.51	0.53	0.43	0.44
6	0.82	0.25	0.80	0.45	0.57	0.37	0.64	0.45	1.33	1.12	1.58	0.64	1.07	1.04	0.72	0.90	1.00	0.66	0.90	0.31	0.72	1.33	0.43	0.61	0.69	2.35	1.06	0.61	0.72	1.90	0.87
7	0.48	0.31	0.34	0.34	0.42	0.35	0.32	0.25	0.44	0.35	0.16	0.15	0.14	0.21	0.49	0.18	0.38	0.22	0.69	0.24	0.37	0.19	0.55	0.34	0.19	0.46	0.67	0.40	0.30	0.29	0.34
8	2.60	4.43	0.90	2.12	2.34	4.26	4.02	1.85	4.65	1.91	1.34	0.74	1.63	2.11	1.06	3.45	4.18	4.28	3.53	3.04	5.85	1.32	3.57	1.72	3.06	0.98	4.67	1.53	3.38	1.07	2.72
9	2.49	2.55	1.64	1.53	0.88	1.84	1.44	2.68	1.96	2.08	1.82	2.10	0.69	1.66	1.22	3.89	1.35	2.25	3.54	4.27	2.74	3.19	3.35	4.25	3.48	2.54	2.62	3.74	5.65	5.64	2.64
10	1.38	0.91	2.64	1.26	1.22	2.91	1.13	0.93	3.26	2.63	2.15	2.24	1.64	1.08	3.03	1.10	1.77	1.47	2.20	2.96	1.15	0.94	3.20	1.58	1.14	1.08	1.36	1.30	3.15	1.71	1.82
11	0.63	0.61	0.29	0.67	0.50	1.10	0.16	0.49	0.38	0.39	0.35	0.59	0.44	0.33	0.00	NULL	0.58	0.29	0.30	0.16	0.49	0.55	0.47	0.20	0.31	0.82	0.24	0.32	0.49	0.33	0.43
12	0.24	0.21	0.35	0.35	0.19	0.17	0.15	0.26	0.16	0.48	0.25	0.28	0.33	0.20	0.11	0.19	0.25	0.39	0.16	0.29	0.18	0.17	0.33	0.25	0.10	0.97	0.35	0.41	0.56	0.66	0.30
13	0.31	0.17	0.31	0.37	0.23	0.17	0.15	0.32	0.19	0.19	0.18	0.16	0.19	0.44	0.17	0.17	0.18	0.25	0.26	0.19	0.22	0.16	0.27	0.17	0.25	0.60	0.27	0.25	0.38	0.29	0.25
14	0.19	0.30	0.15	0.23	0.22	0.41	0.12	0.25	0.18	0.26	0.20	0.32	0.49	0.16	0.31	0.12	0.30	0.40	0.12	0.11	0.12	0.38	0.24	0.42	0.38	0.52	0.17	0.40	0.51	0.14	0.27
15	0.18	0.38	0.34	0.19	0.40	0.25	0.21	0.22	0.52	0.58	0.48	0.16	0.20	0.39	0.14	0.30	0.12	0.36	0.21	0.26	0.30	0.18	0.18	0.18	0.15	0.91	0.39	0.58	0.37	0.31	0.31
16	0.39	0.66	0.35	0.22	0.16	0.24	0.34	0.13	0.22	0.31	0.32	0.35	0.25	0.21	0.17	0.13	0.43	0.28	0.19	0.25	0.34	0.19	0.14	0.40	0.11	0.38	0.23	0.20	0.12	0.29	0.27
17	0.24	0.46	0.35	0.28	0.41	0.44	0.40	0.25	0.18	0.31	0.18	0.26	0.39	0.15	0.35	0.58	0.17	0.16	0.16	0.43	0.35	0.16	0.27	0.20	0.27	0.72	0.20	0.16	0.34	0.38	0.31
18	0.60	0.18	0.24	0.27	0.44	0.15	0.44	0.33	0.23	0.49	0.24	0.33	0.28	0.39	0.39	0.42	0.38	0.50	0.23	0.25	0.21	0.15	0.42	0.23	0.30	1.04	0.73	0.68	0.55	0.29	0.38
19	0.19	0.17	0.17	0.15	0.17	0.23	0.30	0.43	0.11	0.27	0.20	0.22	0.30	0.14	0.39	0.15	0.19	0.20	0.16	0.15	0.16	0.19	0.15	0.30	0.20	0.82	0.16	0.53	0.21	0.18	0.24

续表

PRN	4-1	4-2	4-3	4-4	4-5	4-6	4-7	4-8	4-9	4-10	4-11	4-12	4-13	4-14	4-15	4-16	4-17	4-18	4-19	4-20	4-21	4-22	4-23	4-24	4-25	4-26	4-27	4-28	4-29	4-30	ave
20	0.33	0.16	0.32	0.16	0.24	0.26	0.33	0.24	0.40	0.28	0.29	0.26	0.31	0.27	0.37	0.26	0.30	0.24	0.20	0.23	0.42	0.36	0.18	0.32	0.16	0.57	0.20	0.22	0.16	0.15	0.27
21	0.31	0.23	0.40	0.45	0.38	0.28	0.26	0.39	0.32	0.32	0.44	0.37	0.30	0.32	0.38	0.28	0.39	0.37	0.30	0.41	0.27	0.27	0.30	0.39	0.35	1.20	0.54	0.66	0.50	0.42	0.39
22	0.18	0.34	0.36	0.35	0.19	0.34	0.19	0.25	0.19	0.22	0.17	1.42	0.17	0.19	0.24	0.25	0.22	0.35	0.37	0.19	0.50	0.24	0.16	0.19	0.22	0.75	0.44	0.51	0.29	0.26	0.32
23	0.22	0.29	0.33	0.21	0.34	0.17	0.26	0.15	0.17	0.38	0.14	0.19	0.16	0.27	0.10	0.22	0.49	0.32	0.25	0.11	0.13	0.14	0.19	0.12	0.37	0.60	0.25	0.37	0.17	0.34	0.25
24	1.67	1.75	2.74	1.82	1.95	2.43	3.29	2.31	4.07	2.99	1.32	2.51	4.47	3.22	2.14	1.90	2.00	4.20	0.92	3.11	3.19	2.00	1.54	2.30	4.28	1.47	2.97	6.02	2.08	3.12	2.66
25	0.39	0.62	0.27	0.28	0.48	0.52	0.18	0.39	0.22	0.21	0.32	0.53	0.67	0.42	0.37	0.19	0.60	0.60	0.41	0.52	0.34	0.28	0.01	NULL	0.34	0.56	0.28	0.16	0.42	0.30	0.37
26	0.87	1.30	1.06	0.21	1.64	0.41	0.43	0.82	0.80	0.85	1.43	0.73	0.97	0.23	0.53	0.95	0.76	1.15	1.26	0.33	0.69	0.91	0.28	0.74	1.11	1.03	0.56	0.71	0.16	0.38	0.78
27	6.53	4.94	4.79	3.40	3.45	5.53	4.74	2.56	6.62	3.96	6.26	7.25	1.04	2.29	8.49	5.04	7.19	3.96	4.46	6.61	3.77	6.77	5.28	7.37	4.48	5.23	1.67	4.57	3.72	4.85	4.89
28	0.15	0.28	0.62	0.40	0.18	0.36	0.40	0.23	0.22	0.53	0.15	0.25	0.16	0.33	0.47	0.19	0.40	0.86	0.54	0.64	0.58	0.29	0.21	0.23	0.15	0.16	0.27	0.63	0.58	0.69	0.37
29	0.49	0.23	0.18	0.19	0.17	0.21	0.94	0.25	0.26	0.19	0.09	0.13	0.25	0.14	0.41	1.54	0.24	0.34	0.40	0.22	0.37	0.18	0.24	0.14	0.16	0.63	0.15	0.24	0.29	0.26	0.32
30	1.27	2.79	0.80	1.00	1.83	1.81	2.82	3.20	1.57	0.85	5.67	1.54	2.11	1.22	2.57	0.95	1.33	4.03	2.13	1.46	2.40	0.97	1.96	1.36	1.73	1.15	2.11	3.12	NULL	0.01	1.92
31	0.18	0.34	0.32	0.32	0.22	0.37	0.24	0.52	0.28	0.27	0.29	0.28	0.17	0.36	0.20	0.21	0.65	0.32	0.44	0.44	0.40	0.17	0.14	0.14	0.16	0.29	0.28	0.31	0.17	0.10	0.29
32	0.36	0.35	0.27	0.68	0.34	0.19	0.75	0.46	0.19	0.62	0.50	0.53	1.06	0.29	0.50	0.48	0.92	0.41	0.52	0.57	0.51	0.31	0.39	0.67	0.32	0.59	0.89	0.65	0.36	0.41	0.50

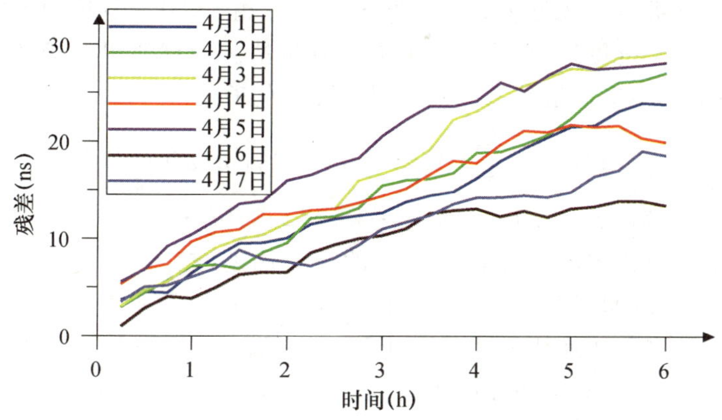

图 4.3　PRN27 号卫星连续 7 天的预报残差

由图 4.2、图 4.3 可知，对于同一颗卫星，每天在相同的时段用相同的模型去预报其卫星钟差，预报所得的残差虽不完全重合，但总体变化趋势却十分地相似。因此我们若能充分利用这一特性作为先验信息对原始的 LM 模型预报值进行修正，那么修正后的预报值精度应该更高。

§4.4　基于非平稳时序模型卫星钟差预报方法

通过上述分析可知，GPS 卫星钟差的变化特性大体上可分为三个部分：一是趋势性变化部分；二是周期性变化部分；三是随机性变化部分。因此，我们可以构建一个非平稳时序模型对其进行整体描述，具体函数模型如下：

$$P(t)=L(t)+v(t)+x(t) \tag{4.1}$$

式中，$P(t)$为某一卫星在时刻 t 的卫星钟差，单位纳秒(ns)，$t=1、2、3、\cdots、n$；$L(t)$为钟差的趋势性变化项；$v(t)$为残差的周期性变化项；$x(t)$随机性干扰项。下面逐项分析其成分。

4.4.1　趋势性变化项

通过前面的对比实验我们可知，当利用前 6 h 的 IGS 超快速观测产品来预报随后 6 h 的卫星钟差时，LM 模型的预报精度最高，且待估参数少，非常适合实时预报。因此，可采用 LM 模型作为预测模型的总体趋势项函数，即：

$$L(t)=a+bt \tag{4.2}$$

式中，a、b 为待定系数，t 为时间序号。

4.4.2　周期性变化项

当从原始数据中扣除趋势项后再分析其周期项。周期项分析常用的方法有方差分析、相关分析、谐波分析和周期图分析法。由于 GPS 卫星钟差数据的基本周期可通过频谱分析得到，因此可采用谐波分析法。根据傅里叶级数频谱分析理论，可建立如下模型来预报钟差残差的周期性变化项：

$$v(t)=\sum_{n=1}^{m}(A_n\sin(\omega_n t)+B_n\cos(\omega_n t)) \tag{4.3}$$

式中，A_n、B_n 为振幅；$\omega_n=2\pi f_n$，f_n 是频率，$m=1$、2、…、n。

首先利用谱分析求出占总能量 90% 的所有周期，然后代入式(4.3)求出对应的振幅 A_n 和 B_n，从而得到残差的周期性变化项 $v(t)$。图 4.4 是对 PRN1 号卫星连续 7 天的残差进行快速傅里叶变换(FFT)后的结果。图 4.4 显示变换后的频点十分集中，说明其残差具有明显的周期性。图 4.5 是利用频谱分析法找出这些残差的主要周期后按式(4.3)进行建模，然后利用该模型得到的拟合值。从拟合值与原始值的符合程度看，该拟合模型能较好地反映其残差的周期性变化规律。

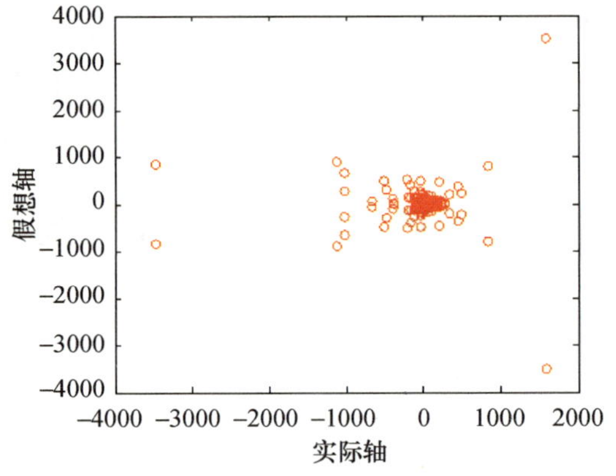

图 4.4　PRN1 号卫星残差的傅里叶变换结果

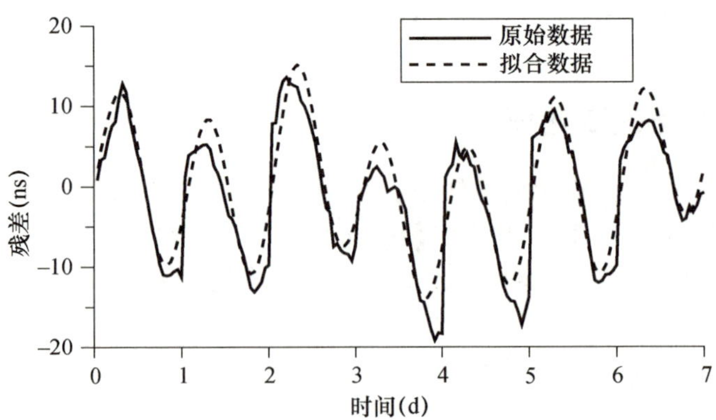

图 4.5　PRN1 号卫星残差的拟合结果

4.4.3　随机性变化项

对随机项成分 $x(t)$ 的预测可采用自回归模型(auto regression)来表示它的统计特性，即：

$$x(t)=\mu+\varphi_1[x(t-1)-\mu]+\varphi_2[x(t-2)-\mu]+\cdots+\varphi_p[x(t-p)-\mu]+\varepsilon_r \tag{4.4}$$

式中，μ 为随机序列的均值，φ_1、φ_2、…、φ_p 为自回归的权重系数。自回归模型建立与求解的主要步骤如下：首先求出随机序列 $x(t)$ 的均值 μ、方差 S^2 和偏态系数 C_{sx}，来判断随机序列 $x(t)$ 是否为正态分布，若不是则进行正态性转换；然后求出随机序列的自相关系数 r_k 和偏相关系数 φ_k，从而确定模型的阶数 p；最后对纯随机项 ε_t 进行独立性检验。

将上述趋势项模型 $L(t)$、周期项模型 $v(t)$ 及随机项模型 $x(t)$ 进行叠加，就形成了基于非平稳时间序列的 GPS 卫星钟差实时预报模型：

$$\begin{aligned}P(t) = {} & a + bt + \sum_{n=1}^{m}(A_n\sin(\omega_n t) + B_n\cos(\omega_n t)) + \\ & u + \varphi_1[x(t-1) - u] + \varphi_2[x(t-2) - u] + \cdots + \\ & \varphi_p[x(t-p) - u] + \varepsilon_1, \quad t = 1、2、\cdots、n\end{aligned} \tag{4.5}$$

§4.5　算例及分析

为了验证上述模型的实际预测效果，我们做了如下实验。分别采用非平稳时序模型(NSTS)、LM 模型及广播星历(BRCD)对 2008 年 4 月 20 日一天的卫星钟差进行预报，以 IGS 最终产品作为准确值。图 4.6 是三种模型分别对 PRN1 和 PRN27 号两颗不稳定卫星进行实时预报所得残差的情况。

从图 4.6 可以看出，直接利用原始的 LM 模型预报 GPS 卫星钟差，其误差积累效应非常明显，随预报时间的延长预报精度迅速下降；广播星历由于每两小时更新一次，因此避免了误差的积累效应，但精度不高；非平稳时序模型的预报精度明显高于两者。

表 4.4 为 LM 模型与非平稳时序对当天八颗不稳定卫星的预报结果比较。表 4.5为 2008 年 4 月 1 日至 2008 年 4 月 30 日用非平稳时序模型实时预报 GPS 卫星钟差，每天卫星钟差的标准方差和平均误差的统计情况，取 32 颗卫星的平均值。从表 4.5 的结果来看，用非平稳时序模型实时预报 GPS 卫星钟差，标准差在 0.5 ns左右，平均误差在 1 ns 左右。4 月 26 日的平均误差高达 9.36 ns，是因为当天 IGS 超快速产品数据与 13 天后发布的最终产品存在一个常量偏差(约 9 ns)。这也正是该方法的局限性，该方法采用的原始数据是 IGS-URP 数据(精度 0.2 ns)，因此

若原始数据本身出现偏差，则预报值也会产生相应的偏差。为了避免这种情况的发生，可通过对 GPS 观测值进行反算的办法得到卫星钟差。即在基站位置已知，其他误差都已最大程度消除的情况下，反算出每颗卫星钟差的大小。这种方法精度更高(0.3 ns)，结果更可靠，但需实时处理大量的观测数据，工作量较大。

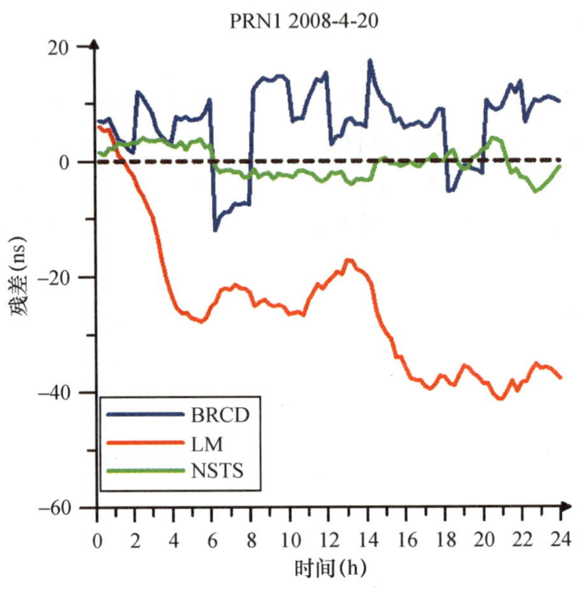

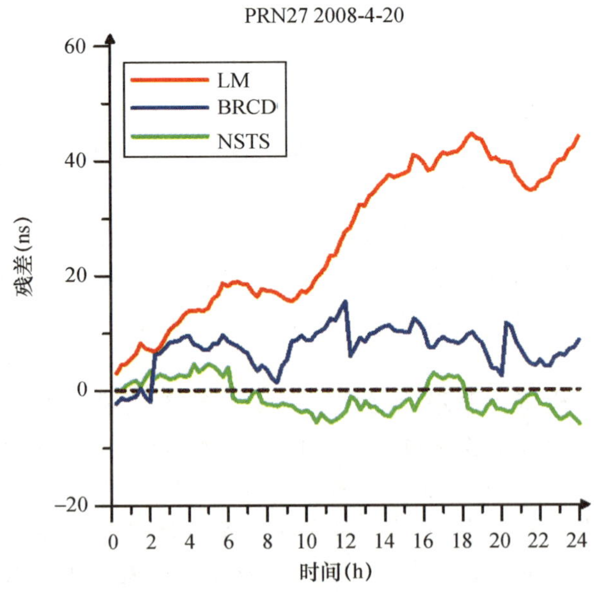

图 4.6　LM 模型、广播星历和非平稳时序模型的残差值比较

表 4.4　LM 模型与非平稳时序模型对不稳定卫星的预报结果比较　单位：ns

模型	PRN1	PRN3	PRN8	PRN9	PRN10	PRN24	PRN27	PRN30
LM(标准差)	5.694	2.337	1.676	2.935	2.768	2.273	3.659	2.115
NSTS(标准差)	1.328	0.531	0.445	0.627	0.573	0.449	0.892	0.494

表 4.5　非平稳时序模型一个月的预报精度统计　单位：ns

日期	1	2	3	4	5	6	7	8	9	10	11	12	13	14	15
标准差	0.41	0.57	0.42	0.25	0.3	0.31	0.35	0.23	0.64	0.4	0.39	0.43	0.17	0.25	0.44
平均值	0.77	0.89	1.06	0.65	0.81	0.84	0.61	0.53	1.03	0.76	1.19	0.89	0.8	0.54	1.01
日期	16	17	18	19	20	21	22	23	24	25	26	27	28	29	30
标准差	0.33	0.56	0.51	0.62	0.41	0.39	0.37	0.38	0.47	0.36	0.65	0.42	0.56	0.38	0.24
平均值	0.76	1.25	1	1.26	0.52	0.56	0.74	0.68	0.77	0.55	9.36	1.14	1.98	1.04	1.32

§4.6　相关性对北斗卫星钟差预报精度影响研究

本节主要研究了卫星钟之间相关性对北斗卫星钟差预报精度的影响。首先改进了现有的钟差数据异常值探测方法，采用改进后的方法探测并剔除钟差数据中的异常值，为钟差预报研究提供了干净的数据；之后分析了北斗卫星钟之间的相关性，构建了顾及卫星钟相关性的钟差预报模型；最后通过实验验证了卫星钟之间的相关性对北斗卫星钟差预报精度的影响。

4.6.1　卫星钟差数据预处理

Bararda 异常值探测法能够有效地探测出钟差序列中的小误差并将其剔除（李跃华 等，2011）。本书一方面为避免粗差和钟跳等异常值对二次多项式系数求解的影响，另一方面考虑到频率数据更能突出异常点，文中通过对频率数据建模，并采用抗差最小二乘估计多项式系数。对探测出的异常点做插值处理，然后将频率数据恢复成相位数据。具体模型如下：

$$x(t)=a_0+a_1t+a_2t^2+e_t \tag{4.6}$$

$$x'(t)=a_1+2a_2t+w_t \tag{4.7}$$

$$y(t)=x'(t)=\frac{x(t+\tau)-x(t)}{\tau} \tag{4.8}$$

式中，$x(t)$表示钟差相位数据，$y(t)$表示频率数据，a_0、a_1、a_2 分别表示相位、钟速和钟漂，τ 是采样间隔，e_t 和 w_t 分别表示钟差和频率时间序列的拟合残差。

为在建模中准确确定先验权，本书首先对钟差数据的噪声水平进行了分析。选用 2018 年年积日 60—90 d 德国地学研究中心（Geo Forschungs Zentrum Potsdam,

GFZ)解算的最终钟差产品,采用二次多项对钟差数据进行拟合,之后为分析拟合残差是否符合标准正态分布,采用直方图和 Q-Q 图对残差序列进行统计检验。当前,BDS-2 卫星共在轨 14 颗,其中 5 颗 GEO(C01—C05)、5 颗 IGSO(C06—C10)和 4 颗 MEO(C11—C14),由于 M05(C13)号卫星在 2014 年 10 月停止播发信号,2015 年 3 月一颗星的 IGSO 卫星 I06(C15)卫星发射并替代 M05 号卫星提供区域服务(Huang et al,2018;Xu et al,2018)。限于篇幅限制,文中选择 C04、C07 和 C14 三颗卫星进行分析,其直方图和 Q-Q 图检验信息如图 4.7 和图 4.8 所示。

图 4.7 和图 4.8 给出了拟合残差的检验信息。图 4.7 给出了拟合残差的均值和标准差,从中可以看出拟合残差序列基本符合正态分布;图 4.8 显示了拟合残差序列在 95%的置信区间内可以很好地实现拟合。其中 GEO 卫星拟合效果较差,主要由于 GEO 卫星钟差精度较低,无法采用二次多项式进行较好的拟合。

从以上分析中可以看出,钟差残差序列基本符合正态分布,可以将钟差当作白噪声处理。因此在对频率数据建模进行粗差探测时,有 $\mathrm{cov}[w_t w_{t-1}]\neq 0$,且 $\mathrm{cov}[w_t w_{t-k}]=0(k\geqslant 2)$。若假设钟差数据为单位权,则根据协方差传播定律,本书中对频率数据建模的权矩阵为:

$$\boldsymbol{Q}_w=\begin{bmatrix} 1 & -\frac{1}{\tau^2} & & \\ -\frac{1}{\tau^2} & 1 & \ddots & \\ & \ddots & 1 & -\frac{1}{\tau^2} \\ & & -\frac{1}{\tau^2} & 1 \end{bmatrix} \tag{4.9}$$

选用 2018 年年积日 60 d C07 号卫星的钟差数据作为基础序列来验证本书所改进的钟差异常值处理方法的有效性。异常值探测情况如图 4.9 所示,图中(a)(b)(c)三幅图分别表示原始数据序列、数据预处理后的序列以及人为加入钟跳后的处理情况。

根据图 4.9(a)和图 4.9(b)的对比,可以发现本书所提出的异常值探测方法能够有效探测出钟差数据中存在的小粗差。另外,由于钟跳的出现会对估计预报模型参数产生较大的影响,必须对其进行处理。如图 4.9(c)中,在第 1440 历元处加入了 10 ns 的跳变,之后插值处理探测出的跳变值。将插值处理后的频率数据恢复成相位数据,证明了本书所采用的方法能够很好地处理钟差数据中存在的跳变,且对频漂项明显的钟差数据的异常值处理十分有效。为清晰展示本书所改进的异常值探测方法,图 4.10 给出了算法详细流程。

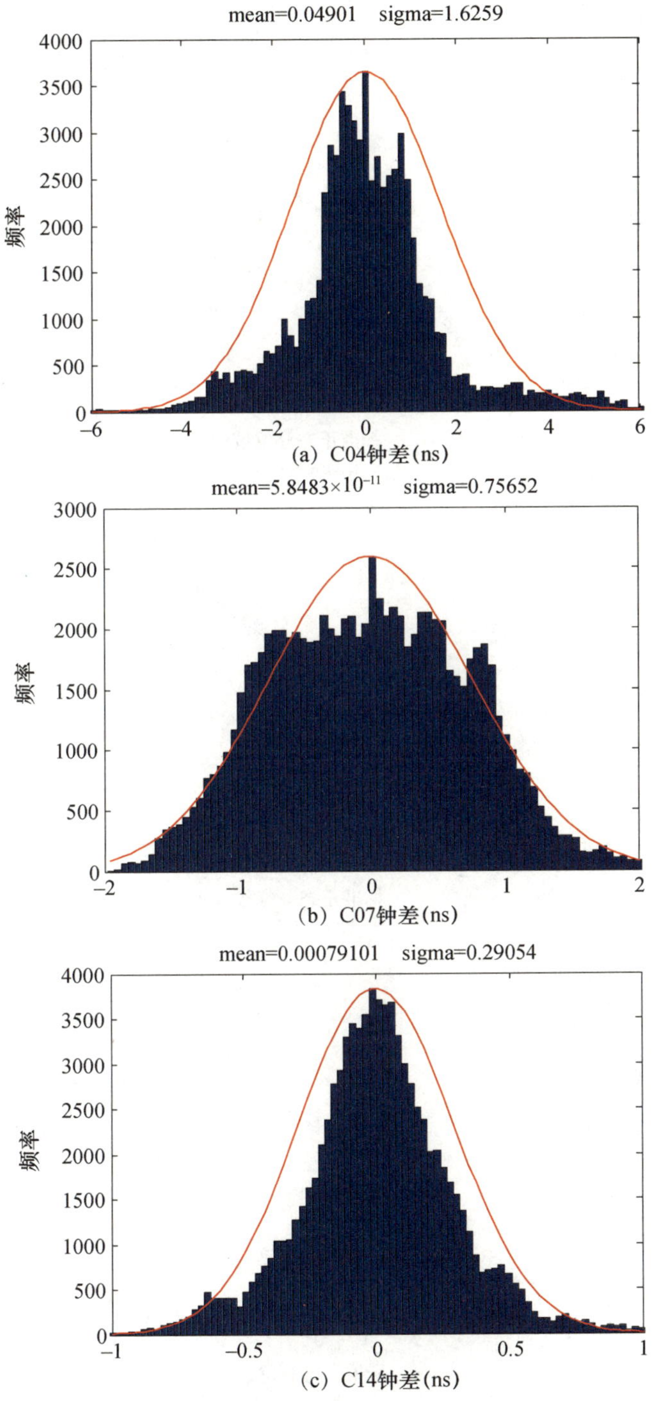

图 4.7　拟合残差直方图和正态分布

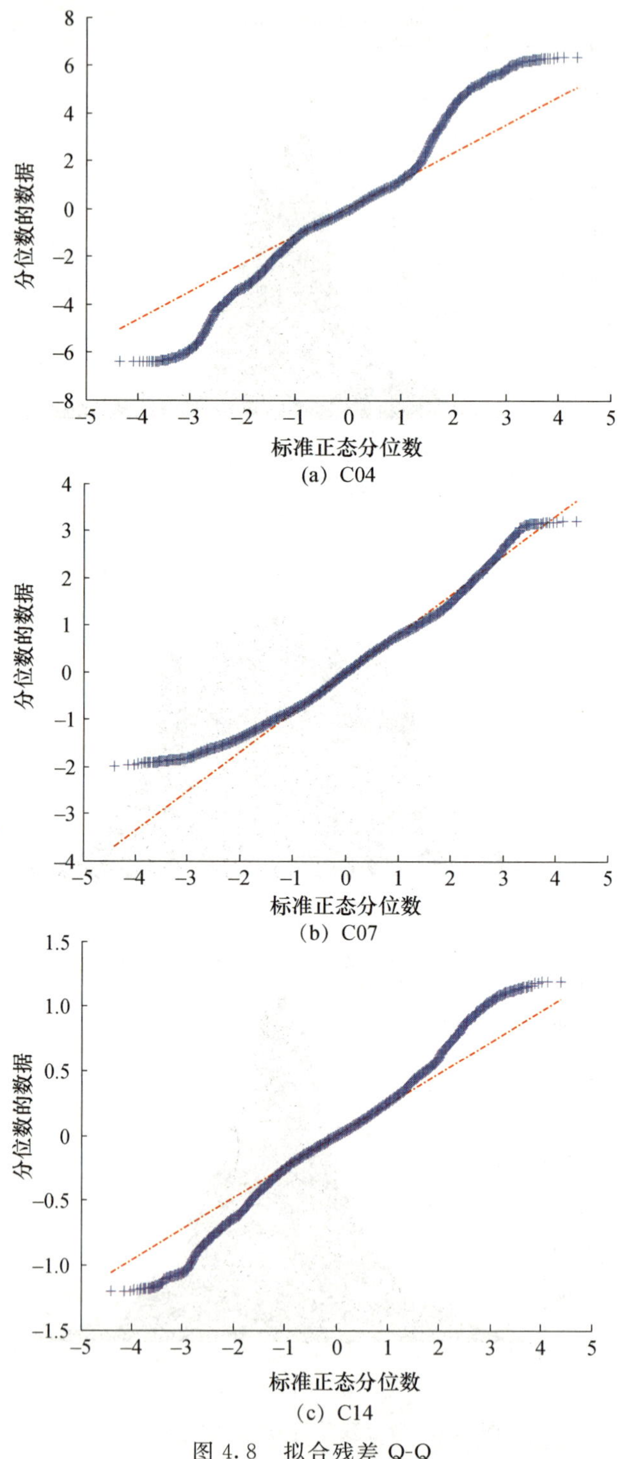
分位数的数据
标准正态分位数
(a) C04
分位数的数据
标准正态分位数
(b) C07
分位数的数据
标准正态分位数
(c) C14

图 4.8 拟合残差 Q-Q

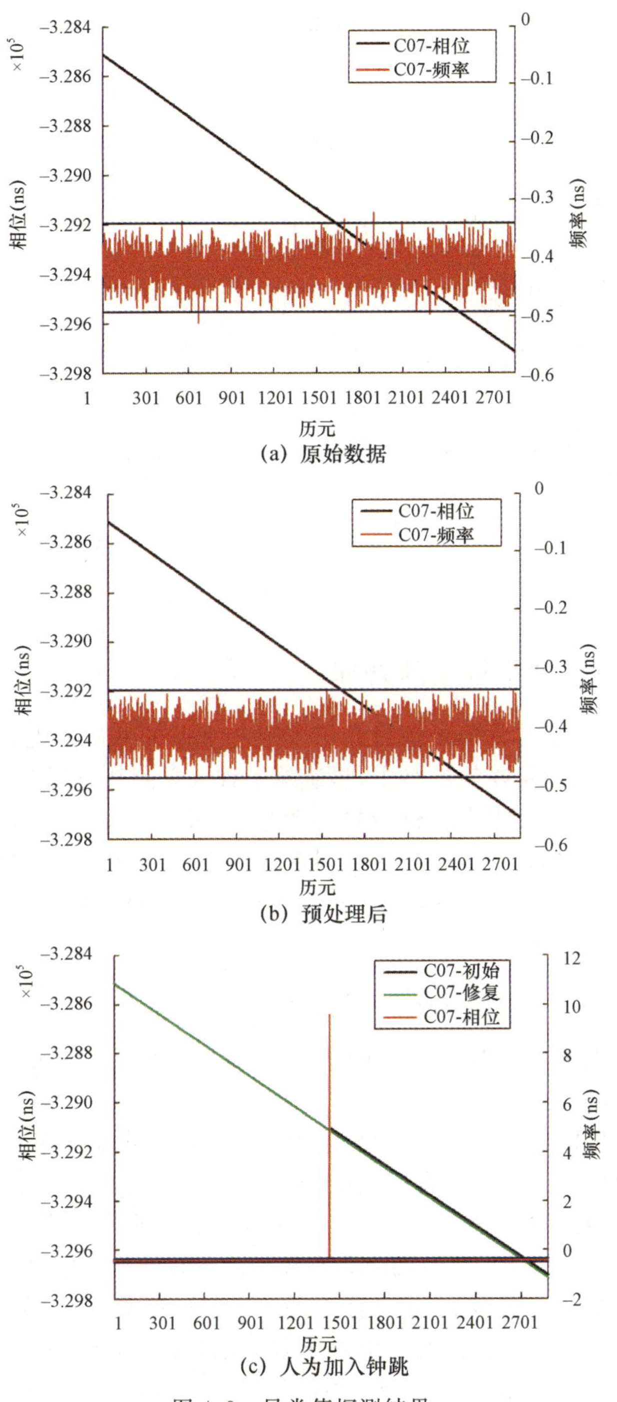
C07-相位
C07-频率
相位(ns)
频率(ns)
×10^5
历元
(a) 原始数据
C07-相位
C07-频率
相位(ns)
频率(ns)
×10^5
历元
(b) 预处理后
C07-初始
C07-修复
C07-相位
相位(ns)
频率(ns)
×10^5
历元
(c) 人为加入钟跳

图 4.9　异常值探测结果

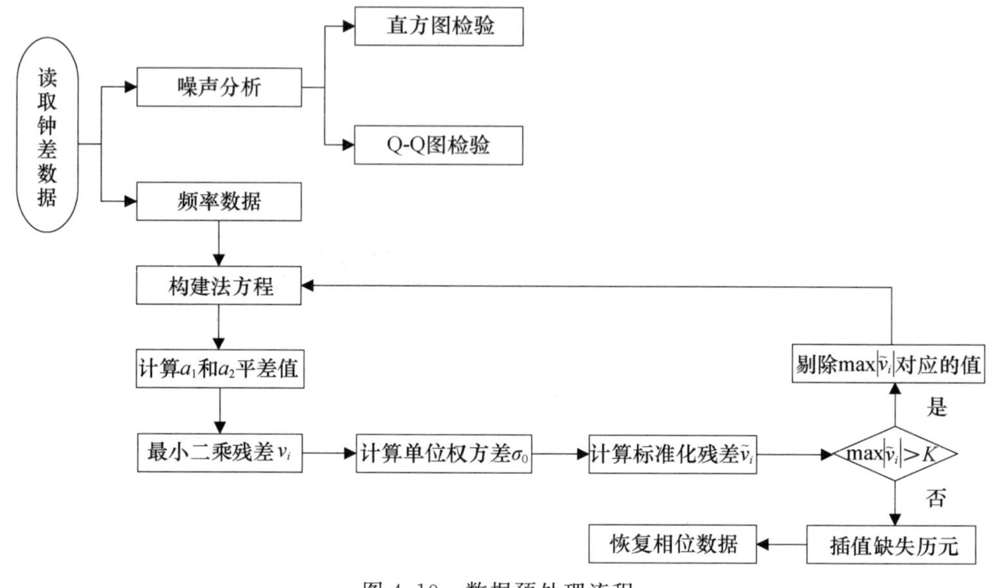

图 4.10 数据预处理流程

4.6.2 卫星钟差数据预处理

上文在进行数据异常值处理时介绍了卫星钟差的基础模型，主要考虑了卫星钟差的物理特性。卫星在轨运行中，星载原子钟会受到轨道周期的影响，使得钟差数据中存在周期特性。本书在进行钟差预报时 BDS 三类卫星均采用两个显著周期项建模预报，其中 GEO 和 IGSO 主周期项选取 24 h 和 12 h，MEO 卫星主周期项选择 12 h 和 6 h（Wang et al，2015；黄观文 等，2018），结合式（4.6）构建如下附加周期项的钟差预报模型：

$$x(t)=a_0+a_1t+a_2t^2+\sum_{i=1}^{P}\left(A_i\sin\left(\frac{2\pi}{T}t\right)+B_i\cos\left(\frac{2\pi}{T}t\right)\right)+\Delta_i \tag{4.10}$$

式中，P 表示周期项的个数，A_i、B_i、T 分别表示正、余弦函数振幅和周期，Δ_i 表示附加周期项拟合残差。

从图 4.11 可以看出，采用附加周期项的二次多项式模型相比对二次多项式模型拟合精度明显提高，但是拟合残差中仍然包含了非线性的有色噪声。常规预报模型很难有效拟合非线性的有色噪声，因此需要引入非线性模型对残差进一步补偿（黄观文 等，2018）。BP 神经网络具有较强的非线性拟合能力，能够映射复杂的非线性关系，其学习规则简单，并且易于通过计算机实现，具有较强的鲁棒性、记忆能力、非线性映射能力和较强的自学习能力（黄观文 等，2018；Xu et al，2013）。鉴于 BP 神经网络在误差非线性拟合方面的优点，本书选用 BP 神经网络对拟合残差进一步训练与预报。

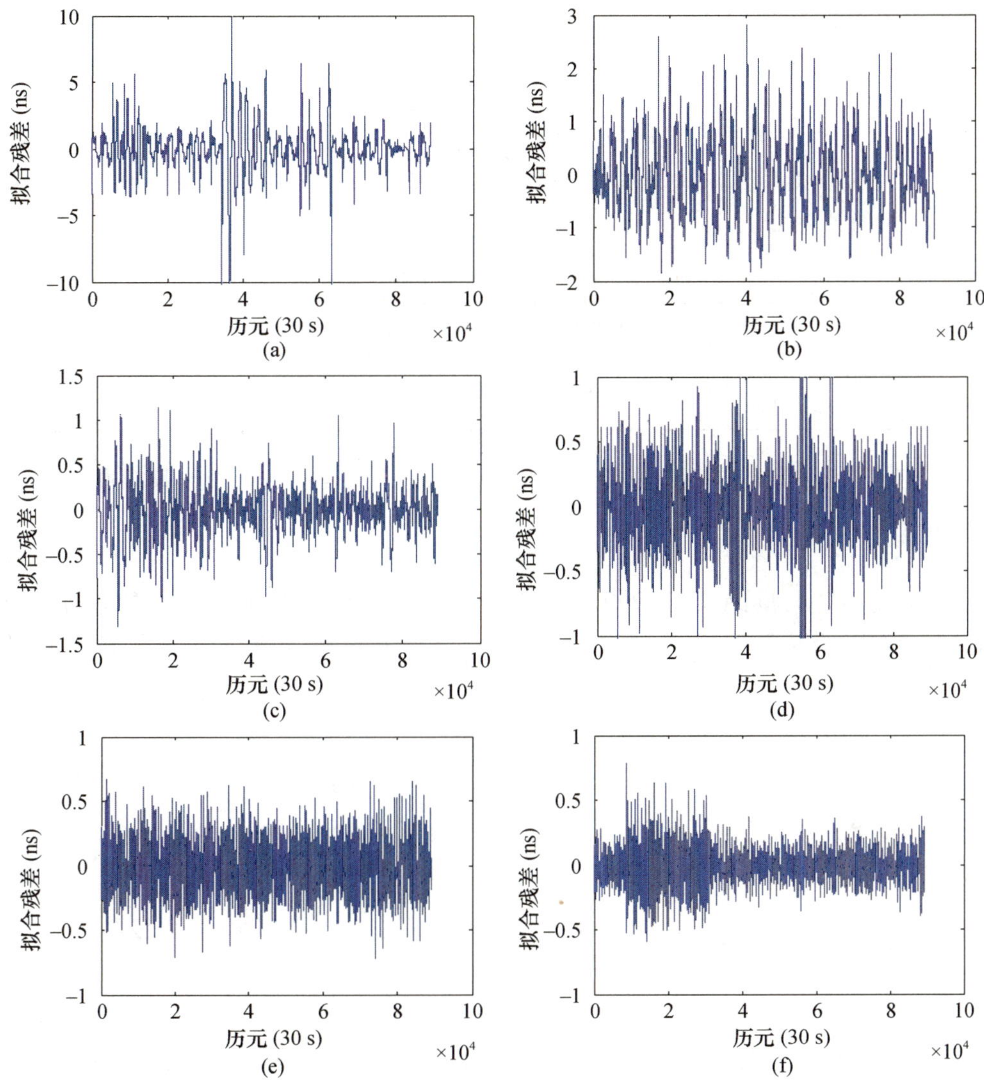

注：(a)-(c)表示 C04、C07、C14 卫星的二次多项式拟合残差，(d)-(f)表示 C04、C07、C14 卫星的附加周期项的二次多项式拟合残差。

图 4.11　卫星钟差拟合残差

本书在采用数据预处理之后得到干净数据，并分析了卫星钟之间的相关性，然后考虑各颗卫星钟之间的相关性，同时构建北斗卫星钟差预报模型。如此不仅能够很好地顾及各卫星之间的一致性，并能够通过高稳定度的卫星提高低稳定度卫星钟的拟合精度。为分析卫星钟之间的相关性，引入皮尔逊（Pearson）相关系数（Mao et al，2018），具体如下：

$$r=\frac{\sum_{i=1}^{n}(x_i-\bar{x})(y_i-\bar{y})}{\sqrt{\sum_{i=1}^{n}(x_i-\bar{x})^2}\sqrt{\sum_{i=1}^{n}(y_i-\bar{y})^2}} \tag{4.11}$$

式中，r 表示相关系数，n 表示样本个数，x_i、y_i 表示两卫星钟差。相关程度和相关系数之间的关系如表 4.6 所示。

表 4.6 相关程度和相关系数对应关系

相关程度	完全相关	高度相关	显著相关	低相关	微相关	不相关
相关系数的绝对值	1	0.8～1	0.5～0.8	0.3～0.5	0～0.3	0

考虑卫星钟之间的相关性以及它们之间的一致性，本书采用的具体参数估计模型如下：

$$\boldsymbol{V}=\boldsymbol{AX}-\boldsymbol{L},\boldsymbol{P} \tag{4.12}$$

式中，$\boldsymbol{V}$ 是残差向量，$\boldsymbol{A}$ 是系数矩阵，$\boldsymbol{X}$ 是钟差模型参数，$\boldsymbol{L}$ 是钟差，$\boldsymbol{P}$ 是钟差对应的权阵。假设，有 n 颗卫星，m 个历元，则式(4.12)中的 $\boldsymbol{V}$、$\boldsymbol{A}$、$\boldsymbol{X}$、$\boldsymbol{L}$ 和 $\boldsymbol{P}$ 矩阵分别可以表示为：

$$\underset{(n\times m)\times(3n)}{\boldsymbol{A}}=\begin{bmatrix}\boldsymbol{A}_{\text{sat}}^1 & \boldsymbol{A}_{\text{sat}}^2 & \cdots & \boldsymbol{A}_{\text{sat}}^m\end{bmatrix}^{\mathrm{T}} \tag{4.13}$$

$$\underset{3n}{\boldsymbol{X}}=\begin{bmatrix}a_0^1 & a_1^1 & a_2^1 & a_0^2 & a_1^2 & a_2^2 & \cdots & a_0^n & a_1^n & a_2^n\end{bmatrix}^{\mathrm{T}} \tag{4.14}$$

$$\underset{mn}{\boldsymbol{L}}=\begin{bmatrix}x_1^1 & x_1^2 & \cdots & x_1^n & x_2^1 & x_2^2 & \cdots & x_2^n & \cdots & x_m^1 & x_m^2 & \cdots & x_m^n\end{bmatrix}^{\mathrm{T}} \tag{4.15}$$

$$\underset{(mn)\times(mn)}{\boldsymbol{P}}=\begin{bmatrix}\boldsymbol{P}_{\text{sat}}^1 & 0 & \cdots & 0\\ 0 & \boldsymbol{P}_{\text{sat}}^2 & \cdots & 0\\ \vdots & \vdots & \ddots & \vdots\\ 0 & 0 & \cdots & \boldsymbol{P}_{\text{sat}}^m\end{bmatrix} \tag{4.16}$$

式中，$\boldsymbol{A}_{\text{sat}}^i$ 和 $\boldsymbol{P}_{\text{sat}}^i$ 分别表示第 i 历元所有卫星的观测方程的系数和对应的权矩阵，具体表述如下：

$$\underset{n\times 3n}{\boldsymbol{A}_{\text{sat}}^i}=\begin{bmatrix}\boldsymbol{A}_1^i & 0 & \cdots & 0\\ 0 & \boldsymbol{A}_2^i & \cdots & 0\\ \vdots & \vdots & \ddots & \vdots\\ 0 & 0 & \cdots & \boldsymbol{A}_n^i\end{bmatrix} \tag{4.17}$$

$$\underset{n\times n}{\boldsymbol{P}_{\text{sat}}^i}=\underset{n\times n}{\boldsymbol{D}^{-1}}=\begin{bmatrix}\delta_{11} & \delta_{12} & \cdots & \delta_{1n}\\ \delta_{21} & \delta_{22} & \cdots & \delta_{2n}\\ \vdots & \vdots & \ddots & \vdots\\ \delta_{n1} & \delta_{n2} & \cdots & \delta_{nn}\end{bmatrix}^{-1} \tag{4.18}$$

式中 $\mathbf{A}_j^i=[1\ i\Delta t\ (i\Delta t)^2]$表示第 i 历元第 j 颗卫星的系数，Δt 表示采样间隔，$\delta_{ij}(i\neq j)=r\sqrt{\delta_{ii}\delta_{jj}}$ 表示第 i 颗卫星和第 j 颗卫星之间的协方差，$\delta_{ii}=\dfrac{1}{i\Delta t}$。

以上主要介绍了顾及卫星钟间相关性的钟差预报模型的主要思路。为了能够更清晰地了解本书所提的钟差预报模型，图 4.12 给出了详细的钟差预报流程。

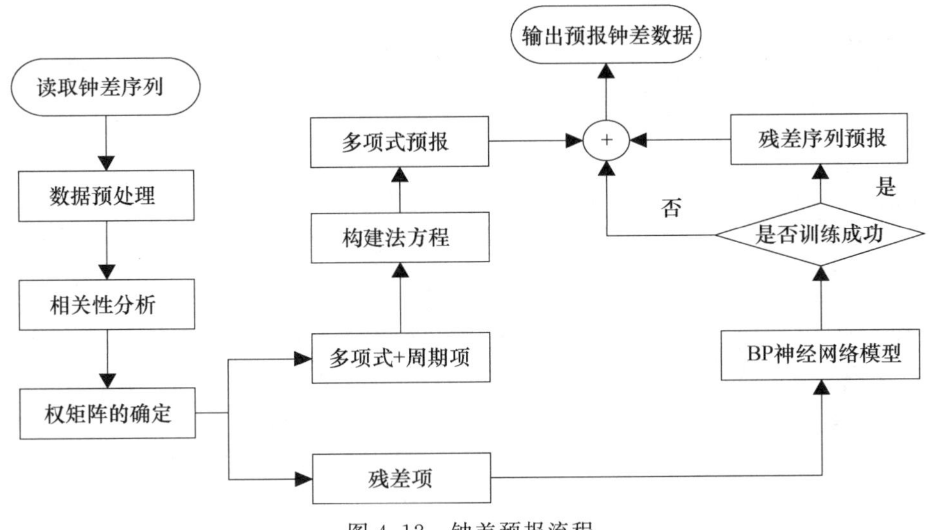

图 4.12　钟差预报流程

4.6.3　实验分析

为分析本书所提钟差预报方法的有效性，选择德国地学研究中心发布的 2018 年年积日 060—090 d 卫星钟差产品进行论证分析。首先，采用本书所改进的异常值探测法对钟差数据进行预处理。在分析预报精度时，选取最终钟差产品作为参考，计算二次差的标准差作为精度指标来评定钟差预报精度（Huang et al，2014）。

在钟差预报之前，分析了卫星钟之间的相关性，并计算出相关系数，进而得到观测方程的互协方差阵。图 4.13 中表示的是计算得到的 C04 与 C07、C04 与 C14、C07 与 C14 之间相关系数。表 4.7 中统计了实验期间所有卫星钟两两之间相关系数的平均值。

图 4.13 表明，卫星钟差数据在去除趋势项之后，卫星钟之间还存在一定的相关性，而去除周期项之后，卫星钟之间的相关度大大降低，这也反映出仅采用多项式预报模型钟差预报精度较低的主要原因之一是由于受到轨道周期的影响。

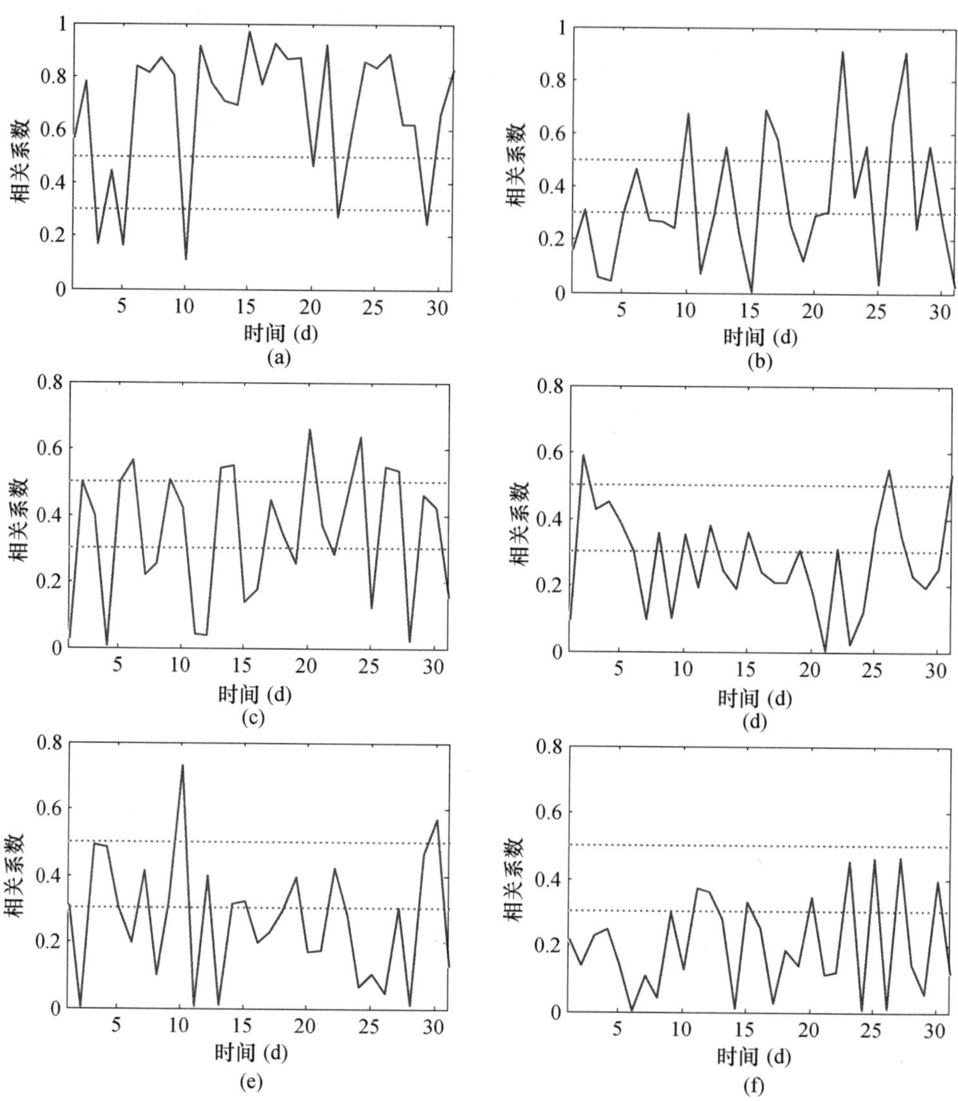

注:(a)-(c)表示去除趋势项后 C04 与 C07、C04 与 C14、C07 与 C14 之间的相关系数,(d)-(f)表示去除趋势项和周期项后 C04 与 C07、C04 与 C14、C07 与 C14 之间的相关系数。

图 4.13 卫星钟之间的相关系数

表 4.7 去除趋势项后卫星钟间的相关系数

	C02	C03	C04	C05	C06	C07	C08	C09	C10	C11	C12	C13	C14
C01	0.3	0.3	0.4	0.3	0.4	0.4	0.3	0.4	0.2	0.3	0.3	0.3	0.3
C02		0.3	0.3	0.3	0.3	0.3	0.3	0.3	0.3	0.3	0.3	0.3	0.3
C03			0.5	0.5	0.5	0.5	0.4	0.5	0.3	0.3	0.4	0.4	0.4

续表

	C02	C03	C04	C05	C06	C07	C08	C09	C10	C11	C12	C13	C14
C04				0.7	0.5	0.7	0.4	0.6	0.5	0.3	0.4	0.5	0.3
C05					0.5	0.7	0.4	0.6	0.5	0.4	0.4	0.6	0.4
C06			对			0.5	0.3	0.4	0.4	0.3	0.4	0.4	0.3
C07							0.4	0.6	0.5	0.4	0.4	0.6	0.3
C08							0.5	0.3	0.3	0.4	0.4	0.4	
C09									0.4	0.3	0.4	0.5	0.4
C10							称			0.2	0.3	0.3	0.3
C11											0.3	0.3	0.3
C12												0.3	0.4
C13													0.3

表 4.8　去除趋势项和周期项后卫星钟间的相关系数

	C02	C03	C04	C05	C06	C07	C08	C09	C10	C11	C12	C13	C14
C01	0.3	0.4	0.4	0.2	0.4	0.3	0.2	0.3	0.3	0.2	0.3	0.2	0.2
C02		0.2	0.3	0.2	0.2	0.2	0.2	0.2	0.2	0.2	0.2	0.2	0.3
C03			0.5	0.3	0.3	0.3	0.3	0.3	0.3	0.1	0.3	0.2	0.3
C04				0.3	0.3	0.3	0.3	0.3	0.3	0.2	0.3	0.2	0.3
C05					0.3	0.3	0.2	0.3	0.2	0.2	0.3	0.2	0.3
C06			对			0.2	0.2	0.3	0.2	0.2	0.3	0.3	0.3
C07							0.2	0.3	0.2	0.1	0.2	0.2	0.2
C08							0.2	0.2	0.1	0.2	0.2	0.2	
C09									0.2	0.2	0.2	0.2	0.3
C10							称			0.1	0.2	0.2	0.2
C11											0.2	0.1	0.2
C12												0.2	0.3
C13													0.2

从表 4.7 中可以看出，卫星钟之间有 16.48％的显著相关，65.93％的为低相关。而在去除周期项之后，计算得到的卫星钟之间的相关系数如表 4.8 所示。根据表 4.8，卫星钟之间基本不存在显著相关，仅 8.79％属于低相关。

本书为分析卫星钟之间的相关性对卫星钟差预报精度的影响，用二次多项式(QP)、二次多项式＋周期项(QP＋Period)、二次多项式＋周期项＋BP(QP＋Period＋BP)三种钟差预报模型进行实验分析。在参数估计时，采用一同估计所有卫星钟差参数和单独估计一颗卫星钟差参数的两种参数估计策略，验证顾及卫星钟间相关性的钟差预报模型的优越性。

表 4.9 不同预报方案预报精度平均值

预报方案		C01	C02	C03	C04	C05	C06	C07	C08	C09	C10	C12	C13	C14
方案 1	Whole	9.1	9.9	13.29	15.12	12.3	6.58	3.74	6.42	3.73	6.58	3.31	3.56	3.02
	Individual	9.69	9.72	11.93	15.43	12.82	6.93	5.07	7.02	4.48	6.6	3.75	4.42	3.32
方案 2	Whole	9.54	9.67	12.06	14.62	11.96	6.23	5.01	7.01	3.51	6.45	3.21	3.36	3.3
	Individual	9.38	9.54	12.42	14.96	11.99	6.39	5.01	6.98	3.64	6.5	3.64	4.37	3.31
方案 3	Whole	8.48	8.72	11.00	15.97	10.59	3.68	5.69	5.17	2.76	5.45	2.24	3.33	1.87
	Individual	8.5	8.72	11.01	15.98	10.61	3.73	5.73	5.16	2.84	5.48	2.24	3.35	1.86

从表 4.9 中可以看出，采用二次多项式附加周期项的钟差预报模型相较于仅采用多项式模型的钟差预报模型，最高能够提高 18%；当采用 BP 神经网络对非线性部分进行修正时，预报精度进一步提升。采用顾及卫星之间相关性的钟差预报模型进行钟差预报时，三种预报方案精度分别能够提升 7.3%、3.3%、0.4%。

4.6.4 结　论

星载原子钟是卫星重要载荷之一，卫星在轨运行期间，容易受到外部环境因素的影响，使卫星钟差在估计的过程中，卫星钟之间存在一定的相关性。

本节首先采用直方图和 Q-Q 图对卫星钟差噪声特性进行了检验，然后对 Bararda 异常值探测方法进行了改进，能够探测出钟差数据中小的异常值。之后计算了去除趋势项后卫星钟之间的相关性，结果显示，16.48% 属于强相关，65.93%属于低相关；而去除周期项后，卫星钟之间的相关性明显降低，仅 8.79% 属于低相关，其他均属于弱相关。

本节主要研究了相关性对卫星钟差预报精度的影响，采用 QP、QP＋Period 和 QP＋Period＋BP 三种预报模型预报钟差，采用本书所提的钟差预报策略与常规策略进行精度对比，实验结果表明：预报精度分别能够提升 7.3%、3.3%、0.4%。建议在仅采用多项式模型进行钟差预报时，应考虑到卫星钟差之间的相关性。

本节所进行的相关研究，对北斗卫星钟差预报策略具有一定的参考价值。

§4.7　北斗三号试验卫星的钟差评估及预报

4.7.1　概　述

北斗卫星导航系统(BeiDou satellite navigation system,BDS)是由我国自主研发、能够独立运行的全球性卫星导航系统。截止到 2017 年,BDS-3 已发射5 颗北斗卫星,依次为 I1-S、M1-S、M2-S、I2-S、M3-S,逐步实现全球性服务,为全球范围内提供高质量的 PNT 服务。BDS-3 是在 BDS-2 向用户播发 B1I(1561.098 MHz)、B2I(1269.520 MHz)信号基础上增加了新的信号——B1C(1575.42 MHz)、B2a(1176.45 MHz)、B2b(1207.14 MHz)(Zhang et al,2017)。5 颗在轨卫星中,有 4 颗处于正常工作的状态,C35 正处于测试状态。由于北斗三号试验卫星目前尚处于试验状态,北斗用户 ICD 文件中并未包含 PRN 从 31 至 35 的卫星,具体情况见表 4.10。星载原子钟作为星上时间基准,是卫星的重要载荷之一,其性能的优越性直接影响了卫星导航系统的定位精度。星载原子钟钟差性能评价对北斗卫星系统的发展弥足轻重(黄观文,2012;毛悦 等,2011)。

表 4.10　北斗三号试验卫星状态

卫星	PRN	SVN	卫星类型	发射时间
I1-S	C31	C101	IGSO	2015 年 3 月 30 日
I2-S	C32	C104	IGSO	2015 年 9 月 29 日
M1-S	C33	C102	MEO	2015 年 7 月 25 日
M2-S	C34	C103	MEO	2015 年 7 月 25 日
M3-S	N/A	N/A	MEO	2015 年 9 月 29 日

星载原子钟的性能评价主要是分析频率准确度、频率漂移率和频率稳定度三个重要指标。目前卫星导航系统星载原子钟的评估主要集中于全球定位系统(Global Positioning System,GPS)。随着中国北斗卫星导航系统的逐渐成熟,针对北斗导航系统星载原子钟钟差性能评估越来越值得关注。相关文献(毛悦 等,2011)主要分析了原始数据采样间隔、非连续间断时间序列、无数据段、频率漂移率等因素对原子钟稳定性计算结果的影响;文献(Tan et al,2016)详细介绍并计算了星载原子钟性能评估指标,GPS Block ⅡR 星载铷钟天稳定度已经达到 10×10^{-14} 量级;文献(Zhou et al,2014)根据实测北斗钟差数据进行了北斗导航系统卫星钟差的稳定度分析,并与 GPS 铷钟进行了比较,得出了一些有意义的结论;文献(刘帅 等,2017)对 GNSS 四大导航系统星载原子钟性能进行了分析,分析结果表明:GPS BLOCK ⅡF 星载铷钟与 Galileo 星载氢钟综合性能最优,BDS 星载铷钟与

BLOCK ⅡR 星载铷钟稳定性相当,GLONASS 星载铯钟准确度与漂移率性能较好;文献(胡志刚,2013)通过北斗精密钟差数据分析了北斗在轨卫星的稳定性,结果表明千秒稳在(3～4)$\times 10^{-13}$量级,万秒稳在(1～2)$\times 10^{-13}$量级,天稳定度在(1～2)$\times 10^{-14}$量级。目前对于北斗卫星钟差的分析主要集中在稳定度方面,不能准确地评价北斗卫星钟差的性能,还需要从频率准确度、频率漂移率、周期特性和预报性能等各方面进行评价。文献(王宇谱 等,2017)通过星载原子钟的频率准确度、频率漂移率、频率稳定度、观测噪声水平和钟差周期特性等指标分析了 GPS ⅡF卫星的长期变化特性,得出了一些有意义的结论,另外由于北斗三号试验卫星信号仅能被国际 GNSS 监测评估系统(International GNSS Monitoring & Assessment System,iGMAS)监测站所接收,所以针对北斗三号试验卫星钟差特性的分析少之又少。本书主要采用 iGMAS 北斗数据分析与处理中心解算的北斗三号试验卫星精密钟差数据计算北斗三号试验卫星的原子钟频率准确度、频率漂移率、频率稳定度以及钟差周期特性指标,进行分析钟差性能,并与北斗二号卫星钟差以及 GPS 卫星性能进行比较。

卫星钟差的预报能力是评估星载原子钟性能的另一重要指标,预报结果对卫星自主导航等功能具有重要作用。针对卫星钟差的预报方法研究,国内外做了许多的研究并取得了相当丰硕的成果。目前研究较为成熟的钟差预报模型主要包括:多项式模型(Kosaka,1987)、灰色模型(Huang et al,2014)、谱分析模型(辛健,2016)、神经网络(蔡成林 等,2017)等方法。二次多项式模型考虑到了卫星钟差的物理特性,是目前广播星历中广泛采用的钟差外推方法,但是二次多项式在卫星钟差的长期预报中误差累计较快,极易产生较大的偏差;灰色模型只需较少的实验数据即可建立预报模型,崔先强等最早提出利用灰色模型对卫星钟差进行预报(崔先强 等,2005),并分析了二次多项式模型在长期预报中的缺陷,研究发现灰色模型在短期预报中和二次多项式精度相当,但是在长期预报中其预报精度明显优于二次多项式模型;文献(蔡成林 等,2017)采用 Takagi-Sugeno 模糊神经网络方法,对 GPS 卫星原始钟差数据历元间作差进行卫星钟差数据预处理,并对此进行建模预报,结果表明该方法对 GPS 卫星钟差短期预报效果较好,但是神经网络模型易陷于局部最小从而导致学习过度的情况出现,且网络结构难以构建不宜于编程实现,对于卫星钟差预报的时效性具有很大的影响。由于 iGMAS 测站数据少,站点主要分布在国内,导致北斗三号试验卫星钟差解算精度较低,精密钟差数据中存在较大的粗差以及频繁的相位跳变现象。对于这种现象采用传统的钟差预报模型无法对钟差数据进行准确建模,而频率数据(历元间差)能够很好地突出这些异常点。故本节采用频率数据进行建模,并采用抗差估计的方法进行参数估计。该模型不仅能够顾及卫星钟差的物理特性,又能有效避免钟差和跳变点对建模精度的影响,能够很好地与原始数据吻合,且对相临两天变化趋势相似的卫星钟差数据具有较好的预报效果。

4.7.2　北斗三号试验卫星钟差性能分析

精密卫星钟差存在的相位跳变和数据中断等问题直接影响到原子钟性能评估指标计算结果的可靠性，有必要对数据中存在的问题进行处理。关于异常值的探测，本节中主要采用中位数粗差探测法（黄观文，2012），而数据中断问题则是采用线性拟合的方法进行填充。

1. 性能评估指标

卫星钟差性能的评估指标主要包括频率准确度、频率漂移率及频率稳定性。频率准确度表征的是测量或计算值与理想值的符合程度；频率漂移率是描述原子钟频率变化的一个参数；频率稳定性表征了原子钟授时的稳定性，是决定定位精度的一个重要因素。下面简要给出三个指标的计算公式：

$$\sigma_i' = \frac{-\Delta t}{T} = \left|\frac{\hat{x}(t_2) - \hat{x}(t_1)}{t_2 - t_2}\right| = \left|\frac{\hat{x}(t+\tau) - \hat{x}(t)}{\tau}\right| \tag{4.19}$$

$$D = \frac{\sum_{i=1}^{N}(y_i - \bar{y})(t_i - \bar{t})}{\sum_{i=1}^{N}(t_i - \bar{t})^2}, D_i = \frac{y_{i+1} - y_i}{\tau} \tag{4.20}$$

$$\sigma_y^2(\tau) = \frac{1}{2(N'-2)\tau^2}\sum_{i=1}^{N'-2}(x_{i+2m} - 2x_{i+m} + x_i)^2, N' = \mathrm{int}(N/m) + 1 \tag{4.21}$$

式中，σ_i' 为频率准确度；Δt 为时间间隔观测量的时差；T 为观测时段长度；$\hat{x}$ 为钟差数据，在进行粗差剔除时也可以采用该观测值进行处理；D 为频率漂移率最小二乘解；D_i 为瞬时解；$\bar{y}$ 为相对频率值 y_i 的均值；t_i 为测量时刻；$\bar{t}$ 为测量时刻 t_i 的平均值；N' 为测量间隔为 τ 的钟差数据；τ 为采样间隔。

2. 算例分析

目前 GNSS 星载原子钟的性能评估问题大多是基于已知钟差数据来进行研究的（席超 等，2014），本书所进行的北斗三号试验卫星性能指标的计算以及钟差预报能力分析也是基于此展开的。北斗三号试验卫星钟差数据采用武汉大学 iGMAS 北斗数据分析中心解算的 2016 年 228 天至 259 天共 32 天的数据，产品精度具体情况见表 4.11。下面依次给出四颗北斗三号试验卫星的稳定性、频率漂移率和准确度以及相关的统计信息等，为对比分析北斗三号试验卫星钟差特性，选择 G01、G06、G09、G10 四颗 GPS 卫星以及 C01、C06、C14 三颗北斗二号卫星进行性能对比。

表 4.11　北斗三号试验卫星钟差精度　　单位：ns

分析中心	内符合精度	分析中心	外符合精度
CHD	0.051	WHU	0.552
WHU	0.061	CHD	0.896
TLC	0.156	CUM	1.086
XRS	0.174	TLC	1.576
LSN	0.186	LSN	1.876
IGG	0.474	IGG	2.152
CUM	0.532	XRS	3.07
XSC	0.607	XSC	4.728
CGS	0.858	CGS	6.753
SHA	1.208	—	—

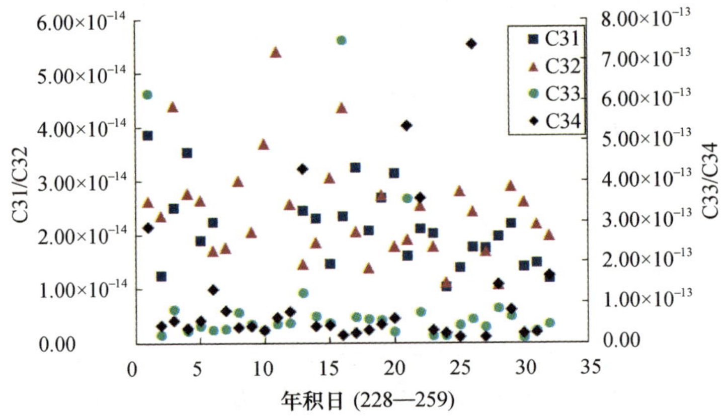

图 4.14　频率稳定性时间序列

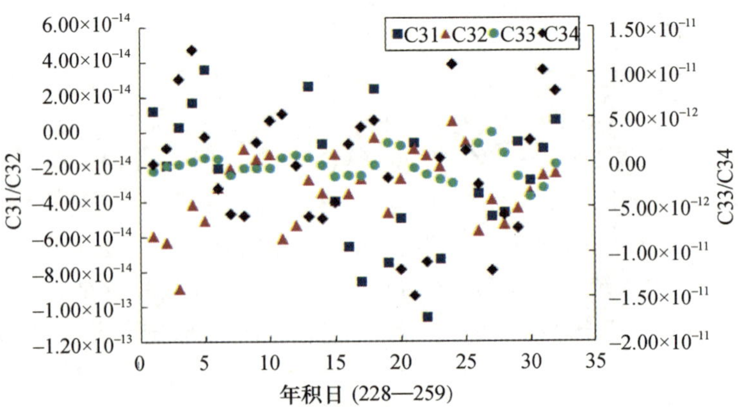

图 4.15　频率漂移率时间序列

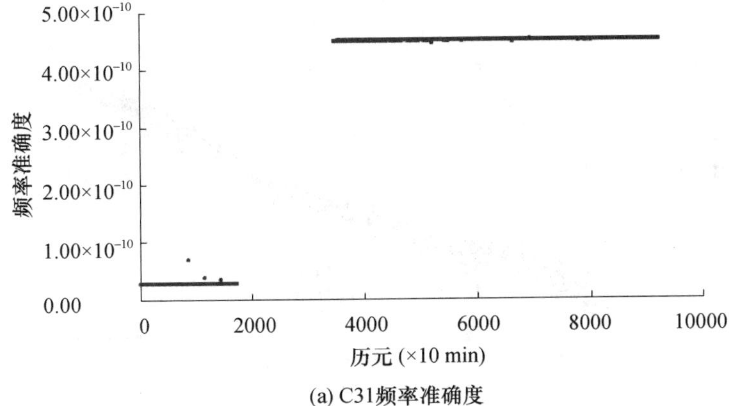

(a) C31频率准确度

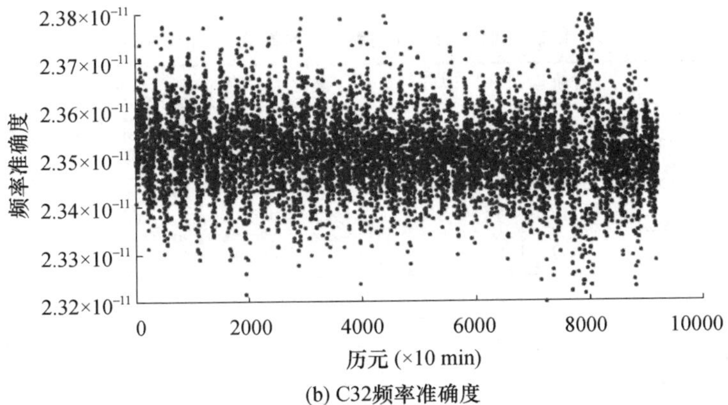

(b) C32频率准确度

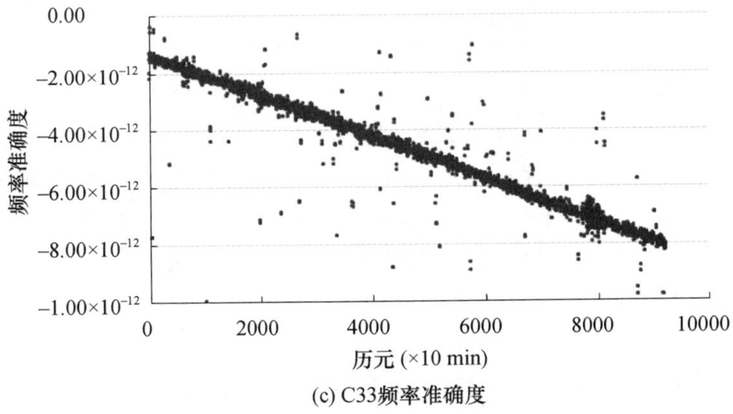

(c) C33频率准确度

图 4.16　频率准确度时间序列

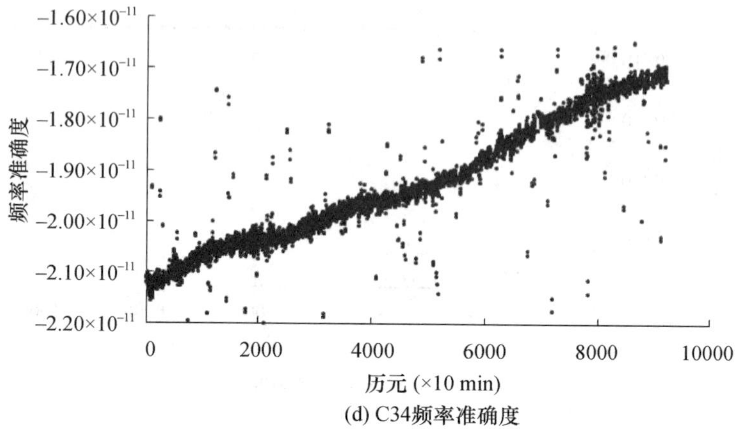

(d) C34频率准确度

图 4.16(续)　频率准确度时间序列

表 4.12　北斗三号试验卫星性能指标计算结果

卫星号	准确度/1×10^{-11}	漂移率/1×10^{-14}	稳定性/1×10^{-14}
C31	23.95	2.64	2.11
C32	2.35	3.27	2.46
C33	0.56	126.32	9.76
C34	1.81	569.11	11.9
C01	3.65	20.06	8.26
C06	3.32	30.56	17.99
C14	11.49	20.02	4.51
G01	0.09	1.92	3.03
G06	0.62	2.87	2.21
G09	0.79	1.41	2.19
G10	1.69	10.11	0.59

图 4.14 至图 4.16 以及表 4.12 分别表示 C31、C32、C33、C34 四颗北斗三号试验卫星钟差的频率稳定性时间序列、频率漂移率时间序列、频率准确度时间序列以及相应的统计结果。从图中可以看出：①卫星频率稳定性在 10×10^{-13} 至 10×10^{-14} 之间，且 C31 和 C32 频率稳定性相当，C34 和 C33 频率稳定性相当，另外 C33 和 C34 号卫星的频率稳定性较 C31 和 C32 稍微差一些，频率稳定性在 1.32×10^{-13} 至 7.39×10^{-14} 之间，而 C31 和 C32 卫星的频率稳定性在 1.02×10^{-14} 至 5.41×10^{-14} 之间。②频率漂移率特性表现出与频率稳定度相似的结果，依然是 C33、C34 较 C31、C32 稍差；四颗卫星的频率稳定性依次为：1.06×10^{-13} 至 3.18×10^{-15}、8.93×10^{-14} 至 2.68×10^{-15}、3.85×10^{-12} 至 2.41×10^{-14}、1.49×10^{-11} 至

1.53×10^{-13}。③针对卫星频率准确的计算，C31 号卫星在 234 年积日至 240 年积日之间出现数据间断无法进行频率准确度计算，之后出现较大的频率跳变现象，另外三颗卫星均表现出线性的变化趋势，频率准确度均在 10×10^{-11} 至 10×10^{-12} 之间，因此在后面的趋势项操作中采用二次多项式进行钟差数据拟合较好。④北斗三号试验卫星 C31、C32 钟差各项性能指标计算结果与 GPS 卫星钟差量级大致相同，但是性能比 GPS 弱，相对于二号北斗卫星钟差性能具有较大的提升。总体而言，计算的 C33 和 C34 号卫星的各项指标都比 C31、C32 稍弱，是由于钟差数据中部分无数据段以及数据中出现的相位跳变将对卫星特性指标的计算产生较大的影响，C33 和 C34 钟差数据中存在频繁的相位跳变，具体情况将在下文中详细说明、分析。

另外在多星定轨的条件下，星载原子钟受外部环境变化和自身稳定性以及轨道误差等的影响，使得卫星钟差中会存在一定的周期项，对钟差数据的拟合和预报精度产生较大的影响。国内外对 GPS、BDS、GLONASS、Galileo 周期性波动规律进行了详细研究，并取得了显著的成果。本节为分析北斗三号试验卫星周期特性，并构建附加周期项的卫星钟差数据预报模型，进行如下分析：采用 32 天的钟差数据，对去除二次趋势项之后的钟差残差数据进行快速傅里叶变换(周佩元 等，2015)，分析卫星钟差的主要频率。图 4.17 分别为 C31、C32、C33、C34 四颗卫星钟差的频谱分析图。

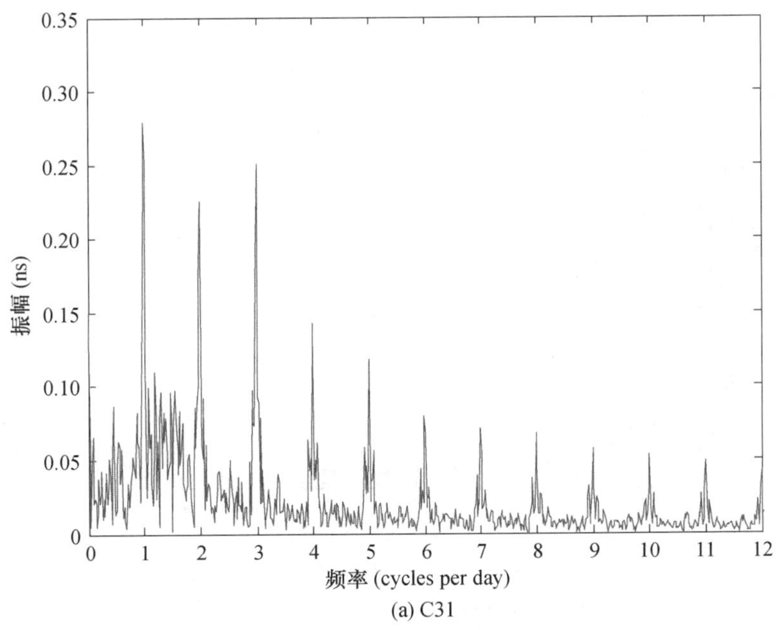

(a) C31

图 4.17　北斗三号试验卫星频谱

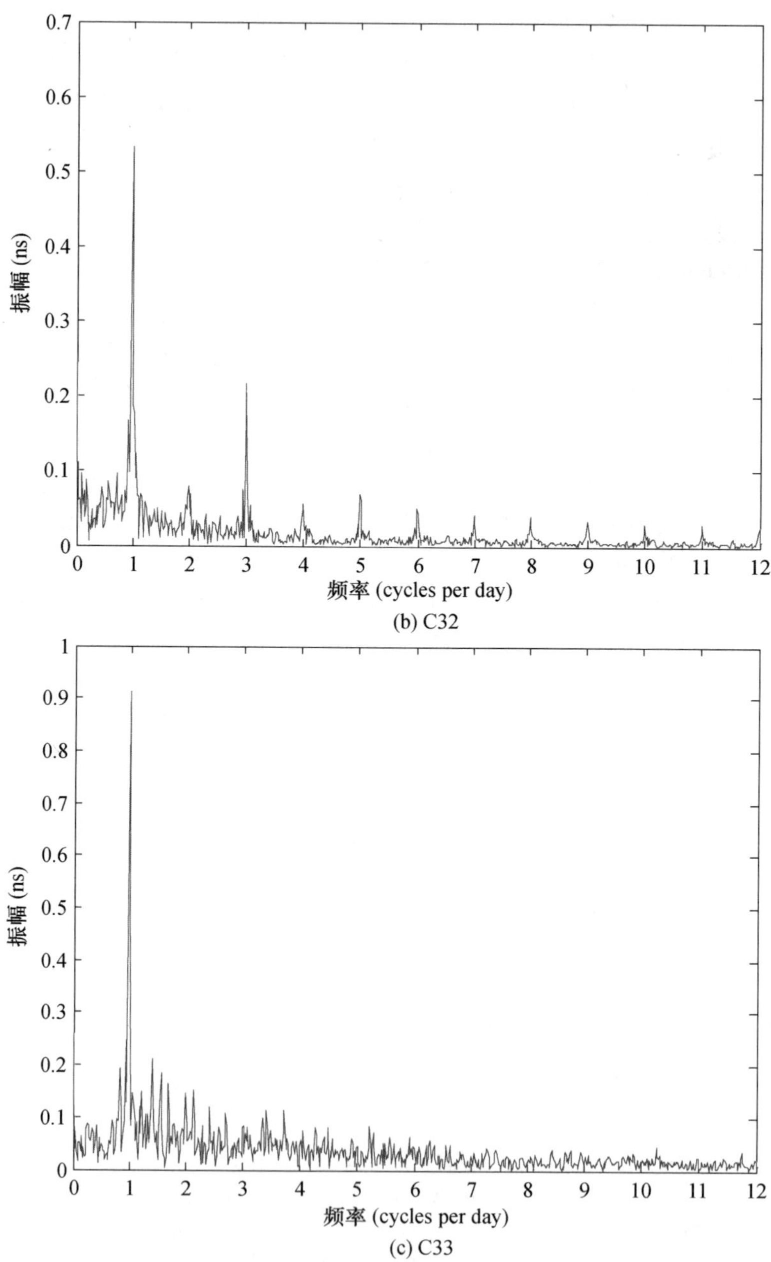

(b) C32

(c) C33

图 4.17(续)　北斗三号试验卫星频谱

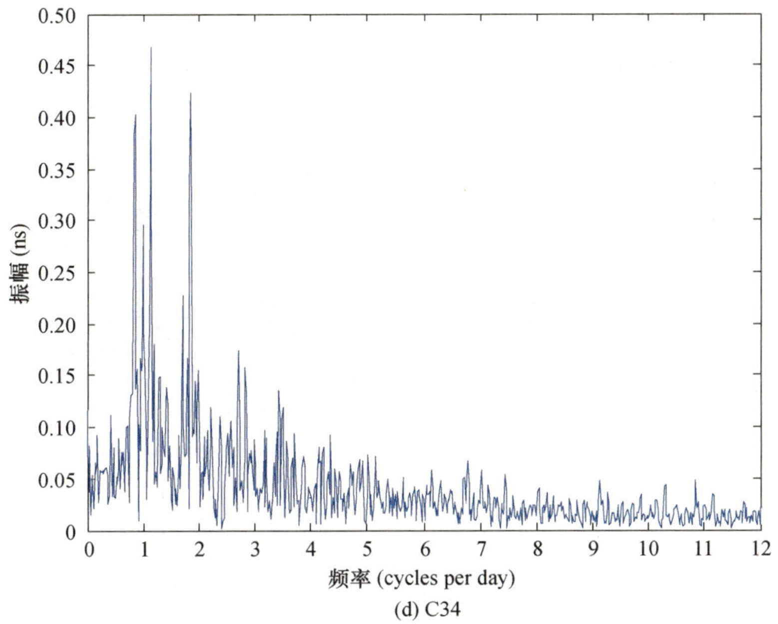

(d) C34

图 4.17(续)　北斗三号试验卫星频谱

从图 4.17 分析中可知，四颗卫星钟差均存在 24 h(频率等于 1)的显著周期。另外 C31 号卫星还存在 12 h(频率等于 2)、8 h(频率等于 3)，C32 号卫星存在 8 h，C34 号卫星存在 12 h 等显著周期项。由于数据量以及数据质量的限制，北斗三号试验卫星的频谱分析结果可能存在一些问题，需要进一步分析较长时间内的周期变化情况。

4.7.3　北斗三号试验卫星钟差预报性能分析

1. 钟差预报模型

在介绍北斗卫星钟差预报模型之前，首先通过绘图分析的方法粗略判断 32 天原始钟差数据中的异常值情况。为便于观察，仅采用一天数据进行频率转换，大致判断数据中出现的粗差和钟跳。

从图 4.18 和图 4.19 中可以看出，北斗三号试验卫星钟差数据在天与天之间存在较大的相位跳变，且在一天之内存在较大的突变点，说明钟差数据在一天之内存在频繁的相位跳变，这对钟差性能指标的计算结果产生较大的影响，这也是导致图 4.14 和图 4.15 中 C33 号、C34 号卫星计算的频率指标相对较差的主要原因。针对这种情况，采用传统的二次多项式拟合模型显然是不能准确地估计出钟差数据的频偏和频漂。为说明钟跳等因素对参数估计产生的影响，在 C34 号卫星钟年积日 228 天的钟差数据中加入 7 ms 的跳变进行探讨。结果表明，存在钟跳和粗差项

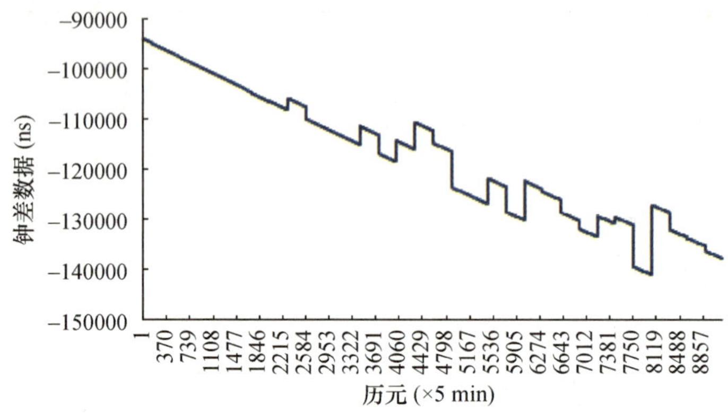

图 4.18 C34 号卫星钟差数据

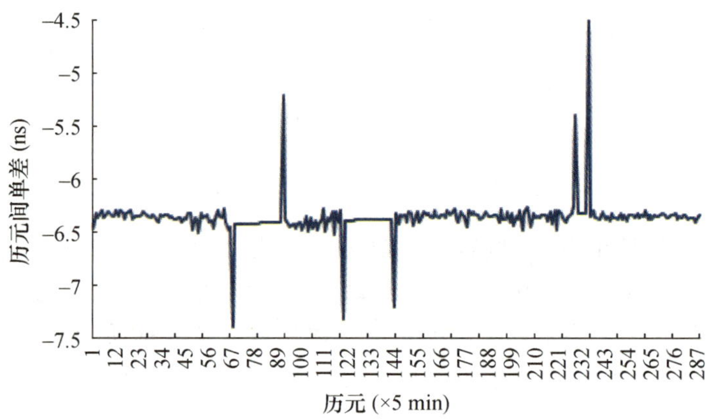

图 4.19 C34 号卫星钟差数据的前后历元差

时采用传统方法进行数据建模，钟差拟合序列将严重偏离原始钟差序列(图 4.20(a))。鉴于此，我们采用附加周期项的二次多项式模型对卫星钟差的频率数据进行建模，并用抗差估计的方法进行参数估计。具体模型如下：

$$y(t) = a_0 + a_1 t + a_2 t^2 + \sum_{i=1}^{P}\left(A_i \sin\left(\frac{2\pi}{T}t\right) + B_i \cos\left(\frac{2\pi}{T}t\right)\right), \overline{P} \quad (4.22)$$

$$y'(t) = a_1 + 2a_2 t + \frac{2\pi}{T}\sum_{i=1}^{P}\left(A_i \cos\left(\frac{2\pi}{T}\right)t - B_i \sin\left(\frac{2\pi}{T}t\right)\right) \quad (4.23)$$

$$y'(t) = \frac{y(t+\Delta t) - y(t-\Delta t)}{2\Delta t} \quad (4.24)$$

$$\overline{P} = \mathrm{diag}(P_i), P_i = i \times \Delta t \quad (4.25)$$

以 IGG-Ⅲ作为迭代函数，权值根据式(4.25)确定，通过抗差最小二乘确定频偏和频漂参数以及周期项的振幅和初始相位。关于 a_0 的确定，本书中采用最后 10 个历元的数据进行估计。根据该钟差预报模型，能够很好地避免粗差和钟跳对原始数据参数拟合的影响，采用新模型进行钟差序列的拟合能够很好地符合原始数据的变化趋势(图 4.20(b))，拟合精度为 1.32 ns。对于前后两天数据不存在明显频率跳变的钟差数据，即变化趋势相同的钟差数据能够取得较好的预报结果。

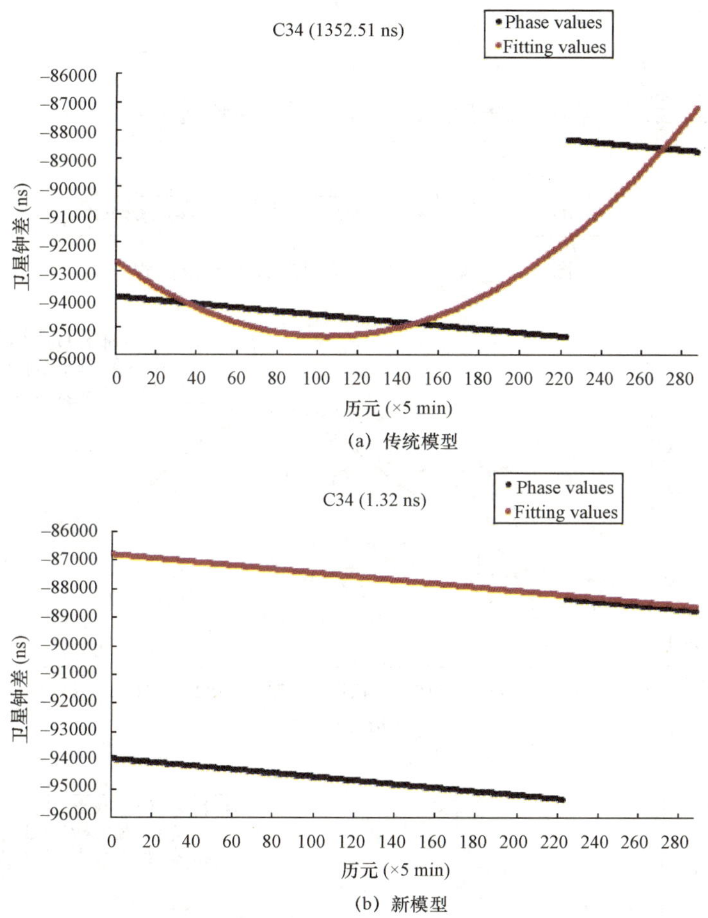

(a) 传统模型

(b) 新模型

图 4.20　C34 号卫星钟差原始钟差与采用传统模型和新模型拟合时间序列

2. 北斗三号试验卫星钟差预报

研究表明，卫星钟差数据用于单点定位，当系统性偏差小于 2.5×10^{-7} s 时，系统误差将被接收机钟差吸收，因此采用标准差进行表示钟差预报精度更具有现实意义。书中采取二次差的方法消除卫星钟差的系统性偏差，进而估计产品解算精度。书中采用具有较高解算精度的武汉大学分析中心解算的 2016 年 228 天至 259 共 32 天的钟差数据，进行钟差预报精度分析。为验证该中心筛选出的钟差预报模型优越性，按以下方案进行 2 h、6 h、10 h、24 h 钟差预报，并统计预报钟差的精度。①采用抗差处理的方法对频率数据进行建模预报；②不采用抗差处理对频率数据进行预报；③采用抗差处理的方法对钟差数据进行建模预报。三种处理方案对四颗卫星钟差的预报结果以及精度统计如图 4.21 所示，图 4.22 中(a)、(b)、(c)、(d)分别为 C31、C32、C33、C34 四颗卫星钟差一天的预报残差。具体预报流程如图 4.21 所示。

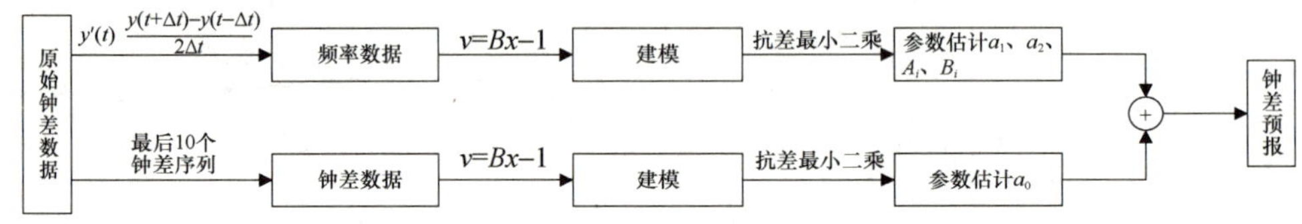

图 4.21　北斗三号试验卫星钟差预报流程

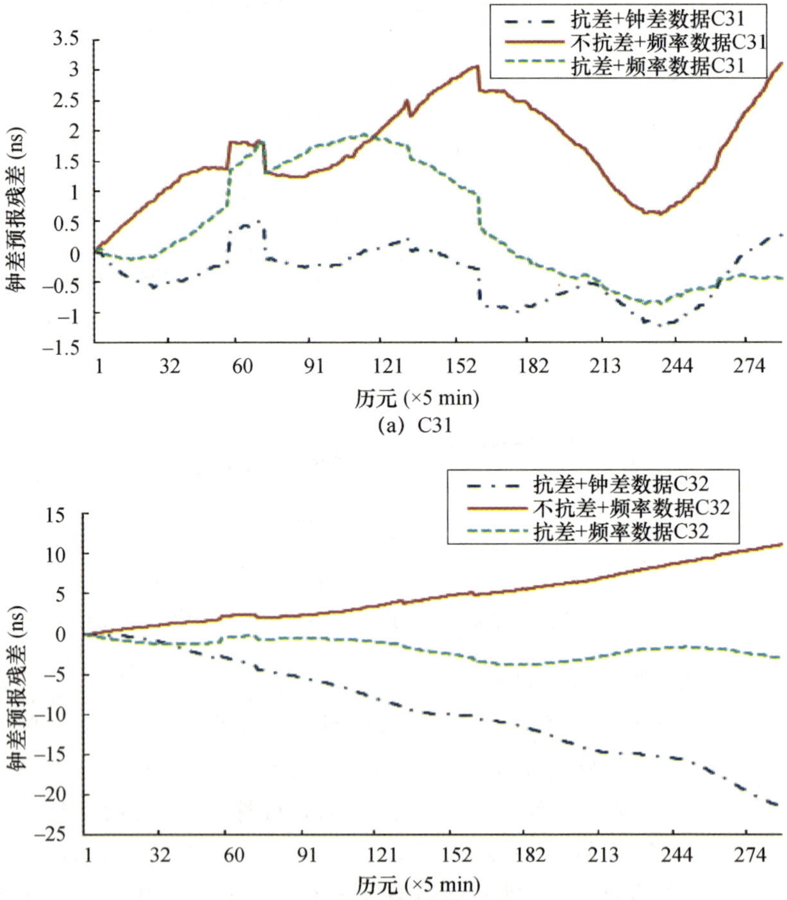

(a) C31

(b) C32

图 4.22　北斗三号试验卫星钟差预报残差

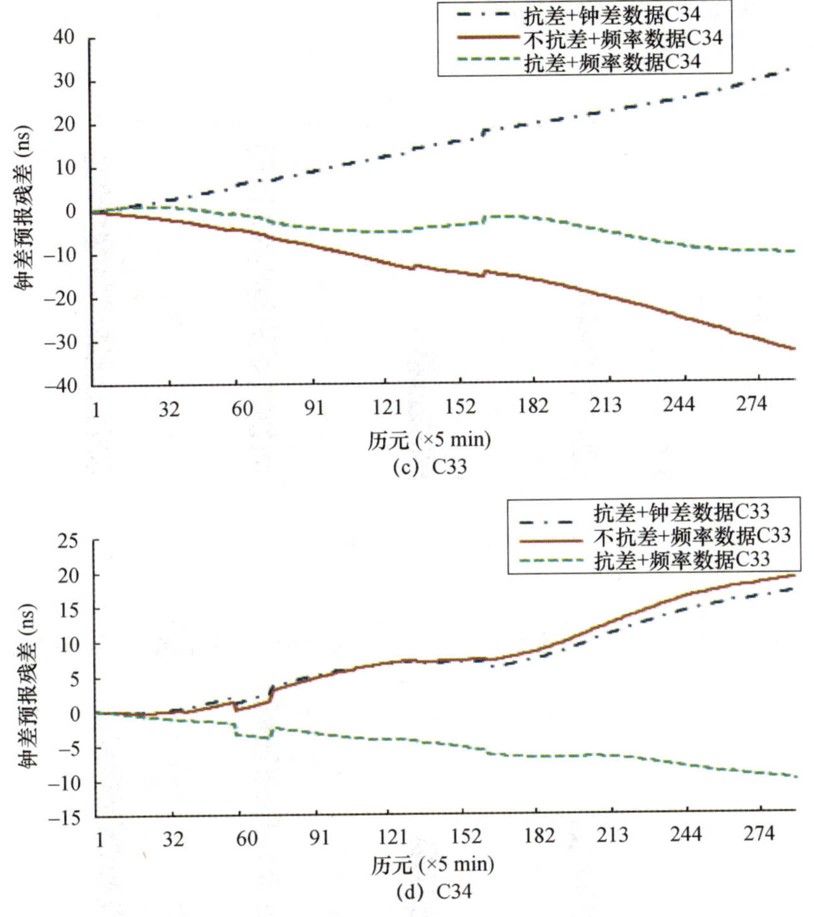

(c) C33

(d) C34

图 4.22(续)　北斗三号试验卫星钟差预报残差

图 4.22 至图 4.26 以及表 4.13 表示文中对北斗三号试验卫星钟差产品的预报情况。图 4.22 中表示了本节所提算法对卫星钟差产品进行 24 h 预报时误差累积情况，结果表明本节所采用的钟差预报模型误差累计较慢，对北斗卫星钟差产品的预报取得了较好的成果，尤其是对存在频繁相位跳变的 C33 和 C34 具有较好的结果。图 4.23 至图 4.26 和表 4.13 分别表示 31 天钟差产品 24 h、10 h、6 h、2 h 的预报结果以及精度统计情况，方案 1 相对于方案 2 和方案 3 的钟差预报结果分别最高能够提高 41.1%和 61.9%。文献(陈金平 等，2016)通过对北斗三号试验卫星钟差和轨道性能的分析，得出 IGSO 卫星短期预报精度从原本的 0.65 ns 减小到 0.30 ns，MEO 卫星短期预报精度从 0.78 ns 减小到 0.32 ns，IGSO/MEO 卫星中期预报精度均从 2.50 ns 减小到约 1.50 ns，与本节所提方法进行的钟差预报精度结果相当。说明本节算法对北斗三号试验卫星钟差预报的适用性，能够在很

大程度上提高北斗三号试验卫星钟差的预报精度，对以后北斗卫星钟差预报工作具有一定的参考价值。

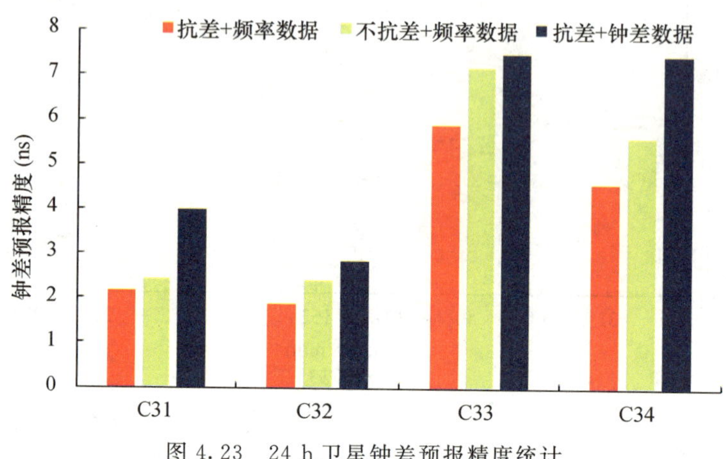

图 4.23　24 h 卫星钟差预报精度统计

图 4.24　10 h 卫星钟差预报精度统计

表 4.13　新星钟差预报精度统计　　单位：ns

预报方案	24 h				10 h				6 h				2 h			
	C31	C32	C33	C34	C31	C32	C33	C34	C31	C32	C33	C34	C31	C32	C33	C34
方案 1(ns)	2.14	1.85	5.88	4.55	0.56	0.73	2.39	2.24	0.56	0.66	1.65	1.68	0.21	0.22	0.32	0.33
方案 2(ns)	2.42	2.36	7.17	5.59	0.76	0.75	2.46	2.36	0.68	0.69	2.00	1.92	0.29	0.35	0.47	0.56
方案 3(ns)	3.98	2.81	7.48	7.43	1.47	1.32	2.43	2.32	0.93	1.07	2.06	2.49	0.26	0.24	0.36	0.45
Raise$_{1-2}$(%)	11.5	21.6	17.9	18.6	26.3	2.7	2.8	5.1	17.6	4.35	17.50	12.5	27.6	37.1	31.9	41.1
Raise$_{1-3}$(%)	46.2	34.1	21.3	38.8	61.9	44.6	1.6	3.4	39.8	38.3	19.9	32.5	19.2	8.3	11.1	26.7

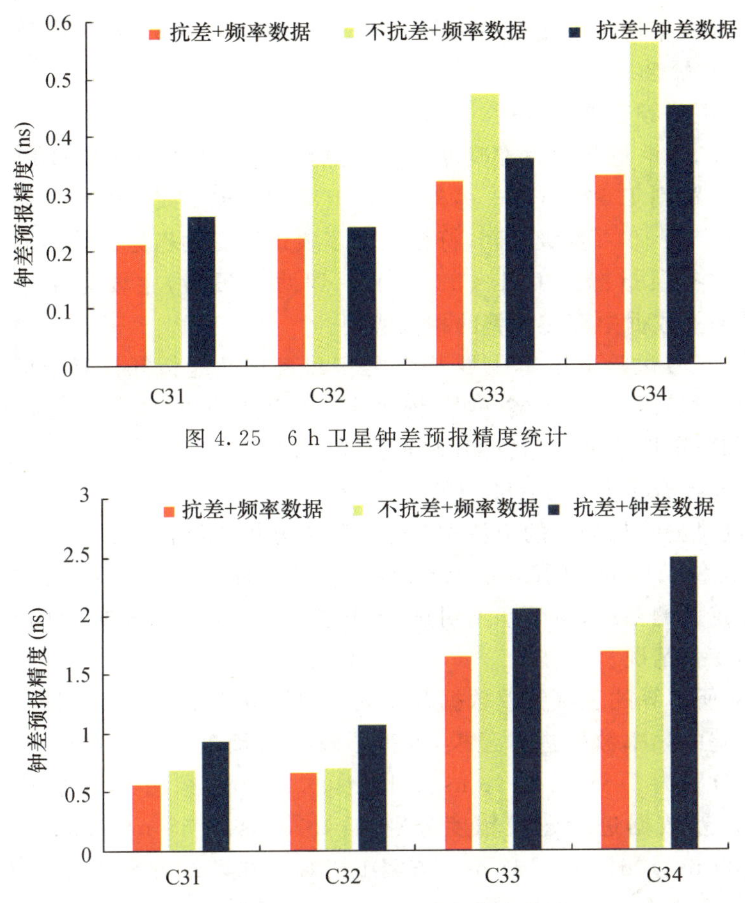

图 4.25　6 h 卫星钟差预报精度统计

图 4.26　2 h 卫星钟差预报精度统计

书中仅采用了 GNSS 观测数据进行了北斗三号试验卫星钟差性能分析，对于钟差的超长期预报以及采用其他测量手段进行分析并没有展开研究，另外北斗三号试验卫星对精密定位结果的影响也没有做相应的研究，这些将在以后的研究中进行详细分析。

4.7.4　结　论

本节分别对北斗三号试验卫星进行了频率准确度、频率漂移率、频率稳定性、定位性能、周期特性的统计，针对北斗三号试验卫星存在的问题对基于频率数据建模的钟差预报模型进行改进，通过对比实验验证了改进模型的有效性。通过以上实验主要得出以下结论：

（1）卫星频率稳定性 C31 和 C32、C34 和 C33 量级相当，分别处于 10^{-14}、10^{-13} 量级。C33 和 C34 号卫星的频率稳定性较 C31 和 C32 差一个量级。频率漂移率特性表现出与频率稳定度相似的结果，C33、C34 较 C31、C32 差两个量级，分别处于 10^{-14}、10^{-12} 量级。

(2)针对卫星频率准确度的计算，C31 号卫星在 234 年积日至 240 年积日之间出现数据间断，无法进行频率准确度计算，之后出现较大的频率跳变现象，从开始的 2.8×10^{-11} 跳到 4.5×10^{-10}。另外，三颗卫星均表现出线性的变化趋势，频率准确度均在 10^{-11} 至 10^{-12} 量级之间，符合二次多项式的变化趋势。总体而言，C33 和 C34 号卫星的各项指标比 C31、C32 差了一到两个量级，主要是由于 C33 号和 C34 号卫星钟差数据中存在频繁的相位跳变。

(3)北斗三号试验卫星 C31 号、C32 号卫星各项性能指标计算结果与 GPS 处于同一量级，但是比 GPS 稍弱一些，较北斗二号卫星钟差具有较大的提升，准确度、漂移率和稳定性三项指标较 GPS 分别低 49.3%、37.9%、12.2%，与北斗二号卫星钟差相比提升了 54.9%、85.3%、64.2%。

(4)经过对去除趋势项的卫星钟差进行频谱分析，得出四颗卫星钟差的主周期分别为：24 h、8 h、12 h；24 h、8 h；24 h；24 h、12 h。针对 C34 号卫星的频谱分析结果存在一些较大的毛刺，主频率不明显，需要进一步分析较长时间内的北斗三号试验卫星周期变化情况。

(5)针对所解算的卫星钟差数据存在频繁的相位跳变，本节采用抗差处理的方法对卫星钟差的频率数据进行建模，取得了较好的预报结果，24 h、10 h、6 h、2 h 的预报精度分别为 3.61 ns、1.48 ns、1.14 ns、0.27 ns。采用不抗差处理和采用抗差处理，对钟差数据进行建模精度分别为：4.39 ns、1.58 ns、1.32 ns、0.42 ns；5.43 ns、1.89 ns、1.64 ns、0.33 ns。方案 1 相对于方案 2、方案 3，预报精度分别提高了 17.8%、6.4%、14.0%、35.4%和 33.5%、21.5%、30.5%、17.6%。

§4.8 本章小结

GNSS 实时精密单点定位概念的提出，对卫星钟差实时预报的精度提出了更高的要求。本章在详细分析 GNSS 卫星钟特性的基础上，建议采用非平稳时序模型来实时预报 GNSS 卫星钟差。该模型主要特点是：不仅能准确预报 GNSS 卫星钟差的总体变化趋势，还能根据已有的先验信息预报出残差的周期性变化以及随机项的变化，因此预报精度较高。该方法的主要步骤如下：

(1)首先利用 LM 模型和最近 6 h 的 IGS-URP 数据预报出每颗卫星钟的总体变化趋势。

(2)再对去除趋势项后的预报残差进行傅里叶变换和谱分析，找出周期项变化的主要频率和振幅，进而得到周期项改正值。

(3)然后对去除趋势项和周期项后的随机分布残差进行自回归分析，得出均值

μ 和自回归权重系数($\varphi_1,\varphi_2,\cdots,\varphi_p$),从而得到随机项改正值。

(4)最后将上述三项叠加,得到最终的卫星钟差预报值。

(5)每隔 6 h 用新的 IGS-URP 数据更新预报模型一次,从而实现实时预报。由于 GNSS 卫星钟差的预报精度随预报时间的延长迅速下降,目前 IGS 分析中心提供的超快速卫星钟差观测产品是每 6 h 更新一次,若将来可以 1 h 更新一次或更短,则该方法的预报精度必将进一步提高。另外,卫星钟差的预报与卫星钟自身的稳定性密切相关,对于稳定的卫星钟,我们很容易准确地预报它们的卫星钟差。根据 NASA 和 ESA 发布的信息我们可知,新一代的 GPS 卫星(BLOCK Ⅱ F)和 Galileo 卫星都将配备比目前在轨 GPS 卫星更加稳定的卫星钟。因此,未来卫星钟差的预报工作会更加容易,预报精度也将会进一步提高。该方法的主要缺陷是:预报周期较短,用户需每隔 6 h 利用最新的 IGS 钟差产品更新预报模型一次,因此该方法不适用于长周期卫星钟差预报。

另外详细分析了北斗卫星钟差预报的研究,对北斗卫星钟差预报策略具有一定的参考价值。

第5章　自适应换站方法及在长距离机载动态定位中的应用

§5.1　引　言

动态相对定位是目前高精度GNSS动态定位中广泛采用的一种解算模式。根据使用参考站个数的多少，动态相对定位可分为多参考站解算模式（网解）和单参考站解算模式（单基线解）两种。网解由于充分利用了流动站周围多个参考站的观测数据，因此具有较高的精度和可靠性。相对于单基线模式而言，当个别参考站出现异常时，网解的稳定性受影响程度会大大降低。它的缺点是数据处理量大、基线相关性强、定权方法较为复杂等。尤其是在长距离机载GNSS动态定位中，由于数据的采样率高、观测时间长，网解将涉及海量观测数据的预处理、众多模糊度的固定以及抗差估计的迭代计算等，其数据处理量会非常大。单基线处理模式则具有解算未知参数少、定权方法简单、无基线相关性以及数据处理量小等优点，因此被许多GNSS动态定位软件所广泛采用（Chen，1998；Xu et al，1998；Hu et al，2008）。但通常情况下，单基线处理模式是很难满足长距离精密动态定位的要求。究其原因主要是：①许多公共误差随着流动站与参考站间距离的增加而增加，很难通过差分的方式进行有效消除；②共视卫星数随着站间距离的增加而逐渐减少，导致定位精度下降甚至无解；③模糊度的解算成功率也因基线距离的增加而下降（Hu et al，2008；Li et al，2011）。更换较近的参考站为新参考站无疑是解决这些问题最直接有效的办法。对于长航时而言，则势必会遇到参考卫星的更换问题。目前，更换参考站后新双差模糊度的求解方法共有三种：一是重新初始化模糊度；二是根据原参考站与流动站间的双差模糊度和原参考站与新参考站间的双差模糊度的关系，直接求解新参考站与流动站间的双差模糊度（Xu，2000）；三是根据已知的卫星位置、流动站位置（由原参考站解得）以及新参考站位置，求解新参考站与流动站间的双差模糊度。

上述三种方法都各有优缺点：对于第一种方法，重新初始化模糊度会导致换站前后解的不连续。第二种方法虽然避免了重新初始化模糊度，但引入了新旧参考站间的双差模糊度。由于新旧参考站间的距离较远，因此新旧参考站间双差模糊度的解算误差会较大；并且该误差会代入新参考站与流动站间的双差模糊度中，随着换站次数的增加，误差也会一直积累。此外该方法需同时求解新旧参考站间的静态基线，使整个解算过程变得复杂。第三种方法的实质是解的融合，当函数模型或随机模型存在误差时，它不如基于原始观测信息的融合方法严格，相关文献对此进行了详细的论述（杨元喜 等，2008）。因此寻求一种更加严格的数据处理方法，使其能实现换站前后数据的无缝拼接，保证整个动态定位过程的连续性和可靠性至关重要。

§5.2　参考卫星更换方法

针对长航时长距离机载 GNSS 动态相对定位中的换星问题，本书给出了一种简单易行的方法，基本思想是：当原参考卫星消失或其观测数据出现周跳需更换新参考卫星时，只需利用换星前的双差模糊度乘以一个转换矩阵，即可得到换星后的双差模糊度。

假设换星前的原双差模糊度可表示为：

$$\Delta \nabla N = \boldsymbol{A} N_0 \tag{5.1}$$

式中，$\Delta \nabla N$ 为原双差模糊度，N_0 为非差模糊度，$\boldsymbol{A}$ 为原双差算子。并假设换星后的新双差模糊度可表示为：

$$\Delta \nabla \bar{N} = \boldsymbol{B} N_0 \tag{5.2}$$

式中，$\Delta \nabla \bar{N}$ 为新双差模糊度，$\boldsymbol{B}$ 为新双差算子。则新旧双差模糊度的关系可表示为：

$$\Delta \nabla \bar{N} = \boldsymbol{C} \Delta \nabla N \tag{5.3}$$

其中 $\boldsymbol{C}$ 为新旧双差模糊度间的转换矩阵，由此可见如何获取转换矩阵 $\boldsymbol{C}$ 是其关键问题。

首先将式(5.1)及式(5.2)分别代入式(5.3)并约去 N_0，得：

$$\boldsymbol{CA} = \boldsymbol{B} \tag{5.4}$$

然后对式(5.4)两边同时右乘 $\boldsymbol{A}^{\mathrm{T}}(\boldsymbol{AA}^{\mathrm{T}})^{-1}$ 得：

$$\boldsymbol{C} = \boldsymbol{BA}^{\mathrm{T}}(\boldsymbol{AA}^{\mathrm{T}})^{-1} \tag{5.5}$$

由式(5.5)可知，更换参考卫星时新双差模糊度可利用原双差模糊度乘以一个转换矩阵得到，而该转换矩阵可由新旧双差算子通过式(5.5)计算得到。该方法不仅简单易行，而且利于计算机编程实现。

§5.3　自适应换站算法的基本原理

针对单基线动态相对定位中的换站问题，笔者提出一种自适应的换站方法（王潜心 等，2011c）。其主要思想是处理长距离机载动态定位数据时，始终保持单基线的动态定位模式，当发现流动站与原参考站间的距离大于流动站与其他参考站的距离时，自动更换周围最近的参考站为新参考站；对换站前后的数据设置一定时间的重叠段，利用参数的等价约化法(周江文，1987)对换站前后的数据进行严格的自适应融合，以保证整个解算过程的连续性。其基本原理如下：

假设飞机 i_2 从机场 a 飞往机场 g，ag 间的距离为 r。机场 a 设有参考站 i_1，机场 g 设有参考站 i_4，ag 间有参考站 i_3，如图 5.1 所示。

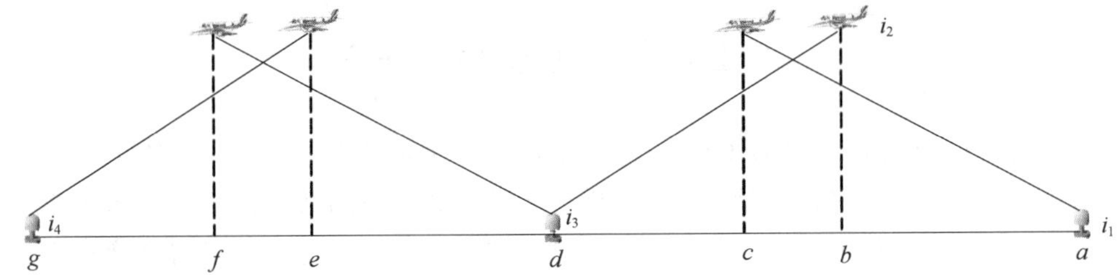

图 5.1　自适应换站法的示意

当飞机飞行一段时间后发现与原参考站 i_1 的距离 $\bar{r}_1$ 已大于与参考站 i_3 的距离，则自动更换参考站 i_3 作为新参考站；再飞行一段时间后发现与参考站 i_3 的距离 $\bar{r}_2$ 已大于与参考站 i_4 的距离，则自动更换 i_4 作为新参考站。换站时为保证解的连续性，新旧参考站间均存在一定时间的共同观测量，如图 5.1 中的 bc 和 ef。其中 $\bar{r}_1$、$\bar{r}_2$ 称为最大限定距离，bc 和 ef 为重叠段。

最大限定距离和重叠段的设置主要基于如下考虑：当流动站与参考站间的距离达到一定限度后，许多与距离相关的公共误差将很难通过差分的方式进行有效的消除，此时流动站的解算精度也会随之下降，因此需要更换较近的参考站作为新参考站。最大限定距离的设置由软件自主分析并确定，软件根据用户输入的参考站坐标和伪距单点定位得到的流动站坐标，自动比较每个历元流动站与所有参考站的距离。当发现流动站与其他参考站间的距离小于流动站与原参考站间的距离时，记录下该历元，并将该历元流动站与原参考站的距离设定为一个最大限定距离。更换新参考站后将会产生新的双差模糊度，为保持解的稳定性和连续性，此时应继续保持对原参考站的跟踪直至新的双差模糊度解算成功。对新双差模糊度解算成功的辨别标准可采用方差比检验法，即当候选模糊度中最优模糊度与次优模糊度解算结果的方差比 Ratio 值大于用户给定值时，确认新双差模糊度解算成功。从换站开始到新双差模糊度解算成功，这段时间既有原参考站的观测数据又有新参考站的观测数据，因此称之为重叠段。自适应换站法的具体解算方法如下。

假设使用参考站 i_1 时的双差观测方程为：

$$\boldsymbol{L}-\boldsymbol{A}\begin{bmatrix}\boldsymbol{X}_1\\ \boldsymbol{X}_2\\ \nabla\Delta N_{i_1,i_2}\end{bmatrix}=\boldsymbol{V},\ \boldsymbol{P} \tag{5.6}$$

使用参考站 i_3 时的双差观测方程为：

$$\boldsymbol{L}'-\boldsymbol{B}\begin{bmatrix}\boldsymbol{X}_2\\ \boldsymbol{X}_3\\ \boldsymbol{X}_4\\ \nabla\Delta N_{i_3,i_2}\end{bmatrix}=\boldsymbol{V}',\ \boldsymbol{P}' \tag{5.7}$$

使用参考站 i_4 时的双差观测方程为：

$$\boldsymbol{L}''-\boldsymbol{C}\begin{bmatrix}\boldsymbol{X}_4\\ \boldsymbol{X}_5\\ \nabla\Delta N_{i_4,i_2}\end{bmatrix}=\boldsymbol{V}'',\ \boldsymbol{P}'' \tag{5.8}$$

式中，$\boldsymbol{L}$、$\boldsymbol{L}'$、$\boldsymbol{L}''$表示双差观测值；$\boldsymbol{A}$、$\boldsymbol{B}$、$\boldsymbol{C}$ 为系数矩阵；$\boldsymbol{X}_1$ 为 ab 段的位置参数，$\boldsymbol{X}_2$ 为 bc 段的位置参数，$\boldsymbol{X}_3$ 为 ce 段的位置参数，$\boldsymbol{X}_4$ 为 ef 段的位置参数，$\boldsymbol{X}_5$ 为 fg 段的位置参数；$\nabla\Delta N_{i_1,i_2}$、$\nabla\Delta N_{i_3,i_2}$ 和$\nabla\Delta N_{i_4,i_2}$ 为参考站 i_1、i_3、i_4 与流动站 i_2 间的双差模糊度；$\boldsymbol{V}$、$\boldsymbol{V}'$、$\boldsymbol{V}''$为残差；$\boldsymbol{P}$、$\boldsymbol{P}'$、$\boldsymbol{P}''$为权阵。

首先将式(5.6)写成分块矩阵的形式，如下：

$$\boldsymbol{L}-\begin{bmatrix}\boldsymbol{A}_1 & \boldsymbol{A}_2\end{bmatrix}\begin{bmatrix}\boldsymbol{X}_2\\ \bar{\boldsymbol{X}}\end{bmatrix}=\boldsymbol{V},\ \boldsymbol{P} \tag{5.9}$$

式中，$\bar{\boldsymbol{X}}$ 包含参数 X_1 和$\nabla\Delta N_{i_1,i_2}$。

式(5.9)对应的法方程为：

$$\begin{bmatrix}\boldsymbol{M}_{11} & \boldsymbol{M}_{12}\\ \boldsymbol{M}_{21} & \boldsymbol{M}_{22}\end{bmatrix}\begin{bmatrix}\boldsymbol{X}_2\\ \bar{\boldsymbol{X}}\end{bmatrix}=\begin{bmatrix}\boldsymbol{U}_1\\ \boldsymbol{U}_2\end{bmatrix} \tag{5.10}$$

式中：

$$\begin{bmatrix}\boldsymbol{M}_{11} & \boldsymbol{M}_{12}\\ \boldsymbol{M}_{21} & \boldsymbol{M}_{22}\end{bmatrix}=\begin{bmatrix}\boldsymbol{A}_1^{\mathrm{T}}\boldsymbol{P}\boldsymbol{A}_1 & \boldsymbol{A}_1^{\mathrm{T}}\boldsymbol{P}\boldsymbol{A}_2\\ \boldsymbol{A}_2^{\mathrm{T}}\boldsymbol{P}\boldsymbol{A}_1 & \boldsymbol{A}_2^{\mathrm{T}}\boldsymbol{P}\boldsymbol{A}_2\end{bmatrix} \tag{5.11}$$

$$\begin{bmatrix}\boldsymbol{U}_1\\ \boldsymbol{U}_2\end{bmatrix}=\begin{bmatrix}\boldsymbol{A}_1^{\mathrm{T}}\boldsymbol{P}\boldsymbol{L}\\ \boldsymbol{A}_2^{\mathrm{T}}\boldsymbol{P}\boldsymbol{L}\end{bmatrix} \tag{5.12}$$

对式(5.10)进行等价约化可得：

$$\begin{bmatrix}\boldsymbol{M}_1 & 0\\ \boldsymbol{M}_{21} & \boldsymbol{M}_{22}\end{bmatrix}\begin{bmatrix}\boldsymbol{X}_2\\ \bar{\boldsymbol{X}}\end{bmatrix}=\begin{bmatrix}\boldsymbol{R}_1\\ \boldsymbol{U}_2\end{bmatrix} \tag{5.13}$$

其中，$\boldsymbol{M}_1=\boldsymbol{A}_1^{\mathrm{T}}(\boldsymbol{E}-\boldsymbol{J})^{\mathrm{T}}\boldsymbol{P}(\boldsymbol{E}-\boldsymbol{J})\boldsymbol{A}_1$，$\boldsymbol{R}_1=\boldsymbol{A}_1^{\mathrm{T}}(\boldsymbol{E}-\boldsymbol{J})^{\mathrm{T}}\boldsymbol{P}\boldsymbol{L}$，$\boldsymbol{J}=\boldsymbol{A}_2\boldsymbol{M}_{22}^{-1}\boldsymbol{A}_2^{\mathrm{T}}\boldsymbol{P}$。

令 $\boldsymbol{D}_1=(\boldsymbol{E}-\boldsymbol{J})\boldsymbol{A}_1$，则有：

$$\boldsymbol{D}_1^{\mathrm{T}}\boldsymbol{P}\boldsymbol{D}_1\boldsymbol{X}_2=\boldsymbol{D}_1^{\mathrm{T}}\boldsymbol{P}\boldsymbol{L} \tag{5.14}$$

式(5.14)为只含重叠段 bc 的流动站位置参数的法方程，相应的等价观测方程为：

$$\boldsymbol{L}-\boldsymbol{D}_1\boldsymbol{X}_2=\boldsymbol{V},\ \boldsymbol{P} \tag{5.15}$$

根据式(5.7)，使用参考站 i_3 时的法方程可写为：

$$\boldsymbol{M}'\begin{bmatrix}\boldsymbol{X}_2\\\boldsymbol{X}_3\\\boldsymbol{X}_4\\\nabla\Delta N_{i_3,i_2}\end{bmatrix}=\boldsymbol{U}' \tag{5.16}$$

式中，$\boldsymbol{M}'=\boldsymbol{B}^{\mathrm{T}}\boldsymbol{P}'\boldsymbol{B}$，$\boldsymbol{U}'=\boldsymbol{B}^{\mathrm{T}}\boldsymbol{P}'\boldsymbol{L}'$。由于式(5.14)、式(5.16)中含有相同的流动站位置参数 $\boldsymbol{X}_2$，因此可将两个法方程的对应元素进行叠加，得：

$$\overline{\boldsymbol{M}}'\begin{bmatrix}\boldsymbol{X}_2\\\boldsymbol{X}_3\\\boldsymbol{X}_4\\\nabla\Delta N_{i_3,i_2}\end{bmatrix}=\overline{\boldsymbol{U}}' \tag{5.17}$$

式中，$\overline{\boldsymbol{M}}'$、$\overline{\boldsymbol{U}}'$分别为对应元素叠加后的法矩阵和常数矩阵。

根据式(5.17)，利用上述方法同理可得到只含重叠段 ef 位置参数 $\boldsymbol{X}_4$ 的法方程：

$$\boldsymbol{D}_2^{\mathrm{T}}\ \overline{\boldsymbol{P}}'\boldsymbol{D}_2\boldsymbol{X}_4=\boldsymbol{D}_2^{\mathrm{T}}\ \overline{\boldsymbol{P}}'\overline{\boldsymbol{L}}' \tag{5.18}$$

式中，$\boldsymbol{D}_2$ 表达式的推导过程同前。

根据式(5.8)，使用参考站 i_4 时的法方程可写为：

$$\boldsymbol{M}''\begin{bmatrix}\boldsymbol{X}_4\\\boldsymbol{X}_5\\\nabla\Delta N_{i_4,i_2}\end{bmatrix}=\boldsymbol{U}'' \tag{5.19}$$

式中，$\boldsymbol{M}''=\boldsymbol{C}^{\mathrm{T}}\boldsymbol{P}''\boldsymbol{C}$，$\boldsymbol{U}'=\boldsymbol{C}^{\mathrm{T}}\boldsymbol{P}'\boldsymbol{L}''$。由于式(5.18)、式(5.19)中含有相同的位置参数 $\boldsymbol{X}_4$，因此可将两法方程的对应元素进行叠加，得：

$$\overline{\boldsymbol{M}}''\begin{bmatrix}\boldsymbol{X}_4\\\boldsymbol{X}_5\\\nabla\Delta N_{i_4,i_2}\end{bmatrix}=\overline{\boldsymbol{U}}'' \tag{5.20}$$

式中，$\overline{\boldsymbol{M}}''$、$\overline{\boldsymbol{U}}''$分别为对应元素叠加后的法矩阵和常数矩阵。

根据式(5.20)，利用可变参数的序贯平差即可得到流动站的位置参数 $\boldsymbol{X}_4$、$\boldsymbol{X}_5$ 以及双差模糊度$\nabla\Delta N_{i_4,i_2}$。最后进行回代，分别解算出使用参考站 i_3 和 i_1 时的位置参数和双差模糊度。为抵御粗差的影响，我们采用了 IGG3 方案进行抗差估计。

该方法相对现有方法的主要特点是：①不用重新初始化模糊度，避免了换站前后解的不连续；②无须求解新旧参考站间的静态基线；③该方法利用的是法方程式的融合，即原始观测信息的融合，比基于解的融合要更加严格。另外，该方法只需在现有单基线动态定位软件的基础上增加一个子程序，即可实现长距离动态定位的功能，不会破坏原有程序的整体结构。

§5.4　算例及分析

5.4.1　实验数据及实验方案

为检验该方法的实际效果，我们利用一组实测的 GNSS 机载动态定位数据进行了实验。数据源于德国国家测绘局(BKG)、德国地学研究中心(GFZ)和德国地学环境研究所(BGR)2008 年联合执行的航空重力测量项目 AlpinAero2008。项目从 2008 年 9 月 25 日至 10 月 13 日共执行飞行 20 次，测区面积 85000 km^2，主要覆盖德国南部阿尔卑斯山区。选取其中飞行距离最远的一次飞行数据(2008 年 10 月13 日)进行测试，飞机的平面轨迹如图 5.2 所示，测区内共有 7 个 IGS 站。飞行的起点和终点分别为 A、B，航行距离约 1000 km。起飞和降落时刻分别为 13 时 10 分 24 秒和 17 时 58 分 4 秒，采样率为 1 s，共 17261 个历元。

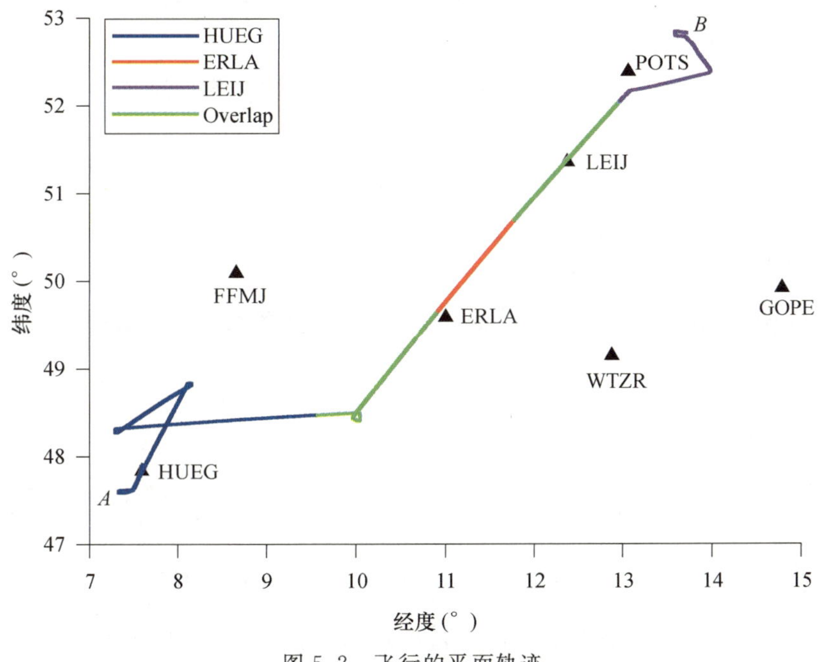

图 5.2　飞行的平面轨迹

首先我们采用测区内的 7 个 IGS 站作为参考站，对流动站的位置进行网解，并将网解的结果作为“真值”。图 5.3 显示了网解的结果在 N、E、U 三个方向上的内符合精度。由图 5.3 可知，该算例中网解的内符合精度约为 1 cm。另外由于飞机的头部和尾部分别架设了一台 GPS 接收机，两台接收机在地面量测的距离为 5.343 m。因此我们可以通过分别求解两台 GPS 接收机在整个飞行过程中的位置,并计算出它们每个历元的空间几何距离,然后与地面量测的精确距离进行比较来检验解的稳定性,结果如图 5.4 所示。由图可知,网解得到的平均值与地面的量测值相差约 2 mm,标准方差为 9 mm。曲线两端的波动相对较大,是由于飞机在起飞和降落时机身震动较大、观测噪声相对较大所致。

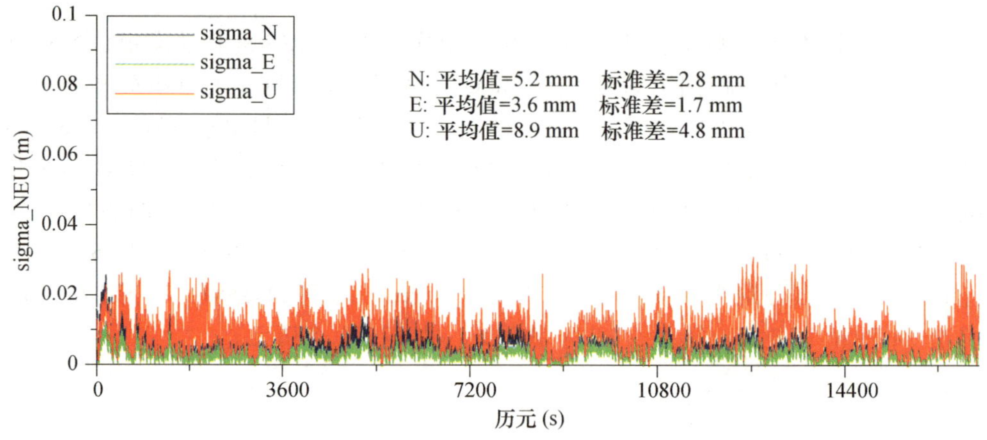

图 5.3 网解结果在 N、E、U 三个方向的内符合精度

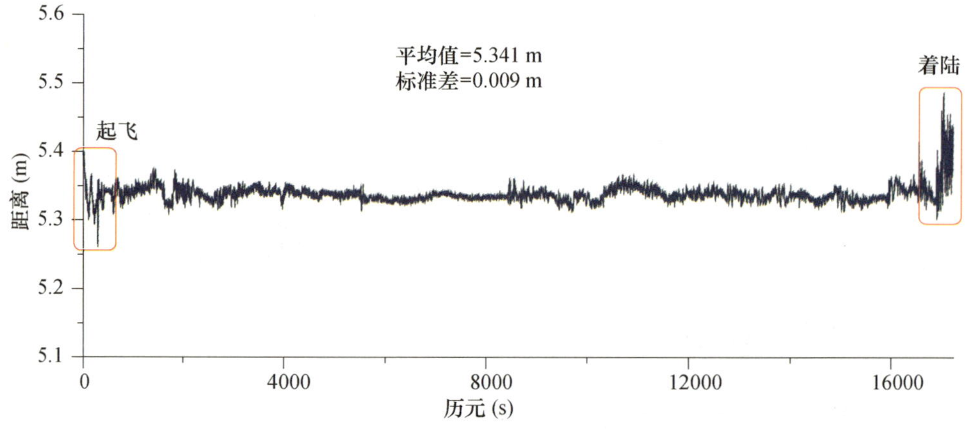

图 5.4 网解得的两台 GNSS 接收机的空间几何距离

为对本书所提方法和现有方法进行比较,我们设计了如下三个实验方案:

(1)始终采用 HUEG 作为参考站,检验流动站与参考站距离越来越远时的定位情况。

(2)依次选用 HUEG、ERLA、LEIJ 为参考站,换站时模糊度被重新初始化。

(3)同样依次选用 HUEG、ERLA、LEIJ 为参考站,但换站时采用本书所提的自适应换站法进行解算。其中最大限定距离由软件自动分析并确定,分别为 162.72 km 和 134.43 km,相应的换站时刻为第 7936 历元和第 12655 历元,如

图 5.5所示。算例中的 Ratio 值取 5，两次换站后重叠段历元个数分别确定为 2919 个历元和 2387 个历元。实验使用的参考站情况和起止历元如表 5.1 所示。

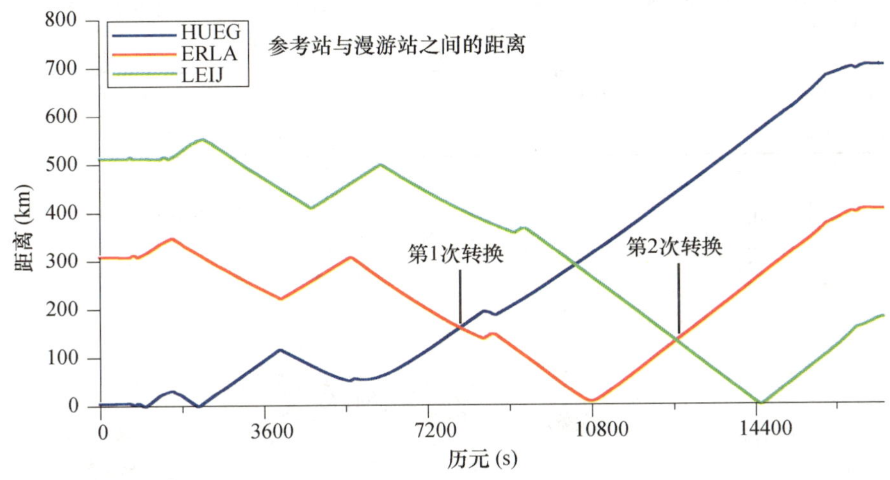

图 5.5　飞机与三个参考站间距离的变化情况

表 5.1　实验选用的参考站及数据的起止历元

方案一		方案二		方案三	
参考站	起止历元	参考站	起止历元	参考站	起止历元
HUEG	1～17261	HUEG	1～8935	HUEG	1～10855
		ERLA	8936～13579	ERLA	7936～15042
		LEIJ	13580～17261	LEIJ	12655～17261

5.4.2　实验结果及分析

数据处理软件采用德国地学研究中心的 HALO_GPS 精密动态定位软件。解算模式为序贯平差，卫星截止高度角为 10°，星历采用 IGS 精密星历，观测值使用消电离组合观测值，IGG3 方案中 $k_0=1$、$k_1=5$。由于机载 GNSS 动态相对定位中流动站与参考站间高差相当大，一般达到了几千米，而对流层延迟随测站高程的变化又非常快，因此机载动态相对定位中的对流层延迟影响很难通过差分的方法将其消除。对此我们对双差后剩余的对流层残差采用了附加参数估计，以抵御其影响。表 5.2 为各实验与“真值”比较在东西、南北和高程方向上定位精度的统计结果。图 5.6、图 5.7、图 5.8 为各实验与“真值”比较在三个方向上的差值及相应的双差观测值个数的变化情况。

表5.2 各方案动态定位精度的统计结果 单位:cm

方案	东西方向				南北方向				高程方向			
	最大值	最小值	平均值	标准差	最大值	最小值	平均值	标准差	最大值	最小值	平均值	标准差
方案一	2.5	−21.8	−4.9	4.7	1.1	−16.4	−4.1	3.5	9.4	−11.2	1.9	4.0
方案二	11.0	−9.4	0.1	4.4	11.1	−5.8	0.8	4.3	9.5	−8.5	0.4	4.6
方案三	4.6	−3.5	0.8	0.8	2.1	−4.7	−0.1	0.9	5.3	−7.8	−0.2	1.4

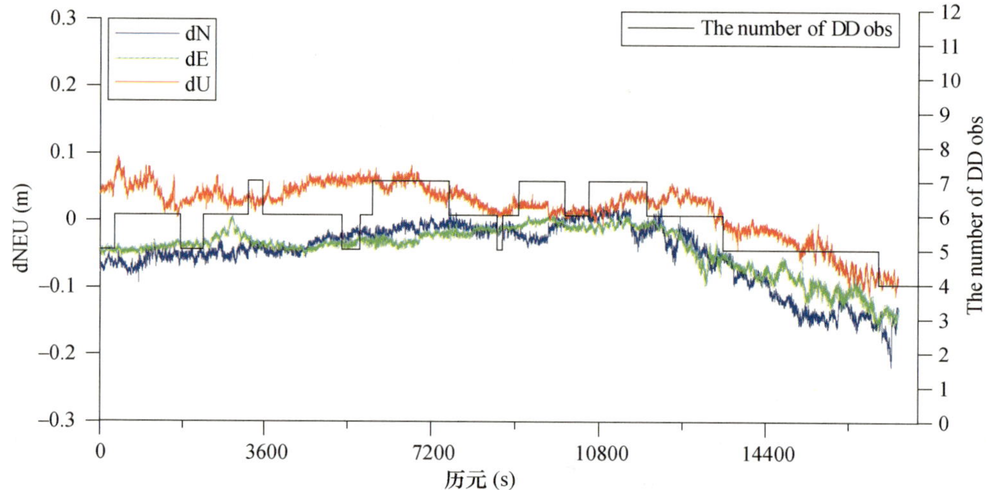

图5.6 方案一与“真值”在三个方向上差值及双差观测值个数的变化

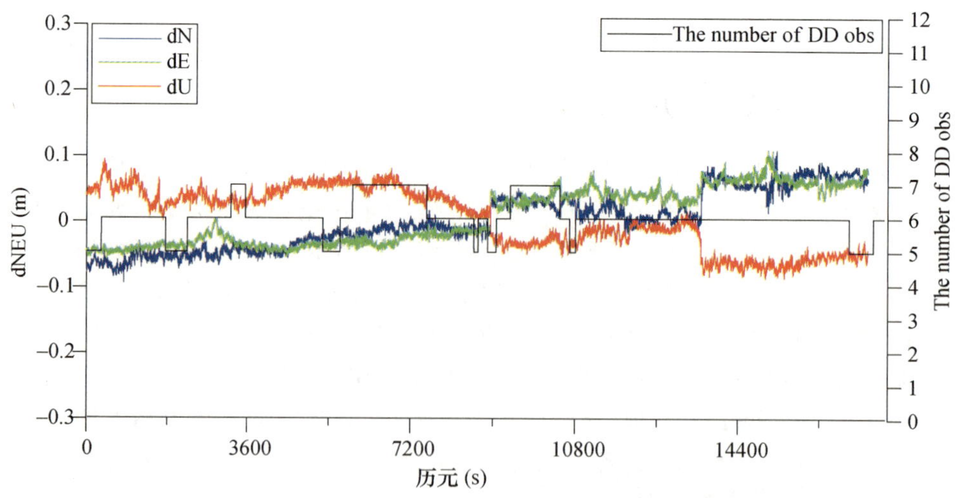

图5.7 方案二与“真值”在三个方向上差值及双差观测值个数的变化

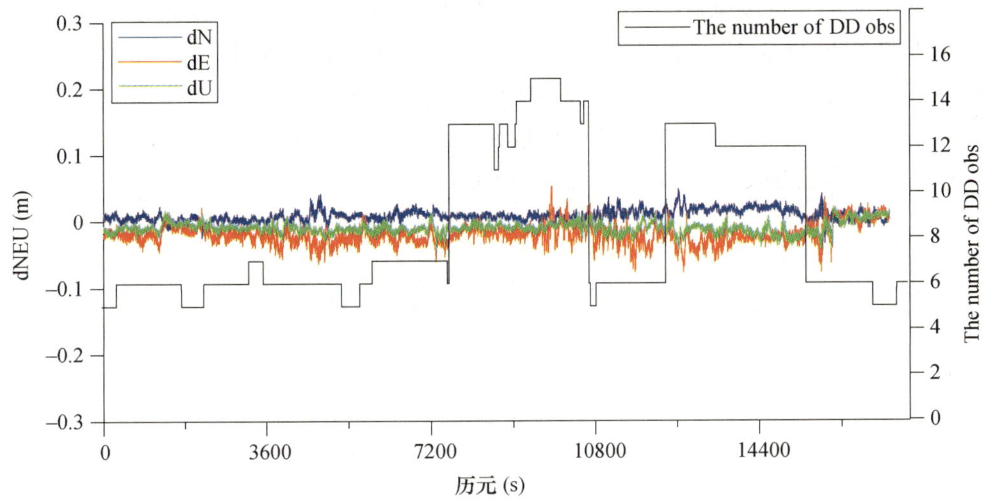

图 5.8　方案三与“真值”在三个方向上差值及双差观测值个数的变化

从表 5.2 和图 5.6、图 5.7、图 5.8 可知：方案一始终采用 HUEG 作为参考站，随着流动站与参考站间距离增加，共视卫星数逐渐地减少，定位精度也随之下降；而方案二和方案三及时更换了较近的参考站为新参考站，因此有效地避免了这一缺陷；但方案二在更换参考站时，模糊度被重新初始化，因此导致了换站前后解的不连续；方案三采用本书所提的自适应换站法，不仅避免了因飞行距离过远而导致定位精度下降，也克服了因换站引起的前后解的不连续。

§5.5　本章小结

本章分析了目前利用单基线处理模式进行长距离机载动态定位时存在的主要困难，提出采用“自适应换星换站”法来解决这一问题。对于换星问题，其核心思想就是利用换星前后新旧双差模糊度的函数关系推导出一个通用的转换矩阵 $\boldsymbol{C}$，利用转换矩阵 $\boldsymbol{C}$ 乘以原双差模糊度即可得到新双差模糊度；而对于换站问题，其核心思想则是利用等价消参法将原双差观测方程式的信息完整地保存下来，通过法方程式的叠加将其传递到新双差观测方程式中。相对于基于解的融合以及模糊度重新初始化这两类换站方法，自适应换站算法理论上更为严格。通过对真实飞行数据的解算，证明了该方法的可行性。计算结果表明：该方法的水平方向定位精度约为 1 cm，高程方向约为 2 cm，可满足长距离高精度动态 GNSS 定位的需求。2019 年启动的 HALO 项目将会执行上万千米的飞行任务（Foeste et al，2010）。届时若采用网解需同时处理几十甚至上百个参考站的数据，并且飞行定位中数据的采样率一般为 0.1 s，因此数据处理量会相当的大。采用本章所提方法将会大大减少数据处理量和软件的复杂程度。固然，利用多个参考站同时求解流动站位置要比本章所提方法的解算精度更高。但若两者的精度都在误差允许范围内，则该方法无疑为 GNSS 长距离动态定位提供了一条切实可行的思路。

第6章　GNSS定速方法

§6.1　引　言

利用高精度的GNSS观测值不仅可以获取载体精确的位置信息，而且可以获取载体精确的速度和加速度信息。目前关于GNSS定位的研究要远远多于GNSS定速的研究。而在某些领域获取高精度的载体运动的速度或加速度信息显得格外重要，例如在航空重力测量中，我们需精确获取因载体运动产生的垂直方向扰动加速度，以便从重力仪测得的总加速度中分离，进而恢复出测区真实的重力加速度（孙中苗 等，2004）；又例如在航空器的交会对接中，控制中心不仅需要获取目标航天器和追踪航天器的相对位置信息，而且需要获取两航天器的相对速度，以便及时调整两航天器的运动状态，实现顺利对接（阳任贵 等，2010）；再如在海流和海浪测速中，需同时利用GNSS和多普勒流测剖面仪测得船体速度和水层流速，然后进行矢量合成，得到海流和海浪的实际速度（陈力平 等，2002）。因此，准确获取载体运动的速度和加速度信息是机载动态测量中一个重要方面。

目前关于GNSS定速的方法大致有三种：一是位置求导法，即通过对已知的位置信息进行一阶求导来获取载体的速度信息；二是相位差分法，即先对原始的载波相位观测值进行历元间差分得到载波相位观测值的变化率，然后代入速度观测方程求取载体速度；三是多普勒定速法，即直接利用原始多普勒观测值求取载体的速度信息。上述三种方法各有优缺点：由于多普勒观测值本身的观测噪声要略大于载波相位观测值，因此当载体处于静止或匀速运动状态时，多普勒定速法的精度要略低于位置求导法和相位差分法，但多普勒定速法的理论模型最为严格，当载体机动性较强时其定速结果最为可靠；相位差分法由于进行了一步的近似假设，定速误差随载体速度的变化而增加；而位置求导法进行了四步的近似假设，当载体机动性较强时，其定速误差比相位差分法更大。

本章首先对上述三种定速方法的基本原理进行简要的介绍，然后对三种方法的定速精度和误差来源进行详细的比较和分析。在此基础上，提出了一种更加严格定速方法——综合法定速（Wang et al，2011c）。对该方法的基本原理和计算方法进行了详细的介绍，并利用实测的机载、车载GNSS以及GLONASS数据对所提方法的正确性和有效性进行了检验。实验结果显示：综合法定速不仅可以改善单独使用多普勒观测值时的定速精度，同时可克服单独使用载波相位时受载体机动性影响较大的弊端，充分发挥了两者的优势，其定速结果更加准确可靠，定速精度优于 1 cm/s。

§6.2　常用的 GNSS 定速方法及对比分析

目前常用的 GNSS 定速方法有许多，其代表性的方法有位置求导法、相位差分法及多普勒定速法。上述方法各有优缺点：位置求导法是通过对已知的位置信息进行一阶求导来获取载体的速度信息。该方法虽然简单实用，但其前提条件是载体在相邻历元为匀速运动，因此不适用于高机动性载体。相关文献的实验结果显示：当载体加速度为 2 m/s^2 时，定速误差达米级（何海波，2002）。相位差分法是先对原始的载波相位观测值进行历元间差分得到载波观测值的变化率，然后代入速度观测方程求取载体速度。由于该方法使用的是原始载波相位观测值，因此理论定速精度较高，一般为毫米级每秒（肖云 等，2003）。它的假设条件是利用历元间差分获取的载波相位变化率应能完全反映对应时刻的瞬时变化率，否则将产生相应的近似误差。多普勒定速法是直接利用原始多普勒观测值来求取载体速度，其理论模型最为严格。该方法的定速误差主要来源于多普勒观测值本身的观测噪声，其定速精度一般为 1 cm/s 左右（肖云 等，2000）。

本节将从最基本的速度的数学定义出发，推导出位置求导法、相位差分法及多普勒定速法的计算公式，并从理论上分析了这三种定速方法的联系、区别和主要误差来源。然后利用实测的 GPS 数据对上述三种方法的定速精度进行详细对比分析，得到三种定速方法的适用范围和主要优缺点。

6.2.1　位置求导法

位置求导法的基本思想是：若已知载体在 t 和 $t+h$ 时刻的位置向量为 $\vec{\boldsymbol{r}}_2$ 和 $\vec{\boldsymbol{r}}_3$，则载体在 $t+h/2$ 时刻的瞬时速度可表示为：

$$\dot{\vec{\boldsymbol{r}}}=\frac{\vec{\boldsymbol{r}}_3-\vec{\boldsymbol{r}}_2}{h} \tag{6.1}$$

对式(6.1)求解得到的速度 $\dot{\vec{\boldsymbol{r}}}$ 有两点值得注意：一是 $\dot{\vec{\boldsymbol{r}}}$ 的本质意义是载体在采用间隔 h 内的平均速度，因此只有当载体在该时段做匀速运动时，平均速度才能代替 $t+h/2$ 时刻的瞬时速度；二是相对于当前历元 t，该式解得的速度存在一定的滞后。为了便于结果的比较，可以用历元 $t-h$ 和 $t+h$ 的位置向量 $\vec{\boldsymbol{r}}_1$ 和 $\vec{\boldsymbol{r}}_3$，来求取历元 t 的瞬时速度：

$$\dot{\vec{\boldsymbol{r}}}_2=\frac{\vec{\boldsymbol{r}}_3-\vec{\boldsymbol{r}}_1}{2h} \tag{6.2}$$

当 h 趋近于 0 时，平均速度即为瞬时速度。即 h 越小，位置求导法的精度就越高。但在实际测量中，h 越小，高频噪声放大就越大，因此 h 不宜过小。

6.2.2　相位差分法

相位差分法的基本思想是：先对历元 $t-h$ 和 $t+h$ 的原始载波相位观测值 φ_1 和 φ_3 做历元间差分，得到历元 t 的载波相位变化率 $\dot{\varphi}_2$：

$$\dot{\varphi}_2=\frac{\varphi_3-\varphi_1}{2h} \tag{6.3}$$

然后将 $\dot{\varphi}_2$ 代入速度观测方程中，求取历元 t 的瞬时速度 $\dot{\boldsymbol{r}}_2$。显然，$\dot{\varphi}_2$ 的本质含义是在两倍采样间隔 h 内载波相位的平均变化率，而不是历元 t 的瞬时变化率。同样只有当 h 趋近于 0 时，平均变化率才能代替瞬时变化率。可见，相位差分法和位置求导法都做了不同程度的近似假设，但这两种近似所带来的定速误差孰大孰小，将在 6.2.5 节中进行详细的分析。

6.2.3　多普勒定速法

多普勒定速法是直接采用 GNSS 接收机测得的原始多普勒观测值来求解载体速度，因此在理论模型上较前面两种方法更严格，其解算方法如下：

假设 GPS 最基本的量测方程可表示为：

$$\rho_r^q=\lambda_{L1}\varphi_{r,L1}^q+\lambda_{L1}N_{L1}^q-c\Delta t_r+c\Delta t^q-dtrop_r^q+dion_{r,L1}^q+u_{r,L1}^q \tag{6.4}$$

等式(6.4)的左边为理论距离，右边为观测距离，理论上两者应该相等。其中 ρ_r^q 表示观测站 r 到观测卫星 q 的理论距离，λ_{L1} 为 L1 的波长，$\varphi_{r,L1}^q$ 为观测站 r 对观测卫星 q 的 L1 载波相位观测值，N_{L1}^q 为观测卫星 q 的整周模糊度，c 为光速，Δt_r 为观测站 r 的接收机钟差，Δt^q 为观测卫星 q 的卫星钟差，$dtrop_r^q$ 为观测站 r 相对观测卫星 q 方向的对流层延迟，$dion_{r,L1}^q$ 观测站 r 相对观测卫星 q 方向上 L1 频率的电离层折射误差，$u_{r,L1}^q$ 表示其他误差。

对式(6.4)时间求导，即可得到相应的速度观测方程：

$$e_r^q\vec{\mathbf{V}}_r^q=\lambda_{L1}\dot{\varphi}_{r,L1}^q-c\Delta\dot{t}_r+c\Delta\dot{t}^q-dtr\dot{o}p_r^q+di\dot{o}n_{r,L1}^q+\dot{u}_{r,L1}^q \tag{6.5}$$

式中，e_r^q 为观测站 r 与观测卫星 q 的方向余弦，$\vec{\mathbf{V}}_r^q$ 为观测站 r 相对与观测卫星 q 的速度矢量，其他参数的含义与式(6.4)相同，“·”表示相应量的变化率。由于机载 GNSS 动态定位中，数据的采样率非常高，为简化方程，可以假设极短时间内对流层、电离层和其他误差的变化率近似等于 0，则式(6.5)可以简化为：

$$e_r^q\vec{\mathbf{V}}_r^q=\lambda_{L1}\dot{\varphi}_{r,L1}^q-c\Delta\dot{t}_r+c\Delta\dot{t}^q \tag{6.6}$$

式中，$\dot{\varphi}_{r,L1}^q$ 为 L1 频率上的多普勒观测值，$\vec{\mathbf{V}}_r^q$ 可表示为：

$$\vec{\mathbf{V}}_r^q=\vec{\mathbf{V}}^q-\vec{\mathbf{V}}_r=\sqrt{(\dot{X}^q-\dot{X}_r)^2+(\dot{Y}^q-\dot{Y}_r)^2+(\dot{Z}^q-\dot{Z}_r)^2} \tag{6.7}$$

式中，$\dot{X}_r$、$\dot{Y}_r$、$\dot{Z}_r$ 分别表示观测站 r 在 X、Y、Z 三个方向上的速度，$\dot{X}^q$、$\dot{Y}^q$、$\dot{Z}^q$ 表示观测卫星 q 在 X、Y、Z 三个方向上的速度。

同理，观测站 r 相对于其他任意卫星 p 的速度观测方程可写为：

$$e_r^p \vec{\boldsymbol{V}}_r^p = \lambda_{\mathrm{L1}} \dot{\varphi}_{r,\mathrm{L1}}^p - c\Delta\dot{t}_r + c\Delta\dot{t}^p \tag{6.8}$$

若是进行相对定速，并假设 r 为参考站，q 为参考卫星，则流动站 k 相对于参考卫星 q 和其他任意卫星 p 的速度观测方程可表示为：

$$e_k^q \vec{\boldsymbol{V}}_k^q = \lambda_{\mathrm{L1}} \dot{\varphi}_{k,\mathrm{L1}}^q - c\Delta\dot{t}_k + c\Delta\dot{t}^q \tag{6.9}$$

$$e_k^p \vec{\boldsymbol{V}}_k^p = \lambda_{\mathrm{L1}} \dot{\varphi}_{k,\mathrm{L1}}^p - c\Delta\dot{t}_k + c\Delta\dot{t}^p \tag{6.10}$$

对等式(6.6)、式(6.8)、式(6.9)和式(6.10)进行站间和星间差分，即可得到速度的双差观测方程：

$$e_k^p \vec{\boldsymbol{V}}_k^p - e_r^p \vec{\boldsymbol{V}}_r^p - e_k^q \vec{\boldsymbol{V}}_k^q + e_r^q \vec{\boldsymbol{V}}_r^q = \lambda_{\mathrm{L1}} \nabla\Delta\dot{\varphi}_{k,r,\mathrm{L1}}^{p,q} \tag{6.11}$$

顾及 $\vec{\boldsymbol{V}}_k^p = \vec{\boldsymbol{V}}^p - \vec{\boldsymbol{V}}_k$，$\vec{\boldsymbol{V}}_r^p = \vec{\boldsymbol{V}}^p - \vec{\boldsymbol{V}}_r$，$\vec{\boldsymbol{V}}_k^q = \vec{\boldsymbol{V}}^q - \vec{\boldsymbol{V}}_k$，$\vec{\boldsymbol{V}}_r^q = \vec{\boldsymbol{V}}^q - \vec{\boldsymbol{V}}_r$，式(6.11)展开化简为：

$$-e_k^{pq} \vec{\boldsymbol{V}}_k + e_r^{pq} \vec{\boldsymbol{V}}_r + e_{kr}^p \vec{\boldsymbol{V}}^p - e_{kr}^q \vec{\boldsymbol{V}}^q = \lambda_{\mathrm{L1}} \nabla\Delta\dot{\varphi}_{k,r,\mathrm{L1}}^{p,q} \tag{6.12}$$

式中：

$$e_k^{pq} = e_k^p - e_k^q \tag{6.13a}$$

$$\nabla\Delta\dot{\varphi}_{k,r}^{p,q} = \dot{\varphi}_k^p - \dot{\varphi}_r^p - \dot{\varphi}_k^q + \dot{\varphi}_r^q \tag{6.13b}$$

若参考站为固定站（非动对动定速），即参考站的速度为零，则式(6.12)可进一步简化为：

$$-e_k^{pq} \vec{\boldsymbol{V}}_k + e_{kr}^p \vec{\boldsymbol{V}}^p - e_{kr}^q \vec{\boldsymbol{V}}^q = \lambda_{\mathrm{L1}} \nabla\Delta\dot{\varphi}_{k,r,\mathrm{L1}}^{p,q} \tag{6.14}$$

由于目标函数是流动站 k 的速度 $\vec{\boldsymbol{V}}_k$，因此对式(6.14)进行整理得：

$$-e_k^{pq} \vec{\boldsymbol{V}}_k = \lambda_{\mathrm{L1}} \nabla\Delta\dot{\varphi}_{k,r,\mathrm{L1}}^{p,q} - e_{kr}^p \vec{\boldsymbol{V}}^p + e_{kr}^q \vec{\boldsymbol{V}}^q \tag{6.15}$$

实际解算时一般都采用迭代计算的方法，因此实际求解的是流动站近似速度 $\vec{\boldsymbol{V}}_{k0}$ 的改正值 $\mathrm{d}\vec{\boldsymbol{V}}_k$。式(6.15)可进一步化为：

$$-e_k^{pq} \mathrm{d}\vec{\boldsymbol{V}}_k = \lambda_{\mathrm{L1}} \nabla\Delta\dot{\varphi}_{k,r,\mathrm{L1}}^{p,q} - e_{kr}^p \vec{\boldsymbol{V}}^p + e_{kr}^q \vec{\boldsymbol{V}}^q + e_k^{pq} \vec{\boldsymbol{V}}_{k0} \tag{6.16}$$

若一个历元观测到四颗以上的卫星，则可写出多个类似式(6.16)的速度误差观测方程，利用最小二乘平差即可解算载体的三维速度，其矩阵表达式为：

$$\begin{bmatrix} -e_k^{pq}(x) & -e_k^{pq}(y) & -e_k^{pq}(z) \\ -e_k^{iq}(x) & -e_k^{iq}(y) & -e_k^{iq}(y) \\ \vdots & \vdots & \vdots \end{bmatrix} \begin{bmatrix} \mathrm{d}\dot{X}_k \\ \mathrm{d}\dot{Y}_k \\ \mathrm{d}\dot{Z}_k \end{bmatrix} = \begin{bmatrix} \lambda_{\mathrm{L1}} \nabla\Delta\dot{\varphi}_{k,r,\mathrm{L1}}^{p,q} - e_{kr}^p \cdot \vec{\boldsymbol{V}}^p + e_{kr}^q \cdot \vec{\boldsymbol{V}}^q + e_k^{pq} \cdot \vec{\boldsymbol{V}}_{k0} \\ \lambda_{\mathrm{L1}} \nabla\Delta\dot{\varphi}_{k,r,\mathrm{L1}}^{i,q} - e_{kr}^i \cdot \vec{\boldsymbol{V}}^i + e_{kr}^q \cdot \vec{\boldsymbol{V}}^q + e_k^{iq} \cdot \vec{\boldsymbol{V}}_{k0} \\ \vdots \end{bmatrix} \tag{6.17}$$

对于式(6.17)需要注意的是，式中卫星速度和流动站近似速度与相应方向余弦的乘积是向量的点积运算。

用 $\boldsymbol{A}$ 表示系数矩阵，$\boldsymbol{X}$ 表示未知参数矩阵，$\boldsymbol{L}$ 表示常数矩阵，$\boldsymbol{P}$ 表示权矩阵，则式(6.17)的最小二乘解为：

$$\boldsymbol{X} = (\boldsymbol{A}^{\mathrm{T}}\boldsymbol{P}\boldsymbol{A})^{-1}(\boldsymbol{A}^{\mathrm{T}}\boldsymbol{P}\boldsymbol{L}) \tag{6.18}$$

式(6.18)对应的协因数矩阵为：

$$\boldsymbol{Q}=(\boldsymbol{A}^{\mathrm{T}}\boldsymbol{P}\boldsymbol{A})^{-1}=\begin{bmatrix} Q_{11} & Q_{12} & Q_{13} \\ Q_{21} & Q_{22} & Q_{23} \\ Q_{31} & Q_{32} & Q_{33} \end{bmatrix} \tag{6.19}$$

利用式(6.19)可以写出流动站速度的计算精度表达式：

$$m_{\vec{\mathrm{V}}_k}=m_{\dot{\varphi}}\sqrt{\boldsymbol{Q}} \tag{6.20}$$

式中，$m_{\dot{\varphi}}$ 为多普勒观测值的观测精度，一般为 2～3 mm/s；Q 为几何精度因子。由于 GNSS 测量中几何精度因子一般要求小于 6，因此理论上多普勒法求速法的精度大约为：

$$m_{\vec{\mathrm{V}}_k}=3\times 6=18(\mathrm{mm/s}) \tag{6.21}$$

当观测条件较好，DOP 值较小时，多普勒法求速法的理论精度应该可达到几个毫米每秒。

6.2.4 影响定速精度的主要误差

由式(6.17)可知，影响 GNSS 相对定速精度的因素主要有三个：一是系数矩阵 **A** 带来的误差，它取决于接收机和卫星的位置精度；二是多普勒观测值本身的误差；三是卫星速度的误差。表 6.1 给出了位置误差对定速精度的影响情况，表 6.2给出了卫星速度误差对定速精度的影响(肖云 等，2000)。

表 6.1　*X* 方向的位置误差对载体速度的影响

X 方向的位移量(m)	速度变化量(mm/s)		
	X	*Y*	*Z*
10	−0.11	0.15	0.53
30	0.35	0.36	−1.20
50	0.02	0.57	2.03
100	−0.62	0.97	4.04
1000	−13.05	9.42	38.01

表 6.2　卫星速度误差对载体速度的影响

卫星速度的误差(m/s)	速度变化量(mm/s)		
	X	*Y*	*Z*
0.1	0.79	0.00	0.00
1	0.82	−0.02	−0.02
10	1.14	−0.68	0.97
100	5.25	−6.44	−9.38
1000	46.36	−64.83	−96.42

由表 6.1 的实验结果可知，对于要求毫米每秒的定速而言，接收机位置和卫星位置的精度应在 10 m 以内。而由表 6.2 的结果可知，当卫星的速度精度在 10 m/s时，载体的定速精度也可以到毫米每秒。

6.2.5 三种定速方法的区别与联系

由上述分析可知，这三种常用定速方法的解算思路、使用的观测值以及近似假设条件都不同，但其实它们都源于最基本的速度数学定义公式，即速度矢量 $\vec{\boldsymbol{V}}$ 为位置矢量 $\vec{\boldsymbol{r}}$ 对时间的一阶导数：

$$\vec{\boldsymbol{V}}=\frac{\mathrm{d}\vec{\boldsymbol{r}}}{\mathrm{d}t}=\dot{\vec{\boldsymbol{r}}} \tag{6.22}$$

但由于做了不同程度的近似假设，因此表现为不同的形式。下面将从原始的观测方程出发，推导出这三种定速方法的计算公式，从而在理论上分析三种定速方法间的联系与区别。

假设历元 t 的观测方程可写为：

$$\boldsymbol{L}_2=\boldsymbol{A}_2\vec{\boldsymbol{r}}_2,\boldsymbol{P} \tag{6.23}$$

式中，$\boldsymbol{A}_2$ 表示系数矩阵，$\boldsymbol{L}_2$ 为常数矩阵，$\vec{\boldsymbol{r}}_2$ 为含有位置向量的未知参数矩阵，$\boldsymbol{P}$ 为权矩阵。式(6.23)的最小二乘解为：

$$\vec{\boldsymbol{r}}_2=(\boldsymbol{A}_2^{\mathrm{T}}\boldsymbol{P}\boldsymbol{A}_2)^{-1}(\boldsymbol{A}_2^{\mathrm{T}}\boldsymbol{P}\boldsymbol{L}_2)=\boldsymbol{N}_2^{-1}\boldsymbol{U}_2 \tag{6.24}$$

式中：

$$\boldsymbol{N}_2=\boldsymbol{A}_2^{\mathrm{T}}\boldsymbol{P}\boldsymbol{A}_2 \tag{6.25a}$$

$$\boldsymbol{U}_2=\boldsymbol{A}_2^{\mathrm{T}}\boldsymbol{P}\boldsymbol{L}_2 \tag{6.25b}$$

则式(6.23)相应的速度解为：

$$\dot{\vec{\boldsymbol{r}}}_2=\dot{\boldsymbol{N}}_2^{-1}\boldsymbol{U}_2+\boldsymbol{N}_2^{-1}\dot{\boldsymbol{U}}_2 \tag{6.26}$$

若式(6.26)中的 $\boldsymbol{N}_2$、$\boldsymbol{U}_2$ 用历元 $t-h$ 和历元 $t+h$ 相应的中心差分值来代替，即：

$$\boldsymbol{N}_2=\frac{\boldsymbol{N}_3+\boldsymbol{N}_1}{2} \tag{6.27a}$$

$$\dot{\boldsymbol{N}}_2^{-1}=\frac{\boldsymbol{N}_3^{-1}-\boldsymbol{N}_1^{-1}}{2h} \tag{6.27b}$$

$$\boldsymbol{U}_2=\frac{\boldsymbol{U}_3+\boldsymbol{U}_1}{2} \tag{6.27c}$$

$$\dot{\boldsymbol{U}}_2=\frac{\boldsymbol{U}_3-\boldsymbol{U}_1}{2h} \tag{6.27d}$$

则式(6.26)可化为：

$$\begin{aligned}\dot{\vec{\boldsymbol{r}}}_2&=\frac{\boldsymbol{N}_3^{-1}-\boldsymbol{N}_1^{-1}}{2h}\cdot\frac{\boldsymbol{U}_3+\boldsymbol{U}_1}{2}+\frac{\boldsymbol{N}_3^{-1}+\boldsymbol{N}_1^{-1}}{2}\cdot\frac{\boldsymbol{U}_3-\boldsymbol{U}_1}{2h}\\&=\frac{\boldsymbol{N}_3^{-1}\boldsymbol{U}_3-\boldsymbol{N}_1^{-1}\boldsymbol{U}_1}{2h}=\frac{\vec{\boldsymbol{r}}_3-\vec{\boldsymbol{r}}_1}{2h}\end{aligned} \tag{6.28}$$

式(6.28)即为位置求导法的计算公式，其近似假设是等式(6.27a)—(6.27d)。

若不对速度解算公式(6.26)做任何近似假设，而是直接展开，并顾及：

$$\dot{\boldsymbol{N}}_2^{-1} = -\boldsymbol{N}_2^{-1}\dot{\boldsymbol{N}}_2\boldsymbol{N}_2^{-1} = -\boldsymbol{N}_2^{-1}(\boldsymbol{A}_2^{\mathrm{T}}\boldsymbol{P}\dot{\boldsymbol{A}}_2 + \dot{\boldsymbol{A}}_2^{\mathrm{T}}\boldsymbol{P}\boldsymbol{A}_2)\boldsymbol{N}_2^{-1} \tag{6.29}$$

$$\dot{\boldsymbol{U}}_2 = \dot{\boldsymbol{A}}_2^{\mathrm{T}}\boldsymbol{P}\boldsymbol{L}_2 + \boldsymbol{A}_2^{\mathrm{T}}\boldsymbol{P}\dot{\boldsymbol{L}}_2 \tag{6.30}$$

则式(6.26)可化为：

$$\begin{aligned}\dot{\vec{\boldsymbol{r}}}_2 &= -\boldsymbol{N}_2^{-1}(\boldsymbol{A}_2^{\mathrm{T}}\boldsymbol{P}\dot{\boldsymbol{A}}_2 + \dot{\boldsymbol{A}}_2^{\mathrm{T}}\boldsymbol{P}\boldsymbol{A}_2)\boldsymbol{N}_2^{-1}\boldsymbol{U}_2 + \boldsymbol{N}_2^{-1}(\dot{\boldsymbol{A}}_2^{\mathrm{T}}\boldsymbol{P}\boldsymbol{L}_2 + \boldsymbol{A}_2^{\mathrm{T}}\boldsymbol{P}\dot{\boldsymbol{L}}_2)\\ &= \boldsymbol{N}_2^{-1}\boldsymbol{A}_2^{\mathrm{T}}\boldsymbol{P}(\dot{\boldsymbol{L}}_2 - \dot{\boldsymbol{A}}_2\boldsymbol{N}_2^{-1}\boldsymbol{U}_2) + \boldsymbol{N}_2^{-1}\dot{\boldsymbol{A}}_2^{\mathrm{T}}\boldsymbol{P}(\boldsymbol{L}_2 - \boldsymbol{A}_2\boldsymbol{N}_2^{-1}\boldsymbol{U}_2)\end{aligned} \tag{6.31}$$

再将 $\vec{\boldsymbol{r}}_2 = \boldsymbol{N}_2^{-1}\boldsymbol{U}_2$ 代入式(6.31)，并顾及 $\boldsymbol{L}_2 = \boldsymbol{A}_2\vec{\boldsymbol{r}}_2$，则有：

$$\begin{aligned}\dot{\vec{\boldsymbol{r}}}_2 &= \boldsymbol{N}_2^{-1}\boldsymbol{A}_2^{\mathrm{T}}\boldsymbol{P}(\dot{\boldsymbol{L}}_2 - \dot{\boldsymbol{A}}_2\vec{\boldsymbol{r}}_2) + \boldsymbol{N}_2^{-1}\dot{\boldsymbol{A}}_2^{\mathrm{T}}\boldsymbol{P}(\boldsymbol{L}_2 - \boldsymbol{A}_2\vec{\boldsymbol{r}}_2)\\ &= \boldsymbol{N}_2^{-1}\boldsymbol{A}_2^{\mathrm{T}}\boldsymbol{P}(\dot{\boldsymbol{L}}_2 - \dot{\boldsymbol{A}}_2\vec{\boldsymbol{r}}_2)\end{aligned} \tag{6.32}$$

式(6.32)即为多普勒定速法的计算公式，若 $\dot{\boldsymbol{\varphi}}_2$ 可以用式(6.23)表示，则 $\boldsymbol{L}_2$ 可以用式(6.33)近似表示：

$$\dot{\boldsymbol{L}}_2 = \frac{\boldsymbol{L}_3 - \boldsymbol{L}_1}{2h} \tag{6.33}$$

将式(6.33)代入式(6.32)，即可得到相位差分法的计算公式。

由上述公式推导可知，多普勒定速法的理论模型最为严格，它没有做任何的近似假设，计算误差主要来源于多普勒观测值本身的误差。相位差分法做了一步近似假设，见式(6.33)；位置求导法作了四步近似假设，见式(6.27a)—(6.27d)。我们注意到满足式(6.33)的条件是 $\boldsymbol{L}$ 在 2 倍采用间隔 h 内的变化是均匀的。若这一条件成立，则必然有：

$$\boldsymbol{L}_2 = \frac{\boldsymbol{L}_3 + \boldsymbol{L}_1}{2} \tag{6.34}$$

同时注意到，在极短时间 2 倍采用间隔 h 内，卫星的空中几何结构变化非常小，因此相邻历元间系数矩阵 $\boldsymbol{A}$ 的变化也非常之小，即：

$$\boldsymbol{A}_2 = \frac{\boldsymbol{A}_3 + \boldsymbol{A}_1}{2} \tag{6.35}$$

$$\dot{\boldsymbol{A}}_2 = \frac{\boldsymbol{A}_3 - \boldsymbol{A}_1}{2h} \tag{6.36}$$

利用式(6.33)、式(6.34)、式(6.35)以及式(6.36)很容易推导出式(6.27a)—(6.27d)。由此可见，相位差分法和位置求导法的近似程度大致相似，但当相邻历元卫星空中几何结构变化较快或采样间隔较大时，相位差分法的精度优于位置求导法。

6.2.6　三种定速方法的定速精度比较

为对上述三种方法的定速精度进行定量的分析，我们依据三种方法的基本原理编写了相应的定速计算程序，并收集了相关的 GNSS 实测数据进行了对比实验。实验共分为两组:第一组是静态定速实验;第二组是动态定速实验。每组实验都分别采用了上述三种方法进行定速,然后将这三种方法的定速结果进行比较和分析,以验证上面的理论分析。

1. 静态定速实验

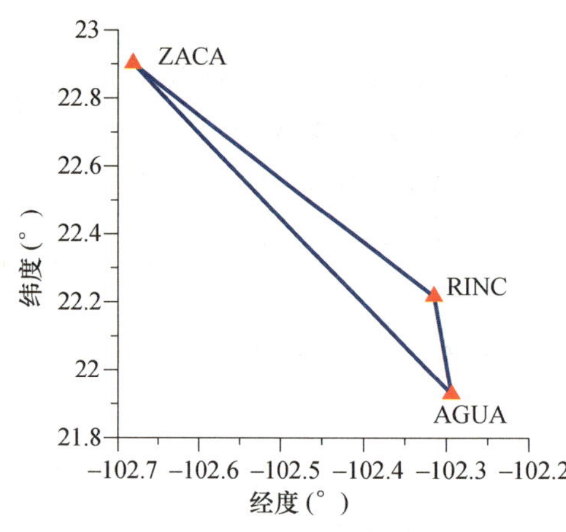

图 6.1 实验站的地理位置分布

由于静态实验中测站速度的真值为 0,并且位置求导法和相位差分法没有模型误差,因此三种方法的定速误差基本上都来源于各自使用的观测值本身的误差。实验数据来源于南美地区的三个 GNSS 观测站,站名分别为 AGUA、RINC、ZACA,其地理位置分布如图 6.1 所示。我们首先将其中的 AGUA 站作为固定站,RINC、ZACA 当作流动站。然后利用上述三种定速方法分别对流动站的速度进行计算,实验结果见图 6.2 至图 6.7。表 6.3 为上述三种定速方法的精度统计情况。

表 6.3 三种方法在静态定速实验中的精度统计

定速方法	RINC 中误差(mm/s)			ZACA 中误差(mm/s)		
	X	Y	Z	X	Y	Z
位置求导法	1.3	2.7	1.7	0.9	1.7	1.2
相位差分法	0.7	1.6	0.9	0.7	1.4	1.0
多普勒定速法	2.1	4.7	2.8	2.3	4.5	2.8

由图 6.2 至图 6.7 以及表 6.3 的统计结果可知:静态定速实验中,相位差分法的定速精度最高,约 1 mm;位置求导法次之,约 2 mm;而原始多普勒观测值的定速精度相对较低,约 3 mm。其原因主要是:静态定速实验中上述三种方法的理论模型误差基本为零,其解算误差主要来源于所使用的观测值本身的误差。位置求导法使用的是双差载波相位观测值,多普勒定速法使用的是双差多普勒观测值。由于载波相位观测值的精度略高于多普勒观测值,因此实验中位置求导法的定速精度要略高于多普勒定速法的精度。而相位差分法使用的是三差载波相位观测值,由于它进行了历元间差分,一些与时间相关的误差得到了进一步的消除,因此它的定速精度比位置求导法要更高。

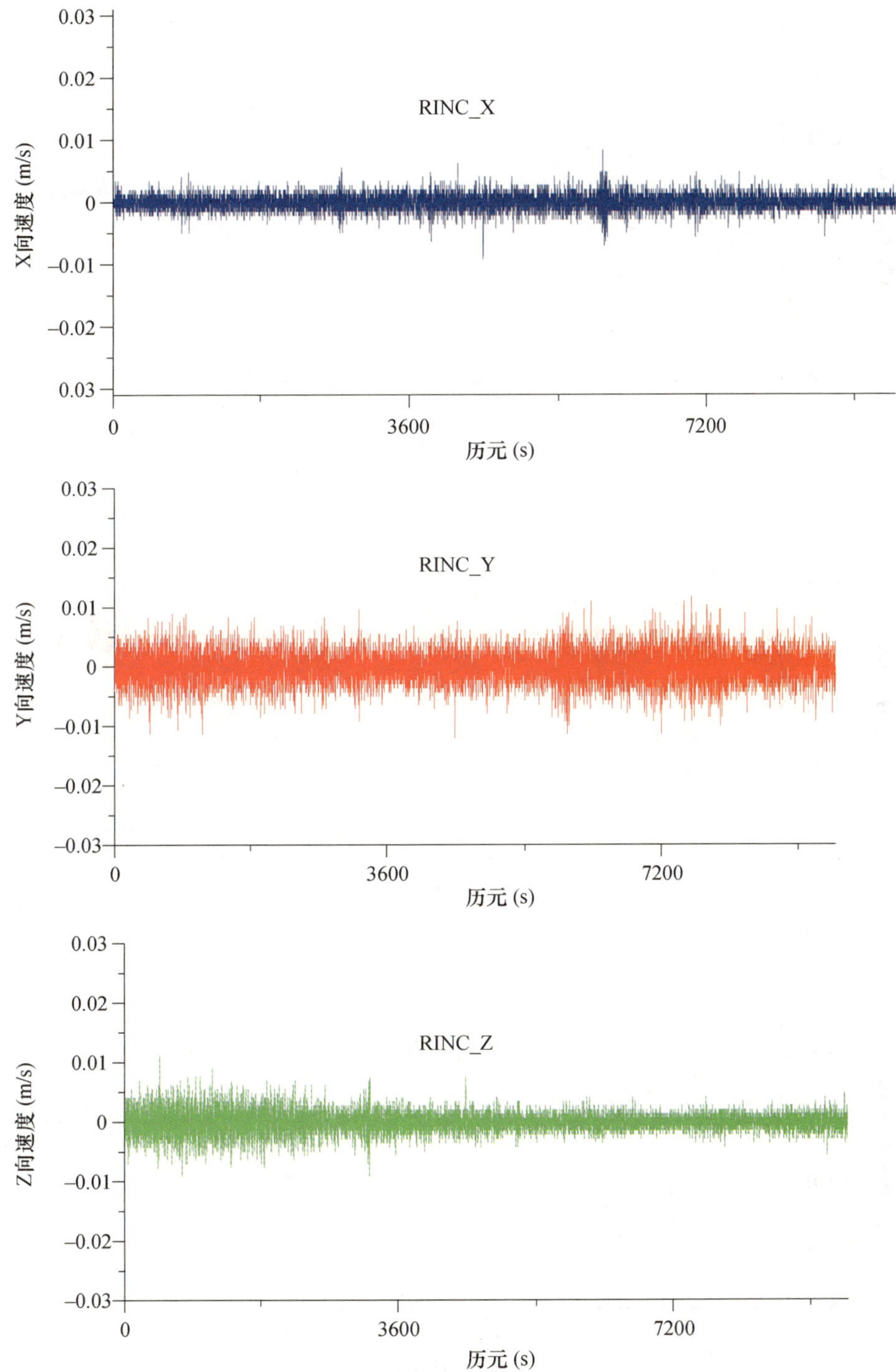

图 6.2　位置求导法解得 RINC 站 X、Y、Z 方向的速度结果

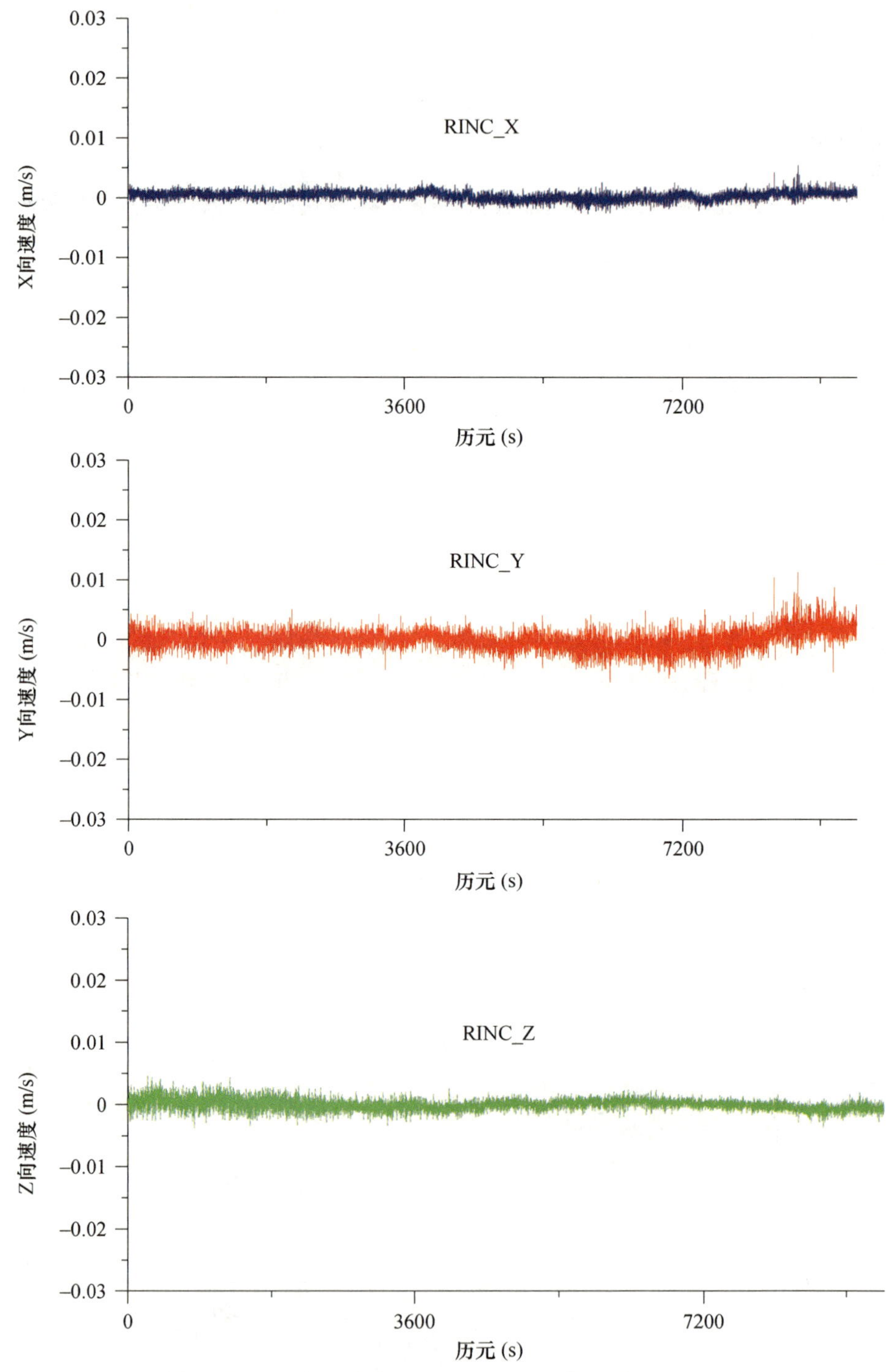

图 6.3 相位差分法解得 RINC 站 X、Y、Z 方向的速度结果

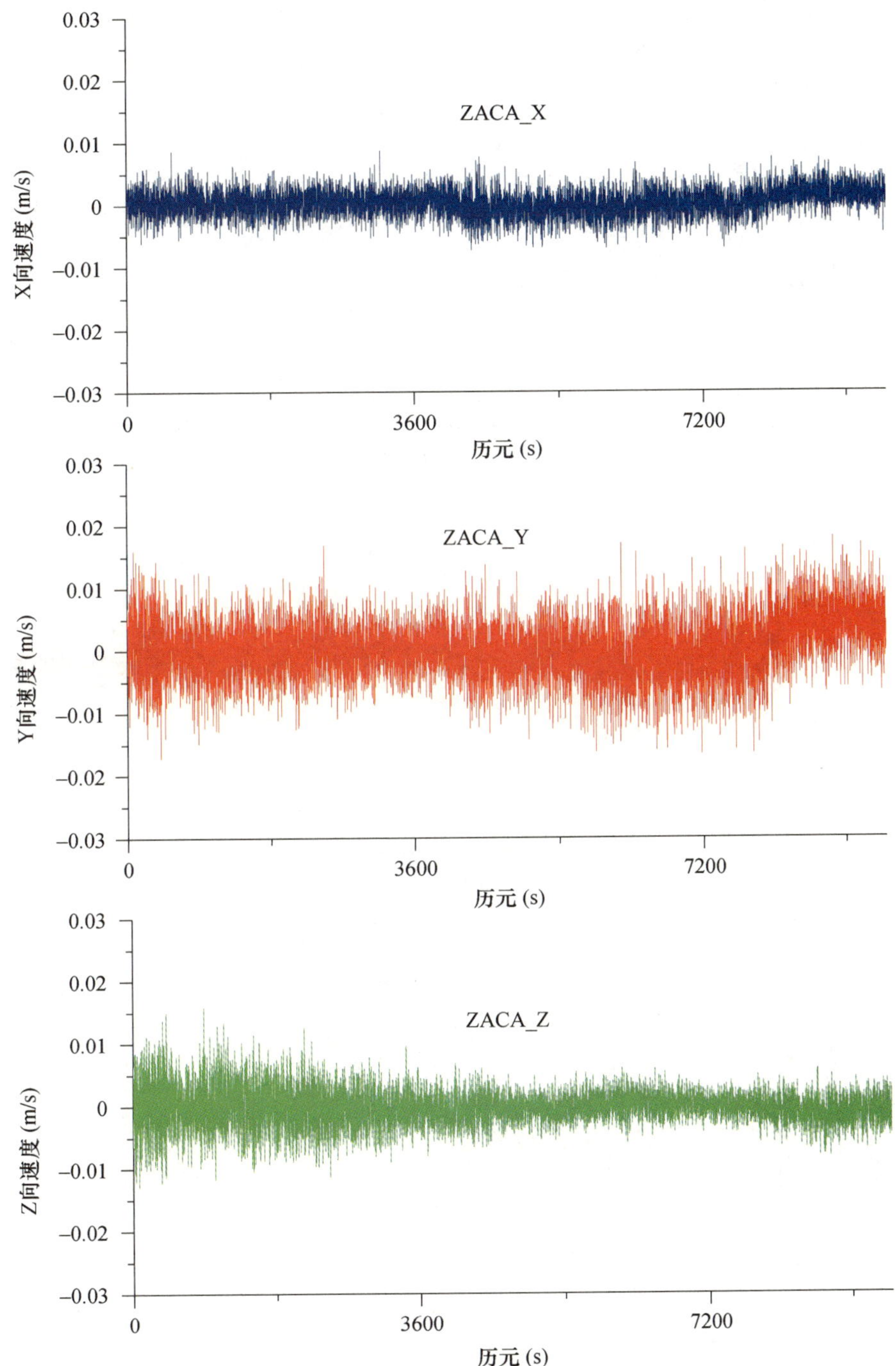

图 6.4　多普勒定速法解得 RINC 站 X、Y、Z 方向的速度结果

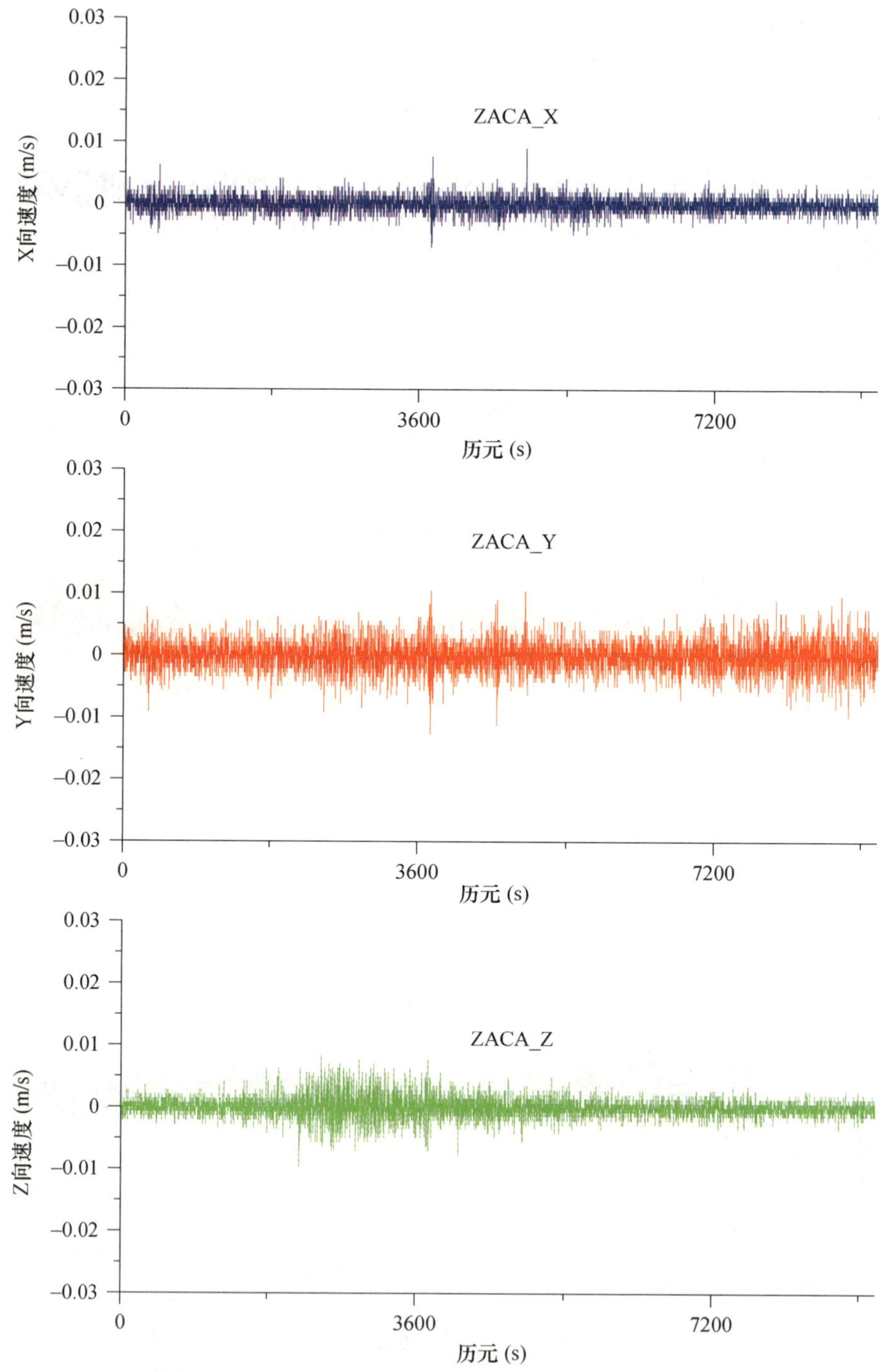

图 6.5 位置求导法解得 ZACA 站 X、Y、Z 方向的速度结果

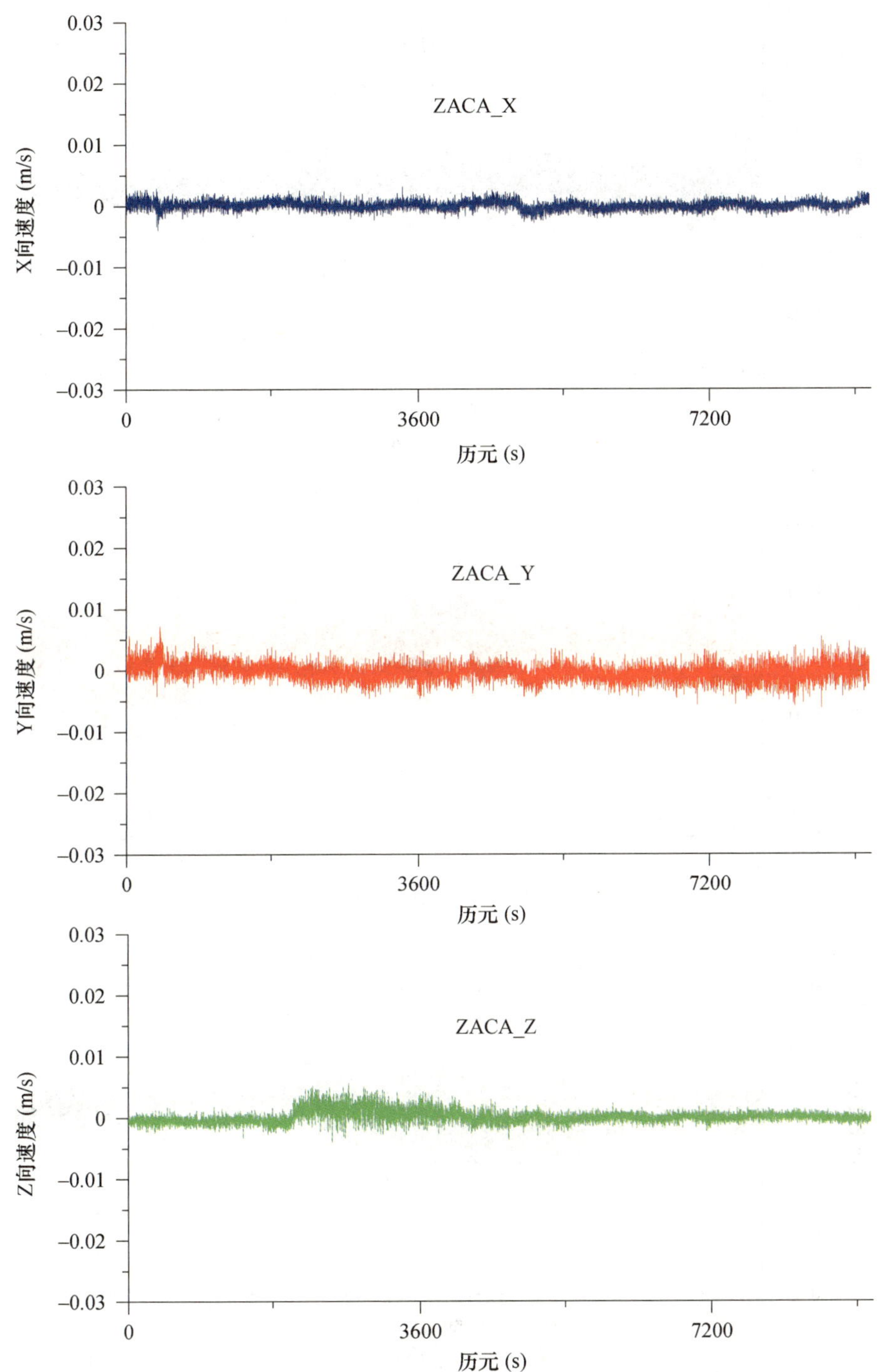

图 6.6　相位差分法解得 ZACA 站 X、Y、Z 方向的速度结果

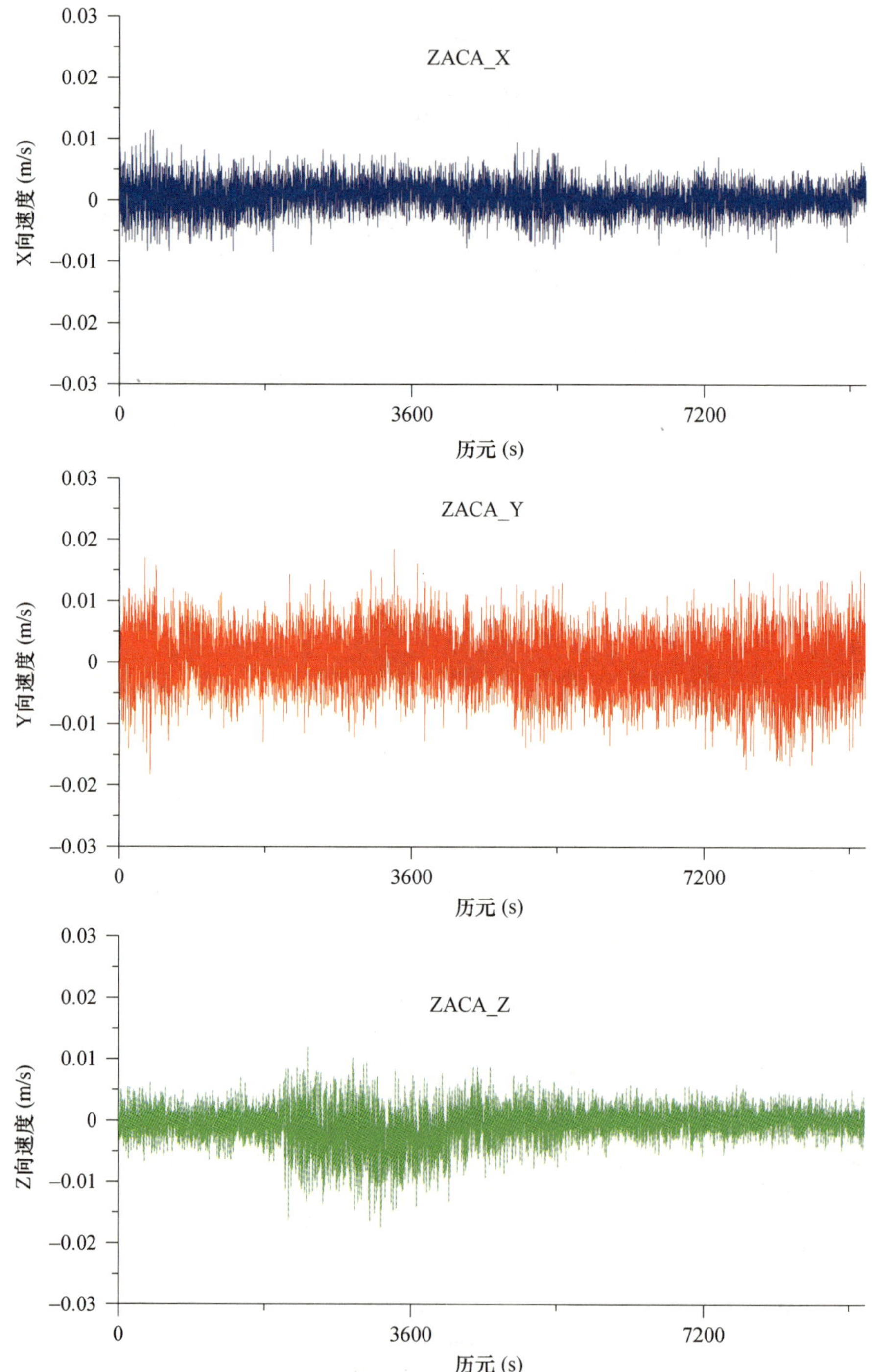

图 6.7 多普勒定速法解得 ZACA 站 X、Y、Z 方向的速度结果

2. 动态定速实验

由于实际应用中 GNSS 定速的主要目的是用来确定高速运动载体的速度信息，因此我们必须对上述三种方法在动态定速中的精度进行比较和分析。由 6.2.5 节的理论推导可知，多普勒定速法没有做任何近似假设，其理论模型最为严格。并且由静态实验结果可知，多普勒观测值的定速精度可以达到几个毫米每秒，因此在动态实验中，我们可以将多普勒定速法的结果作为参考值，来检验位置求导法和相位差分法的定速精度。

动态实验的数据来源于 2001 年德国地学研究中心在墨西哥海湾地区执行的航空重力测量项目。图 6.8 显示了地面参考站的位置以及飞机飞行的平面轨迹和高程剖面。首先分别利用上述三种方法对流动站的速度进行解算，历元间隔为 1 s。然后将多普勒定速法的结果作为参考值与其他两种方法的结果作差，结果见图 6.9 和图 6.10。表 6.4 为作差后结果的统计情况。图 6.11 为利用多普勒定速结果求得的载体加速度变化。

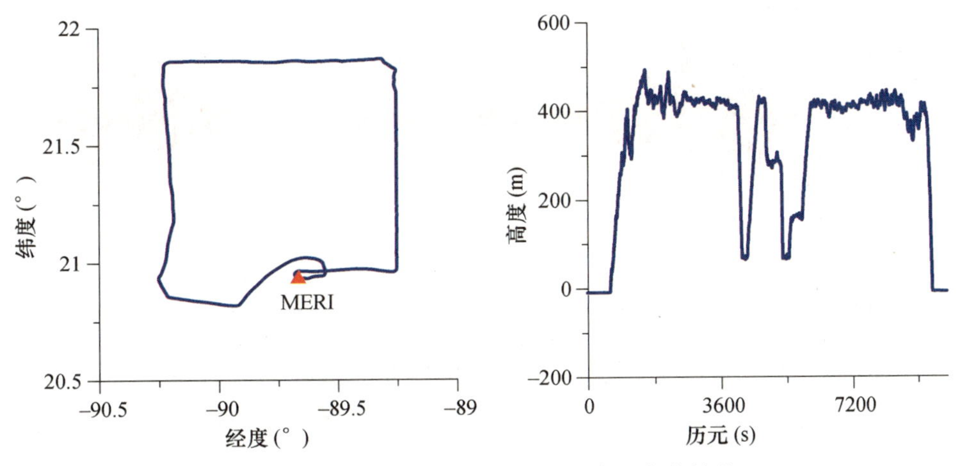

图 6.8　飞机飞行的平面轨迹以及高程变化情况

表 6.4　与多普勒定速结果比较差值的统计结果　　单位：mm/s

定速方法	X		Z		Y	
	平均值	标准差	平均值	标准差	平均值	标准差
位置求导法	−0.8	23.8	−0.4	67.7	0.5	47.7
相位差分法	−0.1	23.3	−0.1	67.2	0.1	47.5

由图 6.9、图 6.10 以及表 6.4 的结果可知，当采样率为 1 s 时，位置求导法与相位差分法的定速精度基本一致，即计算公式的近似假设程度大致相当。这一点验证了 6.2.5 节中的理论分析，即在极短时间内，卫星空中几何结构变化非常之小，

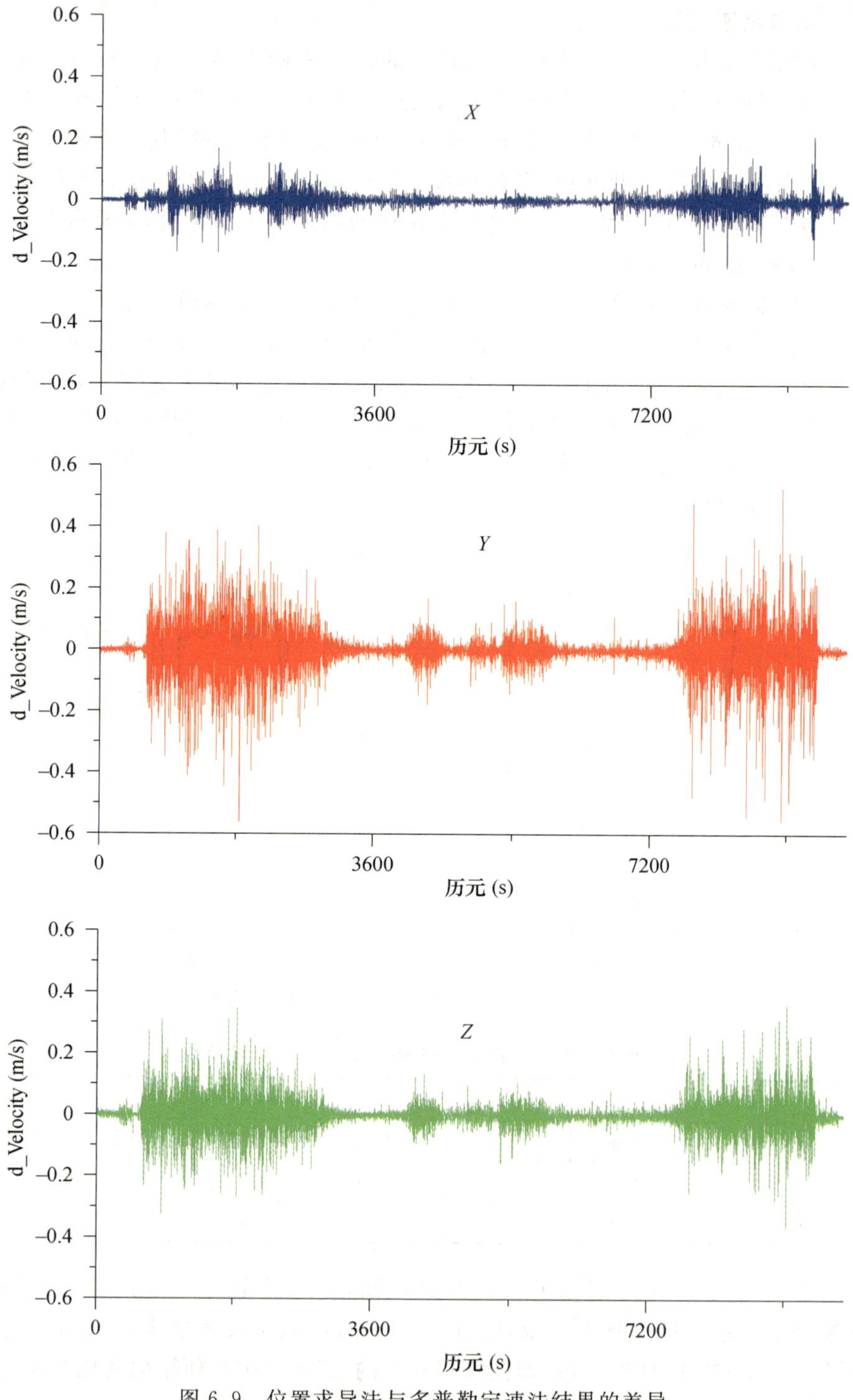

图 6.9 位置求导法与多普勒定速法结果的差异

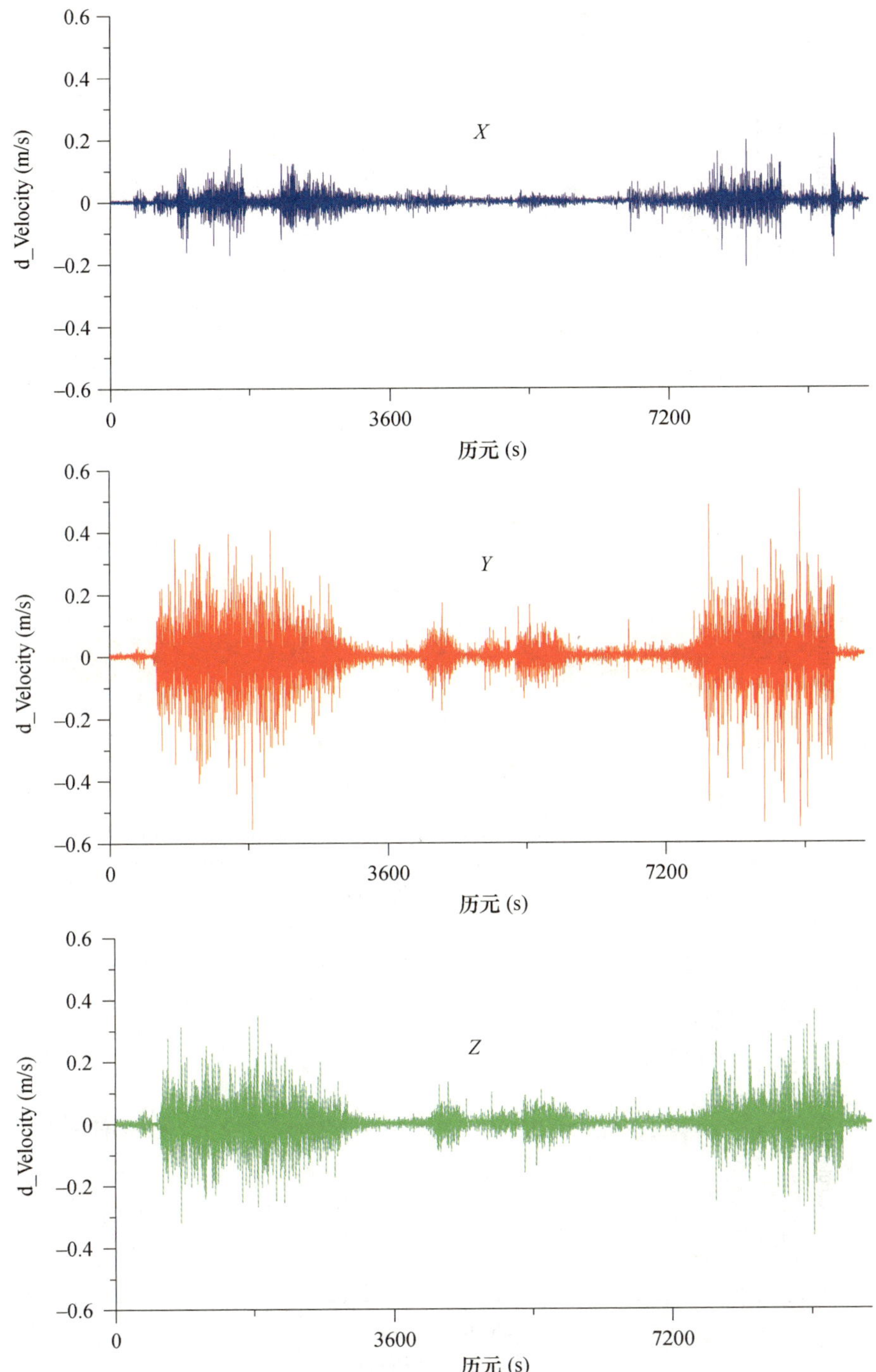

图 6.10　相位差分法与多普勒定速法结果的差异

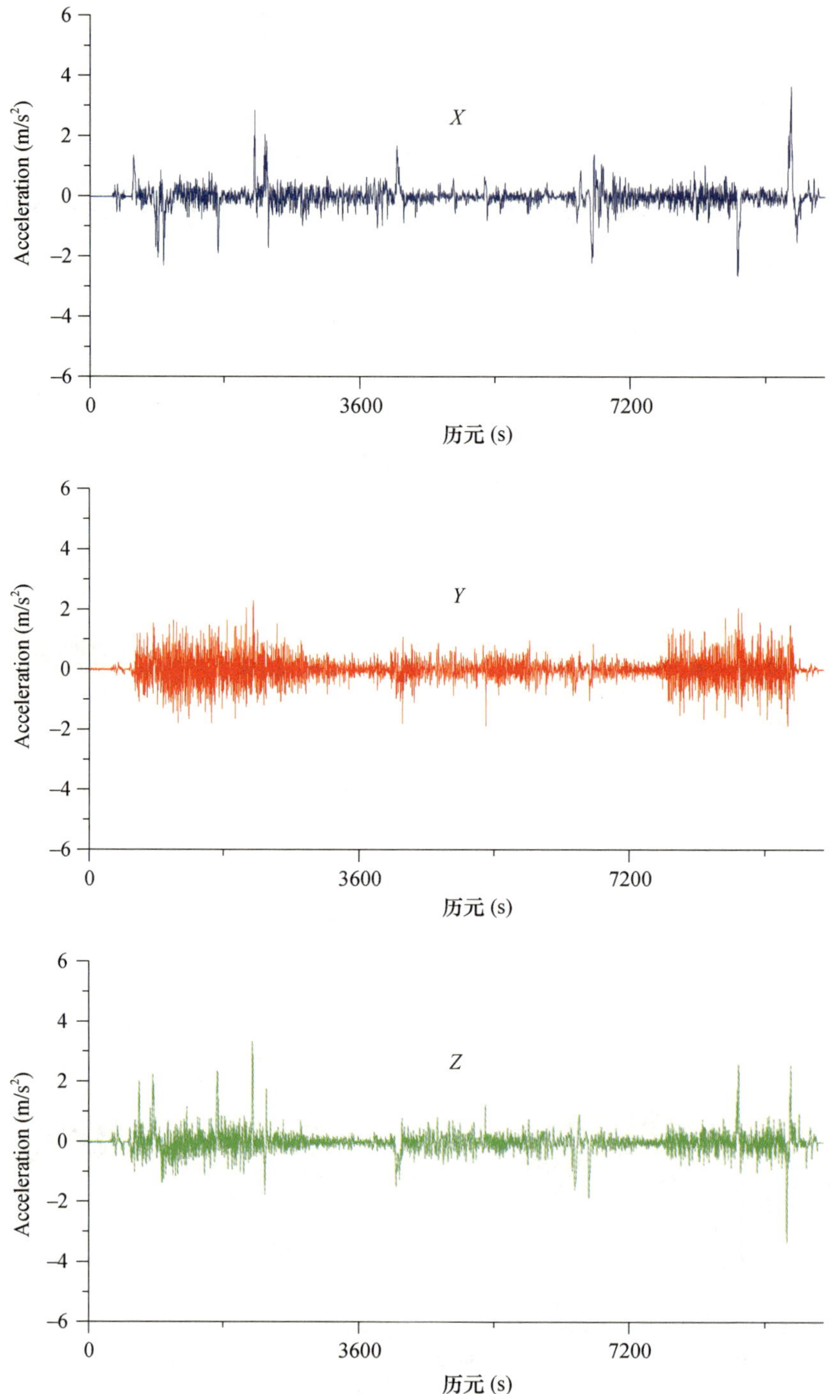

图 6.11 利用多普勒定速法结果求得的载体加速度

相邻历元间系数矩阵 $\boldsymbol{A}$ 的变化非常之小，因此由式(6.35)和式(6.36)带来的误差会非常小。而对照图 6.11 可知，位置求导法和相位差分法的定速精度与载体加速度的变化密切相关。当载体的加速度较小时，两种方法的定速精度较好，约为几个毫米每秒。但当载体的加速度变大时，两种方法的定速误差就随之变大，最大达到了 0.6 m/s，其误差的主要来源就可表达为式(6.33)。

§6.3　综合法定速的基本原理

通过上述大量的理论分析与实验检测可知，目前单独使用上述三种定速方法都存在一定程度的缺陷。因此，寻求一种理论上更为严格、定速结果更加准确可靠的 GNSS 定速方法，对进一步完善 GNSS 定速理论以及满足各类实际定速的需求具有重要的理论与现实意义。

为了充分利用各类 GNSS 观测值的有用信息，尽量发挥各自的优势，我们提出了一种综合利用 GNSS 载波相位观测值和多普勒观测值的定速方法。其基本思想是：先将原始的载波相位观测值通过 9 个点的一阶中心差分得到载波相位观测值的变化率，再将得到的相位变化率和原始多普勒观测值共同代入到速度观测方程式中联合求解载体速度。通过严格的赫尔默特方差分量估计公式，对两类观测值进行合理定权。同时为了抵御异常观测值的影响，采用双因子等加权方案迭代计算其等价权。考虑到基于多普勒观测值的定速方法已在上文进行了较详细的描述，在此不再复述。本节将重点对相位差分法的误差分析、最佳点数选取、两类观测值权比的确定、异常误差控制等进行详细的讨论。

6.3.1　相位差分法中最佳点数的选取

由 §6.2 的分析可知，要合理利用载波相位观测值进行定速，就必须首先减少由它求取载波相位观测值变化率时产生的误差。目前在求取载波相位观测值变化率时通常都采用式(6.37)。该式其实是 3 个点的一阶中心差分法的近似表达式，即：

$$L'_t \approx \frac{1}{2}\left(\frac{L_{t+h}-L_t}{h}+\frac{L_t-L_{t-h}}{h}\right)=\frac{L_{t+h}-L_{t-h}}{2h} \tag{6.37}$$

式中，L'_t 表示 t 时刻的导出相位变化率，L_{t+h} 和 L_{t-h} 分别表示 $t+h$ 时刻和 $t-h$ 时刻的载波相位观测值，h 为历元间隔。显然利用式(6.37)求取的是 2 h 时间段内载波相位观测值的平均变化率，而并非 t 时刻的真实相位变化率。因此，当载体机动性较强时，该方法会产生较大的误差。从中心差分法的数学定义出发，可推导出 3 个点的一阶中心差分法的严格公式：

$$L'_t = \frac{L_{t+h}-L_{t-h}}{2h}+\frac{f_L^{(3)}(c)h^2}{3!} \tag{6.38}$$

式(6.38)右边第一项为常用的近似表达式，第二项为相应的截断误差。其中$f_L^{(3)}(c)$表示关于L的函数在点c处的3阶微分。由于关于L函数的具体表达式未知，因此通常采用近似式(6.37)来代替。对于使用任意点数N的一阶中心差分法的通用表达式为：

$$L'_t = \frac{1}{h}\sum_{k=1}^{(N-1)/2} C_k(L_{t+kh} - L_{t-kh}) + O(h^{N-1}) \tag{6.39}$$

式中，C_k表示中心差分法的第k项系数；$O(h^{N-1})$为相应的截断误差，其一般表达式为：

$$O(h^{N-1}) = \frac{[((N-1)/2)!]^2}{N!} f_L^{(N)}(c)h^{N-1} \tag{6.40}$$

表6.5列出了$N=3\sim13$时C_k的取值情况。

表6.5　一阶中心差分法的系数列表

$N\backslash k$	−6	−5	−4	−3	−2	1	0	1	2	3	4	5	6
3						−1/2	0	1/2					
5					1/12	−2/3	0	2/3	−1/12				
7				−1/60	3/20	−3/4	0	3/4	−3/20	1/60			
9			1/280	−4/105	1/5	−4/5	0	4/5	−1/5	4/105	−1/280		
11		−1/1260	1/105	−5/84	5/21	−5/6	0	5/6	−5/21	5/84	−1/105	1/1260	
13	1/5544	−1/385	1/56	−5/63	15/56	−6/7	0	6/7	−15/56	5/63	−1/56	1/385	−1/5544
⋮							⋮						

数学上已证，当步长h一定时，中心差分法使用的点数N越多，截断误差就越小。但实际测量中观测值总会含有误差，因此当用中心差分法求取导出相位变化率时会产生相应的传播误差$M_{L'}(N)$，计算式为：

$$M_{L'}(N) = \frac{M_L\sqrt{2}}{h}\sqrt{\sum_{k=1}^{(N-1)/2} C_k^2} \tag{6.41}$$

式中，M_L表示原始载波相位观测值的观测误差。

由此可见利用一阶中心差分法求取导出相位变化率时，最佳点数N应当使得截断误差与传播误差之和最小，即：

$$S(N) = O(h^{N-1}) + M_{L'}(N) \tag{6.42}$$

若令$S'(N)=0$，即可求得使$S(N)$具有最小值的N。由于$O(h^{N-1})$和$M_{L'}(N)$均为非线性表达式，因而很难在理论上得到一个关于N的具体数值。我们假设数据的采用率$h=1$ Hz，载波相位观测值的观测误差$M_L=2$ mm，$f_L^{(N)}(c)$的边界误差R按式(6.43)求取：

$$R = 3M_L \times \sqrt{2^N} \tag{6.43}$$

则可画出截断误差、导出相位率的观测误差以及两者之和随点数N的变化曲线，如图 6.12 所示。

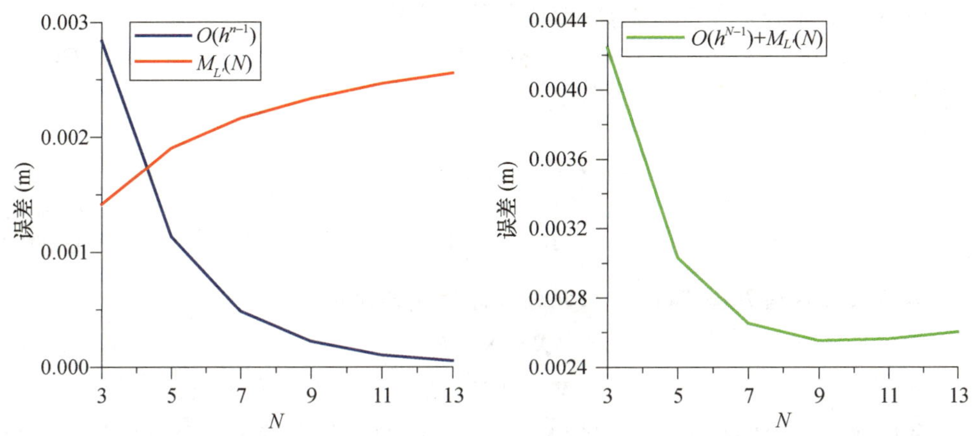

图 6.12　中心差分法近似误差随点数 N 的变化曲线

由图 6.12 可知：当步长 h 一定时，中心差分法使用的点数 N 越多，产生的截断误差就越小，而传播误差则越大。在采样率为 1 Hz、相位观测值精度为 2 mm 的条件下，两者之和约在 9 点附近达到最小。虽然这一结论不具有普适性，因为最佳点数的选取与数据的采样率和数据观测质量都密切相关，但实际应用中可以此为参考，根据观测数据的实际情况加以调整。

6.3.2　数据融合与参数估计

利用上述方法可以得到任意时刻载波相位观测值的变化率，将求得的导出相位变化率与原始多普勒观测值共同代入到 GNSS 速度观测方程中，即可求解出载体的三维速度信息。但如何将这两类观测数据进行严格的融合，如何对其进行合理的定权都直接关系着最终定速结果的好坏。为此我们采用法方程叠加的形式来对这两类观测数据进行融合。该方法是一种基于原始观测数据的融合，并可同时得到各参数的协方差信息，相对于基于解的融合，理论意义更为严格，有关文献对此进行了详细的讨论(杨元喜 等，2008)。对于这两类观测值的定权问题，我们采用严格的赫尔默特方差分量估计方法，相对于按经验定权方法更为合理。具体方法如下：

首先分别利用导出相位变化率和原始多普勒观测值形成法方程：

$$\boldsymbol{N}_i\hat{\boldsymbol{X}}=\boldsymbol{B}_i \tag{6.44}$$

$$\boldsymbol{N}_i=\boldsymbol{A}_i^{\mathrm{T}}\boldsymbol{P}_i\boldsymbol{A}_i \tag{6.45}$$

$$\boldsymbol{B}_i=\boldsymbol{A}_i^{\mathrm{T}}\boldsymbol{P}_i\boldsymbol{L}_i \tag{6.46}$$

式中，$\boldsymbol{A}$ 为系数矩阵；$\boldsymbol{L}$ 为观测值矩阵；$\boldsymbol{P}$ 为权矩阵，可按两类观测值的观测精度给定；$\hat{\boldsymbol{X}}$ 为未知参数矩阵。设 $i=1$ 表示使用导出相位变化率形成的法方程，$i=2$ 表示使用原始多普勒观测值形成的法方程。

然后将上述法方程进行叠加，形成总的法方程：

$$\boldsymbol{N}\hat{\boldsymbol{X}}=\boldsymbol{B} \tag{6.47}$$

式中，

$$\boldsymbol{N}=\sum_{i=1}^{2}\boldsymbol{N}_i \tag{6.48}$$

$$\boldsymbol{B}=\sum_{i=1}^{2}\boldsymbol{B}_i \tag{6.49}$$

最后求解总法方程式(6.47)，并分别计算残差向量 $\boldsymbol{V}_i$：

$$\hat{\boldsymbol{X}}=\boldsymbol{N}^{-1}\boldsymbol{B} \tag{6.50}$$

$$\boldsymbol{V}_i=\boldsymbol{A}_i\hat{\boldsymbol{X}}-\boldsymbol{L}_i \tag{6.51}$$

利用式(6.51)解得的残差向量 $\boldsymbol{V}_i$，采用严格的赫尔默特方差分量估计公式可求得两类观测值的验后单位权方差因子 $\hat{\sigma}_{0i}^2$，计算方法如下(黄维彬 等，1993)：

$$U_1U_1\hat{\sigma}_{01}^2+U_1U_2\hat{\sigma}_{02}^2+\cdots U_1U_k\hat{\sigma}_{0k}^2=\boldsymbol{V}_1^{\mathrm{T}}P_1\boldsymbol{V}_1 \tag{6.52}$$

$$U_2U_1\hat{\sigma}_{01}^2+U_2U_2\hat{\sigma}_{02}^2+\cdots U_2U_k\hat{\sigma}_{0k}^2=\boldsymbol{V}_2^{\mathrm{T}}P_2\boldsymbol{V}_2 \tag{6.53}$$

$$U_kU_1\hat{\sigma}_{01}^2+U_kU_2\hat{\sigma}_{02}^2+\cdots U_kU_k\hat{\sigma}_{0k}^2=\boldsymbol{V}_k^{\mathrm{T}}P_k\boldsymbol{V}_k \tag{6.54}$$

式中，

$$U_iU_i=n_i-2\mathrm{tr}(\boldsymbol{N}^{-1}\boldsymbol{N}_i)+\mathrm{tr}\,(\boldsymbol{N}^{-1}\boldsymbol{N}_i)^2 \tag{6.55}$$

$$U_iU_j=\mathrm{tr}(\boldsymbol{N}^{-1}\boldsymbol{N}_i\boldsymbol{N}^{-1}\boldsymbol{N}_j) \tag{6.56}$$

式中，$i\neq j$；tr 表示矩阵的迹，即矩阵对角线元素之和；n_i 为第 i 类观测值的观测方程数；k 为观测值的种类数，这里为 2。利用得到的验后单位权方差因子，可进一步修正先验权矩阵 $\boldsymbol{P}_i$：

$$\boldsymbol{P}_i=\frac{\boldsymbol{P}_i}{\hat{\sigma}_{0i}^2} \tag{6.57}$$

最后将修正后的 $\boldsymbol{P}_i$ 再代入式(6.44)至式(6.47)，重新求解法方程，计算残差向量和单位权方差因子。迭代计算直到这两类观测值的验后单位权方差因子相同为止，即 $\hat{\sigma}_{01}^2=\hat{\sigma}_{02}^2$。

由于实际观测值中不可避免地存在粗差，尤其是在机载 GNSS 观测中由于周围环境的复杂多变，导致异常观测数据出现更为频繁。并且赫尔默特方差分量估计以及上述参数解算方法都是直接基于最小二乘平差，因此对粗差会非常敏感。为抵御异常观测值的影响，我们采用了双因子等价权方案进行抗差估计，其计算公式如下(Yang et al，2002)：

$$\overline{P}_{ij}=\gamma_{ij}P_{ij} \tag{6.58}$$

$$\gamma_{ij}=\sqrt{\gamma_{ii}\gamma_{jj}} \tag{6.59}$$

$$\gamma_{ii}=\begin{cases}1 & |v_i|\leqslant c \\ \dfrac{c}{|v_i|} & |v_i|>c\end{cases} \tag{6.60}$$

式中，$\bar{P}$ 为等价权；i、j 为矩阵的行列号；γ 为自适应降权因子；v 为标准化残差；c 为常量，一般取 1.0～1.5。

利用上述方法，即可实现综合利用 GNSS 载波相位观测值和原始多普勒观测值求解载体的三维速度。该方法相对于目前常用的位置求导法、相位差分法及多普勒定速法而言，理论上更加严格，对各类观测值信息的使用更为合理和充分。

§6.4　算例与分析

为对上述理论进行验证，并比较单独使用 GPS 载波相位观测值、多普勒观测值以及综合使用这两类观测值的定速精度，利用实测的机载 GPS 数据以及车载 GPS/GLONASS 数据进行了实验，实验结果及分析如下。

6.4.1　机载动态定速实验

首先采用实测的机载 GPS 数据进行了实验。数据来源于德国地学研究中心(GFZ)、墨西哥国立大学(UNAM)和墨西哥矿业委员会(CRM)2001 年联合执行的航空重力测量项目 MEXAGE2001。项目从 2001 年 1 月 30 日至 2 月 15 日共执行飞行 23 次，主要测取了墨西哥奇克苏卢布陨石坑地区(Chicxulub Crater)的重力场和磁力场的变化情况。任意选取其中的一次飞行数据(2001 年 2 月 8 日)进行了测试。飞机的头部和尾部各装有一台 GPS 接收机，分别为 Air1 和 Air2，如图 6.13所示。地面设有两个 GPS 参考站，分别为 Meri 和 Prog。数据采样率均为 1 Hz，飞机的平面轨迹如图 6.14 所示。

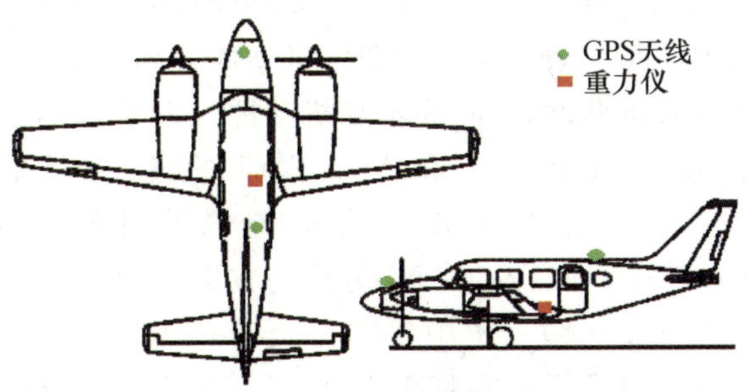

图 6.13　GPS 接收机在飞机上的位置

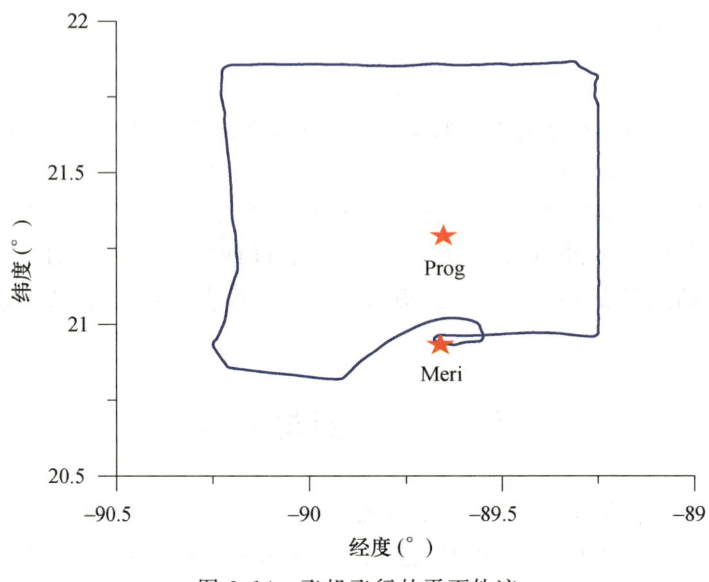

图 6.14 飞机飞行的平面轨迹

由于在机载定速中很难找到一个绝对的真值,因此我们采用了内部检核与外部比较相结合的方法对实验结果进行了比较和分析。方案一:分别利用参考站 Meri、Prog 和流动站 Air1 的多普勒观测值求解载体的速度 Meri-Air1 和 Prog-Air1,理论上两者差值应该为 0,因此可用来检验其内符合精度,实验结果见图 6.15(a);其次分别利用 Meri、Air1、Air2 的多普勒观测值求取载体的速度 Meri-Air1 和 Meri-Air2,两者的差值理论上也应该为 0,因此也可用来检验其内符合精度,实验结果见图 6.15(b);重复上述实验,但观测值换用基于 3 个点的一阶中心差分法得到的导出相位变化率,结果见图 6.15(c)和图 6.15(d)。方案二:分别利用 3、5、7、9、11、13 点的一阶中心差分法得到 Meri 和 Air1 的导出相位变化率,然后利用得到的导出相位变化率分别求取 Meri-Air1 的速度,并与方案一中多普勒的定速结果作差,结果见图 6.16(b)、图 6.16(c)、图 6.16(d),其中图 6.16(a)为载体加速度的变化情况。表 6.7 按照载体机动性大小对实验结果的精度进行了分类统计。"低"表示低机动性,"高"表示高机动性。方案三:采用本书所提的综合法分别求取 Meri-Air1、Prog-Air1 和 Meri-Air2 的速度,然后将 Meri-Air1 与 Prog-Air1 作差,Meri-Air1 与 Meri-Air2 作差,结果见图 6.17(a)和图 6.17(b)。将综合法求得的 Meri-Air1 和 Prog-Air1 分别与方案一的多普勒定速结果作差,结果见图 6.17(c)和图 6.17(d)。图中给出了所有实验 X 方向的结果。表 6.6、表 6.7、表 6.8完整地给出了所有实验在 X、Y、Z 三个方向的统计结果。

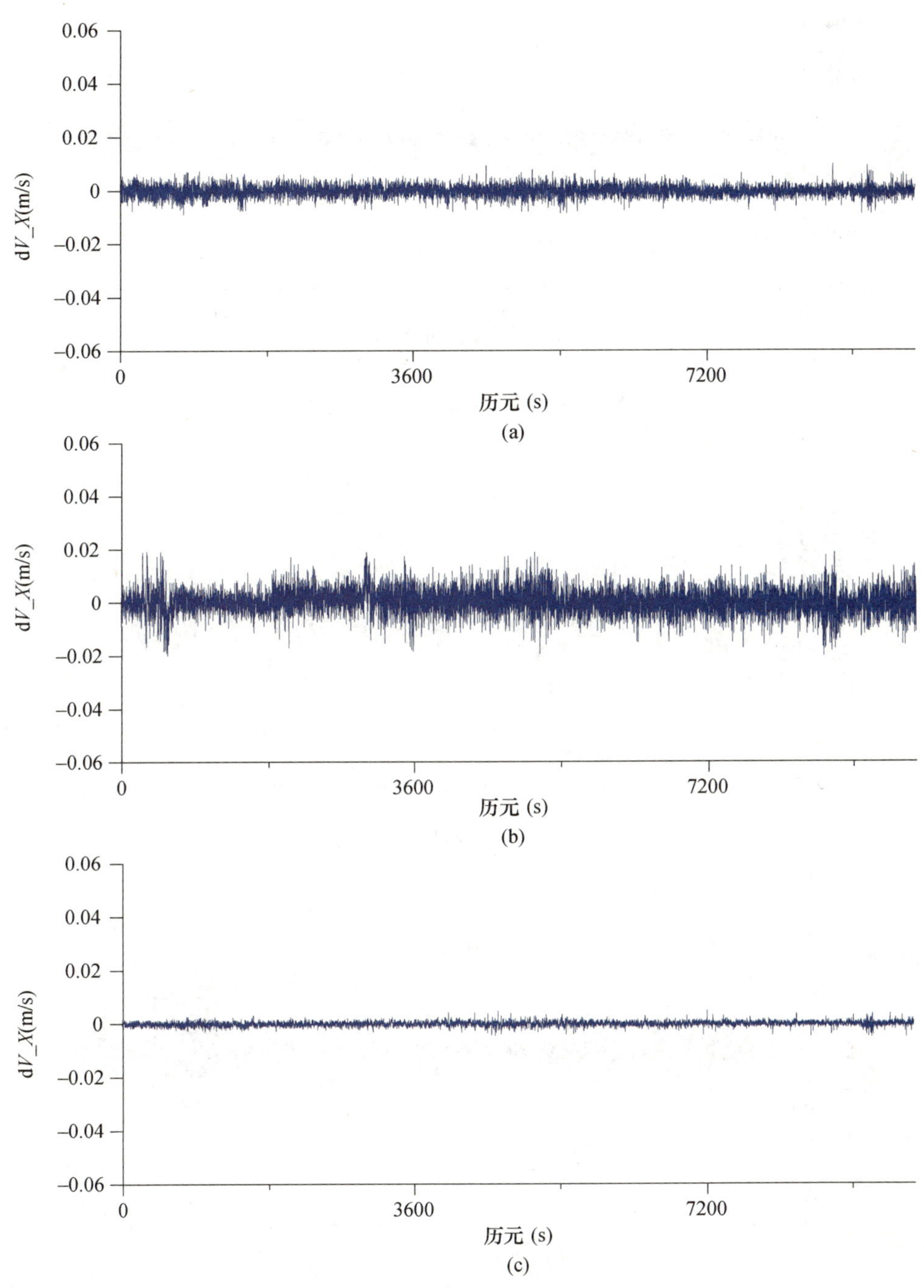

图 6.15　方案一的实验结果

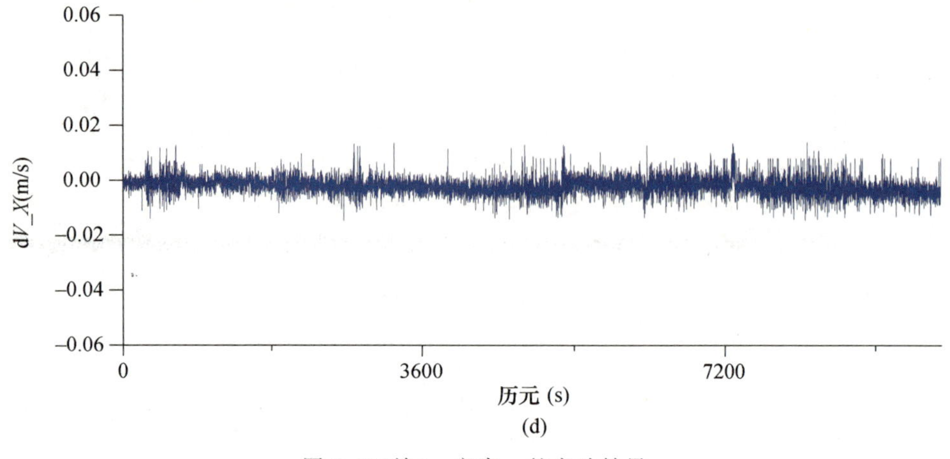

(d)

图 6.15(续) 方案一的实验结果

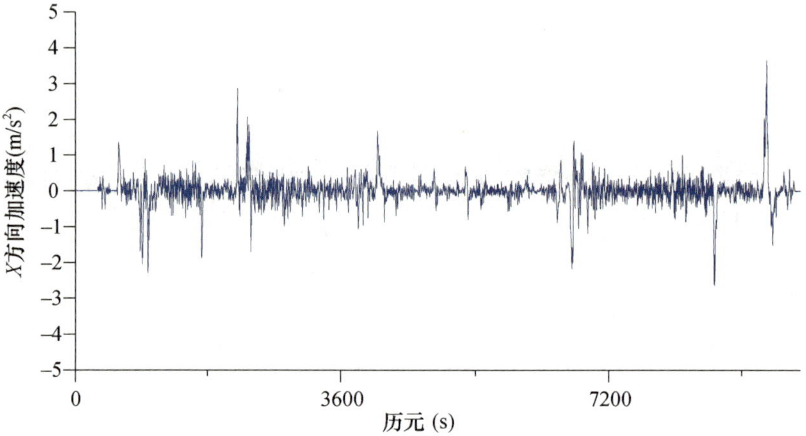

X方向加速度(m/s^2)

历元 (s)

(a)

3Points

dV_X(m/s)

历元 (s)

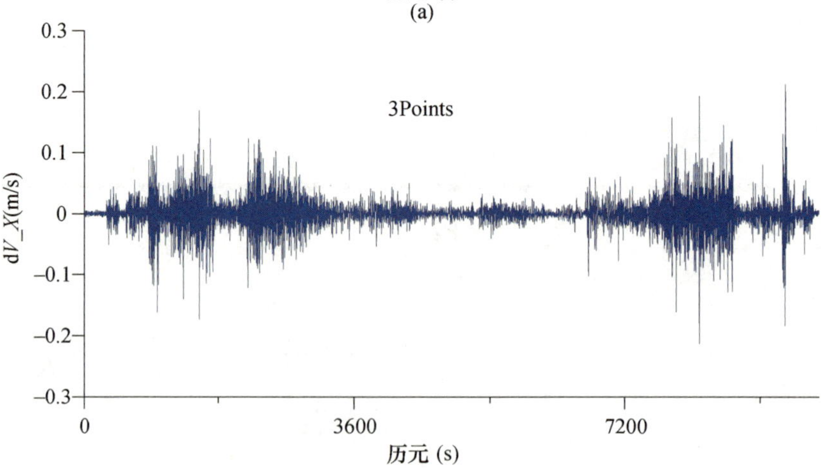

(b)

图 6.16 方案二的实验结果

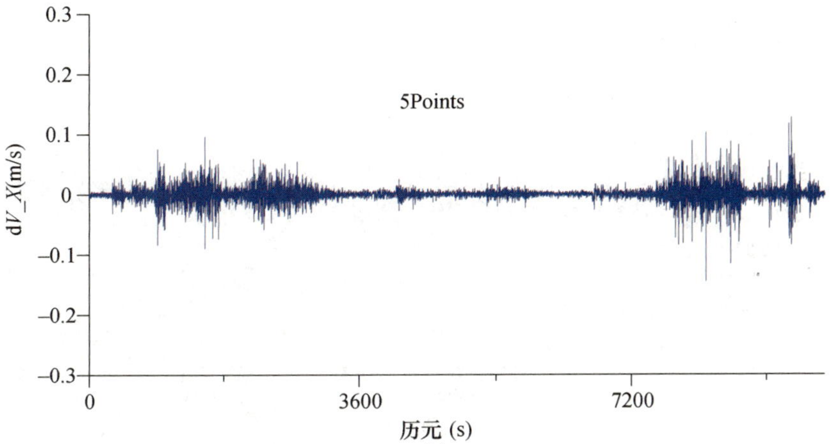

5Points

(c)

9Points

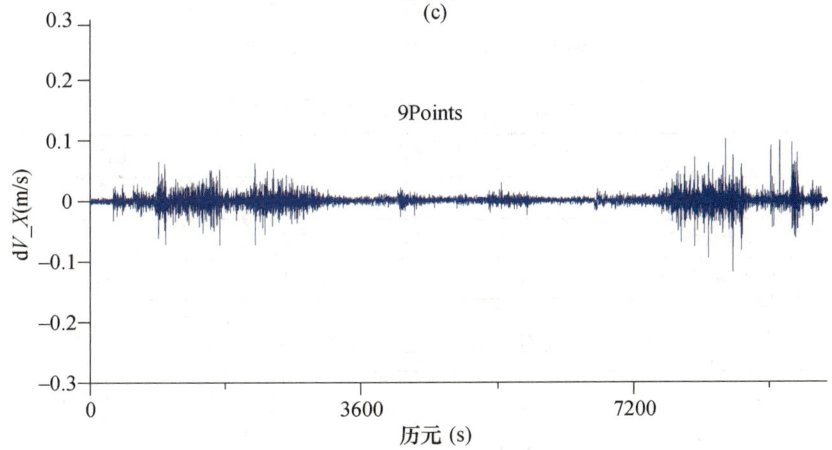

(d)

图 6.16(续)　方案二的实验结果

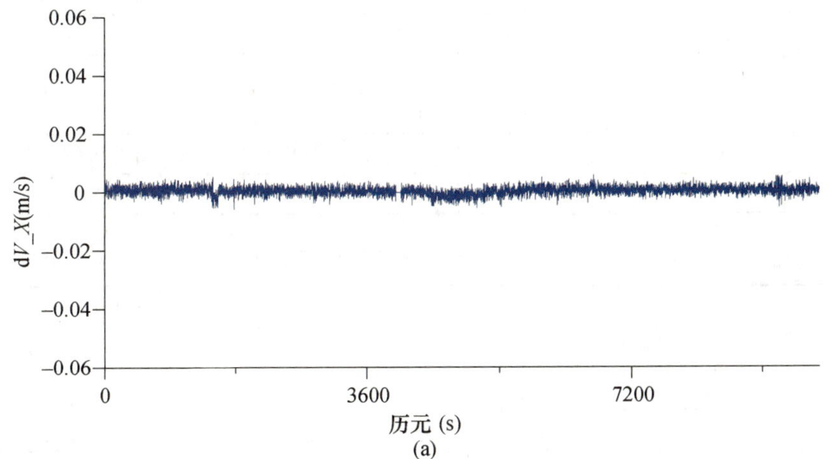

(a)

图 6.17　方案三的实验结果

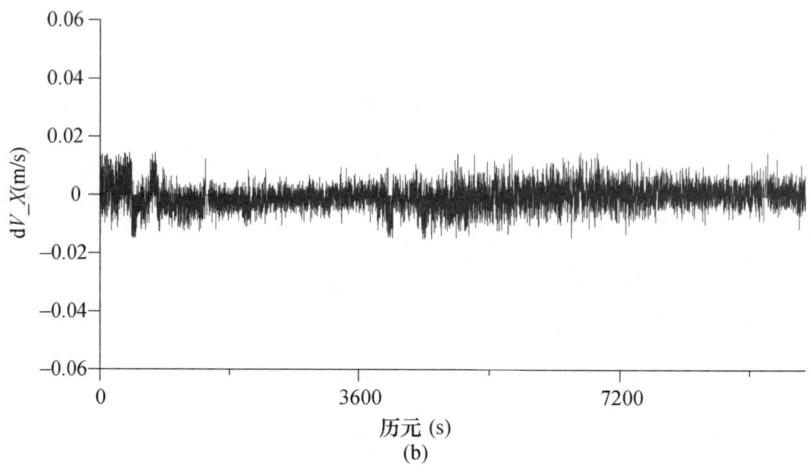

图 6.17(续) 方案三的实验结果

表 6.6 方案一的实验结果统计 单位:mm/s

标准方差	多普勒定速法			相位差分法		
	X	*Y*	*Z*	*X*	*Y*	*Z*
Meri_Air1-Prog_Air1	2.1	3.9	2.3	0.9	1.8	1.2
Meri_Air1-Meri_Air2	4.8	8.6	7.1	3.5	7.6	6.1

表 6.7 方案二的实验结果统计 单位:cm/s

使用的点数	标准方差					
	X		*Y*		*Z*	
	低	高	低	高	低	高
3	1.16	3.08	1.29	7.62	1.12	6.33
5	0.77	1.69	0.93	5.34	0.86	4.27
7	0.75	1.51	0.91	5.08	0.83	4.15
9	0.72	1.47	0.89	4.96	0.81	4.09
11	0.73	1.48	0.91	4.98	0.82	4.10
13	0.73	1.49	0.92	5.01	0.82	4.12

表 6.8 方案三的实验结果统计 单位:mm/s

标准方差	内部检核		与多普勒定速比较	
	Meri-Prog	Air1-Air2	Meri_Air1	Prog_Air1
X	1.4	3.8	5.2	5.3
Y	2.7	7.9	9.8	9.7
Z	1.8	6.5	9.5	9.3

由方案一的实验结果可知：相位差分法的内符合精度要略优于多普勒定速法，与现有文献的结论一致。但这仅仅是内部精确，并不能代表这两种方法的实际定速精度。方案二将两种方法的定速结果互差，发现两者的差值与载体机动性大小密切相关。当载体机动性较强时，两者的差值明显较大。造成这一现象的主要原因是：相位差分法求取的是两倍采样间隔内载体的平均速度，而非对应时刻的瞬时速度，因此当载体机动性较强时会产生相应的定速误差，现有文献的实验结果也都证实了这一现象。通过增加中心差分法的点数可以一定程度上减少这一误差，但同时会放大观测值误差。由表 6.7 的实验结果可知：就本书实验数据而言，9 个点的中心差分法的定速结果最优，相对于目前常用 3 个点的中心差分法提高了约 50%，但仍存在 3 cm/s 左右的误差。方案三采用了本章所提的综合法进行定速，从内部检核和外部比较的结果看，其定速误差均小于 1 cm/s。

6.4.2　车载动态定速实验

为进一步验证综合法定速对于综合利用 GPS 和 GLONASS 的载波相位与多普勒观测值时的实际定速效果，我们租用三台中海达公司的双模 GNSS 接收机，采集了相关数据以进行车载动态定速实验。实验中，两台接收机被分别安装于汽车顶部作为流动站，命名为 Car1 和 Car2；另一台接收机被置于地面固定点上作为参考站，命名为 Ref1，见图 6.18。三台接收机的采样频率都被设为 1 Hz。图 6.19 显示了实验中汽车的运动轨迹。

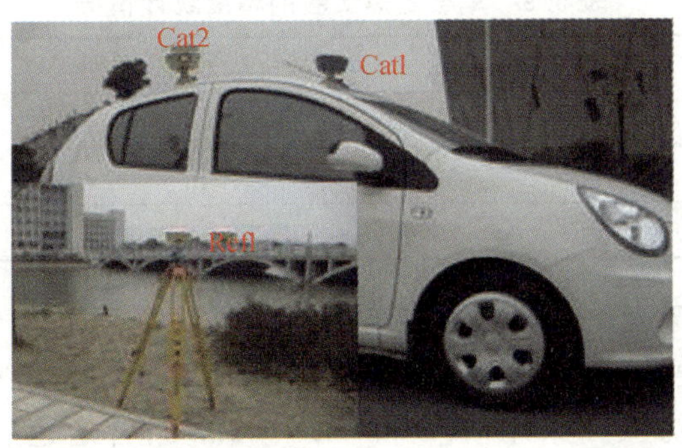

图 6.18　车载定速实验中 GNSS 接收机的位置

四个实验方案被设计。方案一：Car1 和 Car2 相对于参考站 Ref1 的速度被确定，通过使用 GPS 多普勒观测值，定速结果分别被命名为 G1 和 G2。然后利用 G1 减 G2，得到差值 G12，以检验其内部精度；方案二：实验方法与方案一相同，只是观测值采用 GPS 和 GLONASS 两系统的多普勒观测值；方案三：实验方法同样与方案一相同，但观测值采用 GPS 和 GLONASS 的多普勒和载波相位观测值，观测值的权采用等权定权方案；方案四：实验方法和数据与方案三相同，但定权方案采用

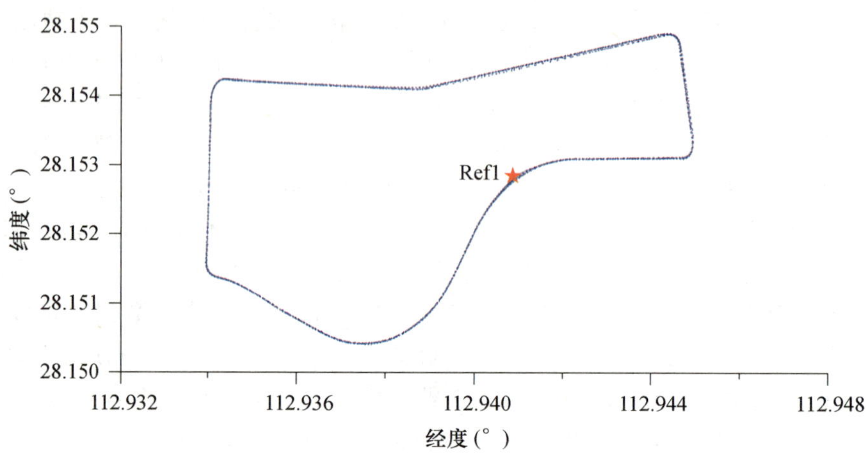

图 6.19 车载定速实验中载体的运动轨迹

严格的赫尔默特方差分量法。方案二、三、四的实验结果分别被命名为 GRI12、GRDV12、GRDVI12。图 6.20 显示了单独使用 GPS 定速时以及综合使用 GPS 和 GLONASS 定速时公共卫星数及 PDOP 值的变化情况。由于单独使用 GLONASS 时可见卫星数太少,因此单独利用 GLONASS 定速的实验没有实现。图 6.21显示了上述四个实验方案在 X 方向上的实验结果。表 6.9 完整地给出了上述四个实验方案在 X、Y、Z 三个方向上的定速精度统计结果。

表 6.9 车载定速实验的精度统计情况 单位:mm/s

标准差	G12	GRI12	GRDV12	GRDVI12
X	7.1	5.9	3.6	2.7
Y	11.6	9.2	5.4	4.5
Z	5.9	4.7	2.2	1.8

从上述实验结果可知,车载动态定速的结果精度不如上节中机载动态定速的定速精度高,主要原因是车载动态定速中周围观测环境更为复杂,观测数据质量不如机载好。但方案二采用 GPS 和 GLONASS 组合定速后,公共卫星数明显增加,PDOP 值得到一定程度的改善,因而定速精度相对于方案一有提升。方案三综合采用了 GPS 和 GLONASS 的多普勒以及载波相位观测值,其定速精度相对于方案二又有较明显的改善。方案四采用严格的赫尔默特方差分量定权后,定速结果相对方案三变得更加平滑。值得注意的是,综合利用 GPS 和 GLONASS 定速时,坐标系统与时间系统应该统一,具体方法可参见相关参考文献(Langley, 1997)。

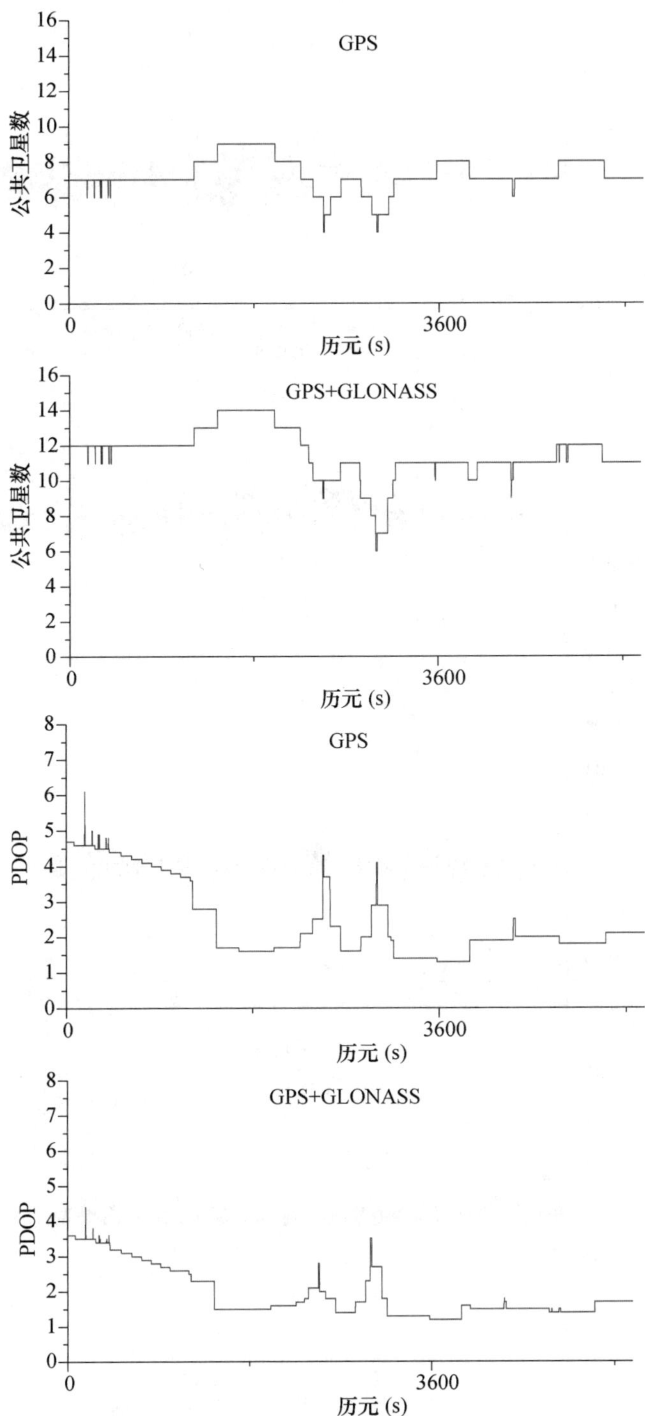

图 6.20　实验中公共卫星数据及 PDOP 值的变化情况

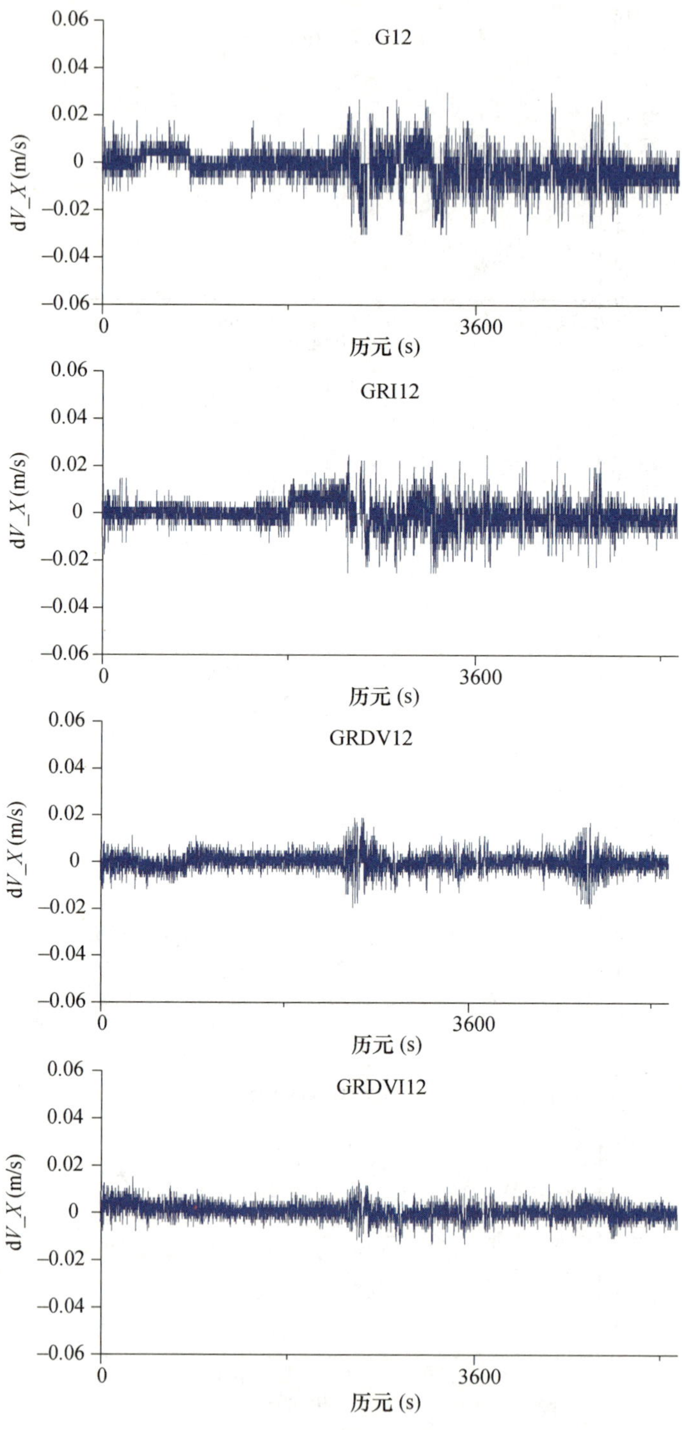

图 6.21 车载实验的实验结果

§6.5 本章小结

本章较详细地介绍了目前常用的三种 GPS 定速方法的基本原理，从理论上分析了三种方法的区别与联系。利用实验数据分析了三种定速方法的适用范围和优缺点。在此基础上，提出了一种新的定速方法——综合法定速。该方法的核心思想是：采用 9 个点的一阶中心差分法求取导出相位变化率，使数值微分产生的截断误差与观测值组合产生的传播误差之和最小；通过法方程叠加对两类观测数据进行了严格融合，利用赫尔默特方差分量估计公式对两类观测值进行合理定权，采用双因子等价权方案抵御粗差影响。相对于现有方法而言，该方法理论上更严格，对各类观测值信息的使用更为合理和充分。从实验结果来看，综合法不仅改善了单独使用多普勒观测值时的定速精度，而且克服了单独使用载波相位观测值时受载体机动性影响较大的弊端，充分发挥了两者的优势。此外，当观测条件较差时，如森林或市内导航，增加的观测数据对于改善定速精度和控制粗差的影响都具有一定程度的作用。通过车载动态定速实验，进一步证明了该方法同样适用于 GPS 和 GLONASS 组合定速的情况。同样该方法也适用于载体加速度的确定，使用时只需将多普勒观测值进行一阶微分，将载波相位观测值进行二阶微分，然后按本书方法求解载体的加速度，具体方法可见相关参考文献（Wang，2011）。

第 7 章　GNSS 定姿方法

§7.1　引　言

所谓定姿，就是先在目标载体上建立一个载体坐标系，并与目标载体固连，称之为目标载体框架坐标系；然后根据目标所处环境，选择一个合适的坐标系作为参考坐标系，GNSS 定姿中参考坐标系通常选用当地水平坐标系；最后确定出目标载体坐标系相对于参考坐标系的取向，可以用欧拉角式、欧拉轴式、欧拉四元素式等方式表示。机载动态测量中，一般都采用航向角、俯仰角和翻滚角来描述载体的姿态信息。要确定三个姿态角，则至少需三副 GNSS 天线。但飞机的翻滚角通常都非常小，因此一般只架设两副 GNSS 天线，用于确定飞机的航向角和俯仰角。

本章首先对目前常用的三种 GNSS 定姿方法进行简要的介绍，并分析它们各自的优缺点。然后在此基础上，提出了一种基于自适应抗差卡尔曼滤波的 GNSS 定姿方法(Wang，2011；王潜心 等，2011b)。对该方法的基本原理和解算方法进行了详细的介绍，并利用实测的 GNSS 数据对该方法的可行性和有效性进行检验。实验结果显示：①当姿态观测数据中含有粗差时，该方法能有效抵御异常观测值的影响，而现有的 GNSS 定姿方法不具有抗差性；②现有的 GNSS 定姿方法只有观测方程，没有运动方程，因此该方法可以利用运动方程的有用信息，进一步提高 GNSS 定姿的精度和可靠性；③当某些历元的姿态观测值少于必要观测数时，现有的 GNSS 定姿方法都会出现无解的情况，而新方法可提供较为准确的预报解。

§7.2　现有的 GNSS 定姿方法分析

GNSS 接收机具有体积小、成本低、精度高、能耗小等诸多优点，因此被广泛地应用于移动测量载体平台的姿态确定(何海波 等，2002；Dai et al，2009；Teunissen et al，2011)。算法是 GNSS 定姿最关键的问题之一，目前已发展了多种 GPS 定姿算法：从计算方法上分，有直接计算法、九参数最小二乘法和三参数迭代最小二乘法；从天线布局上分，有立体布局法、平面布局法和长短基线结合布局法；从使用观测值的形式上分，有基于单差和双差载波相位的方法，也有基于信号强度的粗估计方法。本节将对目前常用的三种 GNSS 定姿计算方法进行简要介绍，对它们各自的优缺点进行详细比较分析。

7.2.1 直接计算法

直接计算法是指通过使用代数方法来求解载体的姿态角，即每次代入一条基线的已知坐标来逐次求解载体的三个姿态角。若某运动载体上装有三幅 GNSS 天线，它们构成如图 7.1 所示的载体坐标系。其中天线 1 为主天线，并作为载体坐标系的原点；天线 1 至天线 2 的方向作为载体坐标系的 Y 轴；X 轴位于该平面内，垂直于 Y 轴并指向 Y 轴的右侧；Z 轴则垂直于该平面并构成右手系。载体坐标系与当地水平坐标系依靠上述三个轴的旋转联系在一起：若当地水平坐标系绕载体坐标系的 Z 轴旋转，则为航向角；若绕 Y 轴旋转，则为俯仰角；绕 X 轴旋转，则为翻滚角。

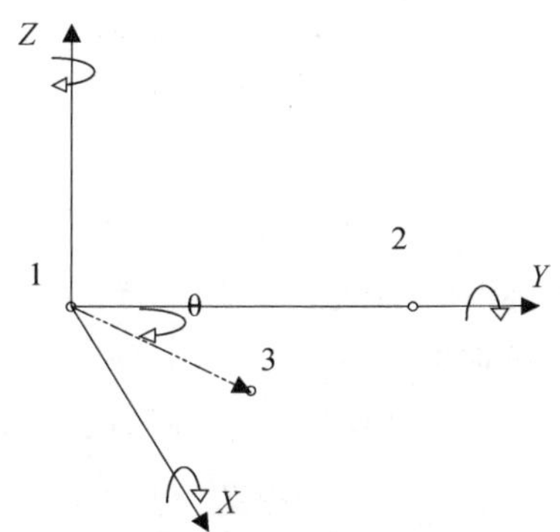

图 7.1　载体坐标系示意

具体计算方法如下：

(1)每个历元用伪距单点定位确定出主天线(天线 1)的地心坐标(WGS-84)，并利用载波相位相对定位确定出其他天线相对于主天线的基线解：

$$\mathrm{d}\boldsymbol{X}_{EE}=\begin{bmatrix}\mathrm{d}x_{E,2} & \mathrm{d}x_{E,3}\\ \mathrm{d}y_{E,2} & \mathrm{d}y_{E,3}\\ \mathrm{d}z_{E,2} & \mathrm{d}z_{E,3}\end{bmatrix} \tag{7.1}$$

式中，E 表示为地心坐标系。

(2)若将天线 1 作为载体坐标系的原点，则可利用式(7.2)将式(7.1)的地心坐标解转换成当地水平坐标系的解：

$$\mathrm{d}\boldsymbol{X}_{LL}=\boldsymbol{R}_{13}\mathrm{d}\boldsymbol{X}_{EE} \tag{7.2}$$

$$\boldsymbol{R}_{13}=\begin{bmatrix}-\sin\lambda & \cos\lambda & 0\\ -\cos\lambda\sin\varphi & -\sin\lambda\sin\varphi & \cos\varphi\\ \cos\lambda\cos\varphi & \sin\lambda\cos\varphi & \sin\varphi\end{bmatrix} \tag{7.3}$$

式中，L 表示当地水平坐标系，λ 和 φ 分别表示天线 1 的经度和纬度。

(3)建立载体坐标与当地水平坐标的函数关系：

$$\mathrm{d}\boldsymbol{X}_{LL}=\boldsymbol{R}_{312}\mathrm{d}\boldsymbol{X}_{BB} \tag{7.4}$$

$$\boldsymbol{R}_{312}=\begin{bmatrix} \cos\alpha\cos\gamma+\sin\alpha\sin\beta\sin\gamma & \cos\beta\sin\gamma & \sin\alpha\cos\gamma-\cos\alpha\sin\beta\sin\gamma \\ -\cos\alpha\sin\gamma+\sin\alpha\sin\beta\cos\gamma & \cos\beta\cos\gamma & -\sin\alpha\sin\gamma-\cos\alpha\sin\beta\cos\gamma \\ -\sin\alpha\cos\beta & \sin\beta & \cos\alpha\cos\beta \end{bmatrix} \tag{7.5}$$

式中，B 表示载体坐标系，α、β、γ 分别表示翻滚角、俯仰角和航向角。

(4)将基线 L_{12} 的已知当地水平坐标系的解 $\mathrm{d}\boldsymbol{X}_{LL}=[\mathrm{d}x_{L,2}\quad \mathrm{d}y_{L,2}\quad \mathrm{d}z_{L,2}]^{\mathrm{T}}$ 和载体坐标系的解 $\mathrm{d}\boldsymbol{X}_{BB}=[0\quad L_{12}\quad 0]^{\mathrm{T}}$ 同时代入式(7.4)，得：

$$\begin{bmatrix}\mathrm{d}x_{L,2}\\ \mathrm{d}y_{L,2}\\ \mathrm{d}z_{L,2}\end{bmatrix}=L_{12}\begin{bmatrix}\cos\beta\sin\gamma\\ \cos\beta\cos\gamma\\ \sin\beta\end{bmatrix} \tag{7.6}$$

由式(7.6)可解得：

$$\gamma=\arctan(\mathrm{d}x_{L,2}/\mathrm{d}y_{L,2}) \tag{7.7}$$

$$\beta=\arctan(\mathrm{d}z_{L,2}/\sqrt{\mathrm{d}x_{L,2}^2+\mathrm{d}y_{L,2}^2}) \tag{7.8}$$

(5)再将基线 L_{13} 的已知地心坐标 $\mathrm{d}\boldsymbol{X}_{LL}=[\mathrm{d}x_{L,3}\quad \mathrm{d}y_{L,3}\quad \mathrm{d}z_{L,3}]^{\mathrm{T}}$ 和载体坐标 $\mathrm{d}\boldsymbol{X}_{BB}=[L_{13}\sin\theta\quad L_{13}\cos\theta\quad 0]^{\mathrm{T}}$，以及由(7.6)式求得的 γ、β 同时代入式(7.4)，则可得：

$$\alpha=\arcsin\left(\frac{\sin\beta\cos\theta L_{13}-\mathrm{d}z_{L,3}}{\cos\beta\sin\theta L_{13}}\right) \tag{7.9}$$

7.2.2 九参数最小二乘法

九参数最小二乘法的计算步骤可以分为以下六步：

(1)在姿态测量开始前，利用 GNSS 静态相对定位模式测量出其他天线相对于主天线在载体坐标下的基线解 $\mathrm{d}\boldsymbol{X}_{BB}=[\mathrm{d}\boldsymbol{X}_{B,2}\quad \mathrm{d}\boldsymbol{X}_{B,3}]$，天线 1 为载体坐标系的原点。

(2)载体运动过程中，利用伪距单点定位方式求出主天线每个历元的地心坐标(如 WGS-84 坐标)。并在此基础上，再利用载波相位相对定位模式求出其他天线相对于主天线在地心坐标系下的基线解 $\mathrm{d}\boldsymbol{X}_{EE}=[\mathrm{d}\boldsymbol{X}_{E,2}\quad \mathrm{d}\boldsymbol{X}_{E,3}]$。

(3)利用式(7.2)将上述地心坐标系下的解转换为当地水平坐标下的解 $\mathrm{d}\boldsymbol{X}_{LL}=[\mathrm{d}\boldsymbol{X}_{L,2}\quad \mathrm{d}\boldsymbol{X}_{L,3}]$。

(4)按式(7.4)建立载体坐标与当地水平坐标的函数关系 $\mathrm{d}\boldsymbol{X}_{LL}=\boldsymbol{R}_{312}\mathrm{d}\boldsymbol{X}_{BB}$。

(5)利用最小二乘平差解得转换矩阵 $\boldsymbol{R}_{312}$ 的 9 个矩阵元素：

$$\boldsymbol{R}_{312}=\mathrm{d}\boldsymbol{X}_{LL}^{\mathrm{T}}\mathrm{d}\boldsymbol{X}_{BB}(\mathrm{d}\boldsymbol{X}_{BB}\mathrm{d}\boldsymbol{X}_{BB}^{\mathrm{T}})^{-1} \tag{7.10}$$

(6)根据式(7.10)求得的矩阵元素，即可进一步求出三个姿态参数：

$$\alpha=\arctan(-\boldsymbol{R}_{312}(3,1)/\boldsymbol{R}_{312}(3,3)) \tag{7.11}$$

$$\beta=\arcsin(\boldsymbol{R}_{312}(3,2)) \tag{7.12}$$

$$\gamma=\arctan(\boldsymbol{R}_{312}(1,2)/\boldsymbol{R}_{312}(2,2)) \tag{7.13}$$

7.2.3　三参数迭代最小二乘法

由于旋转矩阵 $\boldsymbol{R}_{312}$ 中实际只有三个独立参数，即 α、β、γ。因此，三参数迭代最小二乘法直接将这三个独立参数作为未知变量进行求解。具体方法如下：

（1）利用近似解 α_0、β_0、γ_0，对于某一历元，可建立如下观测方程：

$$\boldsymbol{A}\hat{\boldsymbol{\delta}}-\boldsymbol{L}=\boldsymbol{V},\ \boldsymbol{P} \tag{7.14}$$

式中，

$$\boldsymbol{A}=\begin{bmatrix} \dfrac{\partial \boldsymbol{R}_{312}}{\partial\alpha}\mathrm{d}X_{B,2} & \dfrac{\partial \boldsymbol{R}_{312}}{\partial\beta}\mathrm{d}X_{B,2} & \dfrac{\partial \boldsymbol{R}_{312}}{\partial\gamma}\mathrm{d}X_{B,2} \\ \dfrac{\partial \boldsymbol{R}_{312}}{\partial\alpha}\mathrm{d}X_{B,3} & \dfrac{\partial \boldsymbol{R}_{312}}{\partial\beta}\mathrm{d}X_{B,3} & \dfrac{\partial \boldsymbol{R}_{312}}{\partial\gamma}\mathrm{d}X_{B,3} \end{bmatrix} \tag{7.15}$$

$$\hat{\boldsymbol{\delta}}=\begin{bmatrix}\partial\alpha\\ \partial\beta\\ \partial\gamma\end{bmatrix} \tag{7.16}$$

$$\boldsymbol{L}=\begin{bmatrix}\mathrm{d}X_{L,2}-B_0\mathrm{d}X_{B,2}\\ \mathrm{d}X_{L,3}-B_0\mathrm{d}X_{B,3}\end{bmatrix} \tag{7.17}$$

$$\boldsymbol{B}_0=\boldsymbol{R}_{312}(\alpha_0,\beta_0,\gamma_0) \tag{7.18}$$

$$\boldsymbol{P}=\begin{bmatrix}\sum_{\mathrm{d}X_{L_{12}}} & 0\\ 0 & \sum_{\mathrm{d}X_{L_{13}}}\end{bmatrix} \tag{7.19}$$

式中，$\boldsymbol{V}$ 为残差项，$\sum$ 表示协方差。

（2）利用最小二乘平差求出待估参数的改正值：

$$\hat{\boldsymbol{\delta}}=[\boldsymbol{A}^{\mathrm{T}}\boldsymbol{PA}]^{-1}[\boldsymbol{A}^{\mathrm{T}}\boldsymbol{PL}] \tag{7.20}$$

（3）判断改正值是否大于限定值，若大于限定值，则继续利用新的近似值重复计算；若小于则终止运算，得到最终解。

通过上述分析，我们可以看出常用的这三种 GNSS 定姿方法间既有区别又有联系：它们的基本原理是相同的，即都是利用当地水平坐标系与载体坐标系的转换矩阵 $\boldsymbol{R}_{312}$ 来求解载体的姿态信息（航向角、俯仰角、翻滚角）。但三种方法采用的解算策略各不相同。直接计算法是通过代数方法来求解载体的三个姿态角，即每次代入一条基线的已知坐标来逐次求解载体的姿态角。该方法的优点是计算过程简单，解算速度快；缺点是不能同时利用多条基线解的信息来估计姿态角，因此其估计值是次优的。九参数最小二乘法是通过矩阵运算的方式来求解载体的姿态角，即先通过最小二乘求解出转换矩阵 $\boldsymbol{R}_{312}$ 的九个矩阵元素，然后利用 $\boldsymbol{R}_{312}$ 的已知矩阵元素来计算三个姿态角参数。该方法的优点是可以同时利用多条基线解的信息来估计姿态角，因此相对于直接计算法，其解精度和可靠性都更高。但矩阵 $\boldsymbol{R}_{312}$ 中实际上只有三个真正独立的参数，即航向角、俯仰角和翻滚角，因此九参数最小二乘法的解并不是最优估值。三参数迭代最小二乘法则直接将三个姿态角参数作为待估值，通过迭代最小二乘来求解载体的姿态角，其估计值理论上是最优的。但该方法的主要缺陷是计算时需用较精确的初始值来进行方程线性化，并需迭代计算，解算过程较为复杂。

§7.3 基于抗差卡尔曼滤波的 GNSS 定姿方法

现有的三种 GNSS 定姿方法各有优缺点，它们都存在一些共有的缺陷：一是都不具有抗差性；二是对于运动载体而言，都没有充分利用运动模型的信息；三是当一些历元的实际观测值数少于必要观测数时，三种方法都会出现无解的情况。因此如何有效解决上述问题，进一步提高 GNSS 定姿的精度和可靠度，对完善 GNSS 定姿理论和提高 GNSS 定姿的实际能力十分重要。

为解决上述问题，并更好地满足高速运动载体的实时定姿需求，我们提出采用一种基于抗差自适应卡尔曼滤波的 GNSS 定姿方法。该方法的基本原理和解算方法如下：

假设某运动载体上装有 n 个 GNSS 天线用于姿态确定，若任意选取其中一个为主天线，并将其作为载体坐标系的原点，则其他天线与主天线可形成 $n-1$ 条独立基线。在姿态测量开始前，通过 GNSS 静态相对定位方式确定出其他天线相对于主天线在载体坐标系下的基线向量组 $\mathrm{d}\boldsymbol{X}_{BB}^{k}$：

$$\mathrm{d}\boldsymbol{X}_{BB}^{k}=\begin{bmatrix}\mathrm{d}X_{B,2}^{k} & \cdots & \mathrm{d}X_{B,i}^{k} & \cdots & \mathrm{d}X_{B,n}^{k}\end{bmatrix} \tag{7.21}$$

式中，k 为历元号，i 为基线编号。

载体运动过程中，每个历元可通过伪距单点定位方式确定出主天线的地心坐标（如 WGS-84 坐标）。在此基础上，再利用载波相对定位方式确定其他天线相对主天线在地心坐标系下的基线向量组 $\mathrm{d}\boldsymbol{X}_{EE}^{k}$，如式(7.22)所示。相关文献已证明，主天线位置误差为 100 m 时，对定姿结果的影响仅为毫米级，因此利用伪距单点定位方式确定的主天线位置可以满足定姿精度的要求。

$$\mathrm{d}\boldsymbol{X}_{EE}^{k}=\begin{bmatrix}\mathrm{d}X_{E,2}^{k} & \cdots & \mathrm{d}X_{E,i}^{k} & \cdots & \mathrm{d}X_{E,n}^{k}\end{bmatrix} \tag{7.22}$$

然后利用旋转矩阵 $\boldsymbol{R}_{13}^{k}$ 将上述地心坐标系下的解转换成当地水平坐标系下的解：

$$\mathrm{d}\boldsymbol{X}_{LL}^{k}=\boldsymbol{R}_{13}\mathrm{d}\boldsymbol{X}_{EE}^{k} \tag{7.23}$$

$$\boldsymbol{R}_{13}^{k}=\begin{bmatrix}-\sin\lambda & \cos\lambda & 0\\ -\cos\lambda\sin\phi & -\sin\lambda\sin\phi & \cos\phi\\ \cos\lambda\cos\phi & \sin\lambda\cos\phi & \sin\phi\end{bmatrix} \tag{7.24}$$

式中，λ、ϕ 分别为载体位置的经度和纬度。

再利用旋转矩阵 $\boldsymbol{R}_{312}^{k}$，得到每条基线当地水平坐标系下的解与载体坐标系下解的函数关系式：

$$\mathrm{d}X_{L,i}^{k}=\boldsymbol{R}_{312}^{k}\,\mathrm{d}X_{B,i}^{k},\quad i=2,\cdots,n \tag{7.25}$$

$$\boldsymbol{R}_{312}^{k}=\begin{bmatrix}\cos\alpha\cos\gamma+\sin\alpha\sin\beta\sin\gamma & \cos\beta\sin\gamma & \sin\alpha\cos\gamma-\cos\alpha\sin\beta\sin\gamma\\-\cos\alpha\sin\gamma+\sin\alpha\sin\beta\cos\gamma & \cos\beta\cos\gamma & -\sin\alpha\sin\gamma-\cos\alpha\sin\beta\cos\gamma\\-\sin\alpha\cos\beta & \sin\beta & \cos\alpha\cos\beta\end{bmatrix} \tag{7.26}$$

式中，α、β、γ 分别表示翻滚角、俯仰角和航向角。

显然式(7.25)是一个关于 α、β、γ 的非线性表达式，若要用卡尔曼滤波进行参数估计，则需先进行线性化处理。利用九参数最小二乘可得到较精确的近似解 α_0、β_0、γ_0，通过泰勒级数展开至一阶项，可得到式(7.25)的线性化表达式：

$$\boldsymbol{A}_i^k\boldsymbol{\delta}\widetilde{\boldsymbol{X}}^k-L_i^k=V_i^k,\ P_i^k \tag{7.27}$$

$$\boldsymbol{A}_i^k=\left[\frac{\partial\boldsymbol{R}_{312}}{\partial\alpha}\mathrm{d}X_{B,i}^k\quad\frac{\partial\boldsymbol{R}_{312}}{\partial\beta}\mathrm{d}X_{B,i}^k\quad\frac{\partial\boldsymbol{R}_{312}}{\partial\gamma}\mathrm{d}X_{B,i}^k\right] \tag{7.28}$$

$$\boldsymbol{\delta}\widetilde{\boldsymbol{X}}^k=\begin{bmatrix}\partial\alpha^k\\\partial\beta^k\\\partial\gamma^k\end{bmatrix} \tag{7.29}$$

$$L_i^k=[\mathrm{d}X_{L,i}^k-B_i^k\,\mathrm{d}X_{B,i}^k] \tag{7.30}$$

$$B_i^k=\boldsymbol{R}_{312}^k(\alpha_0,\beta_0,\gamma_0) \tag{7.31}$$

$$P_i^k=\left(\sum\nolimits_{\mathrm{d}X_{L,i}^k}\right)^{-1} \tag{7.32}$$

$$\widetilde{\boldsymbol{X}}^k=\boldsymbol{X}_0^k+\boldsymbol{\delta}\widetilde{\boldsymbol{X}}^k \tag{7.33}$$

式中，$\sum_{\mathrm{d}X_{L,i}^k}$ 表示 $\mathrm{d}X_{L,i}^k$ 的协方差矩阵，V_i^k 为残差。

对于 $n-1$ 条独立基线，则其最小二乘解及协方差为：

$$\boldsymbol{A}_k\boldsymbol{\delta}\widetilde{\boldsymbol{X}}_k-\boldsymbol{L}_k=\boldsymbol{V}_k,\ \boldsymbol{P}_k \tag{7.34}$$

$$\sum\nolimits_{\widetilde{X}_k}=[\boldsymbol{A}_k^{\mathrm{T}}\boldsymbol{P}_k\boldsymbol{A}_k]^{-1} \tag{7.35}$$

$$\widetilde{\boldsymbol{X}}_k=\boldsymbol{X}_k^0+\boldsymbol{\delta}\widetilde{\boldsymbol{X}}_k$$

式中，

$$\boldsymbol{A}_k=\begin{bmatrix}\frac{\partial\boldsymbol{R}_{312}}{\partial\alpha}\mathrm{d}X_{B,2}^k & \frac{\partial\boldsymbol{R}_{312}}{\partial\beta}\mathrm{d}X_{B,2}^k & \frac{\partial\boldsymbol{R}_{312}}{\partial\gamma}\mathrm{d}X_{B,2}^k\\\vdots&\vdots&\vdots\\\frac{\partial\boldsymbol{R}_{312}}{\partial\alpha}\mathrm{d}X_{B,i}^k & \frac{\partial\boldsymbol{R}_{312}}{\partial\beta}\mathrm{d}X_{B,i}^k & \frac{\partial\boldsymbol{R}_{312}}{\partial\gamma}\mathrm{d}X_{B,i}^k\\\vdots&\vdots&\vdots\\\frac{\partial\boldsymbol{R}_{312}}{\partial\alpha}\mathrm{d}X_{B,n}^k & \frac{\partial\boldsymbol{R}_{312}}{\partial\beta}\mathrm{d}X_{B,n}^k & \frac{\partial\boldsymbol{R}_{312}}{\partial\gamma}\mathrm{d}X_{B,n}^k\end{bmatrix} \tag{7.36}$$

$$
\boldsymbol{L}_k=\begin{bmatrix} \mathrm{d}X_{L,2}^k-B_2^k\mathrm{d}X_{B,2}^k \\ \vdots \\ \mathrm{d}X_{L,i}^k-B_i^k\mathrm{d}X_{B,i}^k \\ \vdots \\ \mathrm{d}X_{L,n}^k-B_{n-1}^k\mathrm{d}X_{B,n}^k \end{bmatrix} \tag{7.37}
$$

$$
\boldsymbol{P}_k=\begin{bmatrix} \sum_{\mathrm{d}\boldsymbol{X}_{L_2}^k} & 0 & 0 \\ \vdots & \vdots & \vdots \\ 0 & \sum_{\mathrm{d}\boldsymbol{X}_{L_i}^k} & 0 \\ \vdots & \vdots & \vdots \\ 0 & 0 & \sum_{\mathrm{d}\boldsymbol{X}_{L_n}^k} \end{bmatrix} \tag{7.38}
$$

动态测量中，我们还可根据前一历元的信息，利用状态方程来获取当前历元待估参数的先验信息及其协方差阵。假设采用常速度模型，则有：

$$
\bar{\boldsymbol{X}}_k=\Phi_{k,k-1}\hat{\boldsymbol{X}}_{k-1}+\boldsymbol{W}_k \tag{7.39}
$$

$$
\sum_{\bar{\boldsymbol{X}}_k}=\Phi_{k,k-1}\sum_{\hat{X}_{t-1}}\boldsymbol{\Phi}_{k,k-1}^{\mathrm{T}}+\sum_{W_t} \tag{7.40}
$$

式中，

$$
\bar{\boldsymbol{X}}_k=\begin{bmatrix}\bar{\alpha}_k & \bar{\beta}_k & \bar{\gamma}_k & \bar{V}_{\alpha_k} & \bar{V}_{\beta_k} & \bar{V}_{\gamma_k}\end{bmatrix}^{\mathrm{T}} \tag{7.41}
$$

$$
\hat{\boldsymbol{X}}_{k-1}=\begin{bmatrix}\hat{\alpha}_{k-1} & \hat{\beta}_{k-1} & \hat{\gamma}_{k-1} & \hat{V}_{\alpha_{k-1}} & \hat{V}_{\beta_{k-1}} & \hat{V}_{\gamma_{k-1}}\end{bmatrix}^{\mathrm{T}} \tag{7.42}
$$

$$
\boldsymbol{\Phi}_{k,k-1}=\begin{bmatrix} 1 & 0 & 0 & \Delta t & 0 & 0 \\ 0 & 1 & 0 & 0 & \Delta t & 0 \\ 0 & 0 & 1 & 0 & 0 & \Delta t \\ 0 & 0 & 0 & 1 & 0 & 0 \\ 0 & 0 & 0 & 0 & 1 & 0 \\ 0 & 0 & 0 & 0 & 0 & 1 \end{bmatrix} \tag{7.43}
$$

$$
\sum_{\boldsymbol{W}_k}=\begin{bmatrix}
\frac{1}{3}Q\Delta t^3 & \frac{1}{2}Q\Delta t^2 & \frac{1}{2}Q\Delta t^2 & \frac{1}{2}Q\Delta t^2 & \frac{1}{2}Q\Delta t^2 & \frac{1}{2}Q\Delta t^2 \\
\frac{1}{2}Q\Delta t^2 & \frac{1}{3}Q\Delta t^3 & \frac{1}{2}Q\Delta t^2 & \frac{1}{2}Q\Delta t^2 & \frac{1}{2}Q\Delta t^2 & \frac{1}{2}Q\Delta t^2 \\
\frac{1}{2}Q\Delta t^2 & \frac{1}{2}Q\Delta t^2 & \frac{1}{3}Q\Delta t^3 & \frac{1}{2}Q\Delta t^2 & \frac{1}{2}Q\Delta t^2 & \frac{1}{2}Q\Delta t^2 \\
\frac{1}{2}Q\Delta t^2 & \frac{1}{2}Q\Delta t^2 & \frac{1}{2}Q\Delta t^2 & Q\Delta t & \frac{1}{2}Q\Delta t^2 & \frac{1}{2}Q\Delta t^2 \\
\frac{1}{2}Q\Delta t^2 & \frac{1}{2}Q\Delta t^2 & \frac{1}{2}Q\Delta t^2 & \frac{1}{2}Q\Delta t^2 & Q\Delta t & \frac{1}{2}Q\Delta t^2 \\
\frac{1}{2}Q\Delta t^2 & \frac{1}{2}Q\Delta t^2 & \frac{1}{2}Q\Delta t^2 & \frac{1}{2}Q\Delta t^2 & \frac{1}{2}Q\Delta t^2 & Q\Delta t
\end{bmatrix} \tag{7.44}
$$

式中，$\bar{\boldsymbol{X}}_k$ 和 $\hat{\boldsymbol{X}}_{k-1}$ 分别表示历元 k 的预报值和历元 $k-1$ 的估计值，$\boldsymbol{\Phi}_{k,k-1}$ 为状态转移矩阵，$\boldsymbol{W}_k$ 为动态噪声，Δt 为历元间隔，V 为姿态角变化的速度，Q 为姿态角变化的速度功率谱密度。

那么，基于卡尔曼滤波的递推解为：

$$\hat{\boldsymbol{X}}_k=\bar{\boldsymbol{X}}_k+\boldsymbol{K}_k(\boldsymbol{L}_k-\boldsymbol{A}_k\bar{\boldsymbol{X}}_k) \tag{7.45}$$

$$\boldsymbol{K}_k=\sum\nolimits_{\bar{X}_k}\boldsymbol{A}_k^{\mathrm{T}}\left(\boldsymbol{A}_k\sum\nolimits_{\bar{X}_k}\boldsymbol{A}_k^{\mathrm{T}}+\boldsymbol{P}_k^{-1}\right)^{-1} \tag{7.46}$$

$$\sum\nolimits_{\hat{X}_k}=[\boldsymbol{I}-\boldsymbol{K}_k\boldsymbol{A}_k]\sum\nolimits_{\bar{X}_k} \tag{7.47}$$

利用矩阵反演，可以得到滤波解的另一种表达形式（Yang，2001）：

$$\hat{\boldsymbol{X}}_k=[\boldsymbol{A}_k^{\mathrm{T}}\boldsymbol{P}_k\boldsymbol{A}_k+\boldsymbol{P}_{\bar{X}_k}]^{-1}[\boldsymbol{A}_k^{\mathrm{T}}\boldsymbol{P}_k\boldsymbol{L}_k+\boldsymbol{P}_{\bar{X}_k}\bar{\boldsymbol{X}}_k] \tag{7.48}$$

$$\sum\nolimits_{\hat{X}_k}=(\boldsymbol{A}_k^{\mathrm{T}}\boldsymbol{P}_k\boldsymbol{A}_k+\boldsymbol{P}_{X_k})^{-1} \tag{7.49}$$

$$\boldsymbol{P}_{\bar{X}_k}=\left(\sum\nolimits_{\bar{X}_k}\right)^{-1} \tag{7.50}$$

进一步，我们可以写出基于抗差自适应卡尔曼滤波的解为：

$$\hat{\boldsymbol{X}}_k=[\boldsymbol{A}_k^{\mathrm{T}}\bar{\boldsymbol{P}}_k\boldsymbol{A}_k+\alpha\boldsymbol{P}_{\bar{X}_k}]^{-1}[\boldsymbol{A}_k^{\mathrm{T}}\bar{\boldsymbol{P}}_k\boldsymbol{L}_k+\alpha\boldsymbol{P}_{\bar{X}_k}\bar{\boldsymbol{X}}_k] \tag{7.51}$$

$$\sum\nolimits_{\hat{\boldsymbol{X}}_k}=(\boldsymbol{A}_k^{\mathrm{T}}\bar{\boldsymbol{P}}_k\boldsymbol{A}_k+\alpha\boldsymbol{P}_{\bar{X}_k})^{-1} \tag{7.52}$$

$$\bar{\boldsymbol{P}}_k=\gamma\boldsymbol{P}_k \tag{7.53}$$

式中，γ 为降权因子，α 为自适应因子，它们的计算公式如下：

$$\gamma=\begin{cases}1 & \bar{v}\leqslant k_0\\ \dfrac{k_0}{|\bar{v}|}\left(\dfrac{k_1-|\bar{v}|}{k_1-k_0}\right)^2 & k_0<\bar{v}\leqslant k_1\\ 0 & \bar{v}>k_1\end{cases} \tag{7.54}$$

$$\alpha=\begin{cases}1 & |\Delta\bar{X}_t|\leqslant c_0\\ \dfrac{c_0}{|\Delta\bar{X}_t|}\left(\dfrac{c_1-|\Delta\bar{X}_t|}{c_1-c_0}\right)^2 & c_0<|\Delta\bar{X}_t|\leqslant c_1\\ 0 & |\Delta\bar{X}_t|>c_1\end{cases} \tag{7.55}$$

其中 c_0 和 c_1 为常数，一般的取值范围为 $c_0=1.0\sim1.5$、$c_1=3.0\sim4.5$。$\Delta\bar{X}_t$ 按式(7.56)求取：

$$\Delta\bar{X}_t=\|\tilde{X}_t-\tilde{\bar{X}}_t\|/\sqrt{\mathrm{tr}\left(\sum\nolimits_{\bar{X}_t}\right)} \tag{7.56}$$

按照上述方法，即可实现利用抗差自适应卡尔曼滤波算法进行 GPS 定姿。

§7.4 算例与分析

为对所提方法的正确性和可行性进行验证，我们利用实测的静态和动态 GNSS 数据进行了定姿实验，实验数据来源于某次航空重力测量实验的机载 GPS

数据。数据采样间隔为 1 s,共有 8670 个历元 。由于飞机的头部和尾部各安有一台 GPS 接收机,因此只能解算出航向角和俯仰角的变化情况。

7.4.1　静态定姿实验

其中前 298 个历元的数据为飞机起飞前停在跑道上的观测数据,由于飞机处于相对静止状态,因此其姿态角理论上应该为一不变的常数。采用基于抗差自适应卡尔曼滤波的定姿方法对其进行了解算,计算结果如(图 7.2 和图 7.3 所示)。

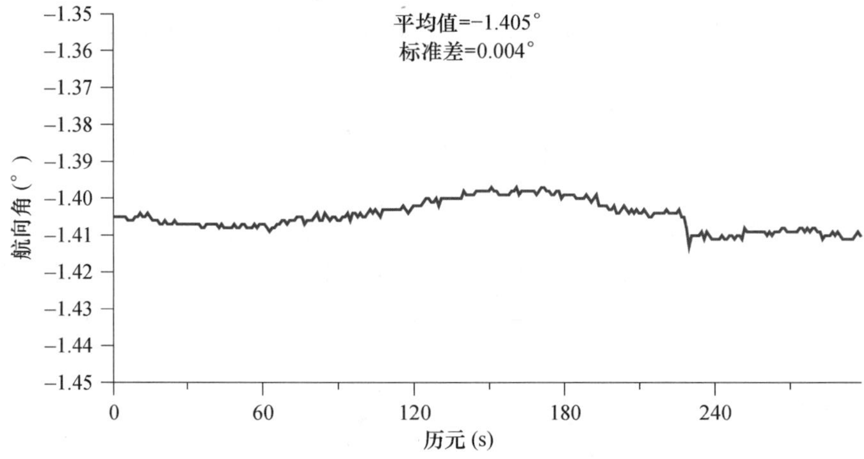

图 7.2　飞机停在跑道上时航向角的变化情况

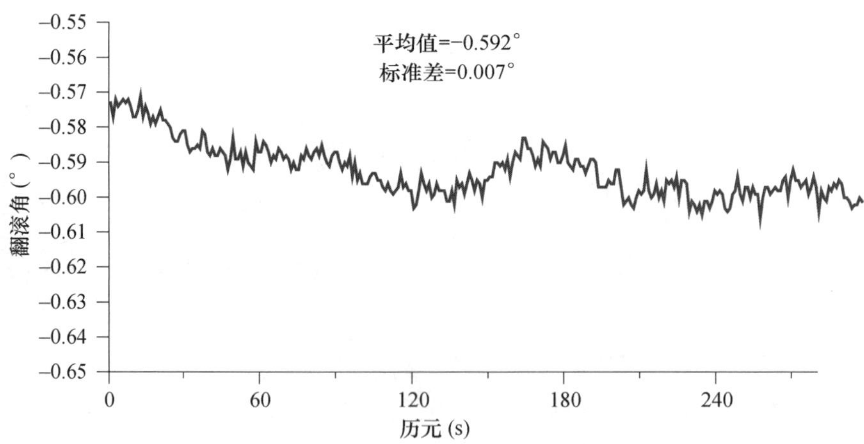

图 7.3　飞机停在跑道上时翻滚角的变化情况

由上述静态定姿的实验结果可知,利用基于抗差自适应卡尔曼滤波的定姿方法确定载体的姿态角,其定姿精度可优于 0.01°。

7.4.2　动态定姿实验

为进一步检验所提方法的实际定姿效果，我们对实际飞行阶段的观测数据进行了解算，计算结果如(图 7.4、图 7.5 和图 7.6 所示)：

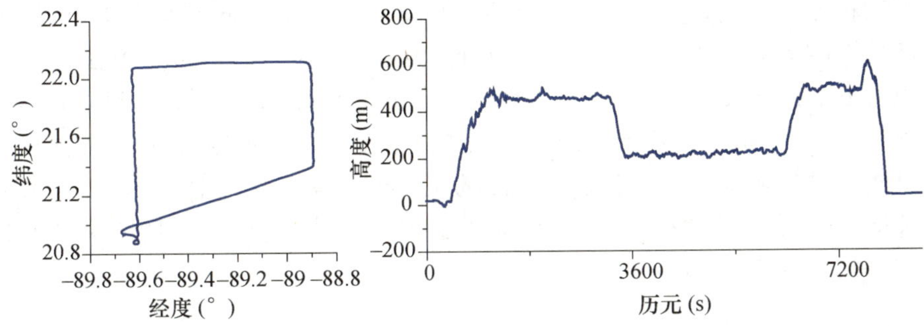

图 7.4　飞机飞行的平面轨迹和高程变化

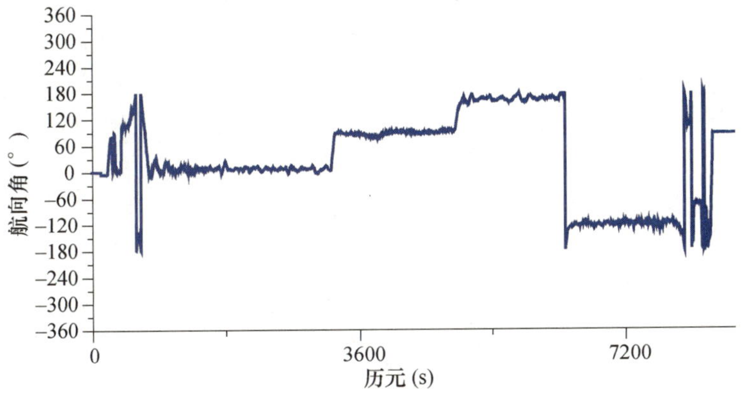

图 7.5　飞机航向角的变化情况

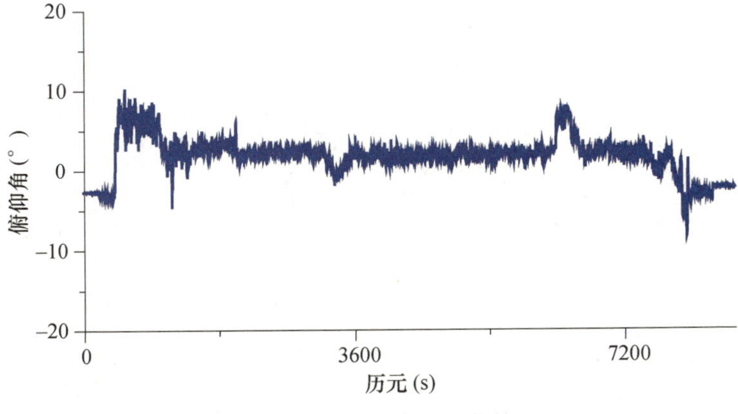

图 7.6　飞机俯仰角的变化情况

§7.5　本章小结

本章较详细地介绍了目前常用的三种 GNSS 定姿方法的基本原理，从理论上分析了三种方法的优缺点。在指出上述三种定姿方法的共同缺陷基础上，提出了一种新的 GNSS 定姿方法——基于抗差自适应卡尔曼滤波的定姿方法。该方法相对现有方法的主要优势是：一是具有较好的抗差性；二是能充分合理地利用载体运动模型信息；三是当一些历元的实际观测值数少于必要观测数时，该方法可为用户提供较可靠的预报解。为验证该方法的正确性和实际定姿精度，利用实测的机载 GNSS 数据进行了检验，实验结果证明了该方法的可行性，并且结果显示其实际的定姿精度优于 0.01°。

第8章　基于GNSS地基增强技术的实时动态定位原理与方法

§8.1　引　言

从美国的GPS诞生之日到现在，GNSS的定位模式在不停地发展与进步。不同时期的定位方法既反映了当时人们在应用GNSS时关注的重点，也反映了当时GNSS技术的局限性。

GNSS定位方法在较长的一段时间里是按绝对定位和相对定位这两条主线相对独立地发展。绝对定位基于独立接收机的观测数据和卫星星历解算测站坐标，操作简单，外部依赖较少。GPS设计的初衷就是利用伪随机噪声码进行绝对定位，这也是GPS的标准服务，称为标准单点定位（standard point positioning，SPP）。受制于伪距测量噪声、广播星历误差和其他观测误差，SPP的定位精度较低，只能应用于低精度导航。Zumberge等学者（1997）提出了基于载波相位观测量的精密单点定位（precise point positioning，PPP）方法。PPP充分考虑了SPP定位时受到的各种误差，通过采用精密星历、精确建立观测误差改正模型、估计不能模型化的观测误差等方法极大地提高了绝对定位的精度，其静态定位和动态定位精度已分别达到厘米量级、分米量级。在PPP技术出现之前，为了提升GPS伪距单点定位的精度，出现了相对定位技术，通过两个或多个接收机间进行差分处理，消除空间相关误差，达到提升定位精度的目的。相对定位分为伪距差分定位和载波相位差分定位，前者通过在参考站和用户站间对伪距观测量求差，消除了公共的星历误差和观测误差，但仍受限于伪距观测量的测量噪声，定位精度只比SPP有所提高；后者引入载波相位观测量，通过固定双差模糊度，能将动态定位（real-time kinematic，RTK）和静态定位的精度分别提高到厘米和毫米级。为了增加参考站的作用距离，在伪距差分定位和载波差分定位的基础上分别发展出了广域差分定位和网络RTK（network RTK，NRTK）技术，通过引入参考站网，实时分离和估计GNSS定位时的各类误差，并以改正数或虚拟观测量的方式供用户使用。GNSS定位技术发展到后期，Gabor等（1999）和Ge等（2008）学者研究发现，PPP技术中模糊度非整数部分具有一定的稳定性，在特定的时间间隔内可以当作常数处理，提出利用地面参考站网估计GNSS卫星的硬件延迟，并提供给PPP用户改正，实现PPP的模糊度固定，即PPP-RTK技术。PPP-RTK技术既具备PPP技术的易操作特性，也具备 RTK 技术的实时高精度，实现了 PPP 和 RTK 的结合与统一。

在 GNSS 进行导航定位的各种应用和数据处理中，除了标准单点定位以外，其他的导航定位（或数据处理）模式都需要在观测量和广播星历的基础上提供其他的辅助信息，如精密单点定位需要精密轨道和钟差、差分 GPS 或 RTK 需要差分参考站观测数据、网络 RTK 需要参考网生成的观测误差或虚拟参考站、广域差分定位需要参考网生成的差分改正数等。可以说，GNSS 实时动态精密定位都需要外部辅助系统或信息的支持，小到一个参考站的观测量，大到参考网生成的精密定位产品，越是精密的应用，需要的外部信息越多或越精确，因此逐渐出现了越来越多的地基增强系统（ground-based augmentation system，GBAS）与星基增强系统（satellite-based augmentation system，SBAS）。

8.1.1　实时动态定位

GNSS 传统静态定位技术如载波静态相对定位、事后精密单点定位等，都得到了相对成熟的发展，理论也比较完善，已成功应用于各类事后高精度数据。随着社会经济与科学技术的发展，人们对 GNSS 导航定位的实时性要求越来越高，实时动态精密定位的应用范围也变得越来越大。GNSS 实时动态精密定位已成为当今地球科学与导航领域的研究热点之一，国际 GNSS 服务组织（International GNSS Service，IGS）早在 2001 年就成立 IGS 实时工作组，以开展 GNSS 实时定位相关的工作，一些单位和研究所也在进行 GNSS 实时精密定位的研究工作，如法国国家空间研究中心（Centre National d’etudes Spatiales，CNES）、德国波兹坦地学研究中心（Geo Forschungs Zentrum Potsdam，GFZ）等（Ge et al，2011）。经过这些年的发展，GNSS 实时动态精密定位在数据处理理论算法和实时系统方面都有了较大的发展和进步。

8.1.2　GNSS 地基增强系统

所谓“增强”是指通过提供额外的信息达到定位、导航和授时信号增强的目的，主要指定位精度、可用性、连续性和完好性等性能指标的提升。其中，精度是指 GNSS 的定位和授时精确度，完好性是指 GNSS 定位和授时输出结果的可信度。没有完好性保证的 GNSS 定位和授时技术，无法成为众多应用领域的主导航手段，尤其是那些与经济、财产、生命相关的应用领域（如航空导航、航海导航、武器制导、交通执法、停车收费、气象探空、电力授时等），对 GNSS 的精度和完好性提出了较高要求。这些要求超出了 GNSS 基本系统的服务能力，因此需要在 GNSS 基本系统的基础上建设专门的增强系统，以提高用户设备的精度和完好性，从而满足特定用户的使用需求。本章首先介绍了卫星增强系统的分类，随后介绍了星基增强技术及其关键技术、地基增强技术及网络 RTK 关键技术，之后介绍了基于这两种技术相结合的实时精密定位服务系统的设计及增强网络通信协议。

地基增强系统是国际民航组织推荐的卫星导航（global navigation satellite system，GNSS）增强系统之一。主要可分为两类：差分型地基增强系统均通过差分算法提高 GNSS 卫星导航的精度，同时根据信号完好性算法，计算 GNSS 信号的完好性信息，从而提高 GNSS 信号的完好性、可用性和连续性；伪卫星和 Locata 系统则发送具有与 GNSS 信号相同功能的信号，与 GNSS 不同的是系统工作在地面，可以减弱和消除 GNSS 中存在的许多误差。本文重点介绍差分型地基增强系统（王坚 等，2017）。

1. 国内外地基增强系统（GBAS）

GBAS 利用差分技术，减少系统误差，提高定位精度。差分技术基于卫星时钟误差、卫星星历误差、电离层延时、对流层延时所具有的空间、时间相关性，利用基准站接收机的测量误差校正流动站的测量值，提高流动站的测量、定位精度。差分优化后的定位精度可以从毫米级至亚米级不等。该系统是卫星定位技术、计算机网络技术、数字通信技术等高新科技多方位、深度结晶的产物。

GBAS 存在的诸多优势，在国内外得到了大力的发展，发展情况如表 8.1 所示。

表 8.1　国内外主要 GBAS 系统

系统名称	所述国家	参考站数量	其他
美国 CORS 系统	美国	超过 1900 个	由 NGS 负责管理
EPN 系统	欧洲	未知	覆盖整个欧洲大陆，由连续观测高精度的 GPS/GLONASS 接收机构成的若干站组成，是由多国参加实现精确地理参考大地测量的基础
SAPOS 系统	德国	200 个左右	平均 40 km 间距，广泛用于测量、运输、建筑、房屋和国防等领域
GeoNet 系统	日本	超过 1200 个	平均密度 20 km，主要用于地震监测和预报、控制测量、建筑及工程测量
中国地壳运动观测网络	中国	永久站：25＋200 个	由中国地震局牵头，中科院、原总参测绘局、原国家测绘局、中国气象局、教育部参与
上海 CORS 服务网	中国	14＋9 个	
北京 CORS 服务网	中国	28 个	由北京市信息资源管理中心建立
北斗地基增强系统	中国	计划 1300 个	由中国兵器工业集团作为总体研制单位

地基增强系统与 CORS 系统的关系，如表 8.2 所示。

表 8.2 GBAS 系统与 CORS 系统的关系

系统名称	系统特点	相互关系
CORS 系统	基于永久参考站计算差分修正数，通过移动网络/UHF 电台等向用户播发	地基增强系统比 CORS 内容更丰富，应用更广泛
地基增强系统	基于连续运行的永久参考站，解算出的修正数包括区域信号（类似 CORS 信号）和广域差分信号（类似 SBAS），播发方式包括移动网络/UHF 电台/同步卫星等	

2. 系统组成

1）系统组成

差分型地基增强系统由连续运行基准站网、系统控制与数据中心、数据通信网络及用户应用子系统等组成（图 8.1），各子系统的定义与功能介绍如表 8.3。

表 8.3 GBAS 各子系统功能定义

系统名称	主要工作内容	设备构成	主要技术
连续运行基准站子系统	卫星信号的捕获、跟踪、采集与传输；设备完好性监测	单个或多个基准站（含 GNSS 接收机、计算机、UPS 等）	能够接收多频多系统卫星信号
系统控制与数据中心	数据分流与处理；系统管理与维护；服务生成与用户管理	计算机、网络设备、数据通信设备、电源设备	一个中心
	管理各播发站；差分信息编码；形成差分信息队列	计算机、软件	软件实现
数据通信网络子系统	把基准站北斗观测数据传输至数据中心	气象专网、SDH 等	GSM、GPRS 等
	把系统差分信息传输至用户	公众移动通信网	无线网络
用户应用子系统	按照用户需求进行不同精度定位	兼容北斗信号的接收设备（B1/B2/B3 的接收机）、数据通信终端、软件系统	适于 DGPS、RTK 等

其中，基准站子系统主要由天线、接收机、通信设备、供电设备、避雷设备、气象设备及观测室等组成，见图 8.2。

基准站子系统核心设备是 GNSS 接收机，表 8.4 为司南导航 M300 GNSS 接收机技术指标。

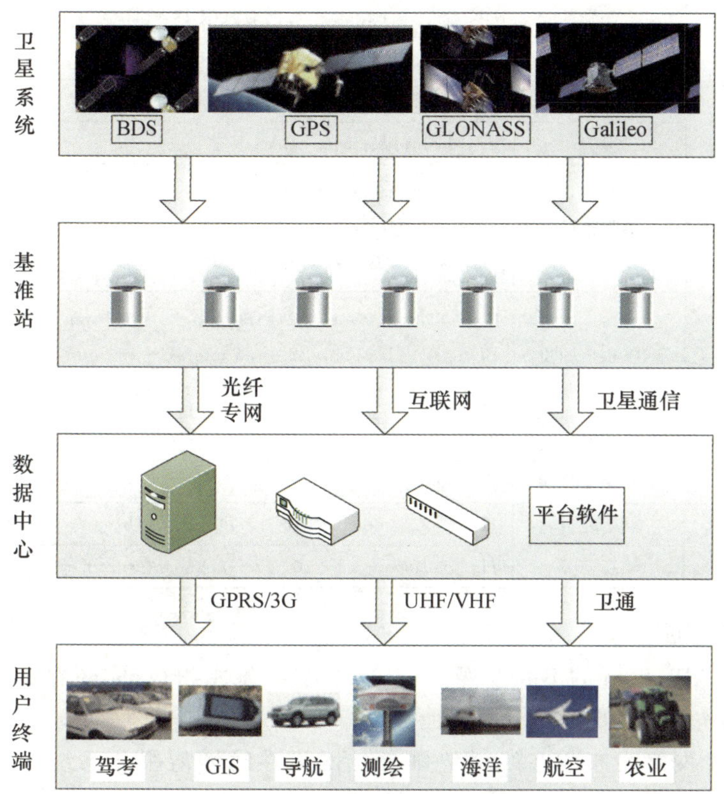

图 8.1　地基增强系统示意

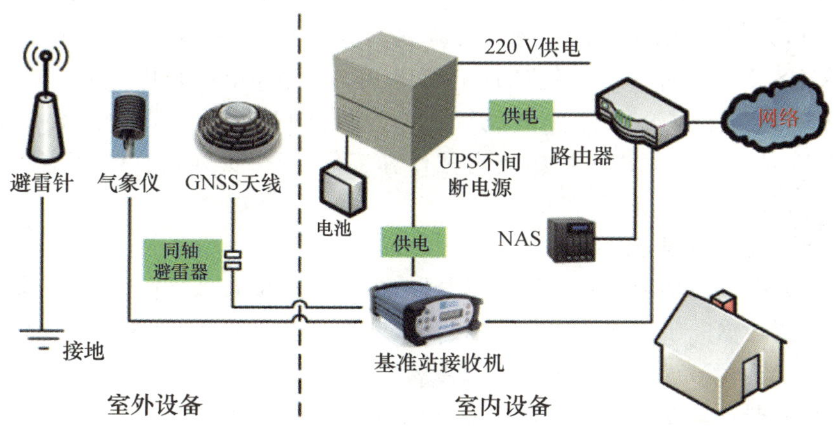

图 8.2　地基增强基准站子系统示意

表 8.4 司南导航 M300 GNSS 接收机主要技术指标

GNSS 信号	GPS	L1C/A、L1/L2/L5P,可同时跟踪 14 颗 GPS 卫星
	BDS	B1I、B2I、B3I,可同时跟踪 14 颗 BDS 卫星
	GLONASS	G1C/G2C,可同时跟踪 14 颗 GLONASS 卫星
	SBAS	L1,可同时跟踪 3 颗 SBAS 卫星
观测值准确度	伪距精度	GSP：L1=10 cm/L2=10 cm/L5=5 cm BDS：B1=10 cm/B2=10 cm/B3=5 cm GLONASS：G1=10 cm/G2=10 cm
	载波相位精度	GPS：L1=1.0 mm/L2=1.0 mm/L5=0.5 mm BDS：B1=1.0 mm/B2=1.0 mm/B3=1.0 mm GLONASS：G1=1.0 mm/G2=1.0 mm
精度	授时	20 ns
	精密单点定位	< 4 m
	静态差分	H：$\pm(2.5\ \text{mm}+1\times10^{-6}\times D)$；V：$\pm(5\ \text{mm}+1\times10^{-6}\times D)$
	动态差分	H：$\pm(10\ \text{mm}+1\times10^{-6}\times D)$；V：$\pm(20\ \text{mm}+1\times10^{-6}\times D)$

2)系统扩展

随着 GABS 系统的不断发展,除上述 GABS 基本组成外,还在不断地进行其功能与服务拓展,主要有以下两方面。

(1)基于网络发布的在线增值服务。网络在线增值服务系统的核心功能是利用 CORS 各基准站数据,通过网络向用户提供 GNSS 在线定位计算服务。借助于 CORS 高精度定位优势以及地理信息系统的综合管理能力,实现多系统集成,提升 CORS 服务功能;借助于网络传播范围广、速度快的优点,将不同地域、不同领域,如测绘、水利、交通、航运、地震、气象等需要精密定位功能的用户纳入到 CORS 系统服务。在线定位计算服务具体是指,用户利用 GNSS 接收机在 CORS 网覆盖范围内的任意位置进行观测,然后通过互联网将观测数据上传至服务器,在帮助用户完成事后精密定位计算工作后,中央处理系统自动将结果反馈给用户。

实现在线增值服务系统主要由如下功能模块组成。

用户数据上传功能模块。用户登录网站后,选择接收机所在区域,并提供用户接收机观测数据的压缩文件路径,在输入天线类型和天线高,设置参与计算的基准站、区域水准面等定制选项后,即可上传观测数据。

用户数据在线处理功能模块。系统为用户上传数据提供了以下两类处理模式:一是采用精密单点定位模式,为双频接收机用户计算测站坐标;二是采用相对定位模式,数据处理主要包括参考站选择、网型分析、基线解算、网平差计算等内容。还可将定位计算结果发送至用户提供的 E-mail 或指定的 FTP 地址。

运行状况发布功能模块。发布系统总体参数、系统运行状况信息；发布各类业务咨询信息；公布网站更新信息；公布用户服务中心数据采集和资料存储状况；提供对 CORS 业务数据流的描述；提供各类数据格式与作用说明信息；发布本系统对 GNSS 定位技术支持情况；提供相关通用软件和技术资料；提供网站使用帮助等信息；下载并发布 IGS 站精密星历和精密钟差。

参考站信息检索功能模块。可按参考站编号、名称等信息对全部参考站进行检索。以地图、表格、文本等形式，向用户提供各参考站分布状况和连续运行状况信息（如以周、月、年为周期，综合分析多路径效应、数据质量可利用率、数据量等）、基准站坐标信息（包含参考框架、坐标系、地理位置、精确坐标、周围环境情况、图片资料等）、基准站设备情况（如接收机、天线、气象仪、图片资料等）、基准站更新记录等一系列内容。

观测数据下载功能模块。接受用户服务请求，以指定采样频率和时间间隔，提取服务数据库中的观测数据、星历数据和气象数据，并将其转换为通用交换格式（RINEX）；提供观测数据质量信息，包括观测卫星数、日期及观测起止时间等。用户可按参考站编号、观测时间等信息，对相应参考站数据进行查询下载。

系统管理与监视功能模块。提供网络安全管理、网站配置参数管理、网站风格定制、服务数据库管理、网站功能更新、数据存储状况监视、服务进程状况监视、下载流量监视、更新日志管理等一系列系统管理与监视功能。

用户注册与管理功能模块。提供用户信息注册、注销、审核、登录、分类、收费、查询、权限设置等管理功能；提供访问授权和使用记录管理功能；提供网站动态状况用户邮件订阅功能；提供用户对定位情况的反馈渠道。考虑到测绘数据和网络安全性问题，需要 RTK 用户发送设备的品牌、型号、序列/CA 证书、使用期限等基本信息，进行注册（吴云孙 等，2010）。

（2）功能扩展。扩展功能包括：①坐标系转换功能，主要根据用户提供的点位坐标信息和坐标系统信息，转换为另一种坐标系统下的点位坐标；②高程系统转换计算功能，主要根据用户提供的高程和高程系统信息，转换为另外一种高程系统下的高程值，例如不同框架下的正高与大地高的互换等；③专题地图操作功能，系统具备局部地区地图数据库，可实现 CORS 覆盖区域及定位精度状况等信息，也可用于在线定位服务用户记录汇总与动态显示（李健 等，2007）。

3. GBAS 系统应用介绍

地基增强系统比传统控制测量更快、更省时、更方便，能够极大地提高工作效率与成本，其应用领域无所不在，从测绘、勘探、监测等专业领域到导航、旅游等大众领域，都有广泛应用，如表 8.5 所示。

表 8.5 GBAS 系统应用

应用领域	要求精度	推荐终端类型	备注
测绘/GIS/勘测/国土/城建	毫米级/厘米级	双频/多模	采集高精度地图数据，用于各种基础设施工程建设领域，为智慧城市建设提供基础数据
灾害/建筑物/构筑物监测	毫米级/厘米级	双频/多模	监测目标物运行状态，减少经济损失、人员伤亡
智能交通/车辆监控	分米级/亚米级	双频/单频/多模	为智能交通管理、车道级车辆控制提供基础的位置数据
地震监测	毫米级	双频/多模	大陆架地壳稳定性监测研究
航海勘测与导航	分米级/亚米级/米级	双频/单频/多模	航海船只的精确定位、精确导航
航空导航与控制	厘米级/分米级/亚米级	双频/单频/多模	航空飞行器的导航、进场精密控制等
精准农业	厘米级/分米级/亚米级	双频/单频/多模	农业精细化管理
应急救援/旅游	亚米级/米级	单频/多模	
港口车辆调度/集装箱调度	厘米级/分米级	双频/单频/多模	

§8.2 差分 GNSS 定位技术

GBAS 系统利用地面布设的连续运行的 GNSS 参考站，综合各个参考站的观测信息，建立精确的误差修正模型，通过 GPRS/CDMA 实时发送 RTCM 差分改正数，修正用户的观测值精度，在更大范围内实现移动用户的高精度定位。该系统最为关键的技术是多基站网络 GNSS 差分技术，该技术克服了常规 GNSS 差分技术中误差随着基线长度的增加而增大、可靠性随着基线长度的增加而降低、数据共享和传输难度大、移动用户数量少等缺陷，使用户能够在较大空间范围内实时便捷地获得精度均匀、高可靠性的定位结果，是目前世界上 GNSS 定位技术的一个研究热点。

本节介绍传统的 GNSS 差分定位技术，为后续网络 RTK 技术基本原理和关键算法的介绍打好基础。

8.2.1 差分 GNSS 定位技术简介

差分 GNSS(differential GNSS，DGNSS)定位是通过位置精确已知的参考站接收 GNSS 信号，将测得的位置或距离数据与已知的位置、距离数据进行比较，得出准确改正值，然后将这些改正数据通过数据链发播给覆盖区域内的用户，用户根据接收到的数据进行位置解算，以提高 GNSS 定位精度。差分定位系统 DGNSS 使用差分增强技术作为 GNSS 本身的补充与改进措施，能有效提高系统的服务精度、可用性、连续性和完好性等指标。

差分 GNSS 定位过程中存在着三部分误差：第一部分为每一个用户接收机所公有的，包括卫星钟误差、星历误差、电离层误差、对流层误差等；第二部分为不能由用户测量或由校正模型来计算的传播延迟误差；第三部分为各用户接收机所固有的误差，包括内部噪声、通道延迟、多路径效应等。利用差分技术，第一部分误差完全可以消除，第二部分误差大部分可以消除，其主要取决于基准站接收机和用户接收机的距离。

无论何种差分，其基本工作原理相同，都是由用户接收基准站发送的改正数，并对其测量结果进行改正以获得精密定位的结果。它们的区别在于发送改正数的内容不同，其定位精度不同，具体差分原理也有所不同。

本节讲述的差分 GNSS 定位技术是将一台 GNSS 接收机安置在基准站上进行观测。根据基准站已知精密坐标，计算出基准站到卫星的距离改正数，经由基准站实时地将这一改正数发送出去。用户接收机在进行 GNSS 观测的同时，也接收到基准站的改正数，并对其定位结果进行改正，从而提高定位精度。

8.2.2　差分定位类型

在差分 GNSS 定位中，按照对 GNSS 信号的处理时间不同，可划分为实时差分 GNSS 和后处理差分 GNSS（又称后处理差分）。实时差分 GNSS 就是在接收机接收 GNSS 信号的同时计算出当前接收机所处位置、速度及时间等信息；后处理差分 GNSS 则是把卫星信号记录在一定介质（GNSS 接收机主机、计算机等）上，回到室内进行数据处理，获取用户接收机在每个瞬间所处的位置、速度、时间等信息。

在差分 GNSS 定位中，按照观测值的不同，可划分为伪距差分和载波相位差分。伪距差分是指在 GNSS 基准站上观测所有卫星，根据基准站已知坐标和各卫星的坐标，求出每颗卫星每一时刻到基准站的真实距离，再与测得的伪距比较，得出伪距改正数，将其传输至用户接收机，提高定位精度；载波相位差分是指在使用中将基准站采集的载波相位发给用户接收机，然后进行求差解算坐标。

根据差分改正数的不同，可划分为位置差分（坐标差分）和距离差分。位置差分是指基准站利用数据链将位置改正数发送出去，由用户站接收，并且对其解算的用户站坐标进行改正；距离差分的差分改正数为距离。

按照提供修正数据的基准站的数量不同，又可以分为单基准站差分、多基准站差分。而多基准站差分又包括局部区域差分、广域差分和多基准站 RTK 技术。

8.2.3 主要差分定位方法

1. 单基准站 GNSS 差分

根据基准站所发送的修正数据的类型不同，又可分为位置差分、伪距差分、载波相位差分。

1）位置差分

位置差分的基本原理是：使用基准站 T_0 的位置改正数去修正流动站 T_i 的位置计算值，以求得比较精确的流动站位置坐标。

位置差分的计算方法简单，只需要在解算的坐标中加进改正数即可，这对 GNSS 接收机的要求不高，适用于各种型号的接收机。但是，位置差分要求流动站用户接收机和基准站接收机能同时观测同一组卫星，这些只有在近距离才可以做到，故位置差分只适用于 100 km 以内。

2）伪距差分

伪距差分的基本原理：利用基准站 T_0 的伪距改正数，传送给流动站用户 T_i，去修正流动站的伪距观测量，从而消除或减弱公共误差的影响，以求得比较精确的流动站位置坐标。

伪距差分时，只需要基准站提供所有卫星的伪距改正数，而用户接收机观测任意四颗卫星，就可以完成定位。与位置差分相似，伪距差分能将两测站的公共误差抵消，但是随着用户到基准站距离的增加，系统误差又将增大，这种误差用任何差分法都无法消除，因此伪距差分的基线长度也不宜过长。

3）载波相位差分

位置差分和伪距差分能满足米级定位精度，已经广泛用于导航、水下测量等领域。载波相位差分，又称 RTK 技术，通过对两测站的载波相位观测值进行实时处理，可以实时提供厘米级精度的三维坐标。

载波相位差分的基本原理是：由基准站通过数据链实时地将其载波相位观测量及基准站坐标信息一同发送到用户站，并与用户站的载波相位观测量进行差分处理，适时地给出用户站的精确坐标。

载波相位差份定位的方法又可分为两种：一种为测相伪距修正法，另一种为载波相位求差法。

测相伪距修正法。测相伪距修正法的基本思想：基准站接收机 T_0 与卫星 S^j 之间的测相伪距改正数 $\Delta\rho_0^j$ 在基准站解算出，并通过数据链发送给流动站用户接收机 T_i，利用此伪距改正数 $\Delta\rho_0^j$ 去修正用户接收机 T_i 到观测卫星 S^j 之间的测相伪距 ρ'^j_i，获得比较精确的用户站至卫星的伪距，再利用它计算用户站的位置。

该方法的关键问题是如何快速求解整周模糊度。近年来，许多科研人员致力于这方面的研究和开发工作，并提出了一些有效的解决方法，如 FARA 法、消去法等，使 RTK 技术在精密导航定位中展现了良好的前景。

载波相位求差法。载波相位求差法的基本思想是：基准站 T_0 不再计算测相伪距修正数 $\Delta\rho_0^j$，而是将其观测的载波相位观测值由数据链实时发送给用户站接收机，然后由用户站接收机进行载波相位求差，再解算出用户的位置。

在这种 RTK 定位过程中，要计算用户所在的实时位置，计算流程如下。

(1)用户 GNSS 接收机静态观测若干历元，并接收基准站发送的载波相位观测量，采用静态观测程序，求出整周模糊度，并确认此整周模糊度正确无误。这一过程称为初始化。

(2)将确认的整周模糊度代入双差方程。由于基准站的位置坐标是精确测定的已知值，两颗卫星的位置坐标可由星历参数计算出来，故双差方程中只包含用户在协议地球坐标系中的位置坐标(X_i，Y_i，Z_i)为未知数，此时只需要观测三颗卫星就可以进行求解。

由上分析可见，测相伪距修正法与伪距差分法原理相同，是准 RTK 技术；载波相位求差法，通过对观测方程进行求差来解算用户站的实时位置，才是真正的 RTK 技术。

上述所讨论的单基准站差分 GNSS 系统结构和算法简单，技术上较为成熟，主要适用于小范围的差分定位工作。对于较大范围的区域，则应用局部区域差分技术，对于一国或几个国家范围的广大区域，应用广域差分技术。

2. 多基准站差分

1)局部区域差分

在局部区域中应用差分 GNSS 技术，应该在区域中布设一个差分 GNSS 网，该网由若干个差分 GNSS 基准站组成，通常还包含一个或数个监控站。位于该局部区域中的用户，接收多个基准站所提供的修正信息，采用加权平均法或最小方差法进行平差计算求得自己的修正数，从而对用户的观测结果进行修正，获得更高精度的定位结果。这种差分 GNSS 定位系统称为局域差分 GNSS 系统，简称 LADGNSS。

LADGNSS 系统构成包括多个基准站，每个基准站与用户之间均有无线电数据通信链。用户站与基准站之间的距离一般在 500 km 以内才能获得较好的精度。

2)广域差分

广域差分 GNSS 的基本思想是对 GNSS 观测量的误差源加以区分，并单独对每一种误差源分别加以模型化，然后将计算出的每种误差源的数值，通过数据链传输给用户，以对用户 GNSS 定位的误差加以改正，达到削弱这些误差、改善用户 GNSS 定位精度的目的。GNSS 误差源主要表现在三个方面：星历误差、大气延迟误差、卫星钟差。

广域差分 GNSS 系统就是为削弱这三种误差源而设计的一种工程系统，简称

WADGNSS。该系统的一般构成包括：一个中心站、几个监测站、相应的数据通信网络、覆盖范围内的若干用户。其工作原理是：在已知坐标的若干监测站上跟踪观测 GNSS 卫星的伪距、相位等信息，监测站将这些信息传输到中心站；中心站在区域精密定轨计算的基础上，计算出三项误差改正模型，并将这些误差改正模型通过数据通信链发送给用户站；用户站利用这些误差改正模型信息改正自己观测到的伪距、相位、星历等，从而计算出高精度的 GNSS 定位结果。

WADGNSS 将中心站、基准站与用户站间距离从 100 km 增加到 2000 km，且定位精度无明显下降；对于大区域内的 WADGNSS 网，需要建立的监测站很少，具有较大的经济效益；WADGNSS 系统的定位精度分布均匀，且定位精度较 LADGNSS 高；其覆盖区域可以扩展到远洋、沙漠等 LADGNSS 不易起作用的区域；WADGNSS 使用的硬件设备及通信工具昂贵，软件技术复杂，运行维持费用较 LADGNSS 高得多，且可靠性和安全性可能不如单个的 LADGNSS。

1992 年，国家测绘局在武汉建立了中国第一个 GNSS 连续运行基准站，即现在的 IGS 武汉站（WUHN），用于全球大地参考框架定义及 GNSS 卫星轨道确定。此后，又分别在北京、拉萨、乌鲁木齐、咸阳、西宁、海口和哈尔滨等地建设了 8 个 GNSS 连续运行基准站，主要目的是建立国家大地基准控制网，为我国坐标参考框架建设提供参考数据，并服务于国际 GNSS 地球动力学研究。此外，经过数十年的观测，武汉、拉萨、乌鲁木齐和上海等站作为国际核心站参与了 ITRF 的建设；上海、乌鲁木齐、长春等站还配备了 VLBI、SLR 等多种空间大地测量手段，用于地球科学研究，已成为国际上具有多种观测手段的科学台站（姜卫平，2017）。

3）多基准站 RTK

多基准站 RTK 技术也叫网络 RTK 技术，是对普通 RTK 方法的改进。目前应用于网络 RTK 数据处理的方法有虚拟参考站法、偏导数法、线性内插法、条件平差法，其中虚拟参考站（virtual reference station，VRS）技术最为成熟（余学祥等，2014）。

§8.3 地基增强网络 RTK 技术

RTK 技术是基于载波相位观测量，利用参考站和移动站之间观测误差的相关性，在 1～2 s 的时间里得到厘米级的高精度。但 RTK 误差的空间相关性随参考站和移动站的距离（一般 10～15 km）的增加而逐渐变得越来越差，因此，在较长距离下定位精度显著降低。为了解决常规 RTK 技术存在的缺陷，实现大区域范围内厘米级、精度均匀的实时动态定位，在常规 RTK、计算机技术、通信网络技术的基础上，一种实时动态定位新技术——网络 RTK（network RTK，NRTK）技术逐渐发展起来。

8.3.1　网络 RTK 技术

网络 RTK 技术就是利用各个参考站原始观测信息，以参考站网络体系结构为基础，建立精确的差分信息结算模型，解算出高精度的差分改正信息，然后通过无线网络将差分改正信息发送给用户，进而解算出用户的位置。网络 RTK 技术包括模型化、整周模糊度求解和精度评估等。

目前，网络 RTK 实现方法主要有国外的虚拟参考站技术（virtual reference station，VRS）、区域改正参数技术（flächen korrektur parameter，FKP）、主辅站技术（master-auxiliary corrections，MAC），以及国内自主研发的综合误差内插技术（combined bias interpolation，CBI）、增强参考站技术（augmentation reference station，ARS），其区别主要在于数据通信和误差改正数的生成方式（王坚 等，2017）。

1. 虚拟参考站技术

虚拟参考站技术是由 Herbert Landau 博士提出的虚拟参考站系统理论。其原理是在流动站附近建立一个虚拟的参考站，并根据周围各网络内所有参考站的实际观测值计算出该虚拟参考站上的虚拟观测值。由于虚拟观测站与流动站距离较近，故在生成了虚拟参考站以后，用户采用常规 RTK 技术就可以通过与虚拟参考站进行实时相对定位获得较为精确的定位结果。从用户角度分析，相当于接收一个实际不存在的“虚拟参考站”发出的信号模拟参考站的数据（包括模拟参考站的载波相位观测值以及精确坐标）进行 RTK 定位，因此把上述技术称为虚拟参考站技术（VRS）。

由于 VRS 技术最为成熟，后续部分将重点介绍 VRS 技术的基本原理与关键算法。

2. 区域改正参数技术

区域改正参数技术最早是由德国的 Gerhard Wübbena 提出来的。该方法基于状态空间模型，采用整体的网络解，数据用卡尔曼滤波进行非差处理，并将所有参考站每一个观测瞬间所采集的未经差分处理的同步观测值，实时地传输给数据处理中心并实时处理，产生一个称为 FKP 的空间误差修正参数，然后将这种 FKP 参数通过扩展信息发送给服务区内的流动站进行空间位置解算。系统传输的 FKP 能够比较理想地支持流动站的应用软件，但是流动站必须知道相关的数学模型，才能利用 FKP 参数生成相应的改正数。为获取瞬时解算结果，每个流动站需要借助一个被称为“Adv 盒”的外部装置，内置解译软件来配合流动站接收机实现作业。

由于采用 FKP 算法的用户需要附加解译设备，所以 FKP 解算的保密性非常好。但是，使用比较复杂，对用户流动站要求高，因此普及率较低。同时，该技术存在同 VRS 技术相同的缺陷，电离层、对流层只能通过模型来改正，并且易受外界的影响，不能消除轨道误差，只能借助其他的方法。在 VRS 中要用所有的基准站来计算改正信息，而在 FKP 方法中只需取距离流动站最近的 3 个基准站。

3. 主辅站技术

主辅站技术是由 Leica 公司提出的基于全网整体解算模型的 GNSS 实时动态定位技术。它要求所有参考站将每一个观测瞬间所采集的未经差分处理的同步观测值，实时地传输给中心控制站，通过中心控制站的实时处理，计算得到基准站网范围内的误差改正模型，产生一个称为 FKP(区域改正参数)的误差改正数并播发给流动站。为了降低参考站网络中的数据播发量，使用主辅站技术来播发区域改正参数。主辅站技术是从参考站网以高度压缩的形式，将所有相关的观测数据，如弥散性的和非弥散性的差分改正数，作为网络的改正数据播发给流动站。它选择距离流动站最近的一些有效参考站作为单元进行网解，发送主站差分改正数及辅站与主站改正数的差值给流动站，流动站用户可以对接收到的网络改正数进行加权改正，最后得到精确坐标。主辅站技术本质上是区域改正数的一种优化。主辅站技术原理如图 8.3 所示。

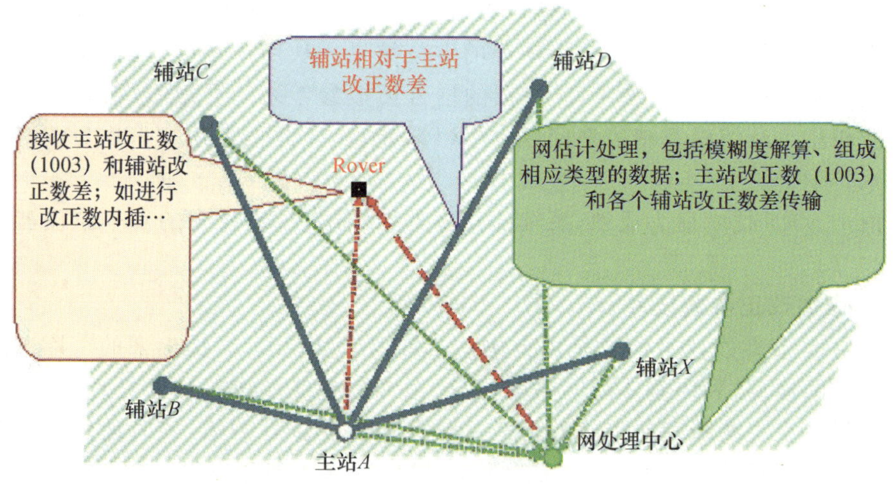

图 8.3　主辅站技术原理

主辅站技术的工作流程如下：

(1)各个参考站通过互联网连续不断地向数据控制中心传输观测数据。

(2)控制中心实时进行基准网的数据处理(如模糊度解算)，择优选定一个主参考站和 n 个辅助参考站，计算主参考站和辅助参考站间的相关误差、辅站相对于主站改正数，然后把主站改正数及辅站与主站改正数的差值发送给流动站。

(3)流动站按相关误差区域模型计算本站与各个参考站的空间相关误差，使用计算的空间相关误差改正流动站的相位观测值并进行精密定位。主辅站技术可以使用单向数据通信和双向数据通信两种方式。Leica 称单向数据通信方式下的主辅站技术为 MAX 技术，双向数据通信方式下的主辅站技术称为 i-MAX 技术。MAX 技术中同一个网络单元发播同一组数据，用户接收机目前只有 Leica 公司生产的新型接收机才能使用。i-MAX 技术与 VRS 技术一样，流动站必须播发自己的概略位置给数据处理中心，数据处理中心根据其位置计算出流动站的改正数，再以标准差分协议格式发播给流动站，流动站可以是支持各种标准差分协议格式的接收机。

主辅站技术支持单向通信，播发占用的带宽较小，在线用户数量可以大大超越占用较大带宽的双向通信技术，使其有效服务能力大大增强。主辅站技术中主站并非是特定的，任何一个辅站都可以被设定并充当主站的角色，主辅站网络改正数都是相对于真正的参考站，因此也是完全可以追踪。主站的全部观测值都被传输，流动站即使无法解读网络信息，也可以利用这些改正数据计算单基线解，这样就保证了外业作业效率。主辅站技术在对电离层残差影响的模型化方面能力有限，它用于修正的模型非常简单(大多数情况下仅采用了线性内插)，全部的计算都落在了流动站处理器上，而且还存在着服务器和流动站所用对流层模型不一致的危险。

4. 综合误差内插技术

综合误差内插技术是武汉大学提出的一种空间区域误差建模技术。该技术是根据双差组合的优点，在基准站计算改正信息时，没必要将电离层延迟、对流层延迟等误差都进行区分并单独计算出来，也没必要将由各基准站所得到的改正信息都发给用户。而是由监控中心统一集中所有基准站观测数据，选择、计算和播发用户的综合误差改正信息。

综合误差内插技术优点是：在消除电离层、对流层的误差时不使用模型，而是由已知误差直接改正，改正效果受外界影响小；根据流动站的位置合理选择基准站；能直接消除或削弱卫星轨道误差与其他误差的影响；在电离层变化较大的时间段和区域内，该技术较有优势。但是，该技术需要用户端有解算设备，目前还处于评估阶段，未大规模推广应用。

5. 增强参考站技术

增强参考站技术是由西南交通大学黄丁发教授在分析当前 VRS 技术和 MAC 技术不足的基础上提出的，该技术特点是融合网络内各参考站的观测数据后用融合数据参与流动站差分定位，实现多基线解。ARS 观测值是每个参考站的改正数的加权平均值，因此，ARS 观测值的变化率很小。与 VRS 不同之处是：ARS 选择了附近的 n 个参考站(一般是 4～6 个)共同构成改正数，而 VRS 只选择了其中最近一个站形成改正数，故 ARS 的定位精度从理论上将比 VRS 高，且如果 n 个参考站中有 s 个同时发生故障，那么仍有 n～s 个可用，不用重新进行初始化，其可靠性比 VRS 好。

根据上述几种网络 RTK 的技术特点，下面从解算精度、稳定性等方面进行综合比较。网络 RTK 技术对比见表 8.6。

表 8.6 网络 RTK 技术对比

内容	VRS	FKP	MAC	CBI	ARS
解算精度	高	高	较高	非常高	高
解算稳定性	高	非常高	较高	高	高
数学模型	双差观测模型，内插模型	整体网非差观测值模型，卡尔曼滤波	双差观测模型，各模型兼容	双差观测模型，卡尔曼滤波	双差观测模型，内插模型
参与解算的参考站	需要选择一个主参考站，网络内全部基准站都参与定位解算	不选择主参考站，取距离流动站最近的三个基准站	需要选择一个主站，但并不要求一定取距离用户最近的基站作为主站	根据流动站和基准站的相对位置灵活选择参考站	不选择主参考站
误差建模	在控制中心	在用户端	在用户端	在控制中心	在控制中心
通信方式	双向通信	单向通信	单、双向通信	双向通信	单向通信

8.3.2 VRS 基本原理和关键算法

1. VRS 基本原理

VRS 网络 RTK 定位与常规 RTK 的本质区别是，各个参考站并不直接向流动站用户发送差分改正信息，而是将各自的原始观测数据通过通信链路直接发送给数据控制中心处理，实时估计出相关性强的差分改正信息，再以虚拟观测值的形式播发给流动站用户，实现 RTK 定位。其具体工作原理如下。

基于 VRS 的 GNSS/RTK，各固定参考站并不直接向移动用户发送任何改正信息，而是将所有的原始数据经通信链路发送给数据处理中心。移动站开机启动后，先向控制中心发送一个概略坐标的 NAME 语句，控制中心收到位置信息后，根据用户位置自动选择一组最佳的固定参考站，利用它们的观测数据在用户位置附近模拟出一个虚拟站，整体地改正 GNSS 的轨道误差以及电离层、对流层和大气折射引起的误差，在此基础上模拟出高精度的虚拟观测信息并发给移动站。虚拟参考站与移动站构成了短基线，从而确保 VRS/RTK 高精度、可靠地实现。VRS 系统的关键是整体改正系统各项误差，从而模拟建立虚拟参考站，计算出高精度的伪距和载波相位观测值。其具体实现过程如下（以 GPS 系统为例）。

（1）如图 8.4 所示，各个参考站连续采集观测数据，通过通信链路实时传输到数据处理控制中心。

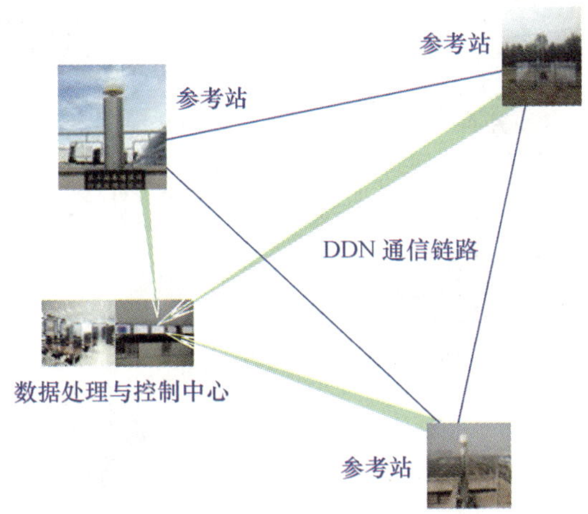

图 8.4　站间数据通信

(2)数据中心实时处理所有参考站的观测数据,估计出参考站间对流层误差、电离层误差、轨道误差等。

(3)如图 8.5 所示,流动站将单点定位确定的用户概略坐标(NMEA-0183 格式),通过无线通信网络传送给数据处理中心。

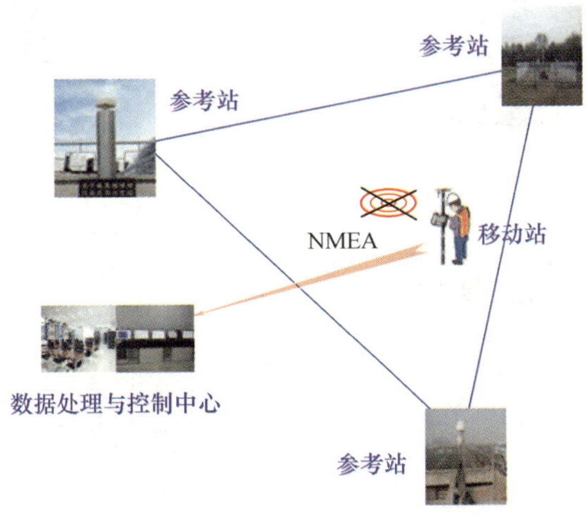

图 8.5　概略坐标上传

(4)如图 8.6 所示,数据中心将概略坐标作为虚拟参考站的位置,由用户、虚拟参考站和 GPS 卫星的空间几何关系,通过内插得到虚拟参考站各误差改正数,并由此改正数和主参考站的观测数据生成虚拟观测值,以 RTCM 格式播发给流动站用户。

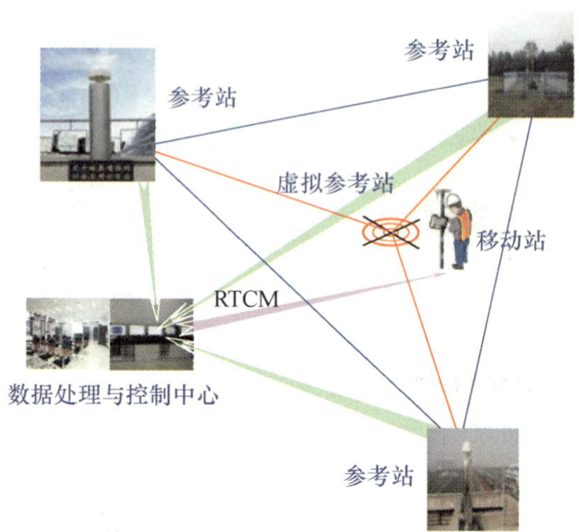

图 8.6 虚拟观测值生成及发送

(5)如图 8.7 所示,流动站用户接收到虚拟观测值后,其与虚拟参考站之间构成短基线(通常只有几十米,甚至更短),通过差分解算,很快即可实现 RTK 定位。

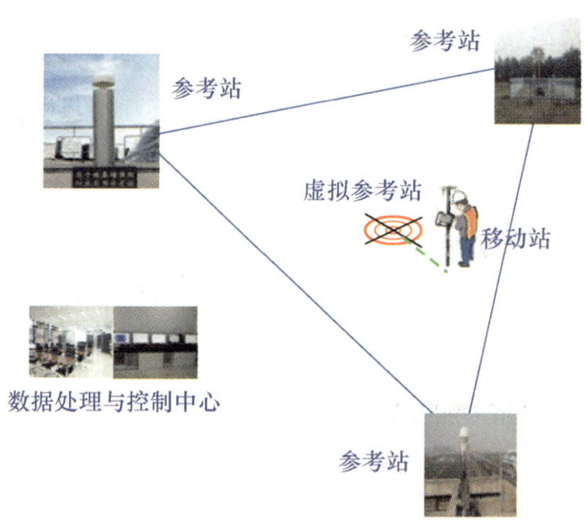

图 8.7 超短基线解算及定位

2. 误差来源及其改正

以 GPS 系统为例,简要说明 VRS 系统下的主要误差来源及其改正方法。

GPS 定位误差包括卫星轨道误差和钟误差、接收机钟差、对流层延迟、电离层延迟、地球自转效应、相对论效应、接收机天线相位中心变化、多路径效应和噪声等。但是在双差模式下,卫星轨道误差和钟误差、接收机钟差等可以直接消除,对流层延迟、电离层延迟在基线较短的情况下也能基本消除，另外其余误差影响相对较弱或用其他手段予以改善，因此上述误差在传统的短基线解算中是无须考虑的。但是 VRS 系统中基准站间基线长在 50～100 km，对流层延迟、电离层延迟即使双差后残余仍然非常大，因此这两项误差需要特别重视。另外 VRS 还有系统自身的误差，如基准站数据传输的硬件延迟、基准站已知坐标的误差等。为了保证系统在后面数据处理的结果能达到理想的精度，对于这些相关误差在预处理中都要予以考虑和修正。

3. VRS 关键算法

1）双差模糊度固定

参考站间双差模糊度的解算方法可以分两步进行：首先利用宽巷模糊度 N_w 的长波长特性，可以快速地固定出双差宽巷整周模糊度 $\Delta\nabla N_w$；然后采用无电离层组合，利用 L1 载波整周模糊度 N_1、L2 载波整周模糊度 N_2 与 N_w 之间的关系求出 L1、L2 的双差模糊度 $\Delta\nabla N_1$、$\Delta\nabla N_2$。

（1）宽巷模糊度的固定。宽巷模糊度的解算方法有双频 P 码伪距法和双频线性组合法两种。

（a）双频 P 码伪距法。双频 P 码伪距法，是由载波相位观测量与伪距观测量组合而成的，其消除了电离层、对流层误差的影响，唯一影响精度的仅为伪距观测量的精度。则双差宽巷模糊度为：

$$\Delta\nabla N_w = \Delta\nabla\varphi_1 - \Delta\nabla\varphi_2 - \frac{1}{\lambda_w}\frac{f_1\Delta\nabla\tilde{\rho}_1 + f_2\Delta\nabla\tilde{\rho}_2}{(f_1+f_2)} + \zeta_w \tag{8.1}$$

式中，$\Delta\nabla\varphi_1$、$\Delta\nabla\varphi_2$ 分别为 L1、L2 载波相位观测量双差值，$\Delta\nabla\tilde{\rho}_1$、$\Delta\nabla\tilde{\rho}_2$ 分别为 L1、L2 波段 P 码伪距双差值，$\lambda_w = 86$ cm 为宽巷组合的波长，f_1、f_2 分别为 $L1$、$L2$ 载波相位的频率，ζ_w 为组合噪声。

（b）双频线性组合法。如果没有高精度的伪距观测量，由 $N_w = N_1 - N_2$，则可以通过双频线性组合得到宽巷模糊度，其双差宽巷模糊度为：

$$\Delta\nabla N_w = \Delta\nabla\varphi_1 - \Delta\nabla\varphi_2 - \frac{1}{\lambda_w}\left(\Delta\nabla\rho - \Delta\nabla\delta\rho_{\text{trop}} - \frac{f_1}{f_2}\Delta\nabla\delta\rho_{\text{ion}}\right) \tag{8.2}$$

式中，ρ 为卫地距，其双差值可以由参考站的精确坐标和卫星坐标计算得到；轨道误差、多路径效应和系统误差的影响忽略不计；$\delta\rho_{\text{trop}}$、$\delta\rho_{\text{ion}}$ 分别为对流层、电离层误差的影响，是该式的主要误差部分，可以由预报的大气延迟传播误差计算得到。

求出双差宽巷模糊度浮点解后，为了得到其整数解，可以采用如下方法进行固定。在置信度为 $1-\alpha$ 时得到宽巷模糊度浮点解的置信区间为：

$$\Delta\nabla\overline{N}_w - \frac{1}{\sqrt{n}}\times z_{\alpha/2} < \Delta\nabla N_w < \Delta\nabla\overline{N}_w + \frac{1}{\sqrt{n}}\times z_{\alpha/2} \tag{8.3}$$

式中，$\Delta\nabla\bar{N}_w$ 表示双差宽巷模糊度的整数解，$\Delta\nabla N_w$ 表示双差宽巷模糊度的浮点解，n 表示所有历元个数。置信度为 95%时，$z_{\alpha/2}=1.96$。

对于由三个参考站组成的三角形单元，其三条基线的整周宽巷模糊度还必须满足：

$$\Delta\nabla N_{w1}+\Delta\nabla N_{w2}+\Delta\nabla N_{w3}=0 \tag{8.4}$$

由于宽巷组合的长波长特性，宽巷模糊度一般直接取整即可满足要求。

(2) L1、L2 整周模糊度的固定。首先，可以采用 L1、L2 的无电离层组合求出 $\Delta\nabla N_1$：

$$\begin{aligned}\Delta\nabla N_1=\frac{1}{\lambda_n}\Big[\lambda_w\Big(\frac{f_1}{f_1+f_2}\Delta\nabla\varphi_1-\frac{f_2}{f_1+f_2}\Delta\nabla\varphi_2\Big)-\\ \Delta\nabla\rho-\Delta\nabla O-\Delta\nabla\delta\rho_{\text{trop}}-\Delta\nabla M\Big]-\frac{f_2}{f_1-f_2}\Delta\nabla N_w\end{aligned} \tag{8.5}$$

由式(8.5)可见，采用无电离层组合可以有效地消除电离层的影响。其中轨道误差 O、多路径效应 M 可以忽略不计。因此影响 $\Delta\nabla N_1$ 精度主要为对流层延迟。对流层折射分为干分量和湿分量：

$$\delta\rho_{\text{trop}}=\delta\rho_d M_d(\theta)+\delta\rho_w M_w(\theta) \tag{8.6}$$

式中，$\delta\rho_d$、$\delta\rho_w$ 分别为天顶方向的干分量和湿分量；$M_d(\theta)$、$M_w(\theta)$ 分别为干分量和湿分量的映射函数；θ 为卫星的高度角，单位为角度。采用 Hopfield 模型进行计算，则干、湿分量的映射函数分别为：

$$M_d(\theta)=\frac{1}{\sin(\theta^2+6.25)^{1/2}} \tag{8.7}$$

$$M_w(\theta)=\frac{1}{\sin(\theta^2+2.25)^{1/2}} \tag{8.8}$$

天顶方向的干分量虽然可以根据气象参数求出，但比较复杂，而湿分量很难求出。可以把天顶方向的干分量、湿分量当作未知参数在平差中一并求出。

由式(8.5)求出 $\Delta\nabla N_1$ 的浮点解后，采用 LAMBDA 算法固定出其整数。则可求得：

$$\Delta\nabla N_2=\Delta\nabla N_w-\Delta\nabla N_1 \tag{8.9}$$

同理，对于三角形单元解出的三条基线的 $\Delta\nabla N_1$、$\Delta\nabla N_2$ 也满足如下关系：

$$\sum_{i=1}^{3}\Delta\nabla N_{1,i}=0,\quad \sum_{i=1}^{3}\Delta\nabla N_{2,i}=0 \tag{8.10}$$

2）大气误差估计模型

(1)双差电离层误差。电离层延迟误差作为 RTK 用户定位的最大误差源，且变化也最为复杂(电离层在高纬度地区低频变化明显，低纬度地区高频变化明显)，因此是最难于精确建模的。电离层延迟在正常的电离层条件下，其影响通过线性内插可以得到很好消除，甚至在电离层活动剧烈或发生闪烁的情况下，绝大部分电离层影响都可以通过区域线性内插模型而得到消除，这将在很大程度上能使移动用户获得实时高精度定位服务。然而，在某些情况下，一些电离层高阶项残差仍然会残留在虚拟参考站 VRS 和流动用户构成的短基线中，并会对该基线上的模糊度求解和坐标估计造成影响，甚至出现流动端无法初始化的情况。

由于电离层延迟的色散性，使用双频载波相位形成几何无关组合，可以计算电离层延迟。当模糊度得到固定且多路径效应被充分削弱后，可以较精确地计算传播路径上的双差电离层延迟，从而可对双差电离层延迟的时空变化规律（如与基线长、卫星高度角、地方时以及参考站地理位置之间的相关关系）进行定量的分析。

电离层误差与载波相位的频率有关系，三角形单元中各参考站之间的 $L1$ 双差电离层误差为（周东卫，2007）：

$$\Delta\nabla\delta\rho_{\text{ion},1}=\left(\frac{f_2^2}{f_1^2-f_2^2}\right)\left[(\lambda_1\Delta\nabla\varphi_1-\lambda_2\Delta\nabla\varphi_2)-(\lambda_1\Delta\nabla N_1-\lambda_2\Delta\nabla N_2)\right] \tag{8.11}$$

$L2$ 双差电离层误差为：

$$\Delta\nabla\delta\rho_{\text{ion},2}=\left(\frac{f_1^2}{f_1^2-f_2^2}\right)\left[(\lambda_1\Delta\nabla\varphi_1-\lambda_2\Delta\nabla\varphi_2)-(\lambda_1\Delta\nabla N_1-\lambda_2\Delta\nabla N_2)\right] \tag{8.12}$$

（2）双差对流层误差。对流层延迟与当地的天气变化情况和大气湿度有关。对流层延迟的变化主要体现在湿延迟部分，湿延迟主要由水蒸气的变化引起，且由于水蒸气在大气中分布极不均匀，而且变化很快，因此很难实时建立精确的模型。另外，对流层延迟也是空间相关误差。双差对流层延迟随着基线长度和高差的不同，表现出很强的空间特性。高程偏差对网络 RTK 对流层改正精度有显著影响。Landau 对德国 SAPOS 网的研究表明，当流动站与主参考站间高程差异达到 900 m时，由高程偏差引起的对流层改正数系统误差可达 6.8 cm，且当卫星高度角较低时，这种影响更为显著。特别是当天气变化剧烈且湿度较大时，一些双差对流层残差仍然会残留在虚拟参考站 VRS 和流动用户构成的短基线中，并会对该基线上的模糊度求解和坐标估计造成影响。

与电离层延迟不同，对流层属于非色散性误差。使用双频载波相位形成电离层无关线性组合可用来计算对流层延迟。当模糊度得到固定，且轨道误差和多路径效应被充分削弱后，可以较精确地计算传播路径上的双差对流层延迟，从而可定量分析双差对流层延迟与基线长、高差以及与卫星高度角的关系。L1、L2 的双差对流层延迟都为（李成钢，2007）：

$$\Delta\nabla\delta\rho_{\text{trop}}=\left(\frac{f_1^2}{f_1^2-f_2^2}\right)\left[\lambda_1(\Delta\nabla\varphi_1-\Delta\nabla N_1)\right]-\left(\frac{f_2^2}{f_1^2-f_2^2}\right)\left[\lambda_2(\Delta\nabla\varphi_2-\Delta\nabla N_2)\right]-\Delta\nabla\rho \tag{8.13}$$

式中，$\Delta\nabla\rho$ 是参考站间、卫星间卫地距的差值。

3)虚拟观测值生成算法

(1)虚拟参考站大气误差估计模型。如何估计虚拟参考站的大气误差改正数，降低与距离相关的对流层误差、电离层误差，是网络 RTK 的关键问题。有关学者提出了线性组合模型(linear combination model,LCM)、距离线性内插模型(distance-based linear interpolation model,DLIM)、低阶曲面模型(lower-order surface model,LSM)、最小二乘配置(least squares collocation,LSC)内插方法、基于映射函数估计模型(mapping function estimation method,MFEM)等多种模型，以计算虚拟参考站大气误差最优偏差估计(余学祥 等,2014)。

(a)线性组合模型。单差观测值的线性组合是对空间相关的各种误差进行组合，是基于用户与参考站间、参考站与参考站间的单差观测方程，其模型参数满足如下条件：

$$\left.\begin{array}{l}\sum_{i=1}^{n}\alpha_i=1\\\sum_{i=1}^{n}\alpha_i(X_U-X_i)=0\\\sum_{i=1}^{n}\alpha_i^2=\min\end{array}\right\}\tag{8.14}$$

式中，α 为组合相关系数，X_U、X_i分别为用户和第 i 个参考站的平面坐标，n 为组合参考站的数量。

其最小二乘的形式为：

$$\boldsymbol{A\alpha}=\boldsymbol{L}\tag{8.15}$$

式中，$\boldsymbol{A}=\begin{bmatrix}1&1&\cdots&1&1\\\Delta x_{r1,r0}&\Delta x_{r2,r0}&\cdots&\Delta x_{r(n-1),r0}&0\\\Delta y_{r1,r0}&\Delta y_{r2,r0}&\cdots&\Delta y_{r(n-1),r0}&0\end{bmatrix}$，$\boldsymbol{\alpha}=\begin{bmatrix}\alpha_1\\\alpha_2\\\vdots\\\alpha_n\end{bmatrix}$，$\boldsymbol{L}=\begin{bmatrix}1\\\Delta x_{u,r0}\\\Delta y_{u,r0}\end{bmatrix}$，$r_0$ 表示主参考站的编号，r_1、r_2、…、$r_{(n-1)}$表示非主参考站的编号，x、y 为平面坐标。则组合相关系数为：

$$\boldsymbol{\alpha}=(\boldsymbol{A}^{\mathrm{T}}\boldsymbol{A})^{-1}\boldsymbol{A}^{\mathrm{T}}\boldsymbol{L}\tag{8.16}$$

式中，α_1、α_2、…、α_{n-1}可以作为相关系数内插出与距离相关的误差，而α_n为与主站相关的系数。如果电离层误差与参考站距离不是线性相关的，采用该模型将会降低内插电离层的精度。同时，如果用户在所有参与内插的参考站覆盖的范围内，相关系数将小于 1，多路径误差和观测噪声将减小，否则将会被放大。

(b)距离线性内插模型。该模型用于电离层误差估计，另外，其也可以用于估计距离相关的对流层误差、轨道误差，其基本方程为：

$$\left.\begin{aligned}\nabla\Delta\delta\rho_{e,u} &= \sum_{i=1}^{n-1}\frac{w_i}{w}\nabla\Delta\delta\rho_{e,i}\\ w_i &= \frac{1}{d_i},\quad i=1、2、\cdots、n-1\\ w &= \sum_{i=1}^{n-1}w_i\end{aligned}\right\}\tag{8.17}$$

式中，$\nabla\Delta\delta\rho_{e,u}$、$\nabla\Delta\delta\rho_{e,i}$分别为用户与主参考站、非主参考站与主参考站之间的与距离相关的双差误差，n 为参考站的数量，d_i 为用户与非主参考站之间的空间距离。式(8.17)的内插系数实际为：

$$\boldsymbol{\alpha}=\begin{bmatrix}\frac{w_1}{w} & \frac{w_2}{w} & \cdots & \frac{w_{n-1}}{w}\end{bmatrix}\tag{8.18}$$

(c)线性内插模型。该模型首先应用于区域用户双差电离层估计，后来经过发展，也可以用于与距离相关的对流层误差、轨道误差的估计。其基本方程为：

$$\begin{bmatrix}\Delta x_{r1,r0} & \Delta y_{r1,r0}\\ \Delta x_{r2,r0} & \Delta y_{r2,r0}\\ \vdots & \vdots\\ \Delta x_{r(n-1),r0} & \Delta y_{r(n-1),r0}\end{bmatrix}\begin{bmatrix}a\\ b\end{bmatrix}=\begin{bmatrix}\nabla\Delta\delta\rho_{e,1}\\ \nabla\Delta\delta\rho_{e,2}\\ \vdots\\ \nabla\Delta\delta\rho_{e,(n-1)}\end{bmatrix}\tag{8.19}$$

则内插得到的用户与距离相关误差为：

$$\nabla\Delta\delta\rho_{e,u}=a\Delta x_{u,r_0}+b\Delta y_{u,y_0}\tag{8.20}$$

(d)低阶曲面模型。与距离相关的误差被认为是与空间距离多阶相关的，采用低阶曲面模型就可以拟合出距离相关的误差，其拟合函数的变量可以是两个或多个，拟合阶数可以是一阶、二阶或多阶的，其拟合函数分别为：

$$\nabla\Delta\delta\rho_e=a\Delta X+b\Delta Y+c\tag{8.21}$$

$$\nabla\Delta\delta\rho_e=a\Delta X+b\Delta Y+c\Delta X^2+d\Delta Y^2+e\Delta X\Delta Y+f\tag{8.22}$$

$$\nabla\Delta\delta\rho_{e,\mathrm{trop}}=a\Delta X+b\Delta Y+c\Delta H+d\tag{8.23}$$

$$\nabla\Delta\delta\rho_{e,\mathrm{trop}}=a\Delta X+b\Delta Y+c\Delta H+d\Delta H^2+e\tag{8.24}$$

式(8.21)至式(8.24)中，$\nabla\Delta\delta\rho_e$为双差电离层误差，$\nabla\Delta\rho_{e,\mathrm{trop}}$为双差对流层误差，$a$、$b$、$c$、$d$、$e$、$f$ 为相关系数，ΔX、ΔY、ΔZ 为站间平面坐标差和高程差。式(8.21)和式(8.22)适于双差电离层误差的拟合，而式(8.23)和式(8.24)可以作为与高程相关的双差对流层误差拟合函数。由各参考站间的距离相关误差，采用最小二乘原理可以解算出拟合函数的系数，进而估计出与空间距离相关的误差。

(e)最小二乘配置法内插方法。该方法内插精度主要取决于协方差矩阵，但实际应用中，很难准确求出协方差矩阵。

(f)基于映射函数估计模型。根据对流层、电离层的特点，以卫星高度角、参考站高程、距离为变量，以大气映射函数为基本模型，提出了一种能够准确估计出区域性的高程差异大的双差对流层误差、双差电离层误差的估计函数模型。

鉴于卫星高度角和测站高程是影响对流层误差估计的显著因子，双层对流层误差估计模型以高度角、测站高差为变量，以主参考站对流层天顶延迟、所有非主参考站高程的平均高程处的对流层天顶方向延迟以及其随高程差异变化的变化率为系数，基本模型：

$$\left.\begin{aligned}&\nabla\Delta\delta\rho_{e,\mathrm{trop}}=K_{r0}(MF(E_{r0}^{j})-MF(E_{r0}^{r}))+K_{r,H_{\mathrm{mean}}}(MF(E_{ri}^{j})-MF(E_{ri}^{r}))+\\&\qquad\Delta K(H_{ri}-H_{\mathrm{mean}})(MF(E_{ri}^{j})-MF(E_{ri}^{r}))\\&H_{\mathrm{mean}}=\frac{1}{n-1}\sum_{i=1}^{n-1}H_{ri}\\&MF(E)=1/\sin((E^{2}+6.25)^{1/2})\end{aligned}\right\}\tag{8.25}$$

式中，K_{r0} 为主参考站的对流层天顶延迟，$K_{r,H_{\mathrm{mean}}}$ 为所有非主参考站高程的平均高程处的天顶方向对流层延迟，ΔK 为天顶对流层延迟随高程变化的变化率；$MF(\cdot)$ 为投影函数，E_{r0}^{j}、E_{r0}^{r} 为主站的非参考卫星和参考卫星的高度角，E_{ri}^{j}、E_{ri}^{r} 为非主参考站的非参考卫星和参考卫星的高度角(°)，H_{ri} 为参考站 r_i 的高程，H_{mean} 为非主参考站的平均高程(m)。

电离层的基本改正项为：

$$\delta\rho_{\mathrm{ion}}=-c\,\frac{40.3}{f^{2}}TEC\tag{8.26}$$

TEC(total electron content)表示沿电磁波传播路径的电子总量，设天顶方向上的电子总量为 TEC_{v}，则倾角为 E 方向的电子总量为 TEC_{m}：

$$TEC_{m}=TEC_{\mathrm{v}}MF(E)\tag{8.27}$$

$MF(E)$ 为投影函数，经典的投影函数有 Klobuchar 模型：

$$MF(E)=1+2\left(\frac{96^{\circ}-E}{90^{\circ}}\right)^{3}\tag{8.28}$$

则用户与主参考站间的双差电离层误差的估计函数以卫星高度角为变量，同时考虑到不同观测站处的天顶方向的电子总量存在差异，则各非主参考站与主参考站间的距离和用户间与主参考站间的距离之差也作为一个变量，相应地模型的系数分别为主参考站、用户站的天顶方向的电子总量和电子总量随距离变化的改正数，其基本模型：

$$\begin{aligned}\nabla\Delta\delta\rho_{e,\mathrm{ion}}=-c\,\frac{40.3}{f^{2}}\{&TEC_{r0}[MF(E_{r0}^{j})-MF(E_{r0}^{r})]+\\&TEC_{u}[MF(E_{ri}^{j})-MF(E_{ri}^{r})]+\\&\Delta TEC(d_{ri,r0}-d_{u,r0})[MF(E_{ri}^{j})-MF(E_{ri}^{r})]\}\end{aligned}\tag{8.29}$$

式中，TEC_{r0} 为主参考站天顶方向的电子总量，TEC_{u} 为用户站天顶方向的电子总量，ΔTEC 为电子总量随距离变化的改正数，$d_{ri,r0}$、$d_{u,r0}$ 各参考站、用户与主参考站之间的距离(m)。

(2)虚拟观测值构造方法。内插出虚拟站与主站之间的双差综合误差后,利用卫星、主参考站、虚拟参考站之间的空间关系,可以构造出虚拟参考站的虚拟观测值。

由图 8.8 可知,卫星 S、主参考站 CR1、虚拟参考站 VR 之间的距离向量满足如下关系:

$$\bar{\rho}_V^S - \bar{\rho}_C^S - \bar{\rho}_{CV} = 0 \tag{8.30}$$

由式(8.30)可得虚拟参考站虚拟的载波相位观测值和伪距观测值。

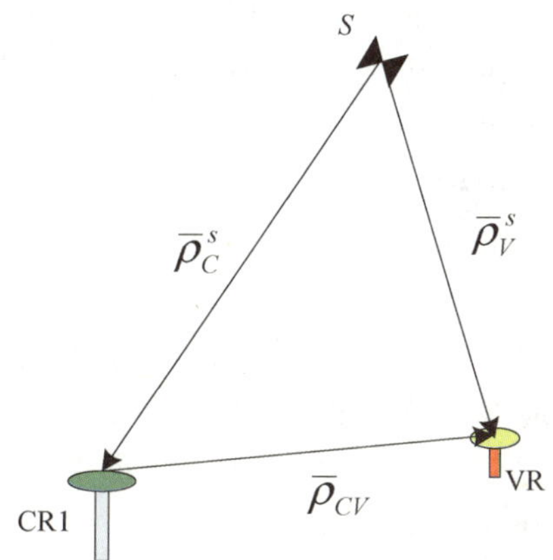

图 8.8　卫星、主参考站、虚拟参考站之间的空间矢量关系

非参考卫星虚拟载波相位观测值:

$$\varphi_V^i = \varphi_1^i + \frac{1}{\lambda}(\Delta\rho_{1V}^i + U_{1V}) \tag{8.31}$$

参考卫星虚拟载波相位观测值:

$$\varphi_V^r = \varphi_1^r + \frac{1}{\lambda}\Delta\rho_{1V}^r \tag{8.32}$$

虚拟伪距观测值:

$$\rho_V = \rho_1 + \Delta\rho_{1V} + U_{1V} \tag{8.33}$$

式中,i、r 分别为非参考卫星、参考卫星的编号,$\Delta\rho_{1V}$ 表示主站卫地距、虚拟站卫地距之间的差值。

8.3.3　网络 RTD

1. RTD 基本特点

网络 RTD(real time DGPS),即实时差分 GPS,是 CORS 系统提供的除网络 RTK 外的另一项主要功能。网络 RTD 与网络 RTK 有较大区别,主要体现在以下几个方面(黄俊华 等,2009):①定位精度为亚米级精度;②流动站设备小，不需要双频 GPS 接收天线，一般采用手持 GPS 接收机可以实现，但是网络 RTK 设备也有 RTD 功能；③定位速度快，基本不需要等待，可以进行连续动态测量。

由此可见，网络 RTD 与网络 RTK 作用和侧重点不同，RTD 一般情况下不用于精密测量工作，主要用于地理信息调查、更新工作以及与地理方位相关但是精度要求不高的工作，如环境调查、海岸线与海洋测量、地质勘察等。

采用 RTD 的工作手簿最大的优点是可以实现内外业一体化。

2. RTD 定位原理

目前采用的 RTD 解算一般情况下都是指实时伪距相位差分。实时伪距相位差分根据解算参考站数量和覆盖地区大小可以分为单站 RTD、多站局部区域 RTD 和广域 RTD。我国尚未建成全国性的 CORS 系统，因此目前国内 CORS 系统提供的 RTD 服务都是前两种。

系统一般可以根据 RTD 流动站与参考站距离及网络组网情况选择解算方式。下面分别介绍单站和多站的 RTD。

(1)单站差分 RTD。单站差分数学模型比较简单，即用户的伪距观测值加上距离改正数，然后按照普通方法进行单点定位即可。

已知参考站坐标(X_0, Y_0, Z_0)和测出的各卫星的地心坐标(X^j, Y^j, Z^j)，然后求出每颗卫星准确时刻到基站的距离：

$$R^j = [(X_0 - X^j)^2 + (Y_0 - Y^j)^2 + (Z_0 - Z^j)^2]^{1/2} \tag{8.34}$$

其伪距为 $\Delta\rho_0^j$，则伪距改正数为：

$$\Delta\rho^j = R^j - \Delta\rho_0^j \tag{8.35}$$

其变化率为：

$$\mathrm{d}\rho^j = \Delta\rho^j / \Delta t \tag{8.36}$$

基准站将 $\Delta\rho^j$ 和 $\mathrm{d}\rho^j$ 发送给用户，用户在测出的伪距 ρ^j 上加改正，求出经改正后的伪距：

$$\rho_p^j(t) = \rho^j(t) + \Delta\rho^j(t) + \mathrm{d}\rho^j(t - t_0) \tag{8.37}$$

并按式(8.38)解算坐标：

$$\rho_p^j = [(X^j - X_p)^2 + (Y^j - Y_p)^2 + (Z^j - Z_p)^2]^{1/2} + C \cdot \delta t + V_1 \tag{8.38}$$

式中，δt 为钟差，V_1 为接收机噪声。

单站伪距差分的优点是：基站提供所有卫星改正数，而用户接收机观测任意 4 颗卫星就可以完成定位。

单站伪距差分的缺点是：差分精度随基准站到用户的距离增大而降低。

(2)多站区域 RTD 系统。由于单站伪距差分精度随基准站到用户距离增大而降低，因此 CORS 出现后，出现了具有多个基准站联合改正的区域 RTD 服务。在该范围内，用户可以根据多个基准站所提供的改正信息经平差计算后求出自己的实时改正数。

多基站 RTD 的数学模型算法主要有加权平均法、偏导数法和最小方差法，由于数学模型比较复杂，这里不再进行讨论。

多站 RTD 技术有多个参考站而且顾及了位置对差分信息改正数的影响，因此系统可靠性和定位精度都有了很大的提高。当一个基准站出现故障时，整个系统仍能维持运行。同时用户通过对来自不同基准站的改正信息进行相互比较，通常可以识别并剔除误码等参考站错误信息。

目前，全国最大的 RTD 系统是中国海监局建立的 RBN-DGPS 海事差分系统。该系统由分布在中国沿海的 20 个永久性差分站组成，基本覆盖沿海地区。但是该系统是以广播的方式播发差分信息，且只能以单站的方式为用户提供解算后的伪距差分信息。

3. RTD 流动站

RTD 流动站一般采用带通信功能的 GPS 手簿或可以接收电台广播的 DGPS 接收机。前者可以接收多基站差分信息实现区域多基站 RTD，而后者一般只能接收单站广播信息。

RTD 流动站除定位功能外，一般都还有信息记录功能或与其他设备连接进行数据传输记录等功能。

8.3.4　现有网络 RTK 技术应用难点

1. 难以满足大规模的并发用户需求

在当前典型的网络 RTK 技术服务模式下，网络 RTK 服务系统中要求数据处理中心严格实时、同步(同步在 2 s 内)地接收到各基准站的 GNSS 观测数据，并且为每个接入服务系统的流动站用户生成差分改正信息及高频率(通常要求 1 Hz)地播发出去。这将使基准站与数据处理中心间、用户与数据处理中心间存在较大的实时数据通信负担，限制了整个区域地基增强系统可同时服务的用户数量，制约了 GNSS 技术在该领域进一步地推广和应用。

目前典型的网络 RTK 服务系统中，存在主要的两个不足之处：一是定位灵活性和观测值利用率两方面不及基于绝对定位技术的 PPP；二是流动站与数据处理中心(控制中心)间的通信负担过大(张宝成 等，2015)。首先，以 VRS 定位模式为例(其他模式类似)，采用相对定位技术，需形成双差观测值，这就要求 VRS(虚拟参考站)与流动站所观测的卫星共视及时间同步，对 VRS 站的观测值要求太高，从而导致差分信息利用率不高。其次，受卫星钟差等分量短期变化影响，虚拟参考站观测值可预报性不强，需采用较高的更新频率加以播发。再者，针对虚拟参考站技术而言，流动站还需要向参考网播发其近似的位置信息，流动站需支持双向通信模式。

也正是因为这两个方面的不足，目前厘米级精度网络 RTK 用户均局限于国土测绘、规划等专业测量用户，其并发数最大仅数百。然而，随着通信技术、卫星导航定位终端的普及，大数据时代的泛在测绘和位置服务面临着巨大应用服务潜力，其并发用户数将数万计甚至亿计，基于网络 RTK 技术的并行处理模式将变得不现实。

2. 难以满足大规模基准站网的实时处理和坐标基准统一

在当前典型的网络 RTK 技术服务模式下，为了解算 CORS 站间双差模糊度，网络 RTK 服务系统中一般要求数据处理中心严格实时、同步(同步在 2 s 内)地接收到区域内各基准站的 GNSS 观测数据流，且整个区域 CORS 站网的双差模糊度需设定为一致的模糊度基准，才能使映射得到各基准站与可视卫星间非差模糊度仍保留原有双差模糊度约束关系。因此，按照双差模式统一构建的区域地基增强信息，难以满足大规模、大范围实时的应用需要。

此外，双差模式下建模的地基增强信息的有效性难以判定，如果不对其有效性加以区分，将会直接影响用户的模糊度固定效率或引起模糊度固定错误，进而致使定位初始化时间过长或定位成果偏差大。这样按双差模式建模，每个基准站建模后需将有效测区范围的地基增强信息播发给用户，这将显然增加整个系统的运行负担。

3. 难以满足动态用户跨区域增强网时定位服务的无缝衔接

现有网络 RTK 技术进行应用服务时，通常控制中心端需选择一颗高高度角卫星作为基准卫星，然后将各卫星与基准卫星间的卫星对的双差观测值残差建模；用户则需同步观测同样的基准卫星。因此，用户在按照传统网络 RTK 方法进行精密定位时，存在基准卫星选取及其换星时误差改正信息的转换问题。不同区域(尤其是区域较大时)基准站网建模时选择的基准卫星通常不同，因此，用户跨越不同区域地基增强网作业时，定位过程中将必然存在模糊度的重新初始化问题。

§8.4 精密单点定位技术

在非差定位的研究基础上，提出了精密单点定位的方法。精密单点定位(PPP)是由单台 GNSS 接收机在任意位置所接收并记录的双频相位信息，利用已计算的精密轨道和精密钟差产品，并对影响其定位精度的各种误差进行模型改正或估计，进行单点定位解算，得到 GNSS 接收机处的精确绝对位置。其研究结果表明，采用连续 24 h 观测数据，利用后处理单点定位的模式，水平、高程方向可分别达到±1 cm、±2 cm 的定位精度。

因为非差精密单点定位具备以下优点：可单个接收机作业、作业区域不受限制以及可直接得到高精度的 ITRF 框架坐标。一直是卫星定位的研究热点之一，且被广泛应用于全球性科考、高精度坐标框架维持与导航等领域。

8.4.1　精密单点定位数学模型

在精密单点定位(precise point positioning，PPP)中，主要有三种数据处理模型，分别为常规模型、无模糊度模型和 UofC 模型。这三种模型主要区别在于模糊度的处理方式不同，采用观测值的组合方式也不同。基于这些模型，PPP 可实现静态和动态定位。

1. PPP 常规模型

在 GNSS 定位中，通常采用码伪距和载波相位两种观测量，其观测方程如下：

$$P=\rho+c(\delta t_p-\delta t^i)+I+\delta T+\delta rel+\delta rot+\delta tid+\varepsilon(P) \tag{8.39}$$

$$\Phi=\rho+c(\delta t_p-\delta t^i)-I+\delta T+\delta rel+\delta rot+\delta tid+\varepsilon(\Phi) \tag{8.40}$$

式(8.39)、式(8.40)中，P、Φ 分别为伪距和载波相位的无电离层观测值，ρ 为卫星与接收机之间的几何距离，I 为电离层延迟，δT 为对流层延迟，δrel 为相对论效应，δrot 为地球自转改正，δtid 为固体潮改正，δt_p 为测站 p 接收机钟差，δt^i 为 i 卫星钟差，$\varepsilon(P)$、$\varepsilon(\Phi)$ 分别为码伪距和载波相位观测值的需考虑的其他各种改正数和观测噪声。

常规精密单点定位数学模型是建立在码伪距和载波相位无电离层组合基础上，由式(8.39)和式(8.40)分别组成无电离层码伪距和载波相位观测方程，得：

$$P_{IF}=\frac{f_1^2\cdot P_1-f_2^2\cdot P_2}{f_1^2-f_2^2}=\rho+c(\delta t_p-\delta t^i)+\delta T+\delta rel+\delta rot+\delta tid+\varepsilon(P_{IF}) \tag{8.41}$$

$$\begin{aligned}\Phi_{IF}&=\frac{f_1^2\cdot \Phi_1-f_2^2\cdot \Phi_2}{f_1^2-f_2^2}\\&=\rho+c(\delta t_p-\delta t^i)+\delta T+\lambda_{IF}N_{IF}+\delta rel+\delta rot+\delta tid+\varepsilon(\Phi_{IF})\end{aligned} \tag{8.42}$$

式中，P_{IF}、Φ_{IF} 分别为伪距和载波相位的无电离层组合观测值，λ_{IF} 为无电离层组合观测值波长，N_{IF} 为无电离层组合观测值模糊度，其他参数与式(8.39)、式(8.40)一致。

假设接收机近似坐标为(x_0,y_0,z_0)，卫星 j 的坐标为(X,Y,Z)，将观测方程式(8.41)和式(8.42)线性化后得到误差方程，表达式为

$$\begin{aligned}v_{P_{IF}}=&\rho_0+\frac{\partial f(P)}{\partial x}\mathrm{d}x+\frac{\partial f(P)}{\partial y}\mathrm{d}y+\frac{\partial f(P)}{\partial z}\mathrm{d}z+c\cdot\delta t_p\\&+\delta T_{zd}\cdot M(\theta)+\delta rel+\delta rot+\delta tid-P_{IF}\end{aligned} \tag{8.43}$$

$$\begin{aligned}v_{\Phi_{IF}}=&\rho_0+\frac{\partial f(\Phi)}{\partial x}\mathrm{d}x+\frac{\partial f(\Phi)}{\partial y}\mathrm{d}y+\frac{\partial f(\Phi)}{\partial z}\mathrm{d}z+c\cdot\delta t_p\\&+\delta T_{zd}\cdot M(\theta)+\delta rel+\delta rot+\delta tid+\lambda_{IF}\cdot N_{IF}-\Phi_{IF}\end{aligned} \tag{8.44}$$

精密单点定位误差方程中未知参数向量包括三个位置参数 $\mathrm{d}x,\mathrm{d}y,\mathrm{d}z$，接收机

钟差 δt_p，对流层天顶延迟参数 δT_{zd}，载波相位模糊度 N_{IF}，则用向量的形式表示为：

$$\boldsymbol{V}=\boldsymbol{AX}+\boldsymbol{L} \tag{8.45}$$

式中：

$$\boldsymbol{V}=[v_{P_{IF}} \quad v_{\Phi_{IF}}]^{\mathrm{T}},\boldsymbol{X}=[\mathrm{d}x \quad \mathrm{d}y \quad \mathrm{d}z \quad \delta t_p \quad \delta T_{zd} \quad N_{IF}]$$

$$\boldsymbol{A}=\begin{bmatrix} \dfrac{\partial f(P)}{\partial x} & \dfrac{\partial f(P)}{\partial y} & \dfrac{\partial f(P)}{\partial z} & \dfrac{\partial f(P)}{\partial \delta t_p} & \dfrac{\partial f(P)}{\partial T_{zd}} & \dfrac{\partial f(P)}{\partial N} \\ \dfrac{\partial f(\Phi)}{\partial x} & \dfrac{\partial f(\Phi)}{\partial y} & \dfrac{\partial f(\Phi)}{\partial z} & \dfrac{\partial f(\Phi)}{\partial \delta t_p} & \dfrac{\partial f(\Phi)}{\partial T_{zd}} & \dfrac{\partial f(\Phi)}{\partial N} \end{bmatrix}$$

$$\boldsymbol{L}=\begin{bmatrix} l_{P_{IF}} \\ l_{\Phi_{IF}} \end{bmatrix}=\begin{bmatrix} \rho_0-c\cdot\delta t^i+\delta_{zd}\cdot M(\theta)+\delta rel+\delta rot+\delta tid-\Phi_{IF} \\ \rho_0-c\cdot\delta t^i+\delta_{zd}\cdot M(\theta)+\delta rel+\delta rot+\delta tid-P_{IF} \end{bmatrix}$$

采用最小二乘方法进行估计，得参数估值为

$$\hat{\boldsymbol{X}}=(\boldsymbol{A}^{\mathrm{T}}\boldsymbol{PA})^{-1}(\boldsymbol{A}^{\mathrm{T}}\boldsymbol{PL}) \tag{8.46}$$

式中，$\boldsymbol{P}$ 为观测值的权阵，可以采用验后残差法、卫星高度角、信噪比等方法对观测值进行定权。采用精密单点定位常规模型进行定位时，一般在 15～30 min 可以实现厘米级精度的位置解。

常规模型是应用最早、最广的数学模型，它能够消除一阶电离层延迟和内部频偏的影响。但也存在一些不足之处，如无电离层组合观测值中模糊度项只能作为实参数进行估计，因而不能利用模糊度的整数特性，参数估值只能随着观测量的累积和几何结构的变化逐步趋于收敛。另外，组合观测值的观测噪声相对于原始码和相位观测值的噪声被放大了三倍，噪声越大，产生的位置误差也越大，趋于收敛所需的时间也越长。

2. 无模糊度模型

这种模型采用无电离层伪距组合观测值和历元间差分的载波相位观测值，表达式如下：

$$P_{IF}=\frac{f_1^2\cdot P_1-f_2^2\cdot P_2}{f_1^2-f_2^2}=\rho+c(\delta t_p-\delta t^i)+\delta T+\delta rel+\delta rot+\delta tid+\varepsilon(P_{IF}) \tag{8.47}$$

$$\begin{aligned} \nabla\Phi_{IF}&=\Phi_{IF}(t)-\Phi_{IF}(t-1) \\ &=\nabla\rho(t,t-1)+c(\nabla\delta t_r(t,t-1)-\nabla\delta t^s(t,t-1))+ \\ &\quad \nabla\delta T+\nabla\delta rel+\nabla\delta rot+\nabla\delta tid+\varepsilon(\nabla\Phi_{IF}) \end{aligned} \tag{8.48}$$

式中，Δ 表示历元 t 和历元 $t-1$ 之间求差。

历元间相位差是指同一卫星的两个相邻历元的观测值求一次差，因此只能得到历元间的相对位置。当相邻历元出现卫星升降的情况时，无法利用这些卫星的相关观测值，造成观测数据的利用率降低。此外，相位差观测值虽然消除了模糊度参数，避免了单点模糊度难以固定的问题，却引起了观测值间的数学相关性。在实际应用中，相位差观测值间的这种相关性给数据处理带来了不便，这也是无模糊度模型在实际应用中的不足之处。

3. UofC 模型

UofC 模型是由卡尔加里大学的 Gao Yang 教授提出的，除了采用无电离层相位组合外，还采用了码和相位的半和组合观测值，通过模糊度伪固定加速模糊度收敛的方法，数学模型表达如下：

$$\begin{aligned} P_{IF,m} &= \frac{P_m + \Phi_m}{2} \\ &= \rho + c(\delta t_p - \delta t^i) + \delta T + \delta rel + \delta rot + \delta tid + \frac{\lambda_m N_m}{2} + \varepsilon(P_{IF,m}) \end{aligned} \tag{8.49}$$

$$\begin{aligned} \Phi_{IF} &= \frac{f_1^2 \cdot \Phi_1 - f_2^2 \cdot \Phi_2}{f_1^2 - f_2^2} \\ &= \rho + c(\delta t_p - \delta t^i) + \delta T + \delta rel + \delta rot + \delta tid + \lambda_{IF} N_{IF} + \varepsilon(\Phi_{IF}) \end{aligned} \tag{8.50}$$

式中，$P_{IF,m}$ 为码和相位的半和组合观测值（$m=1$、2），Φ_{IF} 为常规无电离层相位组合观测值，$\varepsilon(P_{IF,m})$、$\varepsilon(P_{IF})$ 为相应组合观测值的观测噪声及未被模型化的误差。

UofC 模型不仅消除了一阶电离层延迟的影响，而且降低了组合观测值的噪声水平。因此，对模型解算的影响相对较小。不同于常规模型，UofC 模型特别之处在于，可以分别估计 L1 和 L2 载波相位的整周模糊度，从而加速模糊度解算的收敛，但系统中仍存几种系统性延迟或误差，如非零初始相位、卫星以及接收机的码和相位的硬件延迟。这些偏差与模糊度难以分离，实际的模糊度估计量并不具备整数特性，强行采用模糊度整数约束的方法进行伪固定，虽然可以提高收敛速度，但只能保证模糊度估值的精度在一个波长以内，伪固定后的定位精度只能达到分米级。

8.4.2　现有实时 PPP 系统

1. StarFire 系统

美国 NavCom 公司和 John Deere 公司通过获得 JPL 授权许可使用实时精密星历产品 IGDG 和实时解算软件 RTG（real time GIPSY）后，联合设计研发了商业化的全球实时精密服务系统，即 StarFire 系统。StarFire 系统包括五大部分：参考站、数据处理中心、注入站、地球同步卫星（INMARSAT）和用户站（高精度双频接收机）。

StarFire 系统的基本原理为：处理中心接收来自参考站网络的实时观测数据，利用 RTG 软件计算出每颗 GPS 卫星的实时卫星轨道和钟差改正信息，并将这些信息经地面注入站上传至同步卫星，由同步卫星将改正信息发送给全球的用户，实现全球定位精度均匀的实时动态定位。

目前,StarFire 系统采用三种差分定位模式:WCT 模式、RTG 模式、RTG/RTK 组合模式。其中 RTG 模式实际上是利用接收到的实时卫星轨道及钟差改正信息,采用改进后的 GIPSY 软件进行定位解算的一种实时精密单点定位系统。在这种模式下,用户仅需一台双频 GPS 接收机进行独立作业,便可获得分米、亚分米级精度的连续实时定位,已广泛用于精密农业、科学研究、地籍测量等领域。

2. RTNet 系统

RTNet(real-time network)软件由 GPS Solutions 公司研制,主要包括两部分:一是实时单历元数据服务器(real time epoch server,RTES),负责从 GPS 接收机读取每个历元的观测数据,进行格式转换、压缩,并通过 Internet 网络传输给数据处理软件 RTNet;二是实时数据处理软件 RTNet,负责处理接收到的实时数据,根据不同的应用需求估计卫星钟差、对流层天顶延迟等产品。

目前,RTNet 系统包括网络处理和 PPP 处理两种模式。网络模式采用 61 个子网组成的参考站网络,每个子网又由 20 个左右参考站组成,用于估计天顶方向对流层延迟,以及为区域参考站网络产生 VRS 虚拟观测值、FKP 改正数等。PPP 模式采用 23 个参考站的实时观测数据,以非差方式估计每颗卫星的钟差改正数据,利用这些信息可实现区域和广域的实时精密单点定位。在实时 PPP 应用中,RTNet 系统的数据处理方式和改正信息的播发方式与 StarFire 系统有所不同:①RTNet系统除了需要参考站实时观测数据外,还需要 IGS 机构的超快速预报星历 IGU 数据,在 IGU 数据的基础上估计卫星的钟差信息;②IGU 轨道信息和估计的卫星钟差信息以 Internet 网络的方式播发给 PPP 用户,实现实时精密单点定位。

3. 我国的实时 PPP 系统

我国的实时精密单点定位系统是指“十一五”期间由武汉大学设计研发的广域实时精密定位原型系统,主要由四部分组成:实时基准站网络、数据处理中心、产品播发链路及用户终端。该系统利用全球的 IGS 参考站和中国大陆构造环境监测网络(简称“陆态网络”,由 260 个参考站组成)的观测数据,以 PANDA 软件为平台,进行实时精密定轨、卫星钟差计算、电离层改正,然后将这些改正数据通过网络或者卫星播发给 PPP 用户。PPP 用户只需一台双频 GPS 接收机便可进行实时精密单点定位,定位精度平面可达到 10 cm,高程优于 20 cm。

8.4.3 精密单点定位模糊度固定 PPP-AR

由于载波相位观测值的整周未知数与接收机、卫星硬件延迟很难有效地分别计算出来,导致基本上只能得到浮点解模糊度的 PPP 各类估值结果,且观测数据需要有较长时段才能收敛。以静态 PPP 为例,定位结果收敛至厘米级一般至少需要20 min以上的连续观测，而对于高动态定位应用而言，收敛时间甚至超过 1 h，这显然与未来的快速、实时、高精度等应用需求相矛盾。

因此，模糊度的快速固定是精密单点定位应用中仍需突破的关键性难题，也得到了国内外学者的广泛关注。

GFZ 的 Ge 等学者(2008)提出，利用全球范围的 IGS 跟踪站数据整体来估计卫星的相位 UHD(未校准硬件延迟)。用户利用 IGS 精密卫星轨道和钟差产品，结合所顾忌的 UHD 产品，并考虑其对于宽巷、窄巷观测值的时变特性，可实现 PPP 星间单差模糊度固定。Laurichesse(2007)与 Collins(2010)的方法较类似，其基本思想均是利用卫星钟差吸收卫星硬件延迟小数部分，由于需要向用户提供一套独立于 IGS 精密卫星钟差的产品，因此该方法的适用范围较为有限。

一直以来，如何实现 PPP-AR 模糊度快速固定一直是国内外学者的研究热点和难点问题。研究表明，利用卫星硬件延迟、大气延迟等误差的连续及变化缓慢的特点，PPP-RTK 用户在模糊度失锁后可实现重新快速收敛(Deng et al，2014；Zhang et al，2011)。在估计卫星 UHD 过程中，如果固定基准站的 PPP 模糊度，则可生成相对于 PPP 模糊度浮点解更高精度的 UHD 信息，从而减少 PPP-RTK 用户的模糊度首次初始化时间(Geng et al，2011；Li et al，2011)。与此同时，利用已有的全球/区域电离层模型，可估计出测站的卫星方向上的电离层延迟，采用非组合的数据处理模式可进一步减少 PPP-RTK 用户的模糊度首次初始化时间(Li et al，2013)。但根据现有研究成果，用户仍需经过 10 min 以上的连续观测才可能有效固定 PPP-RTK 模糊度(Geng et al，2011；Li et al，2013)，对于快速实时精密定位应用而言，模糊度固定的可靠性和收敛时间还有待进一步提升。

8.4.4　基于服务系统的实时精密单点定位

在精密单点定位中，卫星钟差产品、卫星轨道产品分别需要得到亚纳秒级、厘米级的精度(叶世榕，2002)。然而，在我们通常使用的 GPS 实时定位中，进行卫星位置计算所采用的基本是广播星历，该星历的钟差精度和轨道精度只能达到 1 m、5 ns，远不能达到实时精密定位对钟差和轨道产品的要求。

自 2010 年开始，IGS 开始正式发布超快速精密轨道产品、精密卫星钟差产品，精度分别优于 5 cm、3 ns。这样，IGS 提供的轨道产品，精度达到厘米级，可以外推，满足实时精密定位对轨道产品的要求；而卫星钟差产品则尚无法达到实时精密单点定位所需的亚纳秒级精度要求。因此，实时精密单点定位应用的核心在于如何实时得到精密的卫星钟差改正(亚纳秒级精度)。

精密卫星钟差改正参数的实时计算，通常如下：实时获取到一部分全球分布的 IGS 跟踪站(或区域的 CORS 基准站)GNSS 观测数据流及超快速卫星轨道产品(IGU)，实时估计卫星钟差改正信息。

就产品发播而言，目前NTRIP(network transport RTCM via intemet protocol)已作为工业标准被广泛用于GNSS数据流的Internet网络传输，此协议支持的GNSS数据流包括GPS、GLONASS、Galileo、COMPASS、EGNOS及WASS等，数据格式包括RTCM、RTCA、SP3、RINEX、BINEX、SOC等。

目前，国内外很多学者对实时精密定位技术及相应的应用服务系统开展了大量的研究。

(1)施闯等(2009)基于全球50个IGS跟踪站1 Hz实时数据流构建了广域实时精密定位原型系统。每秒解算得到卫星钟差产品，并将解算的卫星钟差改正及卫星轨道(也可使用IGS发布的超快速精密轨道，或PANDA软件的自主轨道产品)发送给用户(双频)，用户利用系统端所提供的高精度的实时钟差和轨道产品，即可实现实时精密单点定位。测试结果表明，系统整体时迟4～8 s，实时计算的钟差产品中误差优于0.2 ns，用户实时精密单位定位平面中误差优于10 cm，垂直方向精度优于20 cm。

(2)张小红等(2010)在已有后处理PPP软件基础上，进行了精密卫星钟差改正的实时解算及实时PPP服务系统建立等的研究。基于全球40个IGS站1 Hz的实时观测数据流，采用超快速精密星历(IGU)，并结合IGS跟踪站的已知坐标，估计了间隔为30 s的精密卫星钟差产品。所计算的卫星钟差结果与CODE提供的最终精密钟差产品进行较差，互差值的RMS优于0.2 ns。

采用IGS相关分析中心发布的超快速精密卫星轨道(IGU)和实时服务系统所计算的卫星钟差信息，进行了实时精密单点定位模拟计算。模拟计算结果表明：实时PPP经过15～30 min时间的收敛后，水平、垂直方向分别达到5 cm和10 cm的定位精度。

李浩军等(2010)基于上海区域9个基准站的30 s间隔的实时观测数据流，利用基准站精确的已知坐标，通过Saastamoinen模型进行对流层改正，对GPS卫星相对钟差的历元间差值进行实时估计，并推导了基于星间差分的PPP模型。以IGS提供的最终精密钟差作为真值，计算的相对卫星钟差的历元间差值精度为0.08 ns；以连续24 h每小时作为一个时段，静态定位PPP结果N、E、U方向的精度分别为1.47 cm、3.62 cm、4.09 cm；24 h数据采用实时PPP模式处理，定位结果N、E、U方向精度分别为2.63 cm、3.82 cm、5.20 cm。

耿涛等(2007)基于全球43个IGS站GNSS观测数据及IGS的超快速卫星轨道，采用PANDA软件先计算卫星钟差，继而以BJFS等9个IGS站作为待解算点，进行了逐历元实时PPP处理。计算结果显示，经过20～30 min时间收敛后，实时PPP精度平面、高程方向分别在10 cm、20 cm以下。

§8.5　区域/广域增强的 PPP-RTK 技术

8.5.1　技术实现原理

网络 RTK(NRTK)定位技术可快速(数秒至数十秒)固定模糊度,从而快速高精度定位,精密单点定位(PPP)技术则定位区域不受限、定位方式灵活。为充分地融合二者的优势(快速固定模糊度、定位方式灵活等),同时规避二者不足(网络 RTK 技术通信实时性、稳定性要求高,实时精密单点定位收敛时间长、效率低下等因素),出现了将二者结合的区域/广域融合的 PPP-RTK 技术,成为基于局域基准站网实时精密定位的前沿性代表技术。

区域/广域融合的 PPP-RTK 技术的基本原理是:利用局域内的基准站网 GNSS 观测数据流,精确求解如卫星钟差、相位偏差、大气延迟等参数,生成的各类改正信息如全球网/广域网提供的(部分)产品那样,以状态空间表示(state space representation,SSR),然后通过区域已有的通信网络播发给流动站使用。在各类改正信息的播发过程中,充分考虑各分量的时间稳定性而制定相应的更新频率。如卫星钟差短期内变化较为显著,更新频率可设置为 5 s;而卫星轨道(相位偏差)变化较平稳,更新频率可设为 15 min。

经过以上措施实现的基于 PPP 模式的实时动态定位技术(PPP-RTK)具备以下优势:①与仅采用基于全球网(广域网)SSR 产品的 PPP 定位相比,PPP-RTK 由于有大气延迟改正的辅助,定位时模糊度固定效率和准确性将显著改善;②与虚拟参考站、主辅站等网络 RTK 定位相比,PPP-RTK 的定位精度和效率相当,但信息播发量大为减少。

区域/广域融合的 PPP-RTK 技术,其中心端或服务端的数据处理方案具体措施如下:

(1)固定外部精密卫星轨道和钟差,逐基准站实施非组合 PPP(模糊度浮点解)。

(2)重新参数化所有基准站的 PPP 模糊度估值,形成双差模糊度、接收机相位偏差和卫星相位偏差三类新参数。

(3)逐历元固定双差模糊度,并估计卫星相位偏差。

(4)约束已经确定的双差模糊度估计值,逐个基准站解算电离层影响。

与现有的网络 RTK 定位中心端的数据处理方案相比,数据处理负担显著减少,运算效率明显提升(张宝成 等,2015)。

8.5.2 区域增强PPP-RTK模糊度快速固定

基于区域增强系统进行区域增强PPP-RTK定位，其用户模糊度快速固定是其中的研究热点和难点问题。Tang等（2016a，2016b）提出了一种附加大气信息动态约束的PPP-RTK模糊度快速固定方法，其特征在于：有效顾及了用户所在地区大气延迟内插结果的有效性及其随当地时间的变化；用户与所选基准站之间的位置关系；并且还充分利用了EWL/WL观测值波长较长，便于模糊度快速有效固定的特性。具体包括残余误差预报建模、用户观测值精化、残余大气误差的先验精度和稳定性设定、残余误差参数估计及模糊度固定等步骤（刘文建，2017）。

1. 残余误差预报建模

利用用户所在地区4个参考站前一天/当前时刻的区域增强信息，对用户内插所得模型精化信息的残余误差进行预报建模。

其具体实现包括以下步骤：

（1）以某个基准站作为检测站，且尽量位于另外3个基准站所围成的区域内。

（2）以基线（长度为100 km）中点处的残余大气误差尺度因子为1.0，假设用于内插检测站处区域增强信息的3个基准站其站间距离为dis（单位：km），则可按照式（8.51）分别计算对应三条连线中点处的残余大气误差尺度因子n_i：

$$n_i = dis_i/100 \quad i=1,2,3 \tag{8.51}$$

（3）认为3个基准站处的残余大气误差尺度因子为0，或者非常接近于0的小数：

$$n_i = 0 \quad i=4,5,6 \tag{8.52}$$

（4）根据式（8.51）、式（8.52）以及上述6个特征点处的大地坐标B（纬度）、L（经度），按照式（8.53）对残余大气误差尺度因子进行曲面拟合建模，得到对应的系数矩阵$\boldsymbol{a}$，它与残余大气误差尺度因子n及B、L的关系如下：

$$n = a_1 + a_2 B + a_3 B^2 + a_4 L + a_5 L^2 + a_6 BL \tag{8.53}$$

（5）根据式（8.54），利用检测站处的大地坐标B、L和步骤（4）所述系数阵$\boldsymbol{a}$，计算得到检测站处的残余大气误差尺度因子n。

（6）基于其余基准站处前一天的当前时刻的天顶对流层延迟误差、测站卫星方向电离层延迟误差，根据测站大地坐标进行平面拟合、内插，得到检测站处对应时刻的区域增强信息。

（7）将内插得到的检测站处区域增强信息与检测站计算得到的对应时刻区域增强信息真值求差，得到内插所得区域增强信息中天顶对流层延迟残余误差以及测站卫星方向全部共视卫星电离层延迟残差的2倍标准差；根据预报模型精化残余误差所采用区域增强信息时效性的不同，分为根据前一天的区域增强信息进行预报以及根据当前时刻的区域增强信息进行预报两类。

2. 用户观测值精化

区域地基增强信息实时建模完成后，如果 PPP-RTK 用户采用伪距单点定位的模式获得了近似坐标，则需要选择用户周边 3 个较近的基准站，利用所选基准站处播发的区域增强信息内插得到用户处误差改正量，然后对用户的码观测值和载波相位进行精化。具体按以下步骤进行：

(1)根据 PPP-RTK 用户近似坐标以及周边区域增强基准站的坐标列表，选择距离用户较近的 3 个基准站，用户应尽量位于这 3 个基准站所组成的三角形内。

(2)依据用户与所选 3 个基准站的相对分布关系，可拟合计算获得用户处的天顶对流层延迟误差、测站卫星方向的电离层延迟误差和消除了对流层延迟影响的 P1/CA 伪距误差等区域增强信息。

(3)基于已经得到的用户处区域增强信息，精化 PPP-RTK 用户的伪距观测值和载波相位观测值。

3. 残余大气误差的先验精度和稳定性设定

根据用户与所选 3 个参考站的位置关系及当地时间增强信息，动态设定用户观测值误差精化后残余大气误差的先验精度和稳定性，其具体实现包括以下子步骤：

(1)根据用于内插 PPP-RTK 用户区域增强信息的 3 个参考站的站间距离 dis(单位：km)，按照式(8.51)分别计算对应三条连线中点处的残余大气误差尺度因子 n。

(2)认为 3 个参考站处的残余大气误差尺度因子为 0，或者非常接近于 0 的小数。

(3)根据式(8.52)以及上述 6 个特征点处的大地坐标 B(纬度)、L(经度)，按照式(8.53)对残余大气误差尺度因子进行曲面拟合建模，得到对应的系数阵 $\boldsymbol{a}$。

(4)根据式(8.53)，利用 PPP-RTK 用户处的大地坐标 B、L 和系数阵 $\boldsymbol{a}$，计算得到 PPP-RTK 用户处的残余大气误差尺度因子 n。

(5)计算该地区以 100 km 基线为单位的天顶对流层延迟残余误差预测值 dZtd0，以及指定时刻的测站卫星方向电离层延迟残余误差预测值 dIon0，再反算得到 PPP-RTK 用户处的大气约束信息 dZtd、dIon。

4. 残余误差参数估计

计算 EWL、WL、L1 的星间单差的整周未知数浮点解，并对测站处的天顶对流层延迟残余误差及测站卫星方向电离层延迟残余误差按照随机游走方式进行参数估计，并将所得大气信息的先验精度和稳定性信息(dZtd、dIon)作为约束条件加入参数估计过程。

5. 模糊度固定

采用 LAMBDA 算法搜索星间单差模糊度，并基于 FFRatio 算法(Teunissen

et al,2010)进行检验,按波长从长到短顺序依次固定 EWL、WL 及 L1 模糊度。已固定的模糊度作为已知条件进行强约束,加入参数估计器以辅助剩余模糊度的固定。具体实现可依照以下步骤,且需进行多次迭代。

(1)利用 EWL 模糊度浮点解,基于 LAMBDA 算法进行 EWL 星间单差模糊度搜索,结合 FFRatio 检验及模糊度解算成功率,快速地固定 EWL 星间单差模糊度。

(2)将已固定的 EWL 模糊度固定解作为已知条件进行强约束加入参数估计过程。

(3)利用 WL 模糊度浮点解,基于 LAMBDA 算法进行 WL 星间单差模糊度搜索,结合 FFRatio 检验及模糊度解算成功率,快速地固定 WL 星间单差模糊度。

(4)将已固定的 WL 模糊度固定解作为已知条件进行强约束加入参数估计过程。

(5)利用 L1 模糊度浮点解,基于 LAMBDA 算法进行 L1 星间单差模糊度搜索,结合 FFRatio 检验及模糊度解算成功率,快速地固定 L1 星间单差模糊度。

(6)将已固定的 L1 模糊度固定解作为已知条件进行强约束加入参数估计过程。

(7)当用户的模糊度固定量足够多后,可将全部已固定的模糊度作为强约束条件,加入参数估计器后所得的用户坐标即为模糊度固定解对应的精密定位结果。

§8.6　实时精密定位服务系统设计

GNSS 实时精密定位技术具有重要的工业与科学应用价值,能显著提高社会生产效率,是卫星导航定位应用的必然发展趋势。普通用户在利用 GNSS 进行实时精密定位时,需依赖星基增强系统或地基增强系统提供的大量实时定位支持产品,如超快速精密轨道、实时精密钟差、卫星硬件延迟和大气延迟改正、区域差分改正数。

本节在前面部分理论与算法介绍的基础上,结合中国矿业大学“北斗数据处理与分析中心”平台,设计基于广域与局域相结合的多模 GNSS 实时精密定位服务系统(图 8.9),旨在结合不同尺度的地面参考站网,生成多种实时服务产品,为用户提供多种模式的精密定位服务。

8.6.1　实时精密定位数据处理系统平台

中国矿业大学所建立的实时精密定位数据处理平台(图 8.10)主要由实时数据传输系统、实时数据处理系统、实时产品生成系统、实时数据产品管理系统、实时产品质量控制系统、实时产品播发系统六个部分构成。其中实时数据传输系统,主

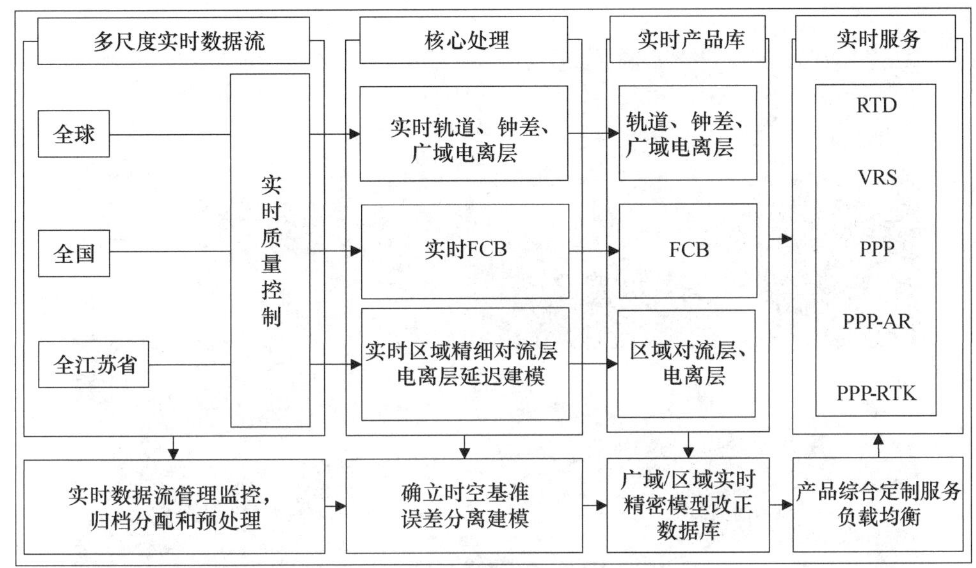

图 8.9　广域与局域相结合的实时精密定位服务体系

要负责接收全球实时参考站的观测数据，并发送平台生成的星基增强产品；实时数据处理系统，主要负责实时数据解码、粗差剔除、周跳探测等；实时产品生成系统，主要负责对实时数据进行计算，生成实时卫星轨道、钟差、电离层、频间偏差（DCB）等星基增强数据产品；实时数据产品管理系统，主要负责对所接收数据和生成产品进行分类、归档与格式化管理；实时产品质量控制系统，主要负责实时产品质量的控制，生成产品精度文件；实时产品播发系统，主要负责实时产品的编码以及信息压缩播发。

1. 系统平台总体架构

系统平台的总体结构如图 8.11 所示。

由图 8.11 可知，所建系统平台首先通过通信链路接收全球实时参考站的观测数据文件；然后通过网络交换机将数据分发给数据处理系统服务器、数据产品管理服务器、实时产品生成服务器；生成的实时数据产品通过内网，传输给实时产品质量控制服务器和实时产品播发服务器；最后实时产品播发服务器分别通过内网和外网，将生成的实时产品输出到平台大屏显示器上和互联网上。授权用户通过手机、电台、计算机等硬件，实时接收星间增强服务产品。

2. 系统平台核心机房

该平台核心机房，位于中国矿业大学南湖校区。机房面积 120 m^2，主要分为业务系统运行区、系统实时监控与展示区、数据资料存储与管理区等。核心机房的整体布局如图 8.12 所示。

图 8.10 中国矿业大学实时精密定位数据处理服务平台

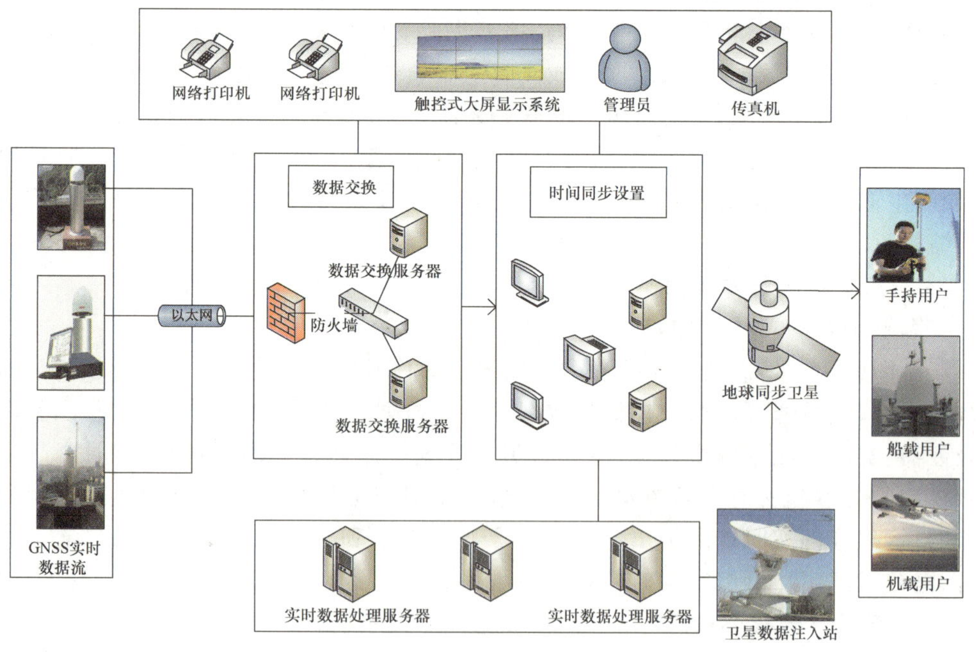

(a) 详细情况

图 8.11 系统平台总体结构示意

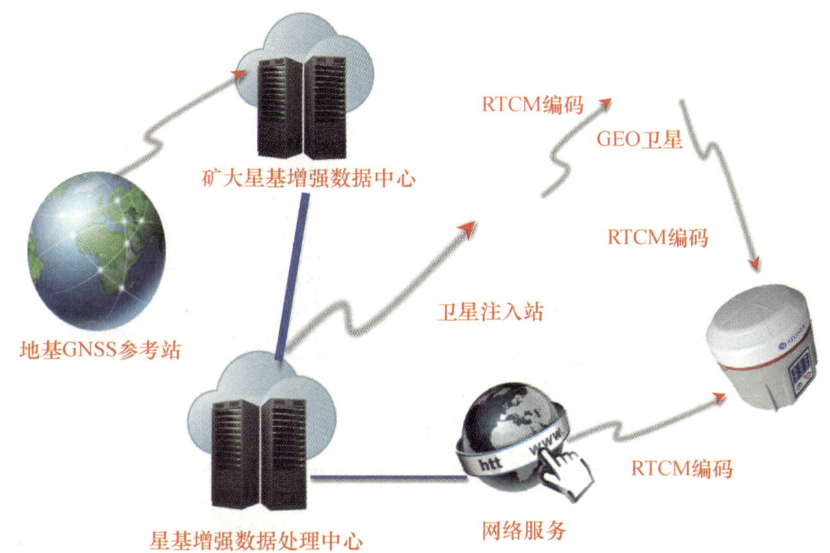

(b) 概略情况

图 8.11(续)　系统平台总体结构示意

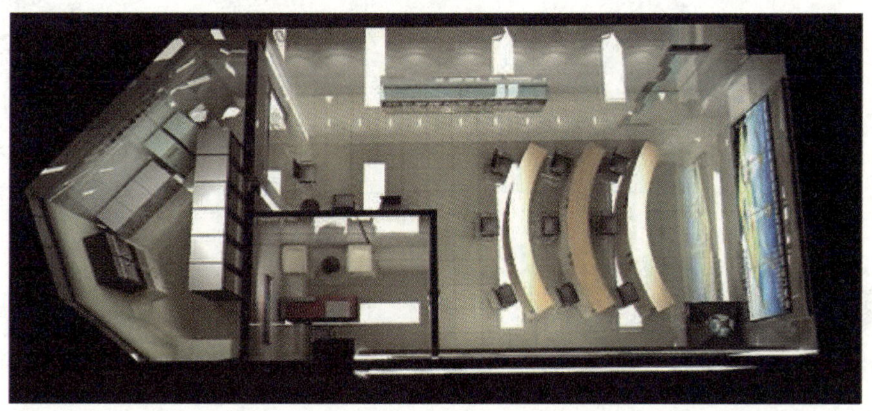

图 8.12　系统平台核心机房平面布设

3. 系统平台通信网络

平台通信网络由外网和内网两部分组成，通信链路和数据交换服务器都属于外网，磁盘整列、数据处理服务器、计算机处理终端设备属于内网。外网和内网通过网络交换机形成物理隔离，外网不能访问内网数据，内网之间可以互访，并可以访问外网。外网主要负责星基增强系统平台与数据中心的数据和信息传输工作，内网则主要负责星基增强系统平台内部的数据传输与通信工作。

4. 系统平台硬件设备

系统平台的硬件设备主要包括：通信链路、路由器、防火墙、网络交换机、数据交换服务器、磁盘阵列、数据处理服务器、计算机终端、不间断供电设备、精密空调、网络打印机、大屏幕显示器及机房的必要设备等。系统硬件平台的拓扑结构如图 8.13所示。

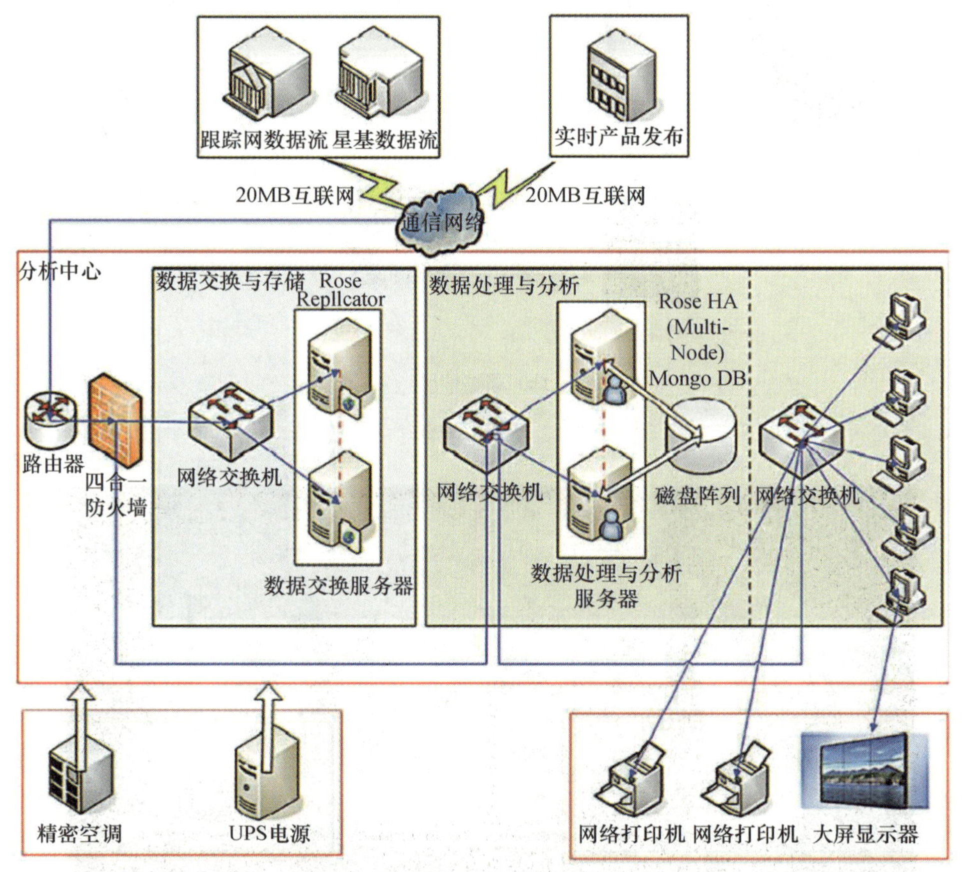

图 8.13 系统硬件平台结构示意

5. 系统平台业务软件

系统平台业务软件主要由系统支撑层软件和业务应用软件两部分组成，其中系统支撑层软件包括：操作系统软件、集群管理软件、数据存储与备份管理软件；业务应用软件包括：数据下载与上传软件、数据处理与分析软件、数据与产品质量控制软件。其中系统支撑层软件主要采用现有成熟商用软件，业务应用软件则主要通过申报单位自主研发获取。软件平台的总体结构如图 8.14 所示。

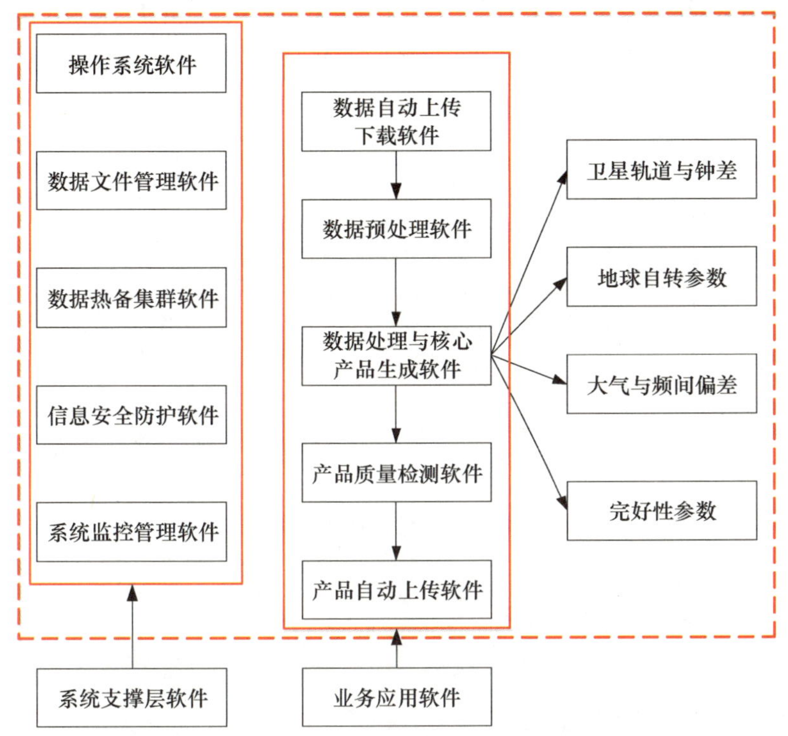

图 8.14　系统平台业务软件

8.6.2　实时精密定位数据处理系统实时产品生成

该系统生成的实时产品主要包括实时卫星轨道、钟差、电离层、对流层产品。

1. 实时轨道产品生成

导航卫星实时精密轨道服务系统由实时数据管理系统、实时轨道(钟差)处理器及实时产品播发系统组成,如图 8.15 所示。实时轨道处理器在实时更新卫星轨道状态的同时也对卫星钟差进行实时解算,目前开发的处理器中,钟差参数与轨道参数同时更新,更新间隔为 300 s,后续的软件更新中将考虑以更快的频率更新钟差参数(如 5 s 间隔更新),在一个处理器中即实现卫星轨道参数的低采样率更新和卫星钟差参数高采样率更新。

在实时轨道处理时,正常情况下由于卫星动力学模型精度较高,在一定时间间隔内更新初始轨道参数即可保证参考轨道和状态转移矩阵的较高精度,满足观测方程线性化的精度要求。为了提高计算效率,本书采用双线程处理策略,将轨道积分和滤波估计器并行处理,通过共享内存的方式进行数据交换更新。对于较长弧段的轨道积分,采用单步积分启动的亚当斯(Adams)等多步法积分方法以达到精确积分的目的;当出现卫星机动等动力学模型异常,需要逐历元更新初始轨道状态时，由于积分时长较短，采用龙格-库塔(Runge-Kutta，RK)等单步法即可满足精度需求，同时减少计算量。处理流程如图 8.15 所示(戴小蕾，2016)。

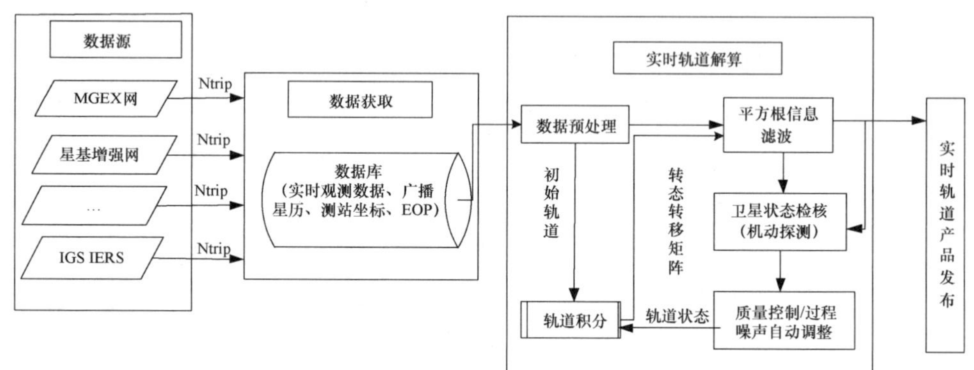

图 8.15　实时精密定轨系统组成

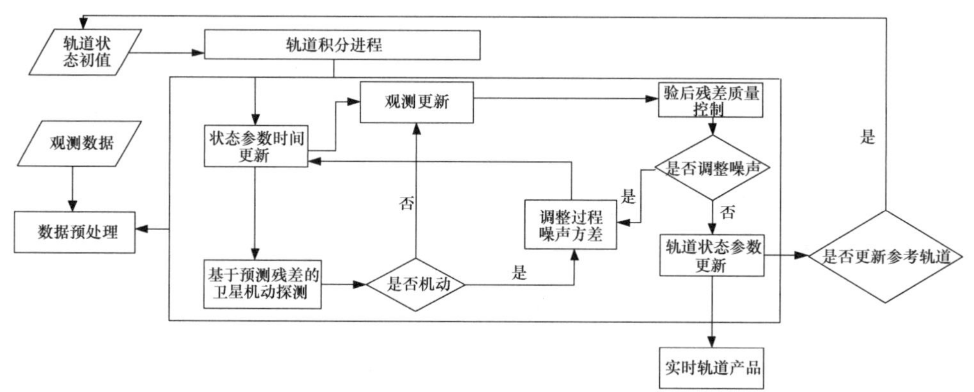

图 8.16　实时精密定轨处理流程

2. 实时钟差产品生成

事后卫星钟差估计一般采用最小二乘消参数的方法，对每个历元的钟差参数进行预消除处理，待求解最终方程后回代计算每个历元的钟差参数，如此能够大大减少主法方程的维数，能够大大提高解算效率。然而通过最小二乘消参数的方法不适用于实时钟差参数估计，线性滤波是解决这一问题的主要方法。平方根信息滤波具有比卡尔曼滤波更稳定和更高数值精度的特性，在实时钟差计算中被广泛采用。

中国矿业大学分析中心通过对实时卫星钟差估计算法进行了深入研究，在 PANDA 软件的基础上进行了相关算法的优化，实现了中国矿业大学北斗数据分析中心卫星钟差实时估计，且与国际 IGS 分析中心精度相当。中国矿业大学分析中心实时卫星钟差估计软件采用非差无电离层组合模型，采用平方根信息滤波算法，通过对载波相位观测值和伪距观测值的处理实时解算卫星钟差。实时钟差解算流程如图 8.17 所示。

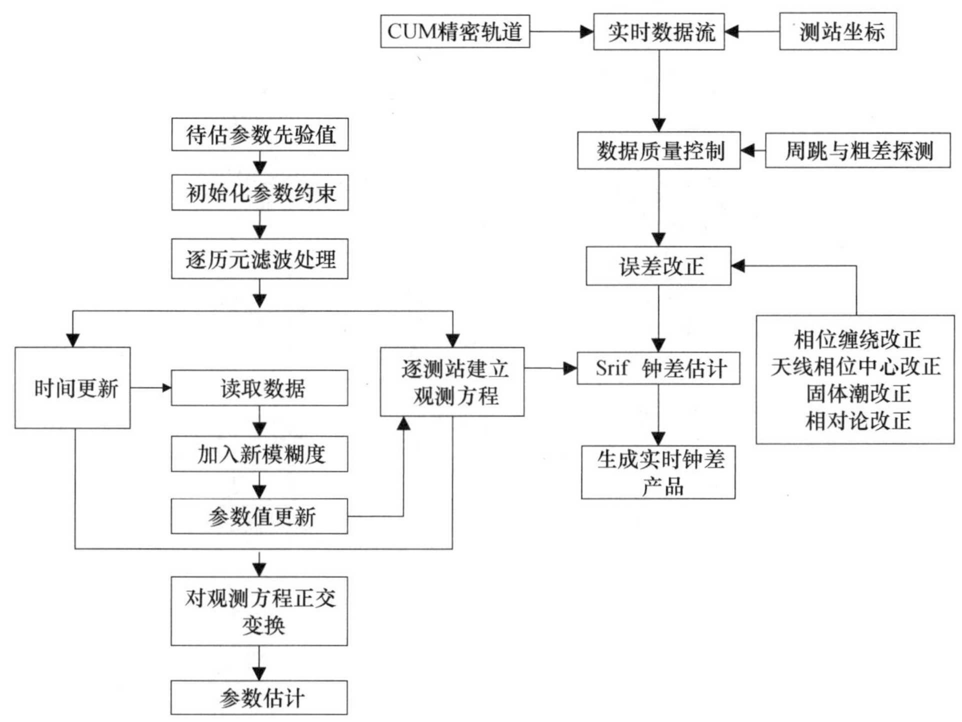

图 8.17　中国矿业大学实时卫星钟差产品解算流程

3. 实时电离层产品生成

利用接收到的实时数据流，采用球谐函数建模的方法解算电离层(TEC)产品，具体方法如下：①实时数据流接入；②数据预处理；③周跳探测和修复；④载波相位平滑伪距；⑤球谐函数模型和法方程建立计算。第⑤步最为关键，简述如下：

首先采用广义三角级数函数逐基准站地建立局部电离层 TEC 模型，获得该区域电离层 TEC 精细变化；然后采用球谐函数建立全球电离层 TEC 模型，保证在无观测区域内合理外推电离层 TEC 模型，从而得到全球格网电离层产品和硬件延迟产品。图 8.18 显示了实时电离层(TEC)产品的生成流程。

4. 实时对流层产品生成

利用分析中心生成的实时轨道产品和采集的高质量监测型接收机观测数据，结合已知测站位置反演方法，采用 PPP 技术进行实时对流层天顶延迟产品生成。图 8.19 显示了实时对流层天顶延迟产品的生成流程。

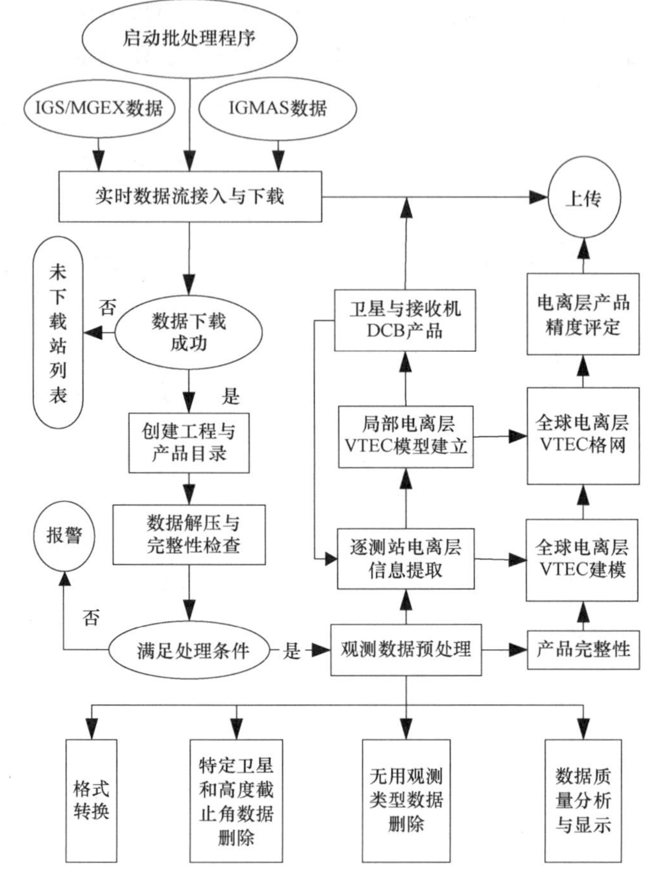

图 8.18　实时电离层产品生成流程

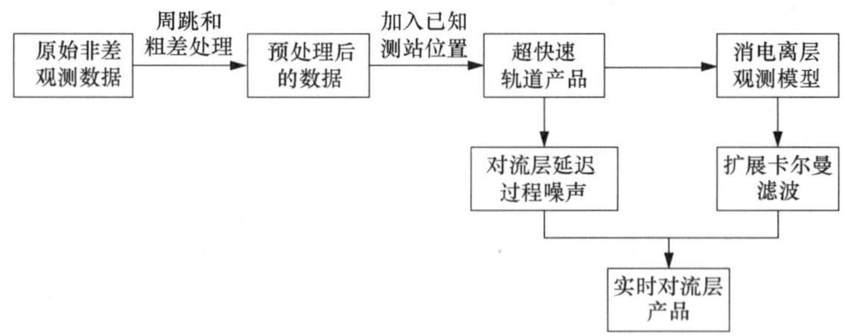

图 8.19　实时对流层天顶延迟产品的生成流程

8.6.3　实时精密定位数据处理系统设计

1. 实时精密定位数据处理系统设计

由以上介绍可知,该实时精密定位数据处理服务平台生成的主要是星基增强产品，为了能够进一步搭建地基与星基增强相结合的实时服务系统，需要进行以下设计。

具体设计方法为：实时钟差估计器基于全球网的实时流估计导航卫星的实时精密钟差，生成轨道与钟差改正数；实时FCB估计器基于广域网的实时流和钟差产品估计卫星硬件延迟；大气延迟建模模块基于局域网的实时流及钟差、FCB产品，估计参考站的天顶对流层延迟和斜径电离层延迟，并建立对应的模型；所有这些产品都写入到实时产品数据库，系统服务模块根据用户的定位需求和参考网的尺度对数据库里的实时产品进行筛选、组合和重定义，生成对应模式的服务产品，并播发给用户进行实时定位。

在上述方法的基础上，需进一步细化各个独立的功能模块，给出较详细的系统设计方案和数据流向。整个实时精密定位系统可分为四层：数据层、处理层、产品层和用户层。处理层的实时数据处理系统包括数据预处理、低频实时钟差估计、高频实时钟差估计、FCB估计、钟差预报等多个模块和估计器。为了追求效率，部分模块可进行并行化处理，如数据预处理模块、FCB估计、大气延迟估计等。各模块生成的实时定位产品如钟差、FCB、大气延迟等都发往产品层，由实时产品发布模块根据不同应用场景和需求，定义不同类型的实时精密定位发布产品。最后，用户通过连接实时产品服务器选择适用于自己需求的产品，径向实时精密定位。

2. 实时精密定位产品服务模式讨论

从上述的系统设计可知，GNSS实时精密定位数据处理系统能够基于地面参考站网的实时流数据得到一组原始的实时精密定位服务产品：实时轨道、实时钟差、FCB、对流层延迟、电离层延迟等。考虑到通信与传输等因素，这些产品在到达用户端之前还需要经过定义、编码等操作。

实时精密定位产品有两类表达方式，一类是状态域方法(state space representation,SSR)，对各类测量误差进行分新独立建模播发。例如，对于轨道、钟差和FCB这类与参考网位置无关的产品，可直接对其进行编码播发，为了减少数据传输带宽，轨道和钟差可以播发以广播星历为参考的改正数。目前RTCM3.2格式已包括了部分系统的轨道钟差改正数，FCB等硬件延迟相关产品的格式也在制定之中。对于电离层延迟、对流层延迟等与参考站网位置相关的产品，一种方法是基于服务区域内的参考站的实测值拟合一套模型系数，为用户播发一套模型系数，另一种方法是由参考站的电离层与对流层延迟插值到规则各网点处，向用户播发对应的格网产品，RTCM 3.2已能播发电离层格网模型。另一类方法是观测值域方法(observation space representation,OSR)，在这类方法中，实时数据处理系统基于定位用户的坐标对各类误差进行时间与空间插值，得到对应时刻用户附近的误差，综合得到用户位置处的虚拟观测量并播发给用户进行差分定位，如RTD、RTK/VRS等。RTCM3.2已完全支持多个系统的RTD、RTK产品(戴志强，

2016)。

对于上述两类方法,实时定位产品无论是观测值域还是状态域,只要模型一致,数据同源,产品的改正精度应该是一致的。状态域下的实时定位产品具有较高的压缩率,可以通过广播的形式进行发布,同时由于进行了误差分离,产品具有一定的可预报性。当通信中断后,用户可以基于历史产品进行短时预报,从而增强了系统的稳定性。观测域下的实时精密定位产品根据用户位置在服务端生成虚拟观测量,需要双向通信,适用于局域小范围的高精度应用。

8.6.4 增强网络数据传输

增强网络数据传输主要依赖 Ntrip 协议,以及 RTCM SC-104 和 NMEA0183 数据格式。其主要应用于卫星导航增强系统的固定参考站到控制中心的通信及控制中心到用户的通信。参考站到控制中心的通信网络负责将参考站的数据实时地传输给控制中心;控制中心和用户间的通信网络是将网络校正数据送给用户。

1. Ntrip 协议

Ntrip(the protocol for streaming GPS RTK data over the Internet)是2003 年提出的一种基于 HTTP/1.1 的协议,目的是向 Internet 用户分发 RTCM SC-104 格式的差分数据或 GNSS 数据流。它的主要特性有:基于 HTTP 标准;可以分发任何类型的 GNSS 数据;支持多用户;可在基于 IP 的移动通信网络上进行差分数据或 GNSS 数据的传输;数据流的提供者和用户不需接触。Ntrip 由 NtripClient、NtripServer 和 NtripCaster 三个模块组成,其结构如图 8.20 所示。其中,NtripClient 是用户,用于接收由 NtripCaster 分发的数据;NtripServer 是 HTTP 客户端软件,用于将数据从数据源传输到 NtripCaster;而 NtripCaster 是 HTTP 服务器软件,它根据数据源的 IP 地址、坐标等规则,将 NtripServer 传输来的数据进行分发,同时提供管理接口(余学祥 等,2014)。

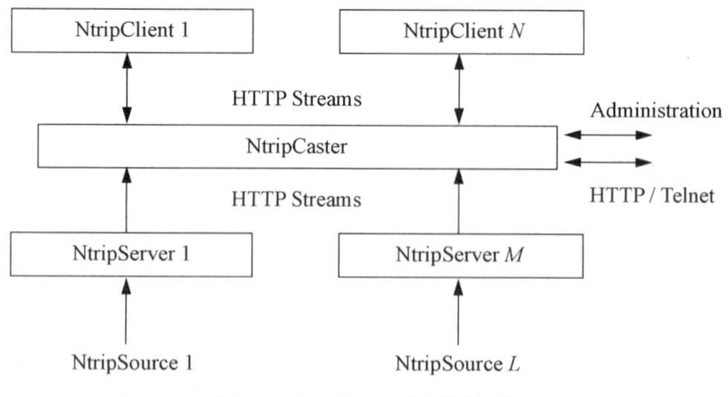

图 8.20 Ntrip 组成结构

2. RTCM SC-104

为了推广差分 GPS 应用，国际海运事业无线电技术委员会(RTCM)于 1983 年11 月设立了 SC-104 专门委员会，并在 1985 年发布了第一个差分数据格式版本；RTCM SC-104 电文已成为 GNSS 数据编码国际统一规范，随着多星座 GNSS 发展，该数据格式目前已发展到 RTCM V3.3 版本，该版本是首个全面支持北斗的 RINEX 标准，标志着北斗完整进入 RINEX 标准，北斗接收机国际通用数据标准格式工作取得阶段性重要成果。

表 8.7 为 RTCM3.3 定义的跟踪站需向数据中心传送部分数据的信息类型，主要包括系统参数信息、天线参考点信息、接收机和天线信息、GPS 观测数据、GLONASS 观测数据、Galileo 观测数据、BeiDou 观测数据，GPS 星历、GLONASS 星历、Galileo 星历、GPS SSR 数据、GLONASS SSR 数据、Galileo SSR 数据、BeiDou SSR 等。

表 8.7　RTCM3.3 跟踪站传往数据中心的信息类型

信息类型	类型号	信息类型	类型号	信息类型	类型号
系统参数信息	1013	GPS 码偏差信息	1059	Galileo 码偏差信息	1242
天线参考点信息	1006	GPS 轨道和钟差改正信息	1060	Galileo 轨道和钟差改正信息	1243
接收机和天线信息	1033	GPS 用户测距精度信息	1061	Galileo 用户测距精度信息	1244
GPS 观测数据	1077	GPS 高频度钟差改正信息	1062	Galileo 高频度钟差改正信息	1245
GLONASS 观测数据	1087	GOLNASS 轨道改正信息	1063	BDS 轨道改正信息	1258
Galileo 观测数据	1097	GOLNASS 钟差改正信息	1064	BDS 钟差改正信息	1259
BDS 观测数据	1127	GOLNASS 码偏差信息	1065	BDS 码偏差信息	1260
GPS 星历	1019	GOLNASS 轨道和钟差改正信息	1066	BDS 轨道和钟差改正信息	1261
GLONASS 星历	1020	GOLNASS 用户测距精度信息	1067	BDS 用户测距精度信息	1262
Galileo 星历	1045	GOLNASS 高频度钟差改正信息	1068	BDS 高频度钟差改正信息	1263
GPS 轨道改正信息	1057	Galileo 轨道改正信息	1240		
GPS 钟差改正信息	1058	Galileo 钟差改正信息	1241		

3. NMEA0183

NMEA0183 标准是美国国家航海电子协会为航海设备间通信所定义的一个数据协协，现已发展到 Version4. 10，目前所有的 GNSS 设备也都执行这一标准。该标准为 GNSS 设备的位置、时间、卫星状态、接收机状态等信息制定了专门语句，主要包括：

ALM：GPS Almance Data，GPS 星历数据信息；

GBS：GNSS Satellite Fault Detection，卫星质量检测信息；

GGA：Global Positioning System Fix Data，GPS 的定位信息；

GMP：GNSS Map Projection Fix Data，指定坐标系中的定位信息；

GNS：GNSS Fix Data，GNSS 的定位信息；

GRS：GNSS Range Residuals，GNSS 伪距残差信息；

GSA：GNSS DOP and Active Satellite，当前卫星 DOP 值信息；

GST：GNSS Pseudorange Error Statistics，GNSS 伪距误差统计信息；

GSV：GNSS Satellites in View，可见卫星信息；

MLA：GLONASS Almance Data，GLONASS 星历数据信息；

RMC：Recommended Minimum Specific GNSS Data，推荐的定位信息。

其中，以 GGA 最为常用，这也是 VRS 服务中流动站向服务器发送自己位置信息所用到的语句，采用 NMEA0183 的协议标准，其格式定义如下：

$GPGGA，<1>，<2>，<3>，<4>，<5>，<6>，<7>，<8>，<9>，<10>，<11>，<12>，<13>，<14>，*hh<CR><LF>

格式说明，参见表 8. 8。

表 8. 8 GGA 语句格式定义

$GPGGA	接收 GPS 语句的起始符
，	域分隔符
<1>	UTC 时间，hh mm ss 格式
<2>	经度，dd mm mmmm 格式(非 0)
<3>	经度方向 N 或 S
<4>	纬度，dd mm mmmm 格式(非 0)
<5>	纬度方向 E 或 W
<6>	GPS 定位状态
<7>	使用卫星号
<8>	精度百分比
<9>	海平面高度
<10>	海拔单位

续表

<11>	* 大地椭球面相对海平面的高度
<12>	WGS-84 水准面划分单位
<13>	差分 GPS 信息
<14>	差分站 ID 号 0000—123
* hh	校验和,即接收字符串的校验和
<CR><LF>	终止位

§8.7　本章小结

本章首先简要介绍了 GNSS 地基增强系统的国内外发展概况,系统组成与应用;接着介绍了 GNSS 差分定位类型及主要差分定位方法;在介绍了五种网络 RTK 技术,重点介绍了虚拟参考站技术的基本原理与关键算法,同时指出了现有网络 RTK 技术的应用难点;介绍了精密单点定位的数学模型与基于服务系统的实时精密单点定位技术;基于网络 RTK 与实时精密定位技术,提出区域/广域增强的 PPP-RTK 技术,重点介绍了其技术实现原理与区域增强 PPP-RTK 模糊度固定方法;最后,结合中国矿业大学北斗数据处理与分析中心平台,设计了基于广域与局域相结合的多模 GNSS 实时精密定位服务系统,重点介绍了该系统软、硬件平台,实时产品生成流程,系统总体设计与该增强网络的数据传输。本章内容旨在结合不同尺度的地面参考站网,生成多种实时服务产品,为用户提供多种模式下实时动态精密定位服务。

第 9 章 GNSS/INS 组合导航数据处理方法

§9.1 引 言

全球导航卫星系统(GNSS)和惯性导航系统(INS)在技术上具有天然的互补性,利用两种技术组合形成的组合导航系统(俗称 POS 系统)可方便快捷地获取任意移动载体的位置、速度以及姿态信息,该技术已成为目前使用最为广泛、用户认可程度最高的航空测量平台运动状态监测技术。因此,研究 GNSS/INS 组合导航中的关键技术,并在此基础上研制开发相应的高精度组合导航软件,不仅具有重要的科学意义,而且具有广泛的市场需求。

§9.2 组合定位中的卡尔曼滤波

9.2.1 标准卡尔曼滤波的基本方程

若动态系统的状态可由随时间变化的向量 $\boldsymbol{X}(t)$ 表示,且该动态系统随时间的变化符合一定的物理规律或数学表达,将这一规律用一阶线性微分方程式描述,其状态方程为(崔希璋 等,2001):

$$\dot{\boldsymbol{X}}(t)=\boldsymbol{F}(t)\boldsymbol{X}(t)+\boldsymbol{G}(t)\boldsymbol{w}(t) \tag{9.1}$$

式中,$\underset{n\times 1}{\boldsymbol{X}(t)}$ 为状态向量,$\underset{n\times n}{\boldsymbol{F}(t)}$ 为系统动态矩阵,$\underset{n\times r}{\boldsymbol{G}(t)}$ 为系统噪声驱动矩阵,$\underset{r\times 1}{\boldsymbol{w}(t)}$ 为噪声向量。

若给定起始时刻 $\boldsymbol{X}(t_0)$,则状态方程的解为:

$$\boldsymbol{X}(t)=\boldsymbol{\Phi}(t,t_0)\boldsymbol{X}(t_0)+\int_{t_0}^{t}\boldsymbol{\Phi}(t,\tau)\boldsymbol{G}(\tau)\boldsymbol{w}(\tau)\mathrm{d}\tau \tag{9.2}$$

式中,$\boldsymbol{\Phi}(t,t_0)$ 为以 $\boldsymbol{\Phi}(t_0,t_0)=E$ 为初始条件的微分方程,$\dot{\boldsymbol{\Phi}}(t,t_0)=\boldsymbol{F}(t)\boldsymbol{\Phi}(t,t_0)$ 的解。

若对该系统的状态进行观测,有如下观测方程式:

$$\boldsymbol{Z}(t)=\boldsymbol{H}(t)\boldsymbol{X}(t)+\boldsymbol{\Delta}(t) \tag{9.3}$$

式中,$\boldsymbol{Z}(t)$ 为观测向量,$\boldsymbol{H}(t)$ 为观测方程的设计矩阵,$\boldsymbol{\Delta}(t)$ 为观测噪声。

对于非连续系统,我们将系统状态离散化,离散化后的卡尔曼滤波状态方程为:

$$\boldsymbol{X}_k=\boldsymbol{\Phi}_{k-1,k}\boldsymbol{X}_{k-1}+\boldsymbol{G}_{k-1}\boldsymbol{W}_{k-1} \tag{9.4}$$

式中，$\boldsymbol{X}_{k-1}$ 为 $k-1$ 时刻系统之状态向量，$\boldsymbol{X}_k$ 为 k 时刻系统的状态向量，$\boldsymbol{\Phi}_{k,k-1}$ 为由 $k-1$ 时刻到 k 时刻系统的动态转移矩阵，$\boldsymbol{G}_{k-1}$ 为 $k-1$ 时刻系统的噪声驱动矩阵，$\boldsymbol{W}_{k-1}$ 为噪声向量。

若 k 时刻该系统的有如下观测方程：

$$\boldsymbol{Z}_k=\boldsymbol{H}_k\boldsymbol{X}_k+\boldsymbol{\Delta}_k \tag{9.5}$$

式中，$\underset{m\times 1}{\boldsymbol{Z}_k}$ 为 k 时刻系统观测向量，$\underset{m\times n}{\boldsymbol{H}_k}$ 为 k 时刻系统观测方程的设计矩阵，$\underset{m\times 1}{\boldsymbol{\Delta}_k}$ 为 k 时刻系统观测方程的噪声向量。

标准卡尔曼滤波可分为一步预测方程：

$$\boldsymbol{X}_{k,k-1}=\boldsymbol{\Phi}_{k,k-1}\boldsymbol{X}_{k-1} \tag{9.6}$$

$$\boldsymbol{P}_{k,k-1}=\boldsymbol{\Phi}_{k,k-1}\boldsymbol{P}_{k-1}\boldsymbol{\Phi}_{k,k-1}^{T}+\boldsymbol{Q}_k \tag{9.7}$$

与一步更新方程：

$$\boldsymbol{X}_{k,k}=\boldsymbol{X}_{k,k-1}+\boldsymbol{K}_k(\boldsymbol{Z}_k-\boldsymbol{H}_k\boldsymbol{X}_{k,k-1}) \tag{9.8}$$

$$\boldsymbol{K}_k=\boldsymbol{P}_{k,k-1}\boldsymbol{H}_k^{\mathrm{T}}(\boldsymbol{H}_k\boldsymbol{P}_{k-1,k-1}\boldsymbol{H}_k^{\mathrm{T}}+\boldsymbol{R}_k)^{-1} \tag{9.9}$$

$$\boldsymbol{P}_k=(\boldsymbol{I}-\boldsymbol{K}_k\boldsymbol{H}_k)\boldsymbol{P}_{k,k-1} \tag{9.10}$$

其中：

$$\boldsymbol{\Phi}_{k,k-1}=\mathrm{e}^{\boldsymbol{F}_k\Delta t}\approx\boldsymbol{I}+\boldsymbol{F}_k\Delta t \tag{9.11}$$

$$\boldsymbol{Q}_k\approx(\boldsymbol{G}_k\boldsymbol{Q}\boldsymbol{G}_k^{\mathrm{T}}+\boldsymbol{\Phi}_{k,k-1}\boldsymbol{G}_k\boldsymbol{Q}\boldsymbol{G}_k^{\mathrm{T}}\boldsymbol{\Phi}_{k,k-1}^{\mathrm{T}})\Delta t/2 \tag{9.12}$$

9.2.2　扩展卡尔曼滤波

经典卡尔曼滤波要求系统状态方程和观测方程均为线性方程，但在工程实践中，系统的物理模型有时需要用非线性方程来描述，而且很多情况下，系统的观测方程也多为非线性的。如 GPS 单点定位和差分定位的方程都是非线性方程，若仍然使用线性卡尔曼滤波方程来估计系统状态，则必须对非线性状态方程和观测方程进行线性化，并导出适合这种新情况的线性卡尔曼滤波的新形式。本节介绍卡尔曼滤波线性化的两种方法：一种是按系统标称状态线性化，另一种是围绕最优状态估计的线性化（也称广义卡尔曼滤波或扩展卡尔曼滤波）。在离散型按标称状态进行卡尔曼滤波和广义卡尔曼滤波的一般方程基础上，给出 INS 误差状态方程以及误差校正方法的一般性解释。

不考虑系统控制输入，并假设系统噪声为线性的，给出非线性系统的卡尔曼滤波的一般形式如下（孙红星，2004）：

$$\begin{aligned}\dot{\boldsymbol{X}}(t)&=f[\boldsymbol{X}(t),t]+\boldsymbol{G}(t)\boldsymbol{W}(t)\\ \boldsymbol{Z}(t)&=h[\boldsymbol{X}(t),t]+\boldsymbol{\Delta}(t)\end{aligned} \tag{9.13}$$

1. 按标称状态线性化

一般地，我们把式（9.13）的真实解称 $\boldsymbol{X}(t)$ 为“真轨迹”或“真状态”。若不考虑观测噪声与系统噪声，可得到系统的“标称轨迹”或“标称状态” $\boldsymbol{X}^n(t)$、$\boldsymbol{Z}^n(t)$：

$$\dot{\boldsymbol{X}}^n(t)=f[\boldsymbol{X}^n(t),t] \tag{9.14}$$

$$\boldsymbol{Z}^n(t)=h[\boldsymbol{X}^n(t),t] \tag{9.15}$$

记非线性系统的真轨迹与标称轨迹之偏差为：

$$\Delta\boldsymbol{X}(t)=\boldsymbol{X}(t)-\boldsymbol{X}^n(t) \tag{9.16}$$

$$\Delta\boldsymbol{Z}(t)=\boldsymbol{Z}(t)-\boldsymbol{Z}^n(t) \tag{9.17}$$

如果这些偏差足够小，那么，可围绕标称状态把式(9.13)中 $\boldsymbol{X}(t)$和 $\boldsymbol{Z}(t)$展开成泰勒级数，并取一阶近似值得：

$$\dot{\boldsymbol{X}}(t)=f[\boldsymbol{X}(t),t]|_{\boldsymbol{X}(t)=\boldsymbol{X}^n(t)}+\left.\frac{\partial f[\boldsymbol{X}(t),t]}{\partial\boldsymbol{X}(t)}\right|_{\boldsymbol{X}(t)=\boldsymbol{X}^n(t)}g\Delta\boldsymbol{X}(t)+\boldsymbol{G}(t)\boldsymbol{W}(t) \tag{9.18}$$

$$\boldsymbol{Z}(t)=h[\boldsymbol{X}(t),t]|_{\boldsymbol{X}(t)=\boldsymbol{X}^n(t)}+\left.\frac{\partial h[\boldsymbol{X}(t),t]}{\partial\boldsymbol{X}(t)}\right|_{X(t)=X^n(t)}g\Delta\boldsymbol{Z}(t)+\boldsymbol{\Delta}(t) \tag{9.19}$$

将式(9.16)、式(9.17)代入式(9.18)、式(9.19)得：

$$\Delta\dot{\boldsymbol{X}}(t)=\boldsymbol{F}^n(t)\Delta\boldsymbol{X}(t)+\boldsymbol{G}(t)\boldsymbol{W}(t) \tag{9.20}$$

$$\Delta\boldsymbol{Z}(t)=\boldsymbol{H}^n(t)g\boldsymbol{\Delta}X(t)+\boldsymbol{\Delta}(t) \tag{9.21}$$

我们将这种以理论解与实际解之差的线性微分方程称为“线性干扰方程”或“扰动方程”。

对该方程离散化：

$$\Delta\boldsymbol{X}_k=\boldsymbol{\Phi}^n_{k,k-1}\Delta\boldsymbol{X}_{k-1}+\boldsymbol{G}_{k-1}\boldsymbol{W}_{k-1} \tag{9.22}$$

$$\Delta\boldsymbol{Z}=\boldsymbol{H}^n_k g\,\Delta\boldsymbol{X}_k+\boldsymbol{\Delta}_k \tag{9.23}$$

其中：

$$\boldsymbol{\Phi}^n_{k,k-1}=\mathrm{e}^{\boldsymbol{F}^n(t_{k-1})\Delta t}\approx\boldsymbol{I}+\boldsymbol{F}^n(t_{k-1})\Delta t$$

由离散型线性卡尔曼滤波的方法，离散型线性扰动偏差的一步预测方程为：

$$\Delta\hat{\boldsymbol{X}}_{k,k-1}=\boldsymbol{\Phi}^n_{k,k-1}\Delta\hat{\boldsymbol{X}}_{k-1} \tag{9.24}$$

$$\boldsymbol{P}_{k,k-1}=\boldsymbol{\Phi}^n_{k,k-1}\boldsymbol{P}_{k-1}\boldsymbol{\Phi}^{n\mathrm{T}}_{k,k-1}+\boldsymbol{Q}_k \tag{9.25}$$

一步更新方程为：

$$\Delta\hat{\boldsymbol{X}}_{k,k}=\Delta\hat{\boldsymbol{X}}_{k,k-1}+\boldsymbol{K}_k(\Delta\boldsymbol{Z}_k-\boldsymbol{H}_k\Delta\hat{\boldsymbol{X}}_{k,k-1}) \tag{9.26}$$

$$\boldsymbol{K}_k=\boldsymbol{P}_{k,k-1}\boldsymbol{H}^{n\mathrm{T}}_k(\boldsymbol{H}^n_k\boldsymbol{P}_{k-1,k-1}\boldsymbol{H}^{n\mathrm{T}}_k+\boldsymbol{R}_k)^{-1} \tag{9.27}$$

$$\boldsymbol{P}_k=(\boldsymbol{I}-\boldsymbol{K}_k\boldsymbol{H}^n_k)\boldsymbol{P}_{k,k-1} \tag{9.28}$$

其中：

$$\boldsymbol{\Phi}^n_{k,k-1}=\mathrm{e}^{\boldsymbol{F}^n(t_{k-1})\Delta t}\approx\boldsymbol{I}+\boldsymbol{F}^n(t_{k-1})\Delta t \tag{9.29}$$

$$\boldsymbol{Q}_k\approx(\boldsymbol{G}_k\boldsymbol{Q}\boldsymbol{G}^{\mathrm{T}}_k+\boldsymbol{\Phi}_{k,k-1}\boldsymbol{G}_k\boldsymbol{Q}\boldsymbol{G}^{\mathrm{T}}_k\boldsymbol{\Phi}^{\mathrm{T}}_{k,k-1})\Delta t/2 \tag{9.30}$$

不难求得，状态向量的最优滤波估值为：

$$\hat{\boldsymbol{X}}_k=\boldsymbol{X}^n_k+\Delta\boldsymbol{X}_k \tag{9.31}$$

这里围绕“标称状态”线性化卡尔曼滤波做几点说明：

(1)标称状态的求解采用将微分方程转化为积分方程的一般性解法：

$$\begin{cases} \boldsymbol{X}_k^n = \boldsymbol{X}_{k-1}^n + f[\boldsymbol{X}^n(t_{k-1}), t_{k-1}]\Delta t \\ \boldsymbol{X}_0^n = \boldsymbol{X}_0 \end{cases}$$

(2)“标称状态”与真实解的偏差，随滤波时间的延长而增长，当这一偏差不再“足够小”时，将破坏泰勒级数展开式取一阶近似的条件，引入过大的线性化误差，可能导致滤波发散。

2. 按状态最优估计线性化——广义卡尔曼滤波

围绕最优状态估计 $\hat{\boldsymbol{X}}(t)$ 或 $\hat{\boldsymbol{X}}_k$ 对非线性卡尔曼滤波线性化的方法称为广义卡尔曼滤波或扩展卡尔曼滤波(extended Kalman filter，EKF)。现定义真实轨迹与标称轨迹的偏差为：

$$\delta\boldsymbol{X}(t) = \boldsymbol{X}(t) - \hat{\boldsymbol{X}}^n(t) \tag{9.32}$$

$$\delta\boldsymbol{Z}(t) = \boldsymbol{Z}(t) - \hat{\boldsymbol{Z}}^n(t) \tag{9.33}$$

或

$$\delta\boldsymbol{X}_k = \boldsymbol{X}_k - \hat{\boldsymbol{X}}_k^n \tag{9.34}$$

$$\delta\boldsymbol{Z}_k = \boldsymbol{Z}_k - \hat{\boldsymbol{Z}}_k^n \tag{9.35}$$

其中，$\hat{\boldsymbol{X}}^n(t)$为非线性系统微分方程以某时刻的最优估计 $\hat{\boldsymbol{X}}(t_0)$为初值得到的积分值：

$$\begin{cases} \dot{\hat{\boldsymbol{X}}}^n(t) = f[\hat{\boldsymbol{X}}^n(t), t] \\ \hat{\boldsymbol{X}}^n(t_0) = \hat{\boldsymbol{X}}(t_0) \end{cases}$$

$\hat{X}_k^n$ 为系统状态 X_k 的一步预测值：

$$\hat{\boldsymbol{X}}_k^n = \hat{\boldsymbol{X}}_{k,k-1} = \hat{\boldsymbol{X}}_{k-1} + f[\hat{\boldsymbol{X}}_{k-1}, t_{k-1}] \cdot \Delta t \tag{9.36}$$

类似地，得到形如式(9.20)、式(9.21)的线性连续卡尔曼滤波方程：

$$\begin{aligned} \delta\dot{\boldsymbol{X}}(t) &= \boldsymbol{F}(t)\delta\boldsymbol{X}(t) + \boldsymbol{G}(t)\boldsymbol{W}(t) \\ \delta\boldsymbol{Z}(t) &= \boldsymbol{H}(t) \cdot \delta\boldsymbol{X}(t) + \boldsymbol{\Delta}(t) \end{aligned} \tag{9.37}$$

同样，可得形如式(9.22)、式(9.23)的线性化后的离散卡尔曼滤波方程式：

$$\delta\boldsymbol{X}_k = \boldsymbol{\Phi}_{k,k-1}\delta\boldsymbol{X}_{k-1} + \boldsymbol{G}_{k-1}\boldsymbol{W}_{k-1} \tag{9.38}$$

$$\delta\boldsymbol{Z}_k = \boldsymbol{H}_k \cdot \delta\boldsymbol{X}_k + \boldsymbol{\Delta}_k \tag{9.39}$$

一步预测方程：

$$\delta\hat{\boldsymbol{X}}_{k,k-1} = \boldsymbol{\Phi}_{k,k-1}\delta\hat{\boldsymbol{X}}_{k-1} \tag{9.40}$$

$$\boldsymbol{P}_{k,k-1} = \boldsymbol{\Phi}_{k,k-1}\boldsymbol{P}_{k-1}\boldsymbol{\Phi}_{k,k-1}^{\mathrm{T}} + \boldsymbol{Q}_k \tag{9.41}$$

一步更新方程：

$$\delta\hat{\boldsymbol{X}}_{k,k} = \delta\hat{\boldsymbol{X}}_{k,k-1} + \boldsymbol{K}_k(\delta\boldsymbol{Z}_k - \boldsymbol{H}_k\delta\hat{\boldsymbol{X}}_{k,k-1}) \tag{9.42}$$

$$\boldsymbol{K}_k = \boldsymbol{P}_{k,k-1}\boldsymbol{H}_k^{\mathrm{T}}(\boldsymbol{H}_k\boldsymbol{P}_{k-1,k-1}\boldsymbol{H}_k^{\mathrm{T}} + \boldsymbol{R}_k)^{-1} \tag{9.43}$$

$$\boldsymbol{P}_k = (\boldsymbol{I} - \boldsymbol{K}_k\boldsymbol{H}_k)\boldsymbol{P}_{k,k-1} \tag{9.44}$$

其中：

$$\delta \boldsymbol{Z}_k = \boldsymbol{Z}_k - h[\hat{\boldsymbol{X}}_{k,k-1}, k] \tag{9.45}$$

利用间接法求得的最优滤波估值 $\delta\hat{\boldsymbol{X}}_k$、系统状态 $\hat{\boldsymbol{X}}_k$ 的一步预测值 $\hat{\boldsymbol{X}}_{k,k-1}$：

$$\hat{\boldsymbol{X}}_k = \hat{\boldsymbol{X}}_{k,k-1} + \delta\hat{\boldsymbol{X}}_k \tag{9.46}$$

由式(9.36)可知：

$$\delta\hat{\boldsymbol{X}}_{k-1} = \hat{\boldsymbol{X}}_{k-1} - \hat{\boldsymbol{X}}^n_{k-1} = 0$$

一步更新方程可简写为：

$$\delta\hat{\boldsymbol{X}}_{k,k} = \boldsymbol{K}_k \delta\boldsymbol{Z}_k \tag{9.47}$$

$$\boldsymbol{K}_k = \boldsymbol{P}_{k,k-1}\boldsymbol{H}_k^{\mathrm{T}}(\boldsymbol{H}_k\boldsymbol{P}_{k-1,k-1}\boldsymbol{H}_k^{\mathrm{T}} + \boldsymbol{R}_k)^{-1} \tag{9.48}$$

$$\boldsymbol{P}_k = (\boldsymbol{I} - \boldsymbol{K}_k\boldsymbol{H}_k^n)\boldsymbol{P}_{k,k-1} \tag{9.49}$$

这里对广义卡尔曼滤波做几点说明：

(1)按最优估计值线性化得到的编程轨迹为分段连续的曲线，该轨迹与真值的偏差满足随时间积累的误差偏差“足够小”的条件，提高了泰勒级数一次近似展开与线性化的精度，在实际工程中更常用。

(2)对于 GPS/INS 组合导航而言，INS 力学编排导航方程描述了导航参数(位置、速度、姿态、比力、角速度)之间的函数关系，若其中位置、速度、姿态为物理参数，则导航方程为如下形式的非线性微分方程：

$$\dot{x}_1(t) = f(x_1(t), x_2(t), t) \tag{9.50}$$

导航方程进行力学编排得到标称轨迹 $x_1^n(t)$，其与真实轨迹的偏差为：

$$\delta x_1(t) = x_1 - x_1^n(t) \tag{9.51}$$

误差状态方程为：

$$\begin{aligned}\delta\dot{x}_1(t) &= \dot{x}_1 - \dot{x}_1^n(t) = \left.\frac{\partial f}{\partial x_1}\right|_{x_1=x_1^n} \cdot \delta x_1(t) + \left.\frac{\partial f}{\partial x_2}\right|_{x_1=x_1^n} \cdot \delta x_2(t) \\ &= F_1(t)\delta x_1(t) + G_1(t)W(t)\end{aligned} \tag{9.52}$$

式中，$F_1(t)$、$G_1(t)$ 只与物理参数的取值有关。

INS 元件误差为随机误差，可用一阶 GM 过程描述，其微分方程为线性的，即：

$$\delta\dot{x}_2(t) = F_2(t) \cdot \delta x_1(t) + G_2(t)W(t) \tag{9.53}$$

若采用开环校正模式，标称轨迹 $x_1^n(t)$ 由 INS 力学编排得到，此时卡尔曼滤波为按编程轨迹线性化的卡尔曼滤波；若采用闭环校正模式，将卡尔曼滤波估计得到的位置误差、速度误差、姿态误差、惯性元件误差偏置反馈至 INS 力学编排，标称轨迹 $x_1^n(t)$ 为一步预测值，其本质上为最优状态估计线性化的离散型卡尔曼滤波，其与扩展卡尔曼滤波在本质上是一致的。

§9.3 机载高精度 GPS/INS 组合导航的数学模型

GPS/INS 组合导航一般采用卡尔曼滤波技术。按照滤波估计内容分，可分为直接法和间接法；按照系统误差校正方式的不同，可分为输出（开环）校正和反馈（闭环）校正；从组合的模型讲，可分为松组合与紧组合。本节在介绍 GPS/INS 组合导航卡尔曼滤波的通用状态方程后，给出 GPS/INS 松组合的数学模型，并分析两种误差校正方法的优缺点。

9.3.1 卡尔曼滤波组合导航的通用状态方程

已知地固坐标系下卡尔曼滤波组合导航的通用状态方程为：

$$\begin{bmatrix}\delta\dot{r}^e\\ \delta\dot{v}^e\\ \dot{\varepsilon}^e\\ \delta\dot{b}_a\\ \delta\dot{b}_g\end{bmatrix}=\begin{bmatrix}0 & I & 0 & 0 & 0\\ N^e & -2\Omega_{ie}^e & -F^e & R_b^e & 0\\ 0 & 0 & -\Omega_{ie}^e & 0 & R_b^e\\ 0 & 0 & 0 & -1/t_{wa} & 0\\ 0 & 0 & 0 & 0 & -1/t_{wg}\end{bmatrix}\begin{bmatrix}\delta r^e\\ \delta v^e\\ \varepsilon^e\\ \delta b_a\\ \delta b_g\end{bmatrix}+\begin{bmatrix}0 & R_b^e & 0 & 0\\ R_b^e & 0 & 0 & 0\\ 0 & 0 & I & 0\\ 0 & 0 & 0 & I\end{bmatrix}\begin{bmatrix}\eta_a\\ \eta_g\\ \eta_{aM}\\ \eta_{gM}\end{bmatrix} \tag{9.54}$$

式中，δb_a、δb_g 为加速度计偏置与陀螺仪漂移，η_a、η_g 为加速度计随机游走与陀螺角速度随机游走，η_{aM} 与 η_{gM} 为加速度计与陀螺仪的一阶马尔可夫过程驱动白噪声，t_{wa} 与 t_{wg} 分别为对应的马尔可夫相关时间。

加速度计随机游走、陀螺角速度随机游走、加速度计一阶 GM 过程驱动白噪声、陀螺仪一阶 GM 过程驱动白噪声的功率谱密度矩阵 $\boldsymbol{Q}(t)$ 为：

$$\boldsymbol{Q}(t)=\mathrm{diag}(\underset{3\times3}{\boldsymbol{q}_a},\underset{3\times3}{\boldsymbol{q}_g},\underset{3\times3}{\boldsymbol{q}_{ba}},\underset{3\times3}{\boldsymbol{q}_{bg}}) \tag{9.55}$$

在 t 时刻第 k 历元惯导系统精对准的卡尔曼滤波误差状态方程可简写为：

$$\dot{\boldsymbol{X}}_k=\boldsymbol{F}_k\boldsymbol{X}_k+\boldsymbol{G}_k\boldsymbol{W}_k \tag{9.56}$$

式中，$\boldsymbol{F}_k$ 为连续系统的状态转移矩阵，$\boldsymbol{G}_k$ 为系统的动态噪声矩阵，$\boldsymbol{W}_k$ 为系统的白噪声矢量，$\boldsymbol{X}_k$ 为 15 维状态向量。

将式(9.56)离散化，可得：

$$\boldsymbol{X}_k=\boldsymbol{\Phi}_{k,k-1}\boldsymbol{X}_{k-1}+\boldsymbol{G}_k\boldsymbol{w}_k \tag{9.57}$$

$$\boldsymbol{w}_k\sim(0,\boldsymbol{Q}_k) \tag{9.58}$$

式中，$\boldsymbol{X}_k$、$\boldsymbol{X}_{k-1}$ 分别为 k 和 $k-1$ 历元的状态向量，$\boldsymbol{w}_k$ 为动力学模型噪声向量，$\boldsymbol{\Phi}_{k,k-1}$ 为离散化后的状态转移矩阵，具体表达式为：

$$\boldsymbol{\Phi}_{k,k-1}=\mathrm{e}^{\boldsymbol{F}_k\Delta t}\approx\boldsymbol{I}+\boldsymbol{F}_k\Delta t \tag{9.59}$$

$$\boldsymbol{Q}_k\approx(\boldsymbol{G}_k\boldsymbol{Q}\boldsymbol{G}_k^{\mathrm{T}}+\boldsymbol{\Phi}_{k,k-1}\boldsymbol{G}_k\boldsymbol{Q}\boldsymbol{G}_k^{\mathrm{T}}\boldsymbol{\Phi}_{k,k-1}^{\mathrm{T}})\Delta t/2 \tag{9.60}$$

式中，$\boldsymbol{Q}$ 为 $\boldsymbol{W}_k$ 的白噪声功率谱密度。

9.3.2 卡尔曼滤波松组合的观测方程

卡尔曼滤波松组合直接用 DGPS 得到的位置与速度结果作为观测量，其观测方程为：

$$\delta \boldsymbol{Z}_k = \boldsymbol{H}_k \cdot \delta \boldsymbol{X}_k + \boldsymbol{\Delta}_k \tag{9.61}$$

其中：

$$\boldsymbol{H}_k \equiv \begin{bmatrix} \underset{3\times3}{I} & \underset{3\times3}{0} & \underset{3\times9}{0} \\ \underset{3\times3}{0} & \underset{3\times3}{I} & \underset{3\times9}{0} \end{bmatrix}$$

$$\delta \boldsymbol{Z}_k = \begin{bmatrix} r^e_{\mathrm{GPS}} - r^e_{\mathrm{INS}} \\ v^e_{\mathrm{GPS}} - v^e_{\mathrm{INS}} \end{bmatrix}$$

图 9.1 为差分载波相位多普勒 GPS/INS 松组合导航的流程图。

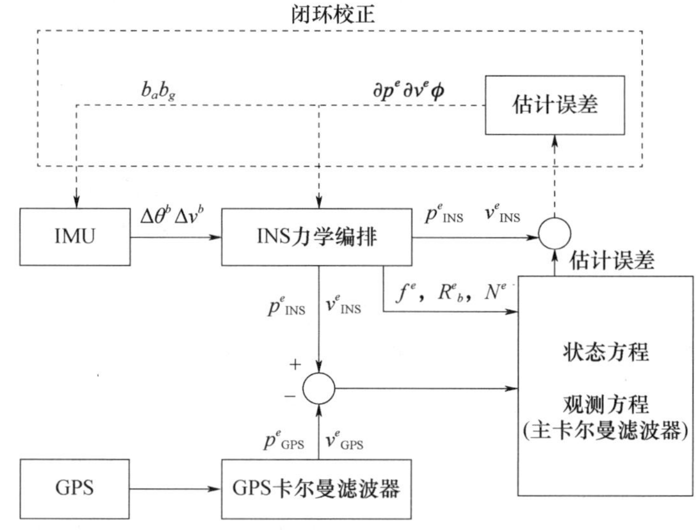

图 9.1 差分载波相位多普勒 GPS/INS 松组合导航流程

9.3.3 INS 误差校正方式

GPS/INS 松组合导航为 GPS 辅助惯导模式，即利用 DGPS 得到的定位与定速结果作为观测值，估计组合导航参数的误差，校正 INS 力学编排得到的导航结果。根据校正方式不同，可分为开环校正与闭环校正两种方式。开环校正是用卡尔曼滤波的误差估计值对 INS 的导航结果进行校正，但是对 INS 内部的误差状态并不做调整。闭环校正就是将卡尔曼滤波的误差估值反馈到 INS 系统内部对误差状态进行校正，在力学编排中校正惯性元件的输出，从而校正姿态矩阵以及位置和速度。

由 § 9.2 分析可知，对于精度较低的 INS 应尽量使用闭环校正，否则惯性器件的积累误差将使标称轨迹（未校正的力学编排结果）远远偏离其真实轨迹，引入不可容忍的线性化误差；对于机载高精度 GPS/INS 组合导航，从滤波开始阶段到滤波器稳定阶段有一段时间，这段时间内滤波器所估计得到的系统误差参数不准确。若在滤波初期便将第一步得到的估计值反馈回惯导系统，再将下一步的预测值置零，会使导航误差逐渐偏离，并将导致整个系统的精度降低，因此采用混合校正（马云峰，2006）的方法。

§9.4　机载高精度 GPS/INS 定位、定速与定姿软件开发

9.4.1　软件总体设计

笔者利用 VC＋＋2005 设计开发了机载高精度 GPS/INS 组合导航软件，目前该软件包含 INS 初始自对准、纯惯性导航、GPS 定位与定速、GPS/INS 松组合导航四个功能。输入包括 GPS 数据、IMU 数据。GPS 模块与 INS 模块相互独立时，采用开环校正方式；若采用闭环校正方式，组合导航得到的陀螺漂移与加速度计漂移反馈至 INS 力学编排中。软件总体设计框架如图 9.2 所示。

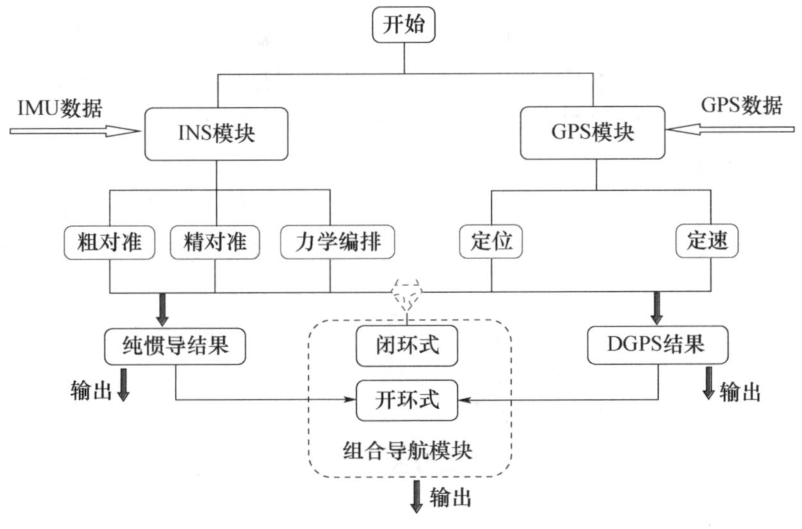

图 9.2　软件总体流程

1. INS 模块

INS 模块包含惯性导航系统初始姿态粗对准（九参数法、三参数法可选）、卡尔曼滤波姿态精对准（地固系、当地水平坐标系可选）、力学编排（开环式、闭环式可选）三个功能。具体见图 9.3 所示。

2. GPS 模块

GPS 模块目前仅支持 GPS/INS 松组合，对于差分用户，GPS 模块由 XHG-NSS V1.0（王潜心 等，2011a）提供 GPS 定位与定速结果。

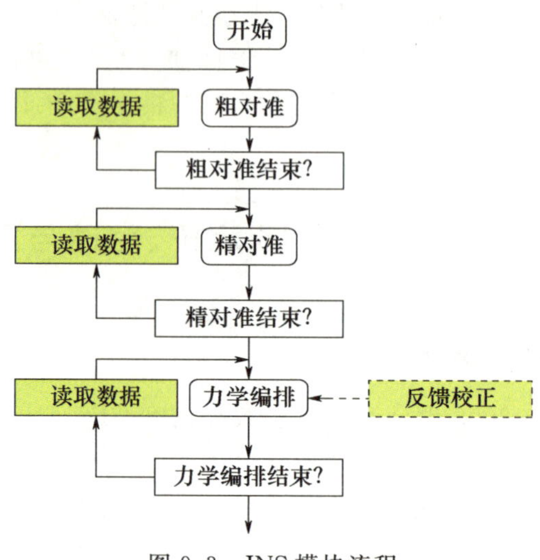

图 9.3 INS 模块流程

3. 组合导航模块

组合导航模块是在地固坐标系下进行的，GPS 输出地固坐标系下的坐标，直接对惯性导航解算进行校正，一方面对 INS 力学编排的结果进行校正，另一方面在航估计惯性导航元件的漂移，并反馈 INS 力学编排模块。

4. 输入与输出

本软件包含纯惯导模式、单 GPS 模式、组合导航模式。纯惯导模式输出 INS 力学编排结果，单 GPS 模式输出 DGPS 定位与定速结果，组合导航模式输出 GPS/INS 松组合导航的结果。

需要输入文件主要包括以下四类：

(1)GPS 基准站的原始观测值。

(2)GPS 流动站的原始观测值。

(3)GPS 卫星星历，可以是导航星历或者精密星历。

(4)INS 原始观测值。

本软件可输出文件包括：

(1)GPS 定位与定速结果。

(2)INS 初始对准结果(.ALG)。

(3)INS 力学编排结果(.INS;INS—Only)。

(4)GPS/INS 组合导航结果(.IGI)。

具体文件格式定义见表 9.1、表 9.2 和表 9.3。

表 9.1　GPS 数据规范

行	描述	内容
1	—	GPS start time(seconds),GPS end time(seconds),base satellite PRN
2	—	Code measurement type(0-CA,1-L1,2-L2),carrier phase measurement type (0,1-L1,2-L2,3-widelane),GPS time type(1-transmit time,receive time)
3	—	Cut off evaluation (degree),tropospheric correction flag(0-NO,1-YES)
4	Coordinates of the monitor station	Coordinate type(0-geocentric, 1-ellipsoidal), x(latitude), y(longitude), z(height)
5	Approximate coordinates the of remote station	Coordinate type(0-geocentric, 1-ellipsoidal), x(latitude), y(longitude), z(height)
6	—	Satellites to be rejected in the data process,space delimited
7	—	GPS static start time(seconds),GPS static end time(seconds)
8	—	A full file path to the GPS data of the base station
9	—	A full file path to the GPS data of the remote station
10	—	A full file pat to the GPS ephemeris data

表 9.2　INS 数据规范

行	描述	内容
1	—	A full path to the IMU data
2	—	INS start time(seconds),fine alignment period(seconds)
3	Initial variances for the Kalman filter	Misalignment x(degree^2), y(degree^2), z(degree^2), latitude(m^2), longitude(m^2), north velocity x((m/s)^2), south velocity((m/s)^2), height (m^2), vertical velocity((m/s)^2), gyro drift x((degree/hr)^2), gyro drift y((degree/hr)^2), gyro drift z((degree/hr)^2), accl. bias x((m/s)^2), accl. bias y((m/s)^2), accl. bias z((m/s)^2)
4	System disturbance specification (spectral densities)	Misalignment x(degree^2), y(degree^2), z(degree^2), latitude(m^2), longitude(m^2), north velocity x((m/s)^2), south velocity((m/s)^2), height (m^2), vertical velocity((m/s)^2), gyro drift x((degree/hr)^2), gyro drift y((degree/hr)^2), gyro drift z((degree/hr)^2), accl. bias x((m/s)^2), accl. bias y((m/s)^2), accl. bias z((m/s)^2)
5	ZUPT variances	Variance((m/s)^2)
6	Lever arm configuration	X (m), Y(m), Z(m)
7	Correlation time of gyro drift and accelerometer bias	Gyro x(seconds), y(seconds), z(seconds), accelerometer x(seconds), y(seconds), z(seconds)

表 9.3 输出文件格式

输出文件	描述	内容
*.GPS	GPS navigation solution	GPS time(seconds), latitude(degree), variance (m), longitude (degree), variance(m^2), height(m^2), variance(m^2), height(m^2), variance(m^2), north velocity(m/s), variance($(m/s)^2$), south velocity(m/s), variance($(m/s)^2$), vertical velocity(m/s), variance($(m/s)^2$)
*.ALG	INS fine alignment results	GPS time(seconds), roll(degree), variance($degree^2$), pitch (degree), variance($degree^2$), yaw(degree), variance($degree^2$)
*.INS	INS stand-alone solution	GPS time(seconds), latitude(degree), longitude (degree), height(m^2), north velocity(m/s), south velocity(m/s), variance($(m/s)^2$), vertical velocity(m/s), roll(degree), pitch (degree), yaw(degree)
*.IGI	GPS/INS integration results	GPS time(seconds), latitude(degree), variance (m), longitude (degree), variance(m^2), height(m^2), variance(m^2), north velocity(m/s), variance($(m/s)^2$), south velocity(m/s), variance($(m/s)^2$), vertical velocity(m/s), variance($(m/s)^2$), roll(degree), variance($degree^2$), pitch (degree), variance($degree^2$), yaw(degree), variance($degree^2$)

9.4.2 机载动态实验与结果分析

为验证本书算法的有效性，笔者用自编软件处理了一组机载实测 POS 数据。数据由中国测绘科学研究院四维远见公司提供，来自 2011 年 8 月 25 日进行的航空摄影测量实际航飞项目，机身搭载有 POS 系统，在航时间约为 2.6 h。POS 硬件系统包含两台 GPS 接收机（型号 Trimble 5700，基准站与流动站），以及中国电子科技集团第 24 研究所研发的国产导航级激光惯导系统。IMU 三轴的指向为 X 轴向前、Y 轴向上、Z 轴向右（图 9.4），IMU 质心相对于 GPS 接收机天线相位中心的臂长为 1.325 m。图 9.5 给出了由差分 GPS 定位得到平面与高程轨迹。

图 9.4 IMU 载体坐标系三轴方位示意

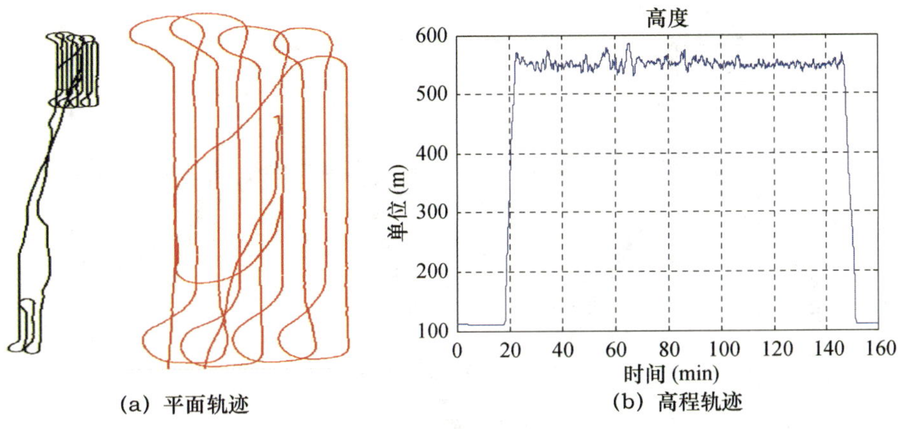

图 9.5　飞行轨迹

为验证本书算法的的定位、定速、定向精度，笔者用 GrafNAV 软件处理了差分 GPS 数据，并将 GrafNAV 后处理软件的定位定速结果与 IMU 数据输入 IE (Inertial Explorer Software，NovAtel Corporation)软件，在松组合模式下进行组合导航。从以下几个方面验证本软件的有效性：

(1)在输出(开环)校正模式下进行 GPS/INS 松组合数据处理，比较纯惯性导航力学编排与 DGPS 定位定速结果，以验证本书力学编排算法的有效性。

(2)比较本书算法的 DGPS 定位定速结果与 GrafNAV 软件处理得到的 DGPS 定位定速结果，验证本书 DGPS 算法的有效性。

(3)同样采用 GrafNAV 软件处理得到的 DGPS 定位定速结果与 IMU 原始观测数据，分别用本书提供的 GPS/INS 松组合算法与 IE 软件处理，比较本书算法与 IE 软件组合导航定位、定速、定姿结果，以验证本书 GPS/INS 组合导航算法的有效性。

1. INS 模块算法测试

INS 模块包括初始对准与力学编排。图 9.6 和图 9.7 给出了 INS 力学编排的水平方向位置与速度误差，误差漂移基本符合舒勒振荡周期(84.4 min)。

2. GPS 模块算法测试

下面给出了三组机载 GPS 相对定位、定速结果。

1)机载实验 Ⅰ

第一组为德国 2008-09-25 机载数据，图 9.8 和图 9.9 分别为飞行平面与高程轨迹图。图 9.10 为 XHGNSS V1.0 结果与 TRACK 软件的差值，不难发现二者之间存在系统性偏差(E、N、U 方向上平均偏差为 0.141 m、0.007 m、−0.319 m)，去除平均平差后的标准差分别为 1.9 cm、3.9 cm、3.8 cm；图 9.11 为 XHGNSS

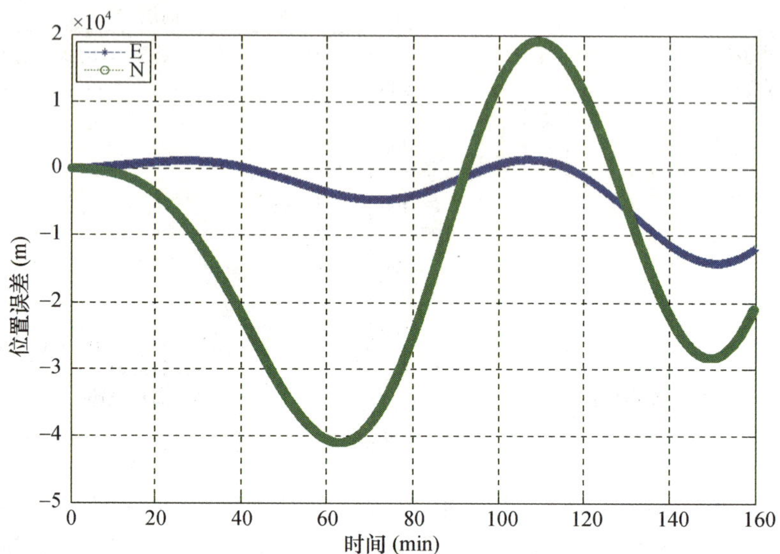

图 9.6 INS 力学编排的水平方向位置误差

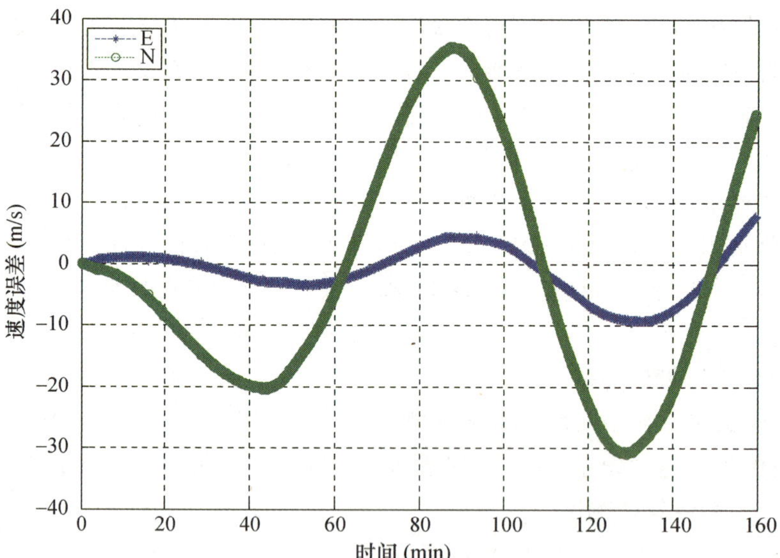

图 9.7 INS 力学编排的水平方向速度误差

V1.0 结果与 TGO 软件的差值，不难发现二者之间存在系统性偏差（E、N、U 方向上平均偏差为 0.139 m、0.004 m、−0.146 m），去除平均平差后的标准差分别为 2.6 cm、3.8 cm、7.8 cm。

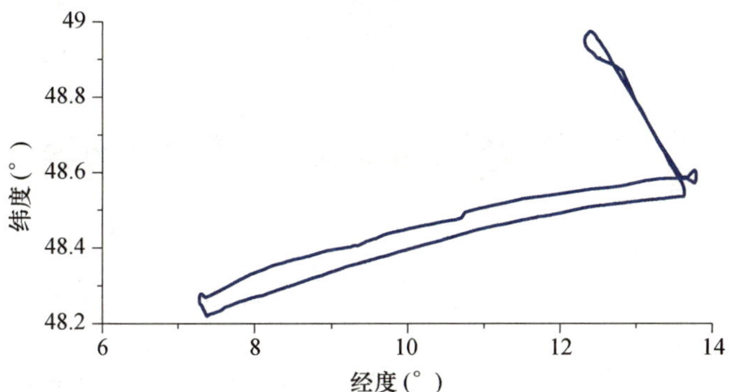

图 9.8　德国 2008-09-25 机载动态数据的平面轨迹

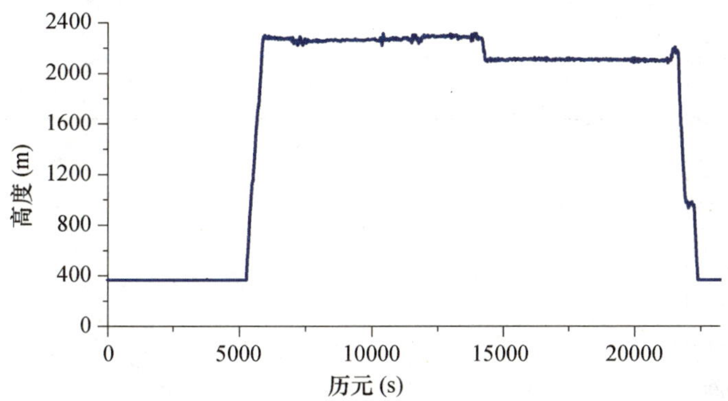

图 9.9　德国 2008-09-25 机载动态数据的高程轨迹

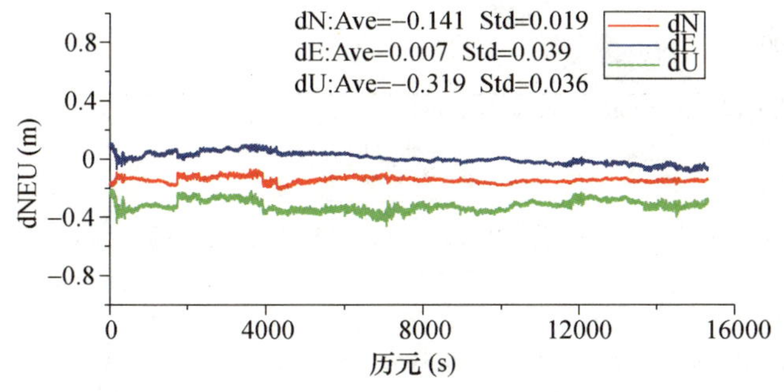

图 9.10　德国 2008-09-25 机载数据定位结果与 TRACK 软件比较

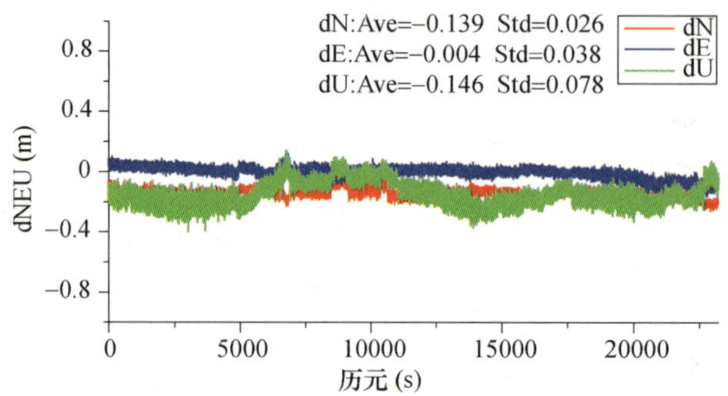

图 9.11　德国 2008-09-25 机载数据定位结果与 TGO 软件的差值

2)机载实验Ⅱ

第二组为中测新图 2009-12-03 机载数据，图 9.12 和图 9.13 为飞行平面与高程轨迹图。图 9.14 为 XHGNSS V1.0 结果与 CSRS 软件的差值，不难发现二者之间偏差的标准差分别为 3.0 cm、4.7 cm、7.4 cm。

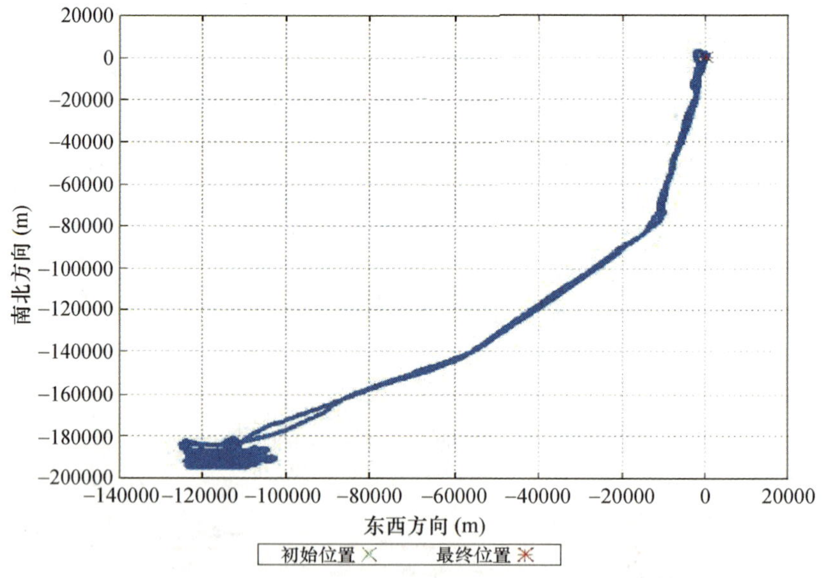

图 9.12　中测新图 2009-12-03 机载动态数据的平面轨迹

3)机载实验Ⅲ

第三组为四维远见 2011-08-25 机载动态数据，图 9.15 和图 9.16 为飞行平面与高程轨迹图。图 9.17 为 XHGNSS V1.0 结果与 CSRS 软件的差值，不难发现二者之间偏差的标准差分别为 6 cm、3 cm、15.7 cm。

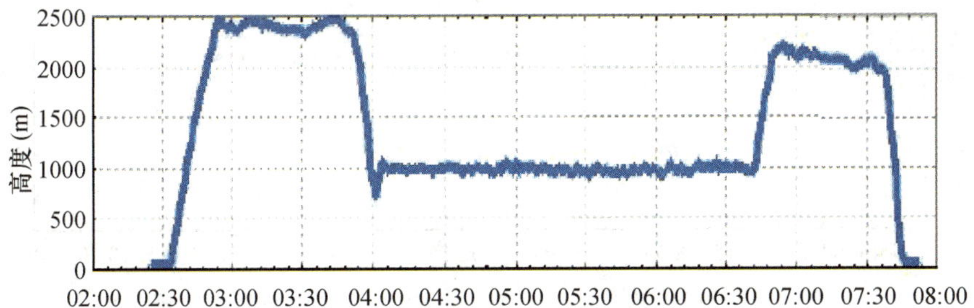

图 9.13 中测新图 2009-12-03 机载动态数据的高程轨迹

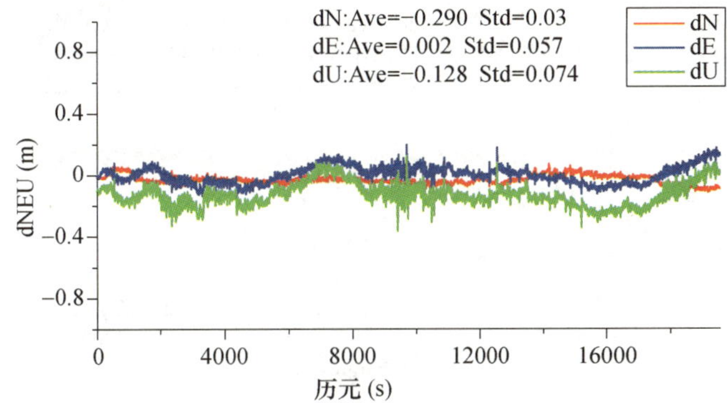

图 9.14 中测新图 2009-12-03 机载动态数据结果与 CSRS 比较

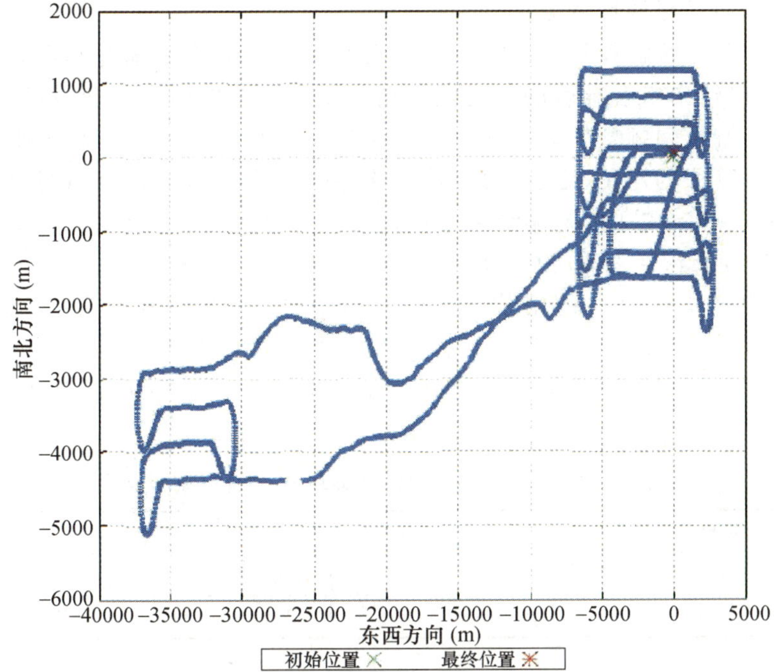

图 9.15 四维远见 2011-08-25 机载动态数据的平面轨迹

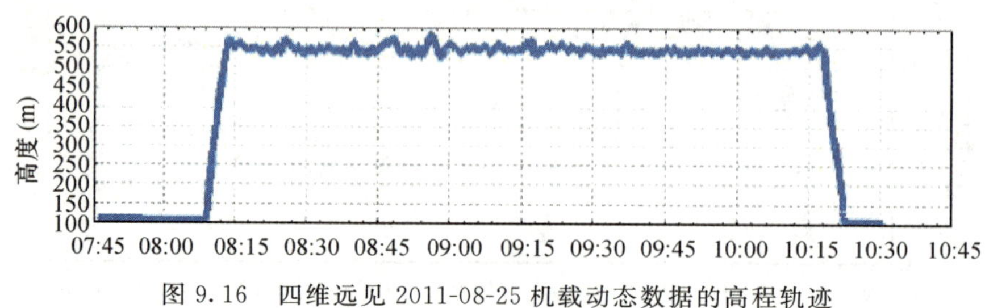

图 9.16　四维远见 2011-08-25 机载动态数据的高程轨迹

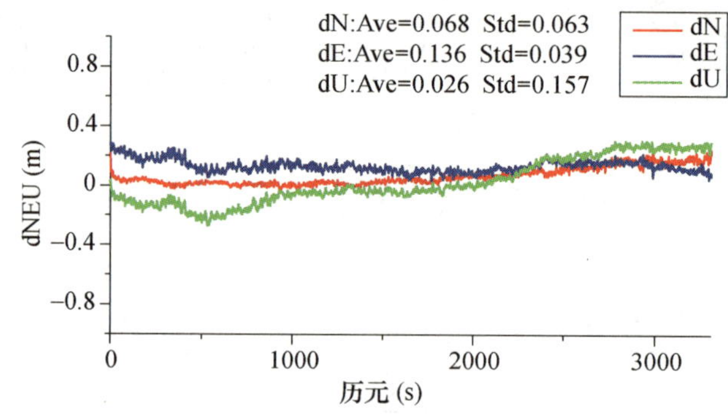

图 9.17　四维远见 2011-08-25 机载动态数据结果与 CSRS 比较

3. 组合导航模块算法测试

由于组合导航解算与 DGPS 解算得到的位置结果如平面与高程轨迹，相差不大，此处仅给出组合导航的定姿结果(图 9.18)，航向角的变化反映了飞机在测区的不同航带间频繁转弯。图 9.19、图 9.20、图 9.21、图 9.22 分别给出了本书组合导航算法的定位、定速结果与 IE 软件的差值。不难看出，定位结果误差大部分在 0.05 m 以内，定速结果差值大部分在 0.01 m/s 以内。从图 9.23 可看出，定姿结果误差航向角不大于 0.025°，横滚角与俯仰角不大于 0.007°。表 9.4 给出了本书算法的定位、定速、定姿结果与 IE 解算结果的统计精度。图 9.24、图 9.25 给出了 IMU 元件的误差漂移滤波估值，由于本书进行组合导航的滤波参数是按个人经验给定的，结果显示了 IMU 元件误差滤波估值的不稳定性。

表 9.4　组合导航定位、定速、定姿与 IE 软件结果的 RMS

定位			定速			定姿		
N	E	U	N	E	U	Y	P	R
2.8 cm	4.4 cm	3.6 cm	0.5 cm/s	0.6 cm/s	0.2 cm/s	0.01°	0.002°	0.001°

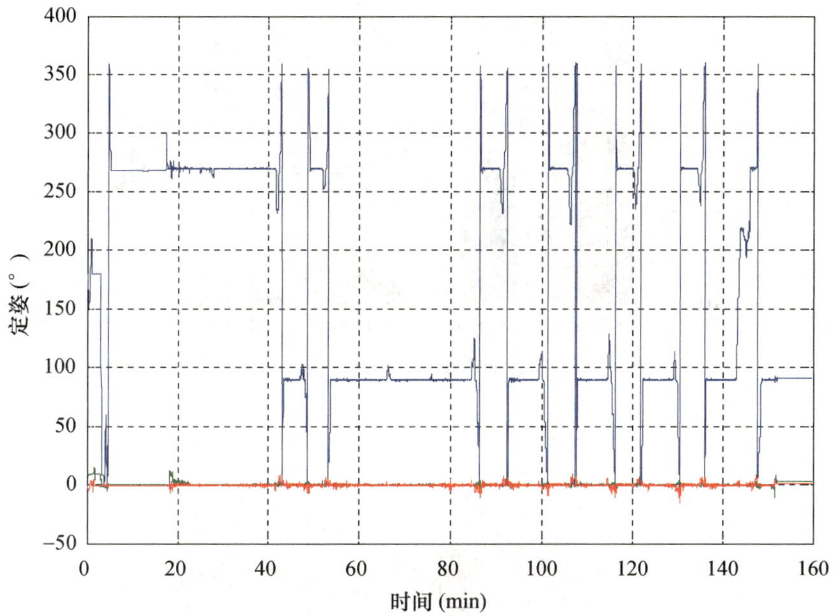

图 9.18　组合导航姿态结果

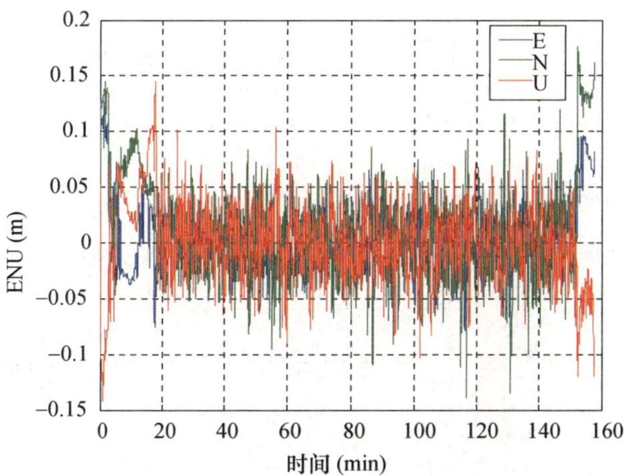

图 9.19　组合导航定位结果与 IE 软件解算的差值

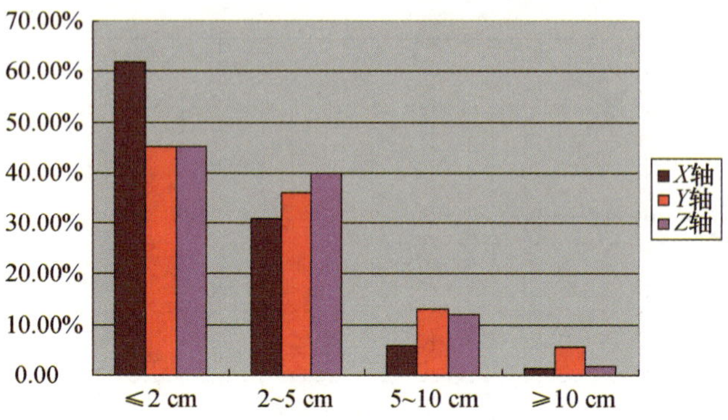

图 9.20　组合导航定位结果外符合精度统计

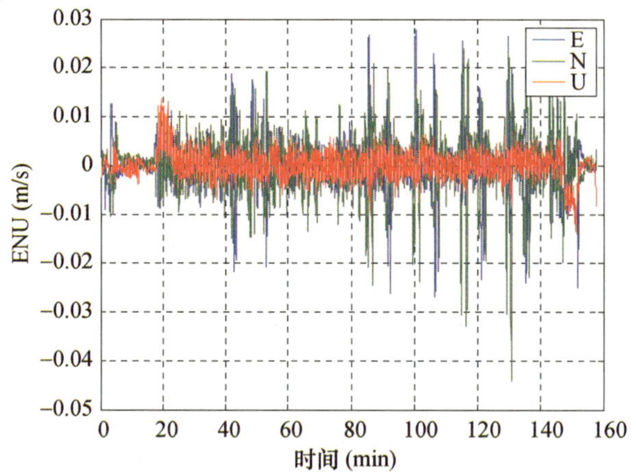

图 9.21　组合导航定速结果与 IE 软件解算的差值

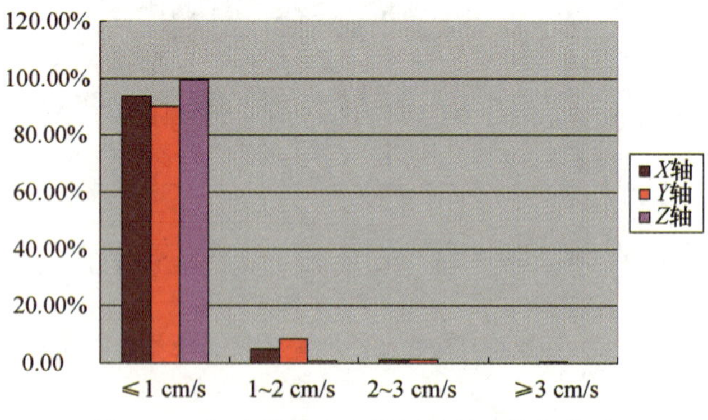

图 9.22　组合导航定速结果外符合精度统计

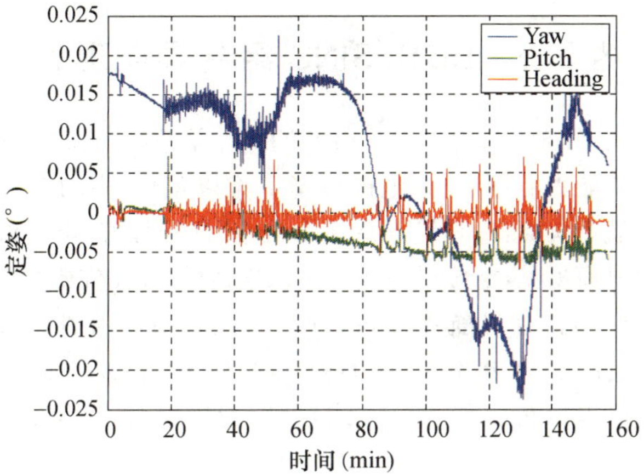

图 9.23　组合导航定姿结果与 IE 软件解算的差值

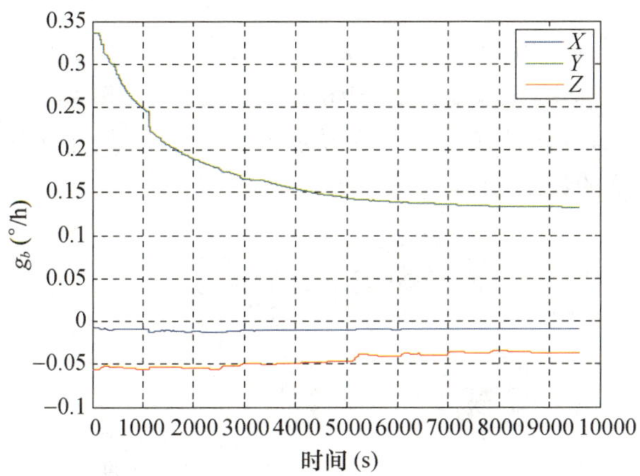

图 9.24　组合导航定陀螺仪角速度偏置滤波估值

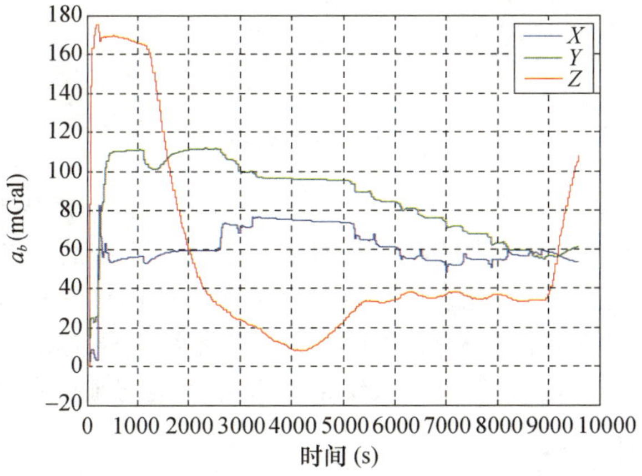

图 9.25　组合导航定加速度偏置滤波估值

§9.5 BDS/SINS 组合导航理论

BDS 和 SINS 单系统各有优缺点。BDS 的优点是精度较高、与时间不相关和成本低。其缺点是抗干扰能力有限、复杂电磁环境下难以定位、高动态环境下卫星容易失锁。而对于惯性导航系统而言，其优点是完全自主、保密性好、全天候和不受外界环境影响。但其缺点也显而易见，定位误差随时间积累，对惯性元件质量要求苛刻等。

综合可知，BDS 与惯性导航系统各有所长，且具有互补性。如果将两者组合，能充分发挥各自的优点，弥补不足。BDS 与惯性导航系统之间的组合，根据组合的深度不同，通常可以分为三种组合方式，分别为松组合、紧组合和超紧组合（龚真春 等，2005）。

9.5.1 松组合

在松组合方式下，BDS 与 SINS 各自独立工作。通过把北斗接收机确定的载体位置和速度信息与 SINS 输出的位置和速度信息组合解算，结合卡尔曼滤波器估计出惯导系统各部分误差实现惯导系统校正。其核心是北斗接收机对惯导进行辅助，抑制惯导系统的误差积累。其原理如图 9.26 所示。

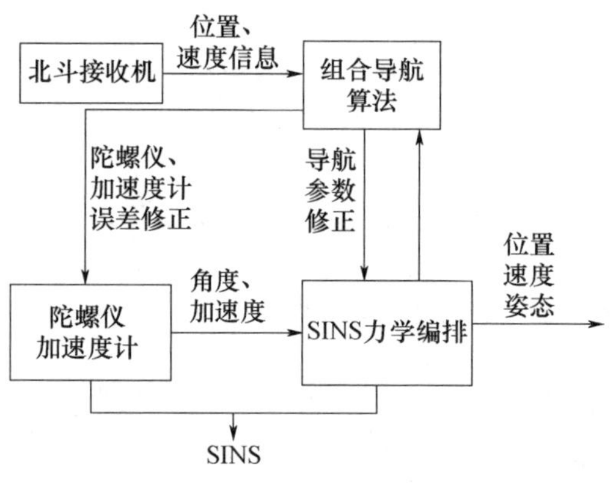

图 9.26 松组合原理

在松组合方式中，北斗接收机与 SINS 的硬件模块都不需要改变，只需要增加组合导航模块。组合导航模块的功能是对来自于两个系统的导航信息实现融合计算。但由于模块相互独立，因此组合导航信息无法反馈回接收机内部进行辅助与修正。因此松组合虽然实现简单易行，能够有效提高系统的导航精度，但卫星接收机抗干扰性能无法得到增强，一旦单个子系统误差增大，组合导航的精度就会下降。

9.5.2 紧组合

紧组合的原理是将北斗接收机给出的中间量伪距和伪距率作为原始值，同 SINS

计算出的伪距和伪距率的估值进行组合解算。该方案不仅较松组合可以提供更高的精度，而且只需采用北斗接收机原始信息而不使用其解算结果，因此即使接收机观测不足四颗卫星时，该算法仍能提供较高的精度。其原理如图 9.27 所示。

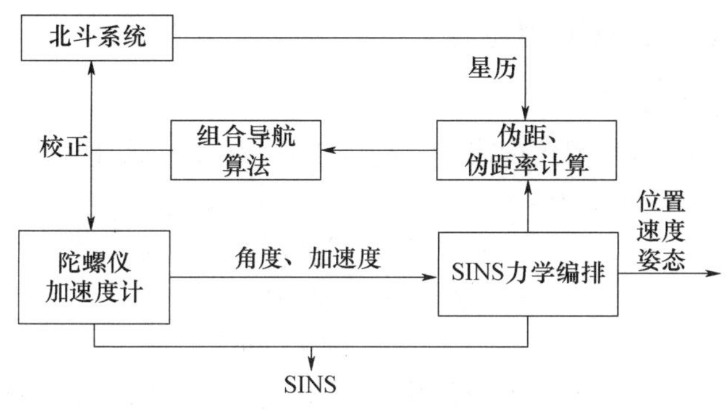

图 9.27　紧组合原理

紧组合模式的特点是通过组合导航模块将卫星接收机与 SINS 系统的软硬件有机结合，从而实现相互辅助的作用。组合导航模块利用卫星接收机输出的星历数据、SINS 输出的位置和速度，计算出基于 SINS 信息的伪距和伪距率，并将两值与北斗接收机测量得到的相应观测量的差值作为测量值，再利用卡尔曼滤波器估计北斗接收机和 SINS 的误差，然后对两个系统进行校正。

9.5.3　超紧组合

超紧组合的主要特点是 SINS 的信息用于辅助北斗接收机内卫星信号捕获和跟踪环，因此需要改变北斗接收机内部结构。该组合方式利用惯性传感器的输出值辅助载波相位跟踪环，可减少跟踪环的带宽，可提高接收机动态性能，又同时可抑制接收机的噪声。其原理如图 9.28 所示。

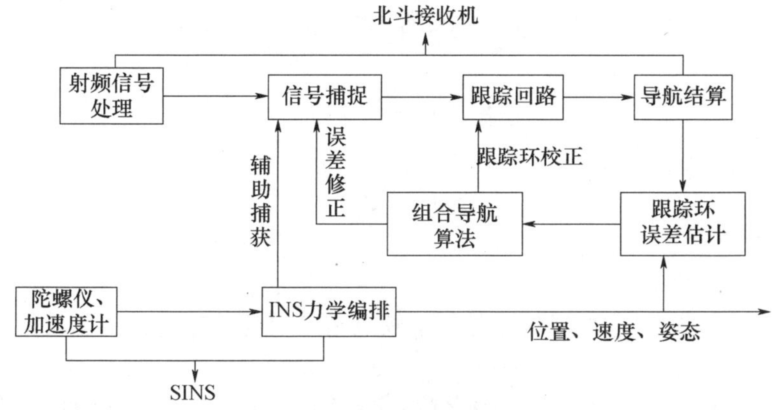

图 9.28　超紧组合原理

§9.6 伪距、伪距率组合理论

9.6.1 组合系统量测方程

1. 伪距测量方程

在紧组合系统中，采用纬度、经度、高度表示载体的真实地理位置，此时载体在地固系中的位置可以表示为：

$$\left.\begin{aligned} x&=(R+h)\cos L\cos\lambda \\ y&=(R+h)\cos L\sin\lambda \\ z&=[R(1-e^2)+h]\sin L \end{aligned}\right\} \tag{9.62}$$

假设第 i 时刻 SINS 输出的载体位置用 (x_i, y_i, z_i) 表示，第 j 颗卫星在地固系下的位置为 (x_s^j, y_s^j, z_s^j)，则卫星到载体的几何距离为：

$$\rho_i^j=\sqrt{(x_i-x_s^j)^2+(y_i-y_s^j)^2+(z_j-z_s^j)^2} \tag{9.63}$$

若载体真实位置为 (x, y, z)，则考虑 SINS 输出坐标误差：

$$\left.\begin{aligned} x_i&=x+\delta_x \\ y_i&=y+\delta_y \\ z_i&=z+\delta_z \end{aligned}\right\} \tag{9.64}$$

将伪距矗在载体真实位置 (x, y, z) 处按泰勒级数展开，并忽略二次以上高阶项可得：

$$\begin{aligned} \rho_i^j&=\rho^j+\frac{\partial\rho_j^i}{\partial x}\delta_x+\frac{\partial\rho_j^i}{\partial y}\delta_y+\frac{\partial\rho_j^i}{\partial z}\delta_z \\ &=\rho^j+\frac{x-x_s^j}{\rho^j}\delta_x+\frac{y-y_s^j}{\rho^j}\delta_y+\frac{z-z_s^j}{\rho^j}\delta_z \end{aligned} \tag{9.65}$$

式(9.65)中，载体自卫星真实运离 ρ^j 可表示为：

$$\rho^j=\sqrt{(x-x_s^j)^2+(y-y_s^j)^2+(z-z_s^j)^2} \tag{9.66}$$

令

$$\left.\begin{aligned} \xi_{jx}&=(x-x_s^j)/\rho^j \\ \xi_{jy}&=(y-y_s^j)/\rho^j \\ \xi_{jz}&=(z-z_s^j)/\rho^j \end{aligned}\right\} \tag{9.67}$$

联合式(9.65)和式(9.67)，得：

$$\rho_i^j=\rho^j+\xi_{jx}\delta_x+\xi_{jy}\delta_y+\xi_{jz}\delta_z \tag{9.68}$$

由北斗接收机测量得到的它与第 j 颗卫星之间的伪距为：

$$\rho_B^j=\rho^j-\delta_{t_\rho}-v_j \tag{9.69}$$

式中，δ_{t_ρ} 为北斗接收机钟与卫星钟之间的钟差引起的等效距离误差，该误差是伪距测量中的主要误差；v_j 为多路径效应、对流层延迟模型、电离层等引起的等效距离误差。

由式(9.68)和式(9.69)可得组合导航系统伪距差量测方程，为：

$$\delta\rho^j=\rho_i^j-\rho_B^j=\xi_{jx}\delta_x+\xi_{jy}\delta_y+\xi_{jz}\delta_z+\delta_t+v_j \tag{9.70}$$

因此，伪距差量测矩阵可表示成：

$$\delta\boldsymbol{\rho}=\boldsymbol{E}[\delta x\ \ \delta y\ \ \delta z\ ]^{\mathrm{T}}+\boldsymbol{D}\boldsymbol{\delta}_t+\boldsymbol{V} \tag{9.71}$$

式中，$\delta\boldsymbol{\rho}=[\delta\rho^1\ \delta\rho^2\cdots\delta\rho^n]^{\mathrm{T}}$，$\boldsymbol{D}=[11\cdots1\ ]^{\mathrm{T}}$，$\boldsymbol{V}=[v_1\, v_2\cdots v_n]^{\mathrm{T}}$，$\boldsymbol{E}=\begin{bmatrix}e_{1x} & e_{1y} & e_{1z}\\ \vdots & \vdots & \vdots\\ e_{nx} & e_{ny} & e_{nz}\end{bmatrix}$ $(j=1,2,\cdots,n;i=x,y,z)$；n 为观测到的卫星个数。

最后得伪距量测方程为：

$$\boldsymbol{Z}(t)=\boldsymbol{H}(t)\boldsymbol{X}(t)+\boldsymbol{V}(t) \tag{9.72}$$

式中，$\boldsymbol{H}(t)$为状态转移方程，$\boldsymbol{H}(t)=[0\quad E\quad 0\quad D\quad 0]$。

2. 伪距率量测方程

伪距率为载体位置至卫星的距离变化率，假设载体的真实位置为(x,y,z)，则它至第 j 颗卫星的距离变化率为：

$$\dot{\rho}^j=\frac{[(x-x_s^j)(\dot{x}-\dot{x}_s^j)+(y-y_s^j)(\dot{y}-\dot{y}_s^j)+(z-z_s^j)(\dot{z}-\dot{z}_s^j)]}{\rho^j} \tag{9.73}$$

考虑式(9.67)，式(9.73)可写为：

$$\dot{\rho}^j=\xi_{jx}(\dot{x}-\dot{x}_s^j)+\xi_{jy}(\dot{y}-\dot{y}_s^j)+\xi_{jz}(\dot{z}-\dot{z}_s^j) \tag{9.74}$$

式(8.69)为 SINS 输出的载体位置至第 j 颗卫星的伪距，对其求导得：

$$\dot{\rho}_i^j=\dot{\rho}^j+\tau_{jx}\delta x+\tau_{jy}\delta y+\tau_{jz}\delta z+\xi_{jx}\delta\dot{x}+\xi_{jy}\delta\dot{y}+\xi_{jz}\delta\dot{z} \tag{9.75}$$

式(9.75)中，$\tau_{ix}=\dfrac{1}{\rho^j}(\dot{x}-\dot{x}_s^j-\dot{\rho}^j e_{jx})$，$\tau_{iy}=\dfrac{1}{\rho^j}(\dot{y}-\dot{y}_s^j-\dot{\rho}^j e_{jy})$，$\tau_{iz}=\dfrac{1}{\rho^j}(\dot{z}-\dot{z}_s^j-\dot{\rho}^j e_{jz})$，$(\dot{x},\dot{y},\dot{z})$为载体在地固系中的真实速度，$(\dot{x}_s^j,\dot{y}_s^j,\dot{z}_s^j)$)为第 j 颗卫星在地固坐标系中的速度，$(\delta x,\delta y,\delta z)$为 SINS 给出的载体位置误差，$(\delta\dot{x},\delta\dot{y},\delta\dot{z})$为载体速度误差。

北斗接收机测量得到的载体至第 j 颗卫星伪距率为：

$$\dot{\rho}_B^j=\dot{\rho}^j-\delta_{t_{\dot{u}}}-v_{\dot{\rho}j} \tag{9.76}$$

式(9.76)中，$\delta_{t_{\dot{u}}}$ 为接收机钟与卫星钟之间频率误差引起的等效伪距率误差；$v_{\dot{\rho}j}$ 为伪距率测量误差。

因此，组合导航系统伪距率差测量方程为：

$$\delta\dot{\rho}^j=\dot{\rho}_i^j-\dot{\rho}_B^j=\tau_{jx}\delta x+\tau_{jy}\delta y+\tau_{jz}\delta z+\xi_{jx}\delta\dot{x}+\xi_{jy}\delta\dot{y}+\xi_{jz}\delta\dot{z}+\delta t_{\dot{u}}+v_{\dot{\rho}j} \tag{9.77}$$

伪距率差量测方程矩阵可以表示为：

$$\delta\dot{\boldsymbol{\rho}}=\boldsymbol{M}[\delta x\quad \delta y\quad \delta z]^{\mathrm{T}}+\boldsymbol{E}[\delta\dot{x}\quad \delta\dot{y}\quad \delta\dot{z}]^{\mathrm{T}}+\boldsymbol{D}\boldsymbol{\delta}_{t_{\dot{u}}}+\boldsymbol{V}_{\dot{\rho}} \tag{9.78}$$

式(9.78)中，$\delta\dot{\boldsymbol{\rho}}=[\delta\dot{\rho}^{1}\quad \delta\dot{\rho}^{2}\cdots\delta\dot{\rho}^{n}]^{\mathrm{T}}$，$\boldsymbol{D}=[1\quad 1\quad \cdots\quad 1]^{\mathrm{T}}$，$\boldsymbol{V}_{\dot{\rho}}=[\dot{v}_{\rho^1}\ \dot{v}_{\rho^2}\cdots\dot{v}_{\rho^n}]^{\mathrm{T}}$，

$\boldsymbol{M}=\begin{bmatrix} g_{1x} & g_{1y} & g_{1z}\\ \vdots & \vdots & \vdots\\ g_{nx} & g_{ny} & g_{nz}\end{bmatrix}$。

依据上述推导，可得组合导航系统伪距率量测方程为：

$$\boldsymbol{Z}_{\dot{\rho}}(t)=\boldsymbol{H}_{\dot{\rho}}(t)\boldsymbol{X}(t)+\boldsymbol{V}_{\dot{\rho}}(t) \tag{9.79}$$

式中，$\boldsymbol{H}_{\dot{\rho}}(t)=[0\quad \boldsymbol{M}\quad \boldsymbol{E}\quad 0\quad \boldsymbol{D}]$。

联立式(9.72)及式(9.79)，可得伪距、伪距率组合量测方程为：

$$\begin{bmatrix}\boldsymbol{Z}\\ \boldsymbol{Z}_{\dot{\rho}}\end{bmatrix}=\begin{bmatrix}\boldsymbol{H}\\ \boldsymbol{H}_{\dot{\rho}}\end{bmatrix}\boldsymbol{X}(t)+\begin{bmatrix}\boldsymbol{V}(t)\\ \boldsymbol{V}_{\dot{\rho}}(t)\end{bmatrix} \tag{9.80}$$

9.6.2 BDS/SINS 组合系统状态方程

取 SINS 的状态方程为(项冬，2013)

$$\dot{\boldsymbol{X}}(t)=\boldsymbol{F}(t)\boldsymbol{X}(t)+\boldsymbol{G}(t)\boldsymbol{W}(t) \tag{9.81}$$

式中，状态变量 $\boldsymbol{X}(t)=[\varphi_e\ \ \varphi_n\ \ \varphi_u\ \ \delta v_E\ \ \delta v_N\ \ \delta v_U\ \ \delta L\ \ \delta\lambda\ \ \delta h\ \ \varepsilon_{bx}\ \ \varepsilon_{by}\ \ \varepsilon_{bz}\ \ \nabla_{bx}\ \ \nabla_{by}\ \ \nabla_{bz}]^{\mathrm{T}}$，其中 φ、δv、δ 分别为 SINS 三个轴向的姿态角、速度和位置误差，ε 为 SINS 三个轴向的陀螺漂移，∇为沿 SINS 三个轴向加速度计漂移。

北斗接收机的误差状态方程一般取两个与接收机钟相关的状态量，一个是接收机钟差引起的等效距离误差，另一个是接收机钟频率误差引起的等效距离变化率误差。北斗接收机的状态方程可以表示为：

$$\dot{\boldsymbol{X}}_B(t)=\boldsymbol{F}_B(t)\boldsymbol{X}_B(t)+\boldsymbol{G}_B(t)\boldsymbol{W}_B(t) \tag{9.82}$$

式(9.82)中，状态$\boldsymbol{X}_B=[\delta_{t_\rho}\quad \delta_{t_{\dot{u}}}]$，$\delta_{t_\rho}$ 为收机钟差引起的等效距离误差，$\delta_{t_{\dot{u}}}$ 为接收机钟频率误差引起的等效距离变化率误差。

联合式(9.81)和式(9.82)，可得组合导航状态方程为：

$$\begin{bmatrix}\dot{\boldsymbol{X}}(t)\\ \dot{\boldsymbol{X}}_B(t)\end{bmatrix}=\begin{bmatrix}\boldsymbol{F}(t) & 0\\ 0 & \boldsymbol{F}_B(t)\end{bmatrix}\begin{bmatrix}\boldsymbol{X}(t)\\ \boldsymbol{X}_B(t)\end{bmatrix}+\begin{bmatrix}\boldsymbol{G}(t) & 0\\ 0 & \boldsymbol{G}_B(t)\end{bmatrix}\begin{bmatrix}\boldsymbol{W}(t)\\ \boldsymbol{W}_B(t)\end{bmatrix} \tag{9.83}$$

§9.7 北斗卫星信号

9.7.1 北斗卫星信号的测距码

北斗卫星信号的测距码是伪随机码，其实质是一种 Gold 码。它由两个线性序列构成，并分别由两个 11 级线性移位寄存器生成，分别称为 G1 序列和 G2 序列。星座的每一颗卫星都有唯一的测距码，它们通过 G1 序列和一定相位偏移的 G2 序

列生成,具体生成方法可见北斗系统 ICD 文档。BDS 在设计时一共选择了 37 个测距码,G1 和 G2 序列生成多项式为:

$$\left.\begin{aligned} G1(X)&=1+X+X^7+X^8+X^9+X^{10}+X^{11} \\ G2(X)&=1+X+X^2+X^3+X^4+X^5+X^8+X^9+X^{11} \end{aligned}\right\} \tag{9.84}$$

处理伪随机码信号的根本是它的强自相关性。其自相关性函数表达式为:

$$R_{i,i}(\tau)=\frac{1}{T}\int_0^T c_i(t)c_i(t+\tau)\mathrm{d}t \tag{9.85}$$

式中,$c_i(t)$表示第 i 颗卫星的伪随机码;T 为伪随机码周期,$T=NT_c$,T_c为码长度,$N=2^n-1$,这儿 $n=11$ 是线性移位寄存器的位数。

9.7.2 卫星信号模拟与捕获

此时 BDS 由 5 颗地球静止轨道(geosynchronous earth orbit,GEO)卫星、5 颗倾斜地球同步轨道(inclined geosynchronous satellite orbit,IGSO)卫星和 4 颗中圆地球轨道(medium earth orbit,MEO)卫星组成,其中,BDS 特有的 GEO+IGSO 卫星的轨道组成方式,以尽可能少的卫星,覆盖了亚太及周边大部分地区。

根据《北斗卫星导航系统空间信号接口控制文件公开服务信号 BII(1.0 版)》,调制在民用 B1 频点的信号,由 I、Q 两个支路的测距码和导航电文正交调制在载波上构成,其导航信号的格式可以表示为:

$$S=A_I I(t)D_I(t)\cos(2\pi ft+\varphi_I)+A_Q Q(t)D_Q(t)\cos(2\pi ft+\varphi_Q) \tag{9.86}$$

式中,$I(t)$、$Q(t)$为调制在 I、Q 支路上的测距码,A_I、A_Q为 I、Q 支路上的测距码振幅,D_I、D_Q为调制在 I、Q 支路上的数据比特,φ_I、φ_Q为调制在 I、Q 支路上的初相,f 为 B1 频点的载波频率,$f=1561.089$ MHz。

北斗卫星采用码分多址(code division multiple access,CDMA)技术,每颗卫星发射信号的载波频率相同,但每一颗卫星都有各自唯一的测距码,它们的信号格式与式(9.86)相同。仿真中采用的信号中频为 1.25 MHz,测距码速率为 2.046 MHz,信号采样频率为 5.115 MHz,B1 频点信号频率为 1561.098 MHz。

卫星信号的捕获就是接收机确定接收到的信号来自哪颗卫星以及确定该卫星信号的多普勒频移和测距码的相位。就 CDMA 系统而言,不同信号源发射的信号通过不同的伪随机码区分开来,它们可以共享相同的载波频率和时间(胡延锋,1995)。接收机捕获信号的方法主要可以分为线性搜索、并行频率搜索和并行码相位搜索。其中线性搜索是最基本的信号搜索捕获算法,它是将搜索范围按照频率和相位划分为很多个搜索单元,依次在多普勒频移和伪距相位方向进行搜索捕获(李小捷,2012;赵普,2010)。本节采用线性捕获,从捕获结果中可以看出,当捕获到卫星信号时，测距码相关值可以看出明显的尖峰，由此也可以判断出所捕获的该卫星信号的多普勒频移和测距码相位。

§9.8　本章小结

高精度 GPS/INS 组合导航是精确获取航空测量平台的运动状态信息的一种较为理想的手段，在航空摄影测量、航空重力测量、机载 LiDAR、机载 InSAR 等领域有广泛的应用。

本章首先系统研究了高精度机载 GPS/INS 组合导航的理论与算法，INS 数据处理基本原理与算法，GPS/INS 组合导航定位、定速、定姿算法三个方面，主要工作和一些初步结论总结如下：

(1)阐述了 GPS 相对定位的数学模型与参数估计方法，分析了 GPS 观测值的主要误差及处理方法。在此基础上深入研究了整周模糊度估计方法，尤其针对整周模糊度降相关方法——整周 Z 变换方法进行了深入研究，提出了一种新的整周 Z 变换算法——综合 Z 变换，并比较了几种常用整周 Z 变换方法(LAMBDA、联合 Z 变换、LLL 方法、改进的联合 Z 变换)与综合 Z 变换算法的计算效率，在高维情况下(30 维)新方法的计算效率为 LAMBDA 方法的 3 倍。

(2)在 VC＋＋2005 环境下实现了 GPS 相对静态定位短基线处理的算法，用基线长度约为 30 km 的静态数据验证了算法的有效性，定位精度为厘米级(三个方向均不大于 3.5 cm)。

(3)推导了地固坐标系下 INS 数据处理的导航方程与误差状态方程，重点研究了地固坐标系下 SINS 卡尔曼滤波初始精对准算法。在 MATLAB 环境下实现了 INS 初始精对准算法，分别用机载与车载数据测试了算法的正确性与有效性，结果表明地固坐标系下与当地水平坐标系下 INS 初始精对准的精度相当，与外部软件比较航向角误差小于 0.1°，翻滚角与俯仰角误差小于 0.01°。并指出地固坐标系下 INS 初始精对准的关键在于“平台失准角”的初始方差矩阵的配置。

(4)在地固坐标系下实现 GPS/INS 组合导航算法，并用两组机载实测数据验证了自编软件力学编排模块、组合导航模块算法的正确性。以 DPGS 的定位、定速结果作为参考值，分析纯 INS 力学编排的误差积累特性，结果表明 INS 力学编排的水平方向误差基本符合舒勒振荡周期(84.4 min)。

(5)以成熟的商用软件(Inertial Explorer software)为参考，分析自编软件的处理激光陀螺 GPS/INS 组合导航的定位、定速、定姿精度。三个方向的位置之差一般不大于 0.1 m(99%以上)，RMS 小于 5 cm；速度误差一般不大于 0.02 m/s(99%以上)，RMS≤0.006 m/s；姿态角误差为航向角优于 0.025°、横滚角与翻滚角误差优于 0.007°，RMS 分别约为 0.01°和 0.002°。

随后,本章通过分析 BDS 卫星多普勒观测常量的变化特点,以及电离层残差法与多普勒积分的互补性,提出了基于电离层残差和多普勒积分联合探测周跳的方法,进而分析了此方法的原理与流程设计,最后通过实验验证其可行性。实验证明,当 BDS 卫星中出现周跳时,无论周跳大小与何种组合方式,电离层残差与多普勒积分组合法都能快速有效地探测并修复周跳。

第10章　机载GNSS动态数据处理软件

§10.1　引　言

为了更加深入地认识各种理论方法的核心思想，检验所提方法的正确性和有效性，并将最新的理论研究成果更快更好地应用于实际生产和科研活动中，编制一套高精度的GPS数据处理软件是其必要手段。因此我们投入大量的时间和精力编写了两套GPS数据处理软件：一套是科研软件（HALO_GPS），该软件的部分源代码已公开，软件说明书被GFZ公开发行；另一套是商用软件（XHGNSS），XHGNSS相对于HALO_GPS增加了定速和定姿功能，软件的操作性和兼容性也更强，该软件已取得了国家版权局的计算机软件著作权。此外，还有一款针对机载航空摄影测量、合成孔径雷达（InSAR）、激光雷达（LiDAR）等应用的高精度定位向系统（position & orientation system）软件，叫CASM PIG-I V1.0（pilot-based INS/GPS integration）。该软件以整体最小二乘、闭环/开环检验、卡尔曼滤波等经典测量平差理论为基础，采用了多项笔者的最新科研成果，能精确获取高速运动载体的三维位置、速度以及姿态信息。该软件可广泛适用于各类高速运动载体空间信息的确定，如汽车、轮船、飞机、低轨卫星等。同时也可用于导弹发射、火箭导航等高精尖领域。本章将对XHGNSS软件和CASM PIG-Ⅰ软件的总体设计思想、主要功能模块以及实际效果进行较详细的介绍。

10.1.1　主要功能及特色

XHGNSS V1.0软件主要包括定位、定速与定姿三大模块，其功能如下：定位模块包括数据预处理、单点定位、基线解算、网平差、动态定位、自适应换站算法及组合定位功能；定速模块包括多普勒观测值定速、载波相位观测值定速以及综合法定速；定姿模块包括直接法定姿、九参数最小二乘定姿以及三参数最小二乘定姿。此外，软件还具有坐标转换、卫星几何结构分析、卫星钟差预报以及数据格式转换等功能。

大量实测GNSS数据的检测结果显示：该软件动态定位、定速与定姿的精度可分别达到：<5 cm，<1 cm/s，<0.01°，并具有较强的抗差性。

CASM PIG-I V1.0目前包括INS初始自对准、纯惯性导航、GPS定位与定速、GPS/INS松组合导航四个功能。

10.1.2　运行环境

XHGNSS V1.0 采用标准的 Fortran 语言编写，可直接在 Windows 2000/2003/XP/2007/Vista 以及 Unix、Linux 等操作系统平台上运行。推荐的硬件运行环境为：Pentium 4，1.4 GHz 以上 CPU，512 M 以上内存，40 G 以上硬盘。若使用 XHGNSS V1.0 免安装型版本，则无须对软件进行安装，只需提前安装 Compaq Fortran 支撑性软件；若使用 XHGNSS V1.0 安装型版本，则只需安装软件自带的安装包，无须提前安装任何支撑性软件。

CASM PIG-I V1.0 采用标准的 MATLAB 语言编写，可直接在 Windows XP/2007/Vista 以及 Unix、Linux 等操作系统平台上运行。推荐的硬件运行环境为：Pentium 4，1.4 GHz 以上 CPU，512 MB 以上内存，40 GB 以上硬盘。若使用 CASM PIG-I V1.0 免安装型版本，则无须对软件进行安装，只需提前安装库文件 MCRInstaller.exe 作为支撑性软件；若使用 CASM PIG-I V1.0 安装型版本，则只需安装软件自带的安装包，无须提前安装任何支撑性软件。

§10.2　XHGNSS 软件的总体设计

XHGNSS V1.0 的总体结构十分清晰，由 1 个主函数和 60 余个子函数组成。其中主函数只负责组织调用各子函数来完成用户指定的任务，而各子函数则只负责单独实现一个子功能。各子函数间相互独立，各司其职，计算效率高，可读性强，也便于软件的调试与二次开发。本节将详细介绍 XHGNSS V1.0 的总体设计框架、主函数的主要功能以及部分子函数。

10.2.1　总体设计框架

XHGNSS V1.0 的总体设计框架可表示如图 10.1 所示。

10.2.2　主函数

XHGNSS V1.0 的主函数是整个软件的中枢神经，它根据用户输入的控制文件指令，将相关子函数有效地组织在一起，共同完成用户指定任务。它包含如下 30 个主要步骤：

(1)读取用户控制文件。

(2)读取卫星星历文件。

(3)读取参考站观测文件。

(4)读取流动站观测文件。

(5)数据预处理。

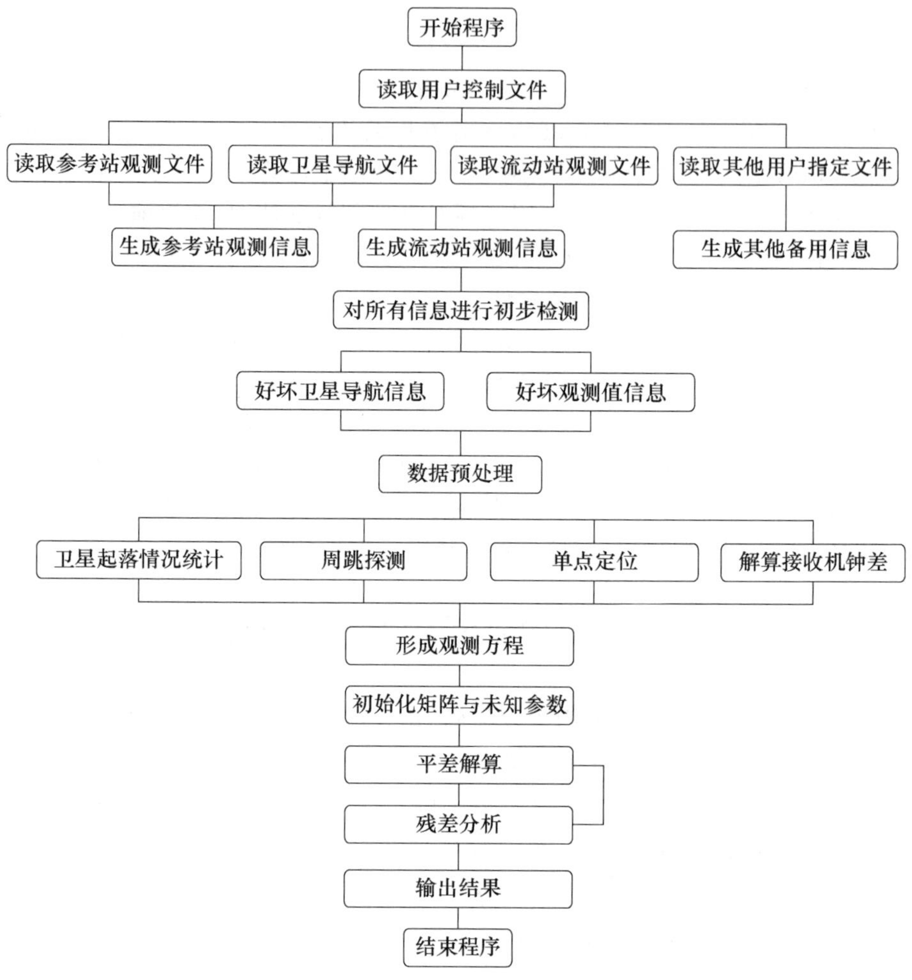

图 10.1　XHGNSS V1.0 总体设计框架

(6)伪距单点定位。

(7)计算参考站接收机钟差。

(8)搜寻公共卫星。

(9)周跳探测。

(10)形成双差观测方程。

(11)统计未知参数个数。

(12)利用序贯平差求解流动站坐标。

(13)利用卡尔曼滤波求解流动站坐标。

(14)网平差。

(15)自适应换站算法。

(16)利用位置求导法计算载体速度。
(17)利用多普勒观测值计算载体速度。
(18)利用虚拟多普勒观测值计算载体速度。
(19)利用综合法计算载体速度。
(20)利用位置求导法计算载体加速度。
(21)利用多普勒观测值计算载体加速度。
(22)利用虚拟多普勒观测值计算载体加速度。
(23)利用直接法计算载体姿态。
(24)利用九参数最小二乘计算载体姿态。
(25)利用三参数最小二乘计算载体姿态。
(26)利用 GLONASS 数据计算流动站位置。
(27)利用 GPS+GLONASS 数据计算流动站位置。
(28)坐标转换。
(29)卫星几何机构分析。
(30)按用户指定格式输出结果文件。

10.2.3　部分子函数

XHGNSS V1.0 共有 60 余个子函数,每个子函数只负责实现一个子功能,结果都返回给主函数。再由主函数将上一子函数的计算结果作为下一子函数的输入参数,直到得到用户所需信息为止。本节将举例介绍 XHGNSS V1.0 中五个子函数的输入输出参数及其功能。

read_control_file. f90

输入参数:控制文件地址。

例如:“. /Example/control_file/model_control_file_1. txt”

输出参数:读取控制文件是否成功。

主要功能:读入用户指定的控制文件。软件将根据用户输入的控制文件对相关参数进行初始化,并决定调用哪些函数来完成相关任务,因此正确编写控制文件十分关键。关于如何输入控制文件及控制文件的输入格式,将在后面进行详细的介绍。

read_sp3. f90

输入参数:精密星历文件地址。

例如:“. /Example/data_file/AlpinAero2008/igs14984. sp3”

输出参数:星历文件地址是否正确以及该星历文件是否属于用户指定日期文件,如果正确将会返回以下信息:

(1)星历日期。

(2)好卫星数以及编号。

(3)坏卫星数以及编号。

(4)丢失卫星数以及编号。

(5)每颗卫星的信息将保持在下列结构体中：

```
igs(epoch)%Rtime                         ------seconds at this epoch
igs(epoch)%RMJD                          ------Modified Julian Day at this epoch
igs(epoch)%Rx(satellite_id)              ------X coordinate of this satellite at this epoch
igs(epoch)%Ry(satellite_id)              ------Y coordinate of this satellite at this epoch
igs(epoch)%Rz(satellite_id)              ------Z coordinate of this satellite at this epoch
igs(epoch)%Rclock(satellite_id)          ------clock errors of this satellite at this epoch
igs(epoch)%Rlogical(satellite_id)        ------health of this satellite
```

主要功能：读取导航文件，计算卫星位置、钟差，进行卫星天线相位中心改正。

*read_ref_obsfile.f*90

输入参数：参考站观测文件地址、参考站编号、开始时间、指定读取历元个数。

例如："./Example/data_file/AlpinAero2008/opaf2690.08o",1,2008 09 25 08 07 44.0,23226

输出参数：观测文件地址是否正确以及该观测文件是否属于用户指定日期文件，如果正确将会返回以下信息：

```
The height of antenna atthis station             ---ref_i_Hant/ ref_i_Eant/ ref_i_Nant
The number of observation types                  ---ref_i_obstype_num
The specified types of observation               ---ref_i_obstype(10)
The sampling interval                            ---ref_i_interval
GPS seconds at every epoch                       ---ref_i_G_time(epoch,1)
MJD at every epoch                               ---ref_i_G_time_MJD(epoch,1)
The number of satellites at every epoch          ---ref_i_G_sat_num(epoch,1)
All satellites ID at every epoch                 ---ref_i_satnum(epoch,32)
The number of read epoch                         ---ref_i_read_epoch
L1                                               ---ref_i_vobs1(epoch,sat_id)
L2                                               ---ref_i_vobs2(epoch,sat_id)
C1                                               ---ref_i_vobs3(epoch,sat_id)
P1                                               ---ref_i_vobs4(epoch,sat_id)
P2                                               ---ref_i_vobs5(epoch,sat_id)
C2                                               ---ref_i_vobs21(epoch,sat_id)
D1                                               ---ref_i_vobs22(epoch,sat_id)
D2                                               ---ref_i_vobs23(epoch,sat_id)
S1                                               ---ref_i_vobs24(epoch,sat_id)
S2                                               ---ref_i_vobs25(epoch,sat_id)
LI                                               ---ref_i_vobs6(epoch,sat_id)
MW                                               ---ref_i_vobs7(epoch,sat_id)
LC                                               ---ref_i_vobs8(epoch,sat_id)
```

主要功能：读取参考站观测文件，并保持相关观测信息。此外该子程序还会自动删除异常观测值，删除没有导航信息的观测值，以及自动读取用户指定历元间隔的观测信息。

spp_1.f90

输入参数：流动站编号、导航信息。

例如：1，IGS

输出参数：流动站每个历元 *XYZ* 方向及 *BLH* 方向的动态坐标、流动站的接收机钟差、流动站每个历元的卫星高度角以及卫星高度角定权的结果，如：

```
XYZ and BLH coordinates of kinematic station
                    ---kin_i_X(epoch, 1)/ kin_i_Y(epoch, 1)/ kin_i_Z(epoch, 1)
                    ---kin_i_B(epoch, 1)/ kin_i_L(epoch, 1)/ kin_i_H(epoch, 1)
The clock error of kinematic station
                    ---kin_i_C(epoch,1)
Satellite elevation angle at each epoch
                    ---kin_i_elev(epoch, sat_id)
The weight of observations
                    ---kin_i_sat_p(epoch, sat_id)
```

主要功能：利用流动站的伪距观测值进行单点定位，并计算相关参数的初始值。

solu_sat_xyzc.f90

输入参数：信号发射时刻、卫星编号 PRN。

例如：kin_1_send_time(j,1),9

输出参数：该卫星在信号发射时刻的 *XYZ* 坐标以及卫星钟差，如：satx,saty,satz,satc。

主要功能：利用 8 阶切比雪夫多项式内插卫星坐标，利用简单的线性内插计算卫星钟差。

§10.3　XHGNSS 软件操作说明

10.3.1　用户登录

XHGNSS V1.0 安装完成后，用户只需双击图标即可开始运行。但需输入正确的用户名和注册码，如图 10.2 所示。验证成功后会出现一个如图 10.3 所示的闪屏。如果验证失败会出现如图 10.4 所示的界面，说明没有被授权或注册码过期，用户应及时与我们联系。

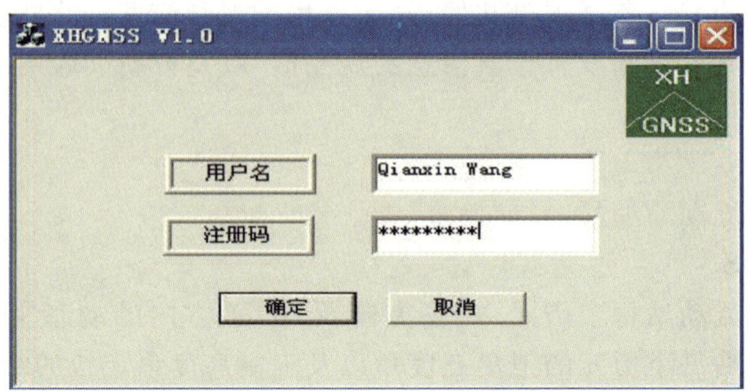

图 10.2 XHGNSS V1.0 登录界面

图 10.3 XHGNSS V1.0 欢迎使用闪屏

图 10.4 登录失败提示

10.3.2 总体界面

用户成功登录后，便可开始使用 XHGNSS 软件处理自己的卫星导航数据了。图 10.5 为登录成功后 XHGNSS 的主界面。

单击“开始运行”，会出现“算例运行”“用户运行”及“退出”选项。“算例运行”主要是为了让用户使用软件自带的算例进行一键式试算，以检验软件安装是否成功。我们为用户准备了“机载算例”“车载算例”及“网解算例”。用户使用算例时，

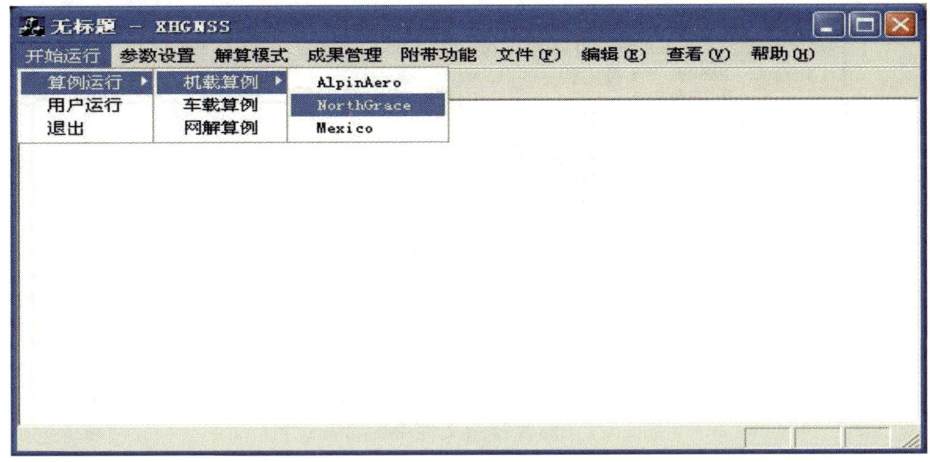

图 10.5　XHGNSS 的主界面

不需任何人工干预,软件会自动运行直到结束为止。

当试算成功后,便可利用“用户运行”来处理用户自己的卫星导航数据了。单击“用户运行”按钮后,会弹出一个如图 10.6 所示对话框,要用户输入“用户控制文件的地址”。

图 10.6　输入用户控制文件地址

软件将自动检测该地址是否正确。如果正确,软件将自动依照控制文件的指令对用户数据进行处理,整个过程完全自动化,无须任何人工干预,计算结果将会自动保存在用户指定的目录下;若控制文件地址不正确,软件将提示用户再次输入正确的控制文件地址。关于控制文件的格式以及主要用户指令的功能将在下一节进行详细的介绍。

若用户希望对写好的控制文件进行更改,可直接对控制文件本身进行修改,也可通过“参数设置”选项来修改部分参数,如图 10.7 所示。

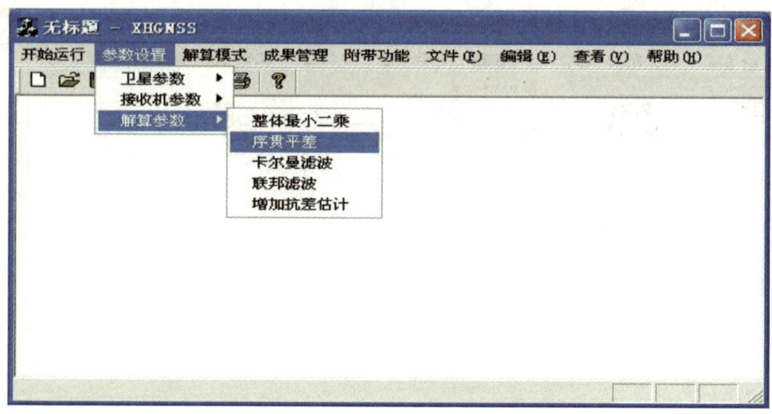

图 10.7　修改控制文件中的参数设置

10.3.3　主要参数设置

由于 XHGNSS V1.0 的运行主要根据用户输入的控制文件进行，因此正确输入用户控制文件并了解各项指令的具体功能就十分的重要，下面就此进行详细的介绍。

XHGNSS V1.0 共为用户提供了 100 条操作命令。每条命令共包含 100 个字符，其中前 60 个字符为用户指令，后 40 个字符为该指令的注释。每个命令的开头第一个字符为该命令的开关，“0”代表关闭，“1”代表开启，如输入 SP3 文件地址的命令：

Example:

```
Switch          commands (60 characters)                comments (40 characters)

1|./Example/data_file/AlpinAero2008/igs14984.sp3        |Sp3 file                 1
```

下面我们将列举 10 个具体的命令，说明其功能和使用方法。

例 1：

```
                8. Reference Station Start Time and Epoch Number
        ------------------------------------------------------------------------
1|2001 02 08 15 16 02.0                           |1st reference station      33
1|9790                                            |1st reference station      34
```

该命令主要用于指定软件读取参考站观测文件的开始时间和要求读取的历元个数。软件将根据用户输入的上述指令，自动找到相应的开始时刻并读取指定的历元个数。如果在参考站的观测文件中找不到用户指定的开始时刻,软件将会提示用户重新输入正确的开始时刻;如果读取的历元数不足用户指定的历元个数,软件会将实际读取的历元数报告给用户。

例 2:

10. Ambiguity Use Strategy

1|float　　|fixed or float　　53

该命令用于指定模糊度的解算模式,"float"代表浮点解,"fixed"代表固定解。用户可根据数据的实际观测质量自行选择,如果数据质量较好可选择"fixed",如果数据质量较差则可选择"float"。若用户选择固定解模式,但实际解算时模糊度的解算成功率较低,软件则会自动选择浮点解。

例 3:

13. Defined Satellite Elevation Cut Off Angle

1|15.0　　|Satellite Elevation Cut Off Angle　　56

该命令用于指定卫星的截止高度角。当可见卫星数较少时,可适当降低卫星的截止高度角,以获取更多的可见卫星。软件在计算可见卫星数时,若发现过多历元的卫星数少于最小卫星数,会自动提示用户适当降低卫星截止高度角。

例 4:

14. Minimum Observation Period

1|60　　|Minimum Epoch Number　　57

该命令用于指定每颗卫星最少的连续的正常观测历元数。软件将根据用户输入的限定值对相应卫星数据进行编辑,若某颗卫星某时段的正常观测历元数小于限定值,则该卫星该时段的观测数据将被删除。这主要是为了保证模糊度的解算成功。但若软件发现过多历元的卫星数少于必要卫星数时,会自动提示用户适当放宽这一限制,以便获取更多的可用观测信息。

例 5:

15. Adjustment Method

1|Sequential Adjustment　　Sequential or Kalman Filter　　58

该命令主要用于指定软件采用的平差模式。“Sequential Adjustment”代表序贯平差，“Kalman Filter” 代表卡尔曼滤波。

例 6：

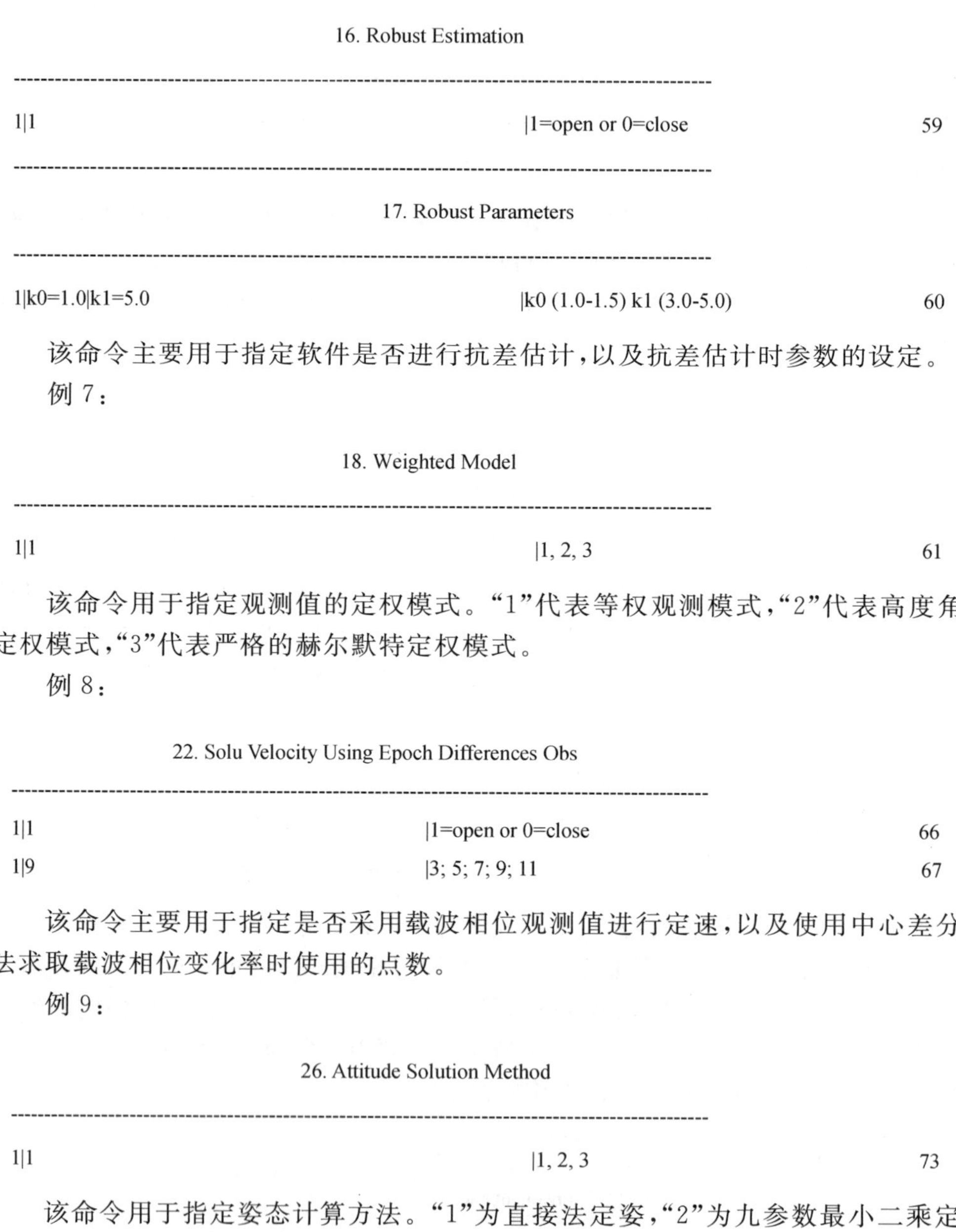

```
                    16. Robust Estimation
-----------------------------------------------------------------------------------------------
1|1                                     |1=open or 0=close                         59
-----------------------------------------------------------------------------------------------
                    17. Robust Parameters
-----------------------------------------------------------------------------------------------
1|k0=1.0|k1=5.0                         |k0 (1.0-1.5) k1 (3.0-5.0)                 60
```

该命令主要用于指定软件是否进行抗差估计，以及抗差估计时参数的设定。

例 7：

```
                    18. Weighted Model
-----------------------------------------------------------------------------------------------
1|1                                     |1, 2, 3                                   61
```

该命令用于指定观测值的定权模式。“1”代表等权观测模式，“2”代表高度角定权模式，“3”代表严格的赫尔默特定权模式。

例 8：

```
          22. Solu Velocity Using Epoch Differences Obs
-----------------------------------------------------------------------------------------------
1|1                          |1=open or 0=close                                    66
1|9                          |3; 5; 7; 9; 11                                       67
```

该命令主要用于指定是否采用载波相位观测值进行定速，以及使用中心差分法求取载波相位变化率时使用的点数。

例 9：

```
                    26. Attitude Solution Method
-----------------------------------------------------------------------------------------------
1|1                                     |1, 2, 3                                   73
```

该命令用于指定姿态计算方法。“1”为直接法定姿，“2”为九参数最小二乘定姿，“3”为三参数最小二乘定姿。

例 10：

30. Result File

```
------------------------------------------------------------------------------------------------
1|./data/mexico2001_0130/kinematic/1/XHGNSS_XYZ.txt      |address of result file      81
1|./data/mexico2001_0130/kinematic/1/XHGNSS_BLH.txt      |address of result file      82
1|./data/mexico2001_0130/kinematic/1/XHGNSS_VEL.txt      |address of result file      83
1|./data/mexico2001_0130/kinematic/1/XHGNSS_ACC.txt      |address of result file      84
1|./data/mexico2001_0130/kinematic/1/XHGNSS_ATT.txt      |address of result file      85
```

该命令用于指定结果文件的存放地址。上述结果文件分别为：动态定位的 *XYZ* 坐标文件，动态定位的 *BLH* 坐标文件，定速结果文件，加速度结果文件，定姿结果文件。

10.3.4　结果文件格式

解算完成后，用户可利用“成果管理”对解算结果进行“精度评定”、“结果比较”、“统计检验”及“格式转换”，如图 10.8 所示。

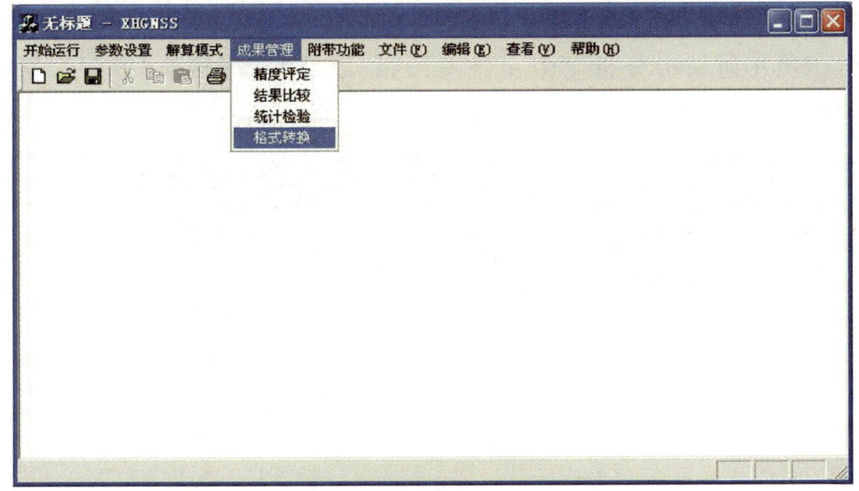

图 10.8　成果管理的相关功能

XHGNSS V1.0 的解算结果文件可按用户指定格式进行输出，也按默认格式进行输出，以下为默认格式：

(1)大地坐标定位结果。

```
         1         2         3         4         5         6         7         8         9         0         1
12345678901234567890123456789012345678901234567890123456789012345678901234567890123456789012345678901234567890
2007  6  7  6 55  11.000   55.52214972   8.54791440   70.438    0.002    0.002    0.004    0.005
2007  6  7  6 55  12.000   55.52214978   8.54791436   70.437    0.004    0.003    0.007    0.008
2007  6  7  6 55  13.000   55.52214976   8.54791445   70.448    0.006    0.004    0.010    0.013
2007  6  7  6 55  14.000   55.52214983   8.54791430   70.433    0.016    0.012    0.030    0.036
2007  6  7  6 55  15.000   55.52214978   8.54791434   70.438    0.004    0.003    0.007    0.008
Year  M Day H Min Second   Latitude      Longitude    Height   sigma(B)  sigma(L)  sigma(H)  RMS(Total)
```

(2)笛卡尔定位结果。

Ep	Y	M	D	H	M	Second	X	dX	Y	dY	Z	dZ	RMS	DD
1	2010	1	2	0	0	0.00	-2399062.732	0.010	5389237.877	0.026	2417327.081	0.016	0.032	7
2	2010	1	2	0	0	5.00	-2399062.733	0.009	5389237.870	0.023	2417327.075	0.014	0.029	7
3	2010	1	2	0	0	10.00	-2399062.733	0.011	5389237.874	0.029	2417327.087	0.018	0.036	7
4	2010	1	2	0	0	15.00	-2399062.735	0.009	5389237.876	0.023	2417327.082	0.014	0.028	7
5	2010	1	2	0	0	20.00	-2399062.731	0.010	5389237.875	0.025	2417327.080	0.015	0.031	7

10.3.5　附加功能

XHGNSS V1.0 除提供“单点定位”“静态解算”“动态解算”“网解”功能外，还提供了“卫星几何结构分析”“卫星钟差预报”以及“坐标转换”等附加功能，如图 10.9及图 10.10 所示。

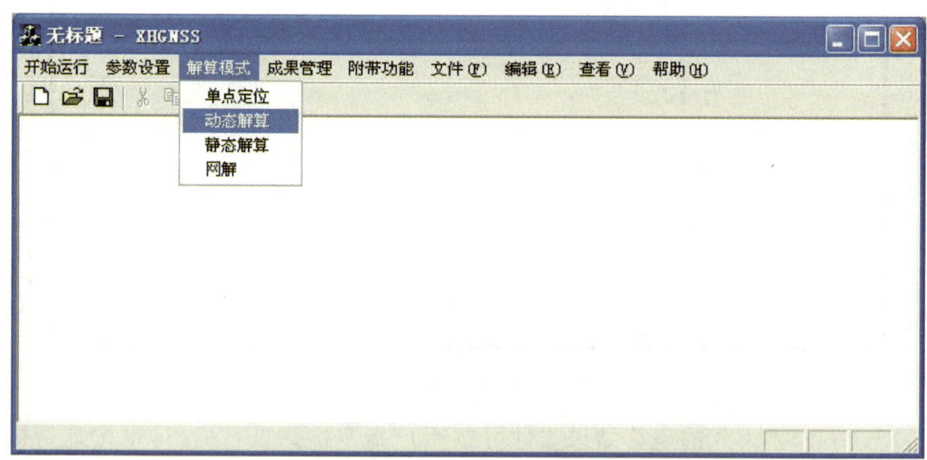

图 10.9　基本解算模式

若单击“卫星钟差预报”，会弹出下列对话框，用户可得到指定卫星的预报钟差，如图 10.11 所示。

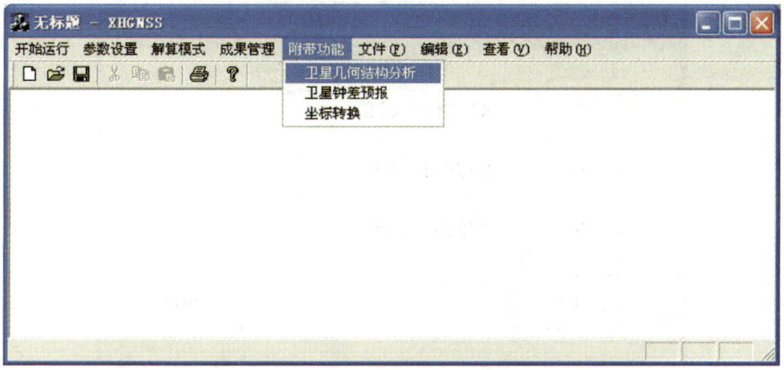

图 10.10　附带的常用功能

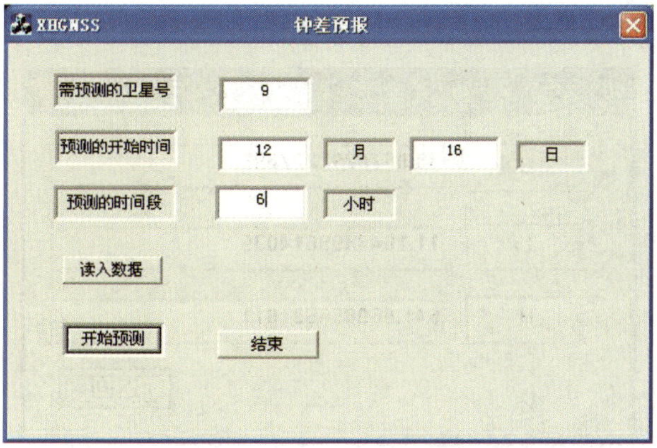

图 10.11　GPS 卫星钟差预报

若单击“坐标转换”，会弹出下列对话框，用户可用其进行不同坐标系间的转换，如图 10.12 所示。

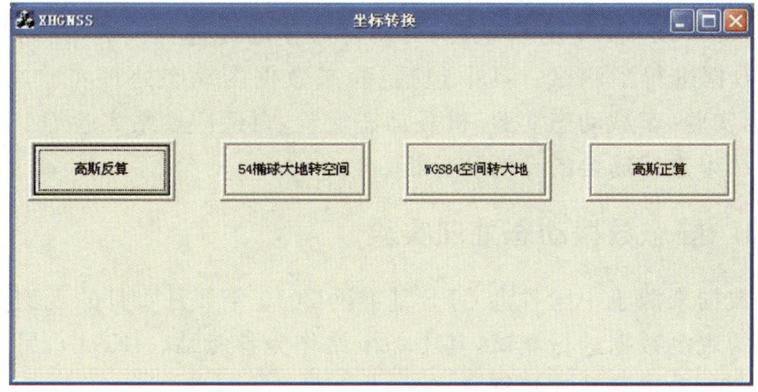

图 10.12　坐标转换功能

如单击“WGS-84 空间转大地”，弹出如图 10.13 所示的界面。

WGS84空间转大地：请输入XYZ值
X
4186557.029
Y
835026.434
Z
4723761.505
OK
Cancel

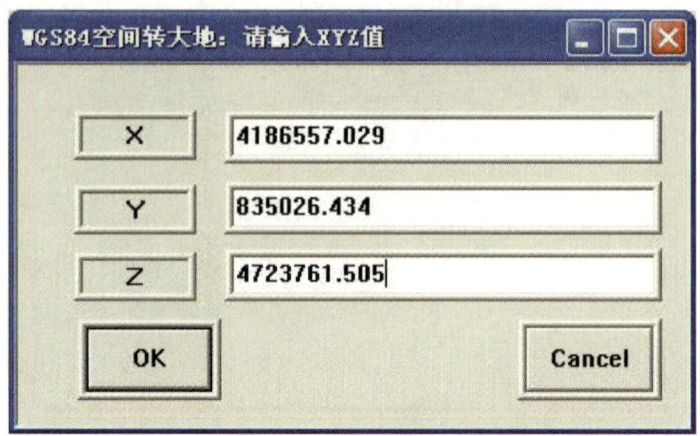

图 10.13　WGS-84 空间坐标转大地坐标

用户输入上述 X、Y、Z 坐标后，单击“OK”，即可得到如下 B、L、H 坐标。

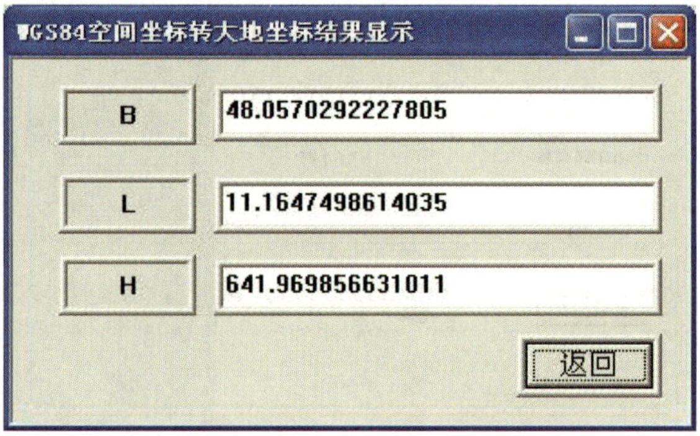

WGS84空间坐标转大地坐标结果显示
B
48.0570292227805
L
11.1647498614035
H
641.969856631011
返回

图 10.14　WGS-84 空间转大地的结果

§10.4　数据测试及分析

为对 XHGNSS V1.0 的稳定性、可靠性及正确性进行检测，我们利用大量的 GNSS 实测数据进行了测试。其中包括：静态数据的动态处理实验，天线移动实验，海上浮标实验，车载动态实验，机载动态实验，自适应换站实验等。本节将部分实验的测试结果进行简要的介绍和分析。

10.4.1　静态数据动态处理实验

该实验数据来源于中国香港 GPS 基准网 2010 年 2 月 1 日的观测数据。任意选取两个站的观测数据进行测试，其中一个站作为参考站（HKST），另一个站则作为流动站（HKLT）进行动态解算。

数据的采用间隔为 5 s，我们对该天 24 h 的数据进行了解算，结果见图 10.15。

由于 HKLT 本身为固定站，因此可以用中国香港 GPS 基准网发布的该站该天

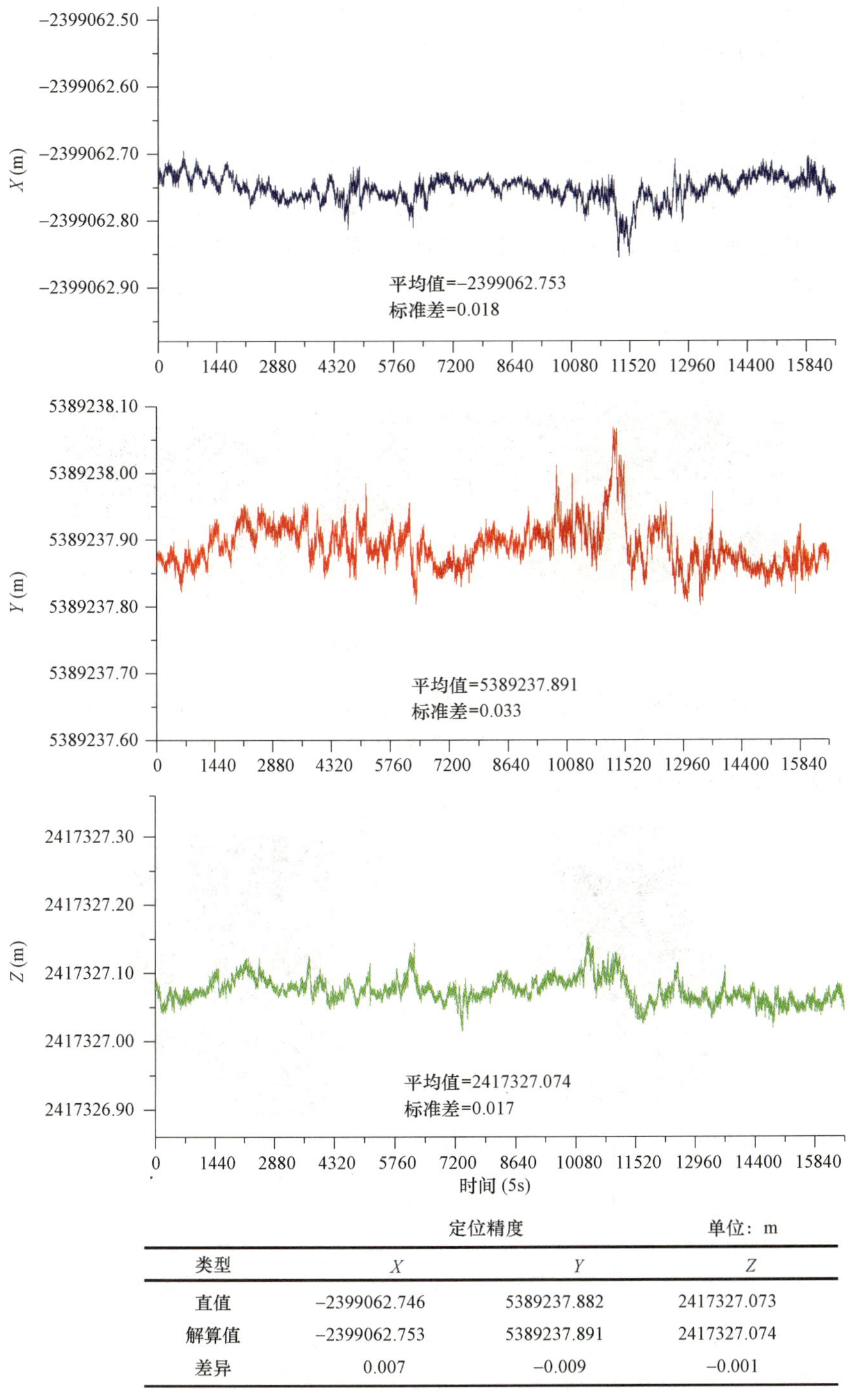

定位精度　　单位：m

类型	X	Y	Z
直值	−2399062.746	5389237.882	2417327.073
解算值	−2399062.753	5389237.891	2417327.074
差异	0.007	−0.009	−0.001

图 10.15　静态数据动态处理的实验结果

的结果进行检验。从结果来看,XHGNSS V1.0 的动态定位精度优于3 cm。并且取一天的动态解平均值与发布结果比较,X、Y、Z 方向的差值均小于 1 cm。

10.4.2 天线移动实验

为进一步检验 XHGNSS V1.0 对真实运动载体的定位精度,进行了天线移动实验。该实验执行于2010年2月17日在德国地学研究中心(GFZ)的A17办公楼楼顶。实验中我们将GFZ的国际IGS站作为参考站,并在附近自行架设了一个流动站,如图10.16所示。

图 10.16 天线移动实验示意

实验开始时流动站在标尺上的标高读数为22.5,经过半个小时的静态观测后,我们人为将天线升高到41.5,以检验 XHGNSS V1.0 的动态高程定位精度,实验过程及结果如图10.17所示。

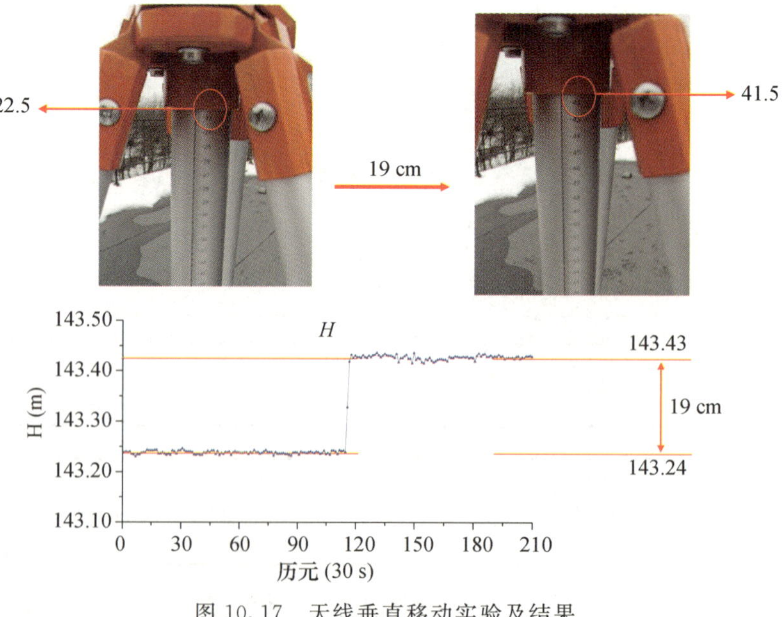

图 10.17 天线垂直移动实验及结果

从上述实验结果，我们可以清晰地看到当天线人为升高 19 cm 后，XHGNSS V1.0 对天线高程的确定也从原来的 143.24 m 变成了 143.43 m，相应地升高了 19 cm。

同时为了检验 XHGNSS V1.0 水平方向上的动态定位精度，我们又进行了如下实验：首先将流动站的天线安装在特制的水平刻度尺上，天线在标尺上的初始位置为 103，经半个小时的静态观测后，我们将天线水平移动 60 cm，至标尺的 43 位置，实验过程及结果如图 10.18 所示。

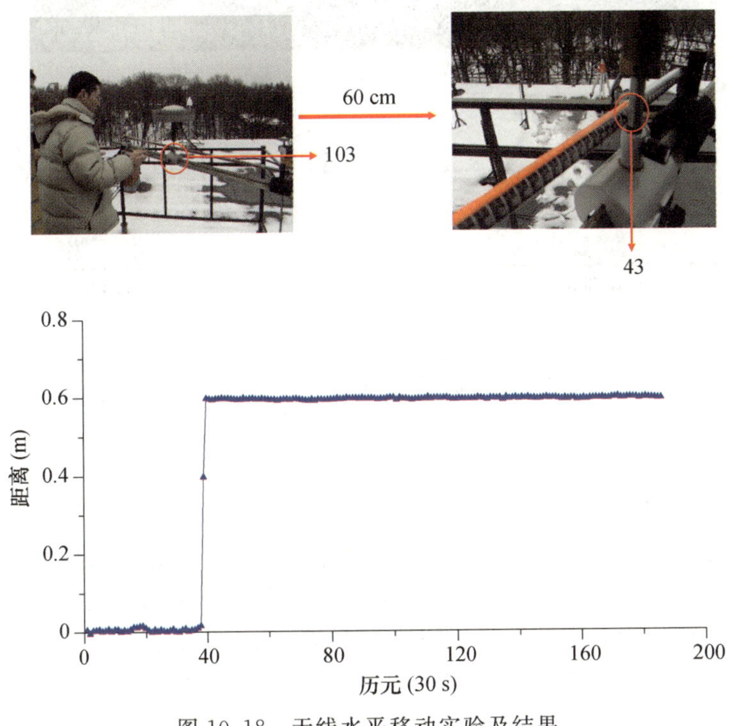

图 10.18　天线水平移动实验及结果

同样，实验结果也再次证明了 XHGNSS V1.0 在水平方向上的动态定位准确性。

10.4.3　海上浮标实验

该实验由香港理工大学于 2004 年 12 月 8 日执行于香港南部著名的海滩浅水湾。实验中两台徕卡 GPS 双频接收机被使用，其中一台架设于岸边作为参考站，另一台安装于浮标上放置海面，两者距离约 150 m。我们分别利用 XHGNSS V1.0 和国际著名商用 GPS 数据处理软件 Ashtech Solutions 2.60 进行了解算，并对两者的计算结果进行了作差比较，实验过程和结果如图 10.19 所示。

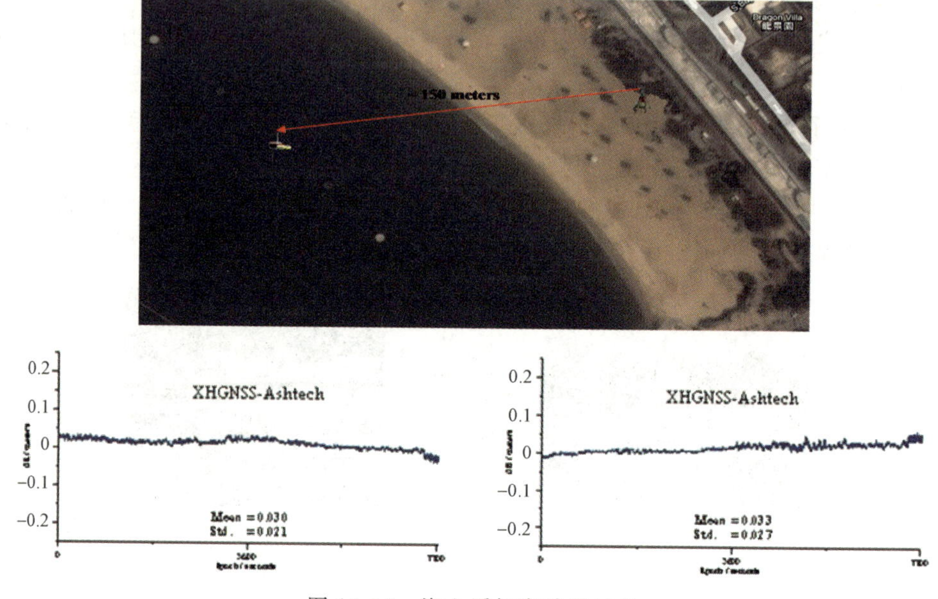

图 10.19 海上浮标实验及结果

实验结果显示:XHGNSS 的解算结果与 Ashtech 的结果差值曲线非常平滑,标准差为 2～3 cm。

10.4.4 机载动态定位实验

由于 XHGNSS V1.0 主要是针对航空动态测量平台的运动状态监测而设计,所以我们针对软件的机载动态定位功能进行大量的测试。其中包括:MEXAGE2001 航空重力磁力测量项目飞行数据解算,NorthGrace2007 航空重力测量项目飞行数据解算,AlpinAero2008 航空重力测量项目的飞行数据解算,以及德国航空航天局 2010 年 6 月机载 InSAR 实验的飞行数据解算。

(1)利用 XHGNSS V1.0 解算的 NorthGrace2007 项目全部 25 次飞行轨迹,以及与世界著名科研 GPS 数据处理软件 GAMIT 的比较结果,如图 10.20 所示。

(2)利用 XHGNSS V1.0 解算的 AlpinAero2008 项目全部 20 次飞行轨迹以及,与科研软件 GAMIT、商用软件 TGO 的比较结果。飞机的头部和尾部分别架设了一台 GPS 接收机,两台接收机在地面量测的距离为 5.343 m。因此,我们可以通过分别求解两台 GPS 接收机在整个飞行过程中的位置,并计算出它们每个历元的空间几何距离,然后与地面量测的精确距离进行比较来检验解的稳定性,结果如图 10.21 所示。由图 10.21 可知,XHGNSS V1.0 的动态解的平均值与地面的量测值相差约 2 mm,标准差为 9 mm。曲线两端的波动相对较大是飞机在起飞和降落时机身震动较大、观测噪声相对较大所致。

由图 10.20 和图 10.21 的实验结果可知，XHGNSS 软件的计算结果与 GAMIT 及 TGO 结果存在约 10 cm 的系统偏差，其原因是三个软件使用了不同的系统误差改正模型。但三者的差值曲线都较为平滑，其标准差约为 3 cm。

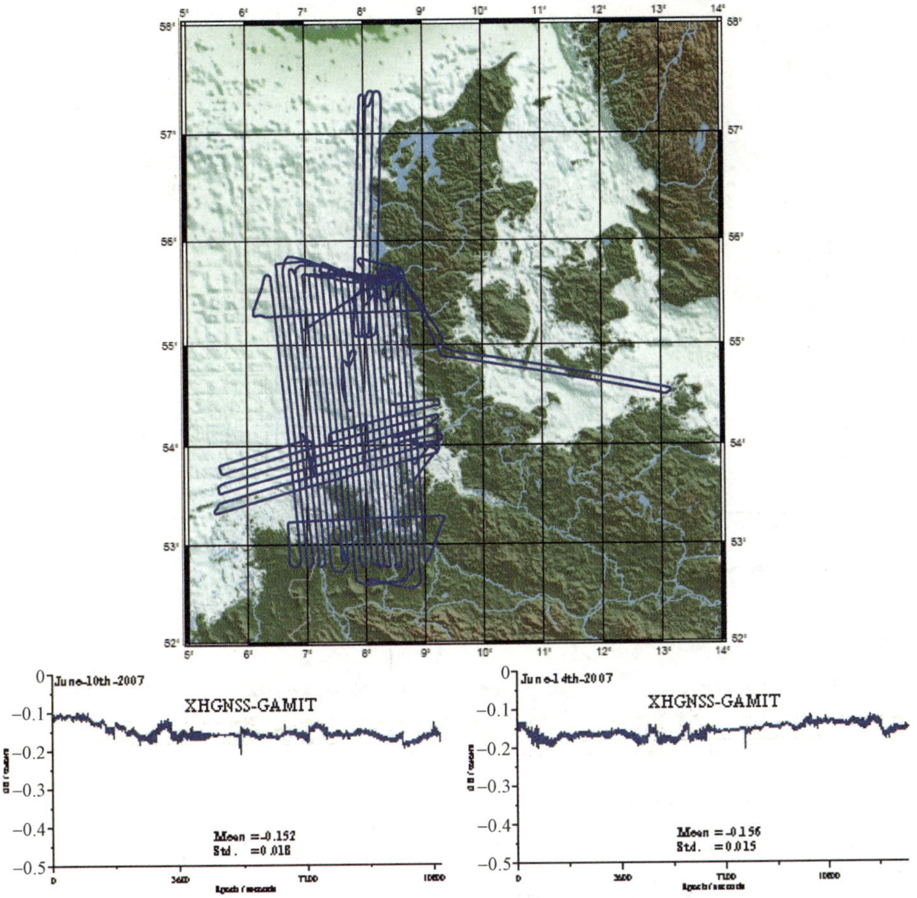

图 10.20　NorthGrace2007 的飞行轨迹及部分解算结果

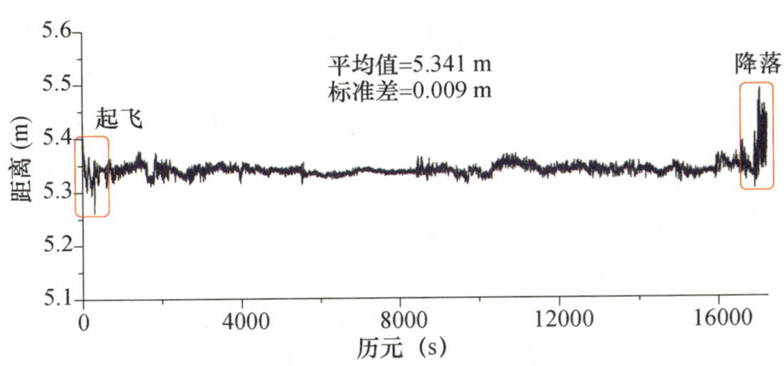

图 10.21　AlpinAero2008 的飞行轨迹及部分解算结果

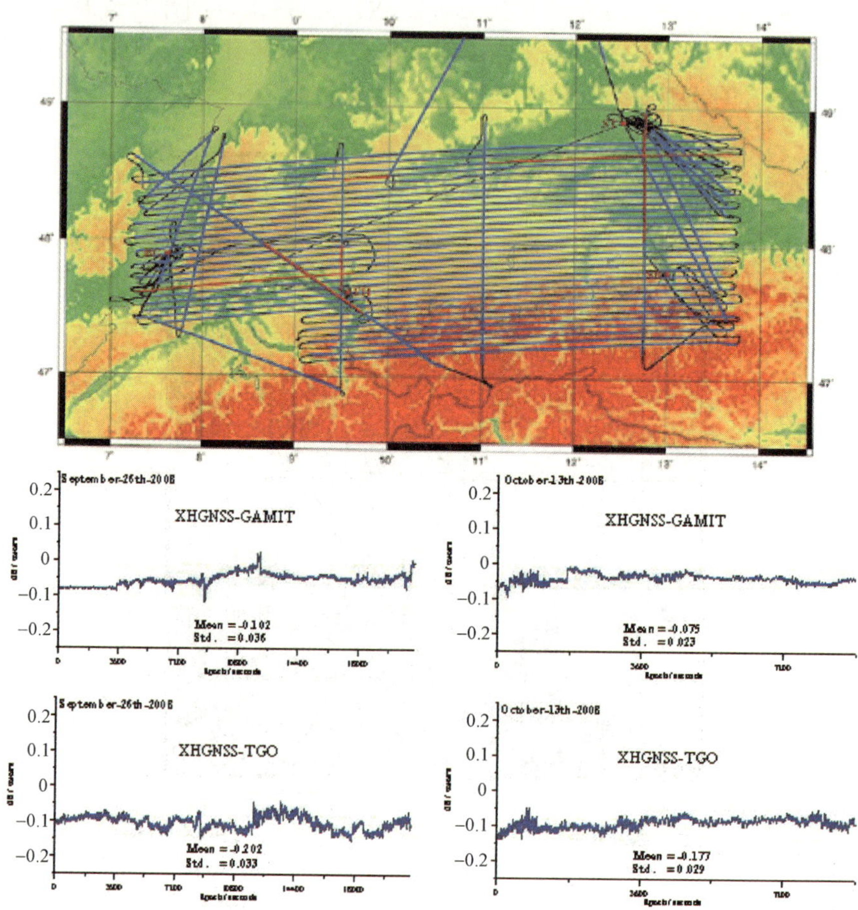

图 10.21(续)　AlpinAero2008 的飞行轨迹及部分解算结果

§10.5　常见错误与处理方法

使用任何一款 GNSS 数据处理软件时都会碰到这样或那样的错误，因此为了方便用户使用，专门为 XHGNSS V1.0 设计了错误信息自动报错设置。即当用户的输入信息或指令与 XHGNSS V1.0 要求信息或格式不符时，软件会自动报错，并提示用户输入正确的信息，从而达到正确解算的目的。下面将列举几个常见的错误信息和处理方法。

例 1："★ Can not find the control file."

表示用户输入的控制文件地址不正确，软件在指定目录下无法找到该文件。因此用户需仔细检查控制文件的地址是否正确，然后重新输入即可。

例 2:“★ This precise ephemeris not belong to solution time.”

表示用户输入的精密星历文件不属于用户指定解算日期的文件,因此用户应仔细查看该精密星历的日期是否与指定观测文件日期一致,然后重新输入。

例 3:“★ Can not find defined start time in reference observation file.”

表示用户指定读取参考站观测文件时刻无法在相应观测文件中找到,因此用户应打开参考站的观测文件进行查看观测数据时间,确保输入正确。

例 4:“★ The num of common Sat < 4,please decrease Min_Elev or Min_Lag.”

表示太多历元的公共卫星数少于 4 颗,因此软件提示用户应适当降低卫星截止高度或放宽最少连续正常观测历元数限制,以保证更多的观测信息被利用。

例 5:“★ The num of unknown parameters > 30000,please divided data and then solu it.”

表示未知参数数超过了 30000 个,软件建议用户将数据分开来解算。

例 6:“★ Fixing ambiguities failed,please choose float solution.”

表示过多卫星的模糊度固定失败,建议用户采用浮点解模式进行解算。

例 7:“★ There is not Doppler Obs,please choose carrier phase Obs.”

表示观测文件中没有多普勒观测,建议用户采用载波相位观测值进行定速。

例 8:“★ There is not double freq Obs. Can not formed LC Obs,please choose L1 Obs.”

表示观测文件中没有双频观测数据,因此不能形成 LC 组合观测值,建议用户采用 L1 观测值进行解算。

例 9:“★ The format of control file is wrong,please check it.”

表示用户输入的控制文件格式不正确,用户可参见软件自带算例的控制文件格式进行书写。

例 10:“★ The available period of software is expired,please contact with us.”

表示软件的有效使用期已超过,用户应及时与我们联系,认证通过后我们会继续为用户开通服务。

§ 10.6　CASM PIG-I 软件总体设计

CASM PIG-I V1.0 的总体结构十分清晰,由 1 个主函数和 30 余个子函数组成。其中主函数只负责组织调用各子函数来完成用户指定的任务,而各子函数则只负责单独实现一个子功能。各子函数间相互独立,各司其职,计算效率高,可读性强,也便于软件的调试与二次开发。本节将详细介绍 CASM PIG-I V1.0 的总体设计框架、主函数的主要功能以及一些重要的子函数。

10.6.1 总体设计框架

CASM PIG-I V1.0 的总体设计框架可表示如图 10.22 所示。

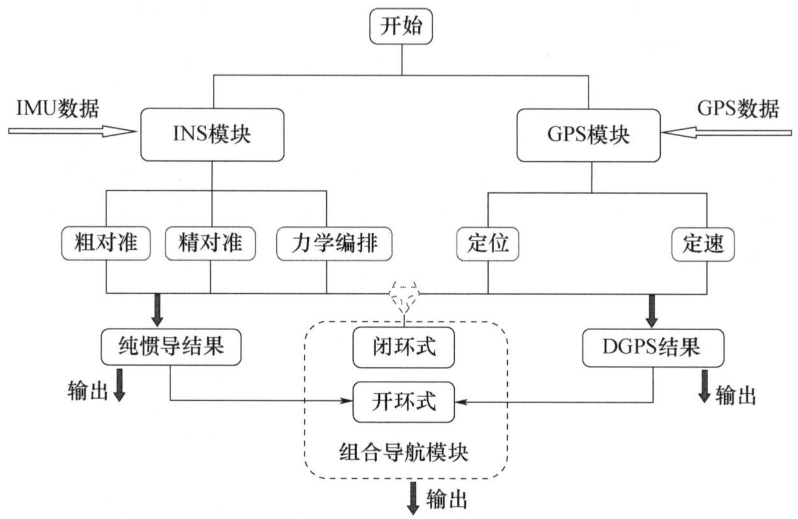

图 10.22 CASM PIG-I V1.0 软件总体流程

10.6.2 主函数

CASM PIG-I V1.0 的主函数是整个软件的中枢神经，它根据用户输入的控制文件指令，将相关子函数有效地组织在一起，共同完成用户指定任务。它包含如下 8 个主要步骤：

(1)写入初始对准控制文件。

(2)读取初始对准控制文件。

(3)写入组合导航控制文件。

(4)读取组合导航控制文件。

(5)数据预处理。

(6)初始对准。

(7)组合导航。

(8)输出结果。

10.6.3 主要子函数

CASM PIG-I V1.0 共有 30 余个子函数，每个子函数只负责实现一个子功能，结果都将返回给主函数。再由主函数将上一子函数的计算结果作为下一子函数的输入参数，直到得到用户所需信息为止。本节将举例介绍 CASM PIG-I V1.0 中各子函数的输入输出参数及其功能。

ReadInsAlgPar.m

输入参数：初始对准控制文件地址。

输出参数：初始对准需要的各种变量。

主要功能：读入用户指定的控制文件（若没有指定则读入默认参数）。软件将根据用户输入的控制文件对相关参数进行初始化，并决定调用哪些函数来完成相关任务，因此正确编写控制文件十分关键。

ReadInsNavPar.m

输入参数：组合导航控制文件地址。

输出参数：组合导航需要的各种变量。

主要功能：读入用户指定的控制文件（若没有指定则读入默认参数）。软件将根据用户输入的控制文件对相关参数进行初始化，并决定调用哪些函数来完成相关任务，因此正确编写控制文件十分关键。

coarsealignment.m

输入参数：初始对准时间段内加速度计观测信息、陀螺仪观测信息、纬度、大地高。

输出参数：

(1)航向角(yaw)。

(2)俯仰角(pitch)。

(3)横滚角(roll)。

主要功能：实现惯导初始对准的粗对准。

FineAlignmentL.m

输入参数：航向角、俯仰角、横滚角、初始对准时间段内加速度计观测信息和陀螺仪观测信息、INS 时间、纬度、大地高、初始对准矩阵 $\boldsymbol{P}$ 和 $\boldsymbol{Q}$、一阶马尔可夫过程、采样率。

输出参数：

(1)航向角(yaw)。

(2)俯仰角(oitch)。

(3)横滚角(roll)。

(4)加速度计偏移。

(5)陀螺仪漂移。

(6)速度。

(7)三个姿态标准差。

(8)加速度计偏移标准差。

(9)陀螺仪漂移标准差。

(10)速度偏差标准差。

主要功能:实现精对准。

ForwardFilter_LooslyCoupled

输入参数:惯导数据文件、GPS 数据文件、校正方式、惯性导航矩阵 **P** 和 **Q**、一阶马尔可夫过程、采样率、组合导航总时间、跳秒、初始位置(B、L、H)、航向角、俯仰角、横滚角、加速度计偏移、陀螺仪漂移。

输出参数:组合导航结果。

主要功能:实现 GNSS/INS 组合导航。

§10.7 CASM PIG-I 软件主要函数

10.7.1 INS 模块

INS 模块包含惯性导航系统初始姿态粗对准(九参数法、三参数法可选)、卡尔曼滤波姿态精对准(地固坐标系、当地水平坐标系可选)、力学编排(开环式、闭环式可选)三个功能。INS 模块流程如图 10.23 所示。

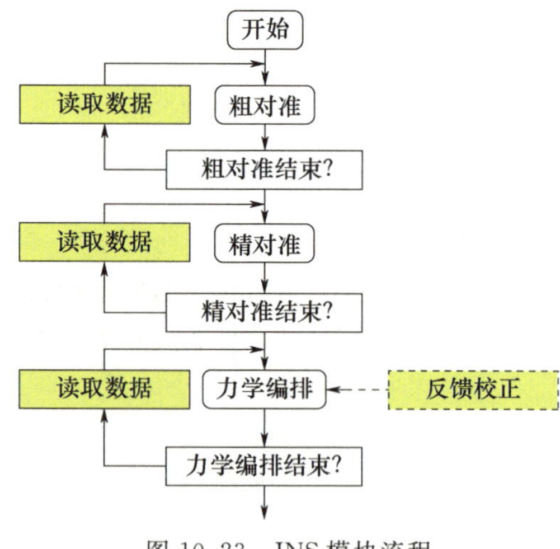

图 10.23 INS 模块流程

10.7.2 INS 粗对准(九参数法、三参数法可选)

CoarseAlignment

(1)输入参数:Rate,t,t_0,f,w,B,H。

Rate:输出率 Update Rate,单位为 Hz(如 200 Hz、256 Hz 等);

t:静止时间,单位为 s(一般为 3～5 min);

t_0:跳过前 t_0 秒的数据。

f:比力数据(X 轴向右,Y 轴向前,Z 轴向上),单位 m/s^2。

w:角速率数据(X 轴向右,Y 轴向前,Z 轴向上)单位 rad/s;

B:载体所处位置的纬度。

H:载体所处位置的大地高。

(2)输出参数:y,p,r。

y:航向角(yaw,heading);

p:俯仰角(pitch);

r:翻滚角(roll)。

10.7.3　INS 精对准(地固坐标系、当地水平坐标系可选)

FineAlignment

(1)输入参数:Rate,t,t_0,f,w。

Rate:输出率 Update Rate,单位为 Hz(如 200 Hz、256 Hz 等);

t:静止时间,单位为 s(一般为 3～5 min);

t_0:跳过前 t_0 秒的数据;

f:比力数据(X 轴向右,Y 轴向前,Z 轴向上),单位 m/s^2;

w: 角速率数据(X 轴向右,Y 轴向前,Z 轴向上)单位 rad/s。

(2)输出参数:y,p,r。

y:航向角(yaw,heading);

p: 俯仰角(pitch);

r:翻滚角(roll)。

注:此时 y、p、r 为滤波结果,为 $t-t_0$ 维向量。

INS 初始精对准原理如图 10.24 所示。

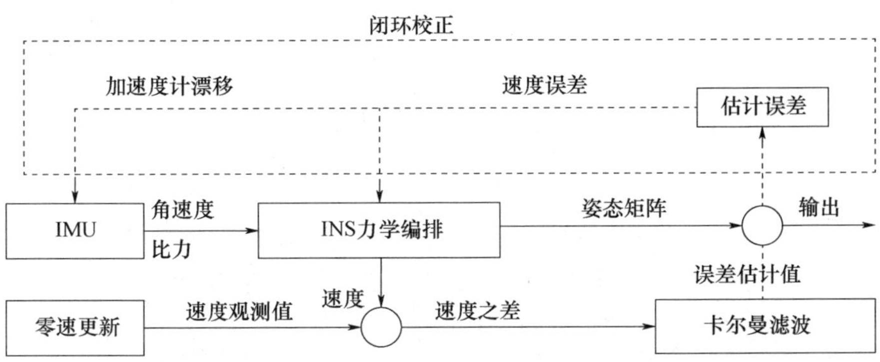

图 10.24　INS 初始精对准原理

10.7.4 INS 力学编排

INS 力学编排在地固坐标系下进行,其基本流程如下。

Mechanization

(1)输入参数:Rbe,q,Gravity,w_0,f_0,delta_t,Velocity,deltaV。

Rbe:从载体坐标系到地固坐标系的姿态转换矩阵(前一个历元);

q:Rbe 对应的四元素(前一个历元);

Gravity:当前点的重力,由模型计算;

w_0:陀螺仪的角速率数据;

f_0:加速度计的比力数据;

delta_t:数据输出的时间间隔,如输出率为 200Hz 时,该值约为 0.005s;

Velocity:载体速度(前一个历元)。

deltaV:载体加速度(前一个历元)。

(2)输出参数:Rbe,q,Velocity,deltaV。

Rbe:从载体坐标系到地固坐标系的姿态转换矩阵(当前历元)。

q:Rbe 对应的四元素(当前历元)。

Velocity:载体速度(当前历元)。

deltaV:载体加速度(当前历元)。

注:反馈校正时,w_0、f_0 为补偿漂移后的数据,重力计算的更新频率为 1 Hz,力学编排的频率即为 IMU 输出频率。

INS 力学编排原理如图 10.25 所示。

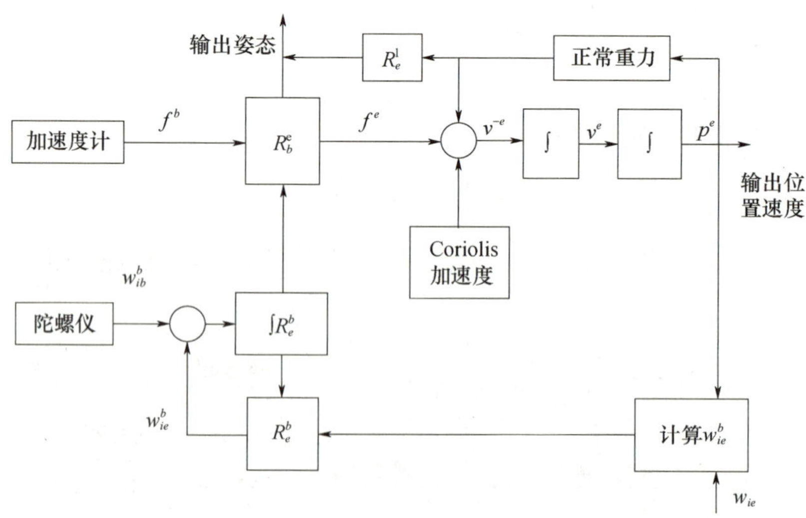

图 10.25 INS 力学编排原理

10.7.5　GPS 模块

目前 CASM PIG-I 仅支持 GPS/INS 松组合，对于差分用户，GPS 模块由 XH-GNSS V1.0 提供 GPS 定位与定速结果，对于精密单点定位(PPP)用户，由李玮博士 PPP 提供 GPS 定位与定速结果。

注：李玮，武汉大学与澳大利亚科廷大学(Curtin University)博士，目前从事 GPS/北斗(BD)精密单点定位与区域电离层提取的研究。

10.7.6　组合导航模块

CASM PIG-I 组合导航模块是在地固坐标系下进行的，GPS 输出地固坐标系下的坐标，直接对惯性导航解算进行校正。一方面对 INS 力学编排的结果进行校正，另一方面在航估计惯性导航元件的漂移，并反馈 INS 力学编排模块(图 10.26)。

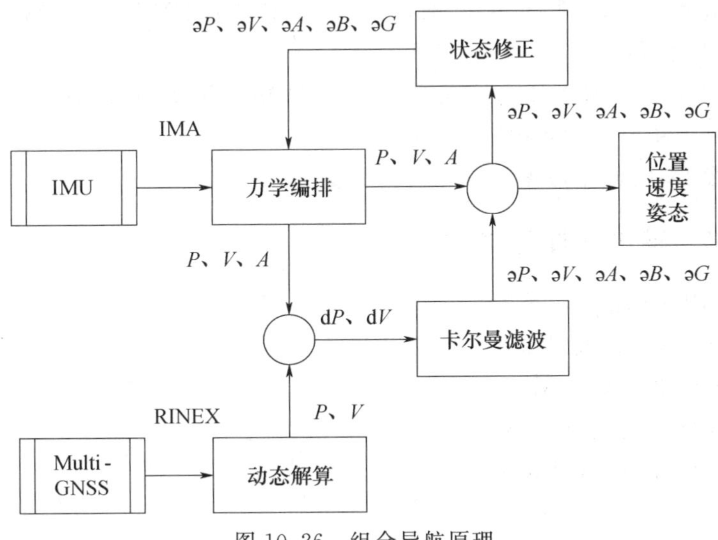

图 10.26　组合导航原理

(1)输入参数：y、p、r、B、L、H、P、Q、R、IMUData、GPSData。

y、p、r：初始姿态角；

B、L、H：初始位置；

P：初始方差-协方差矩阵(位置、速度、平台“失准角”、加速度偏置、陀螺仪偏置)；

Q：IMU 器件参数；

R：DGPS 位置、速度方差-协方差矩阵；

IMUData：IMU 数据文件路径；

GPSData：GPS 数据文件路径。

(2)输出参数:Result、EpochNum。

Result:组合导航结果,包括位置、速度、姿态、加速度偏置、陀螺偏置及其方差-协方差矩阵,其中位置结果包含大地坐标(经纬度与大地高)、地固系坐标、高斯投影后的当地坐标系平面位置三种(可选),速度包含地固坐标系速度、东北天坐标系速度(可选)。

§10.8 CASM PIG-I软件的输入与输出

10.8.1 输入文件与格式

CASM PIG-I需输入以下文件:

(1)原始GPS数据。

对于差分GPS用户,输入基准站观测数据文件、流动站观测数据文件与GPS卫星星历(精密星历、广播星历可选,目前只支持RINEX格式GPS观测文件与sp3格式精密星历)。

对于PPP用户,输入流动站观测数据文件,精密星历(目前只支持RINEX格式GPS观测文件与sp3格式精密星历)。

(2)机载IMU原始数据。

10.8.2 输出文件与格式

CASM PIG-I输出以下文件:

(1)GPS定位、定速结果(.GPS)。

(2)INS对准结果(.ALG)。

(3)纯惯性导航结果(.INS)。

(4)组合导航结果(.PIG)。

§10.9 CASM PIG-I软件操作说明

10.9.1 用户界面

CASM PIG-I V1.0安装完成后,用户只需双击图标即可开始运行。界面如图10.27所示的界面。

10.9.2 软件运行演示

首先是数据与处理模块,主要是将惯性导航数据和GPS观测的初始数据转换成计算所需要的格式。单击“INS”处理框，会出现如图 10.28 所示的界面。

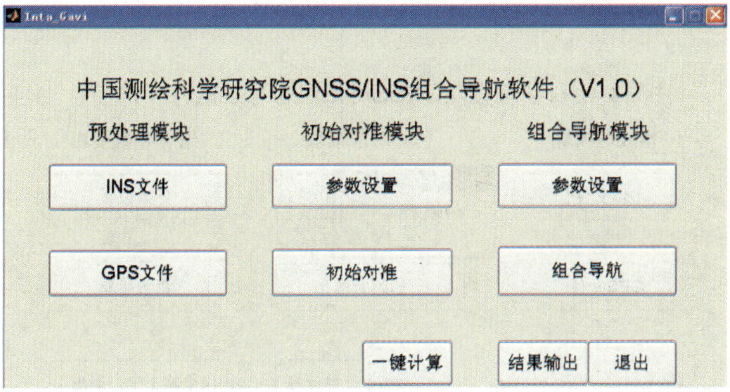

图 10.27　开始界面

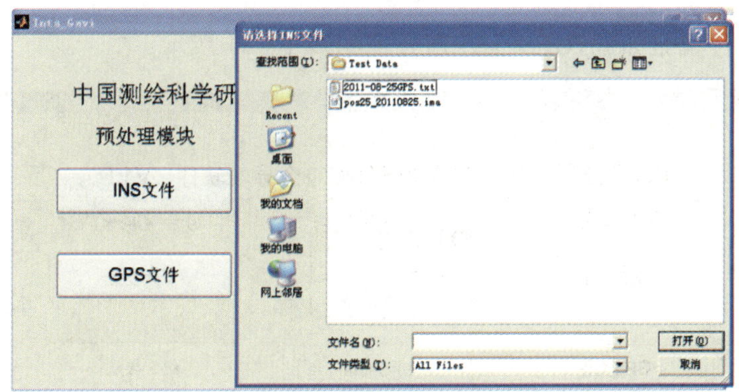

图 10.28　INS 处理框

用户可以选择位于任意路径的原始数据。选择文件后，单击“打开”，会出现如图 10.29 所示的界面。

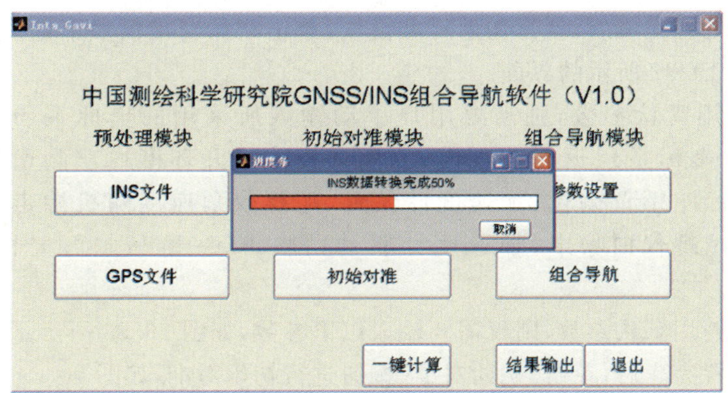

图 10.29　INS 数据转换进度条

数据转换完成,会出现如图 10.30 所示的界面。

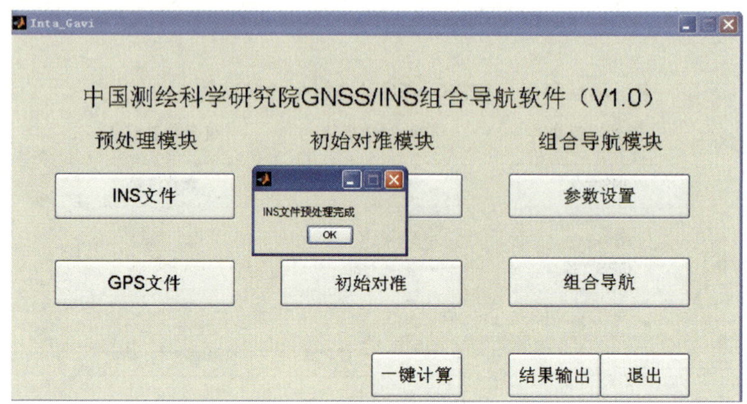

图 10.30 INS 数据预处理完成

GPS 文件也是如此,GPS 文件预处理如图 10.31 所示。

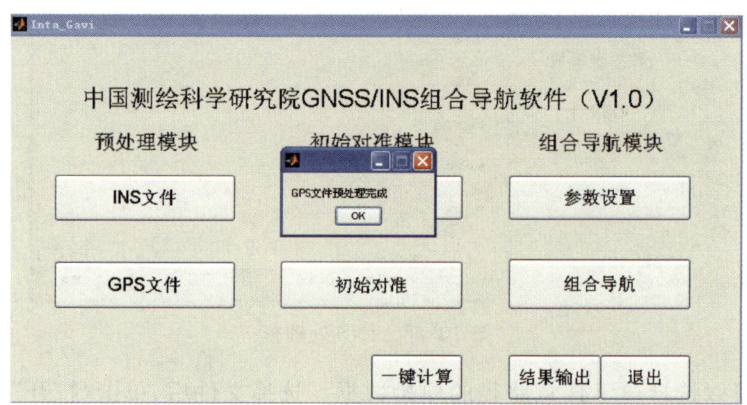

图 10.31 GPS 文件预处理完成

数据预处理完成后,就是初始对准模块,单击初始对准模块下的“参数设置”,会出现如图 10.32 所示的界面。

若不适用默认参数,则需要用户手动输入所采用的坐标系(地固坐标系或当地水平坐标系)、返回校正模式(闭环模式或开环模式)、测量速度漂移、三个失准角、陀螺仪偏置、加速度计偏置、陀螺仪角速度随机游走、加速度计随机游走、陀螺仪白噪声、加速度计驱动白噪声、一阶马尔可夫相关时间和采样率。

若选择使用默认参数,则仅需要输入以下参数,如图 10.33 所示。

参数设置完毕后,单击“初始对准”按钮进行初始对准,如图 10.34 所示。

初始对准完成后,进行组合导航模块。单击“参数设置”按钮,会与初始对准模

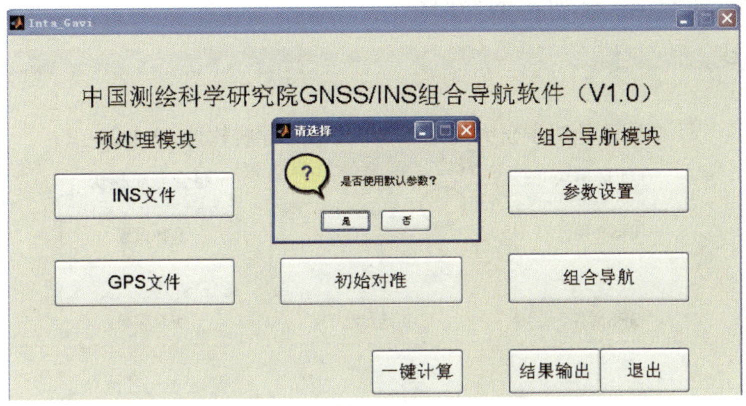

图 10.32　初始对准参数设置

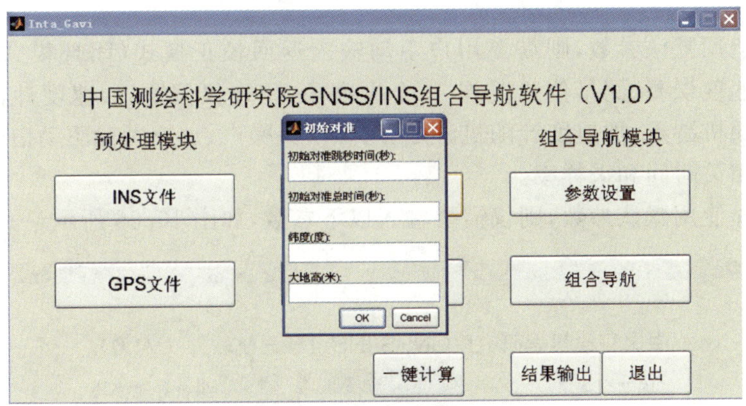

图 10.33　初始对准参数设置

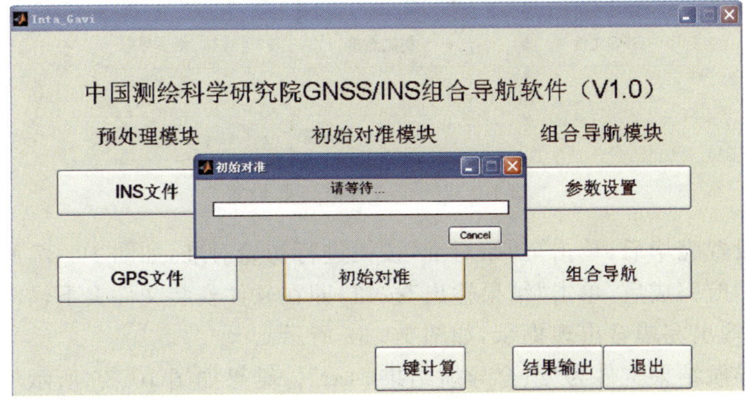

图 10.34　初始对准

块一样出现，如图 10.35 所示的界面。

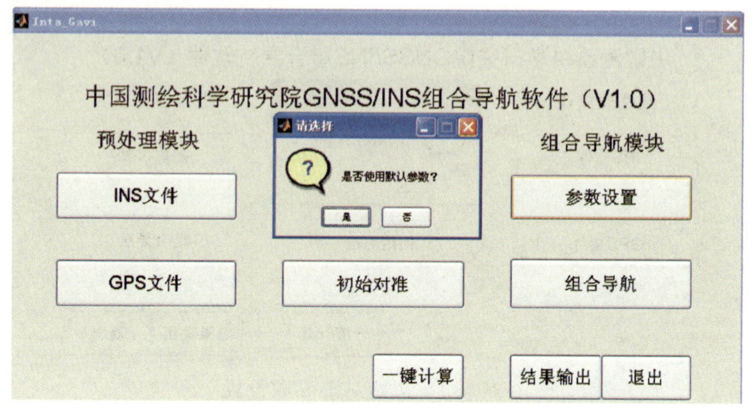

图 10.35　组合导航参数设置

若不适用默认参数，则需要用户手动输入返回校正模式（闭环模式或开环模式）、测量速度误差、测量位置误差、三个失准角、陀螺仪偏置、加速度计偏置、陀螺仪角速度随机游走、加速度计随机游走、陀螺仪白噪声、加速度计驱动白噪声、一阶马尔可夫相关时间和采样率。

若选择使用默认参数，则仅需要输入以下参数，如图 10.36 所示。

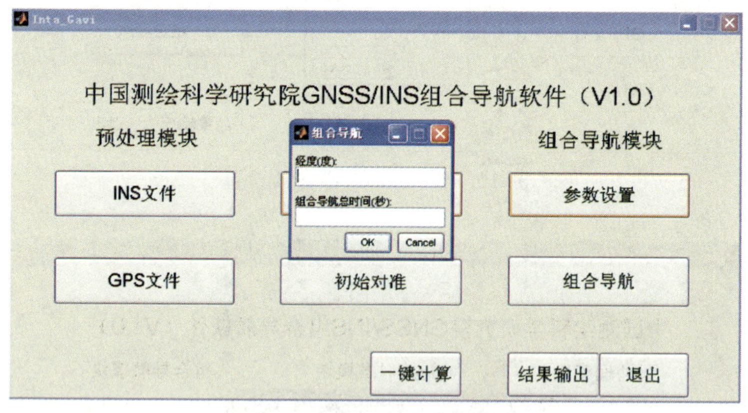

图 10.36　组合导航参数设置

参数设置完毕后，单击“初始对准”按钮进行初始对准，如图 10.37 所示。

组合导航完成后，单击“结果输出”按钮，即在软件安装文件夹下输出组合导航结果，结果输出完毕会出现提示，如图 10.38 所示。

组合导航结果文件为“组合导航结果 . txt”。结果如图 10.39 所示。

结果主体依次为历元、翻滚角、倾斜角、俯仰角、位置（X、Y、Z）、速度（V_x、V_y、V_z）。

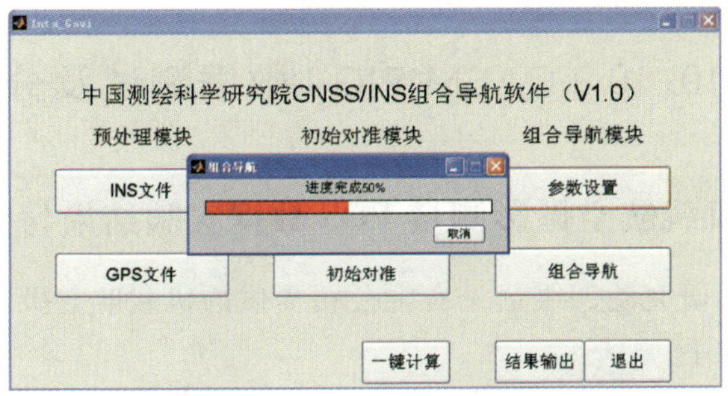

图 10.37　组合导航

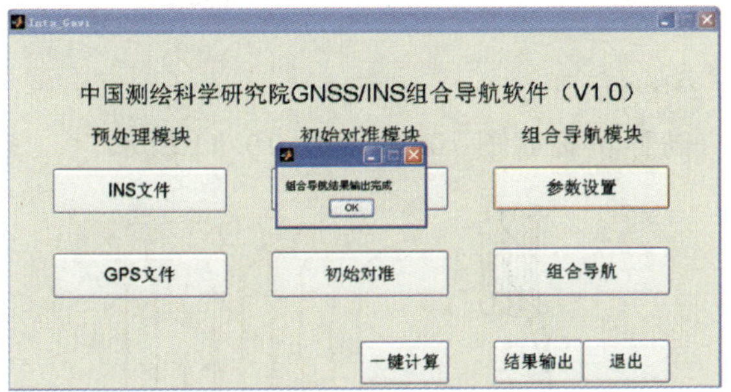

图 10.38　组合导航结果输出

欢迎您使用 GNSS/INS 组合导航软件

开发日期 ：二零一一年十月
开发单位 ：中国测绘科学研究院大地测量与地球动力学研究所
联系地址 ：北京市海淀区莲花西路28号 邮编：100830
电子邮箱 ：wangqianxin8012@163.com
联系电话 ：010-63880709
软件版本 ：V1.0
结果坐标 ：WGS84
结果单位 ：米，米/秒

Epoch	r	p	y	X	Y	Z
373842.00000000	0.58951744	1.97541928	111.94174332	-2089278.04723856	4878604.02326470	3525962.68585649
373843.00000000	0.58951738	1.97541928	112.21252354	-2089278.21989558	4878604.42004409	3525962.52596670
373844.00000000	0.58951737	1.97541928	112.25247578	-2089278.25123790	4878604.48294485	3525962.49293277
373845.00000000	0.58951737	1.97541928	112.26624977	-2089278.24038172	4878604.51003119	3525962.48687117
373846.00000000	0.58951736	1.97541927	112.29957987	-2089278.25377882	4878604.56659074	3525962.46120329
373847.00000000	0.58951736	1.97541928	112.31439956	-2089278.27585711	4878604.56122436	3525962.48223995
373848.00000000	0.58951736	1.97541928	112.32673837	-2089278.28874759	4878604.55426830	3525962.50640678
373849.00000000	0.58951737	1.97541928	112.31095728	-2089278.27540638	4878604.53765657	3525962.50870430
373850.00000000	0.58951736	1.97541928	112.28880658	-2089278.25697980	4878604.53315479	3525962.48589451
373851.00000000	0.58951737	1.97541928	112.25877822	-2089278.24597653	4878604.49474115	3525962.49115324
373852.00000000	0.58951737	1.97541928	112.23864106	-2089278.25054719	4878604.48131949	3525962.47068875
373853.00000000	0.58951737	1.97541928	112.23531171	-2089278.25996149	4878604.47439932	3525962.46867008
373854.00000000	0.58951736	1.97541928	112.26945665	-2089278.26559069	4878604.51770962	3525962.46724907
373855.00000000	0.58951736	1.97541928	112.26835814	-2089278.25578042	4878604.52281430	3525962.46403159
373856.00000000	0.58951736	1.97541928	112.27898665	-2089278.25808545	4878604.52841525	3525962.47409458
373857.00000000	0.58951737	1.97541928	112.28339058	-2089278.25756903	4878604.51983362	3525962.49411410
373858.00000000	0.58951737	1.97541928	112.27190368	-2089278.23992354	4878604.50519801	3525962.50395303
373859.00000000	0.58951737	1.97541928	112.27557872	-2089278.23919781	4878604.50553989	3525962.51052056
373860.00000000	0.58951737	1.97541928	112.24346046	-2089278.21777468	4878604.47427125	3525962.50833325

航软件

X	Y	Z	Vx	Vy	Vz
-2089278.04723856	4878604.02326470	3525962.68585649	-0.00621818	0.00934996	-0.00644328
-2089278.21989558	4878604.42004409	3525962.52596670	-0.01500216	0.02042911	-0.01568524
-2089278.25123790	4878604.48294485	3525962.49293277	0.00023689	0.02128962	-0.01140344
-2089278.24038172	4878604.51003119	3525962.48687117	-0.00598985	0.04773969	-0.02561205
-2089278.25377882	4878604.56659074	3525962.46120329	-0.01367598	0.03217282	-0.01028821
-2089278.27585711	4878604.56122436	3525962.48223995	-0.01813300	0.02227614	0.00208009
-2089278.28874759	4878604.55426830	3525962.50640678	-0.00838565	0.01116580	0.00322953
-2089278.27540638	4878604.53765657	3525962.50870430	0.00205521	0.01100014	-0.01102941
-2089278.25697980	4878604.53315479	3525962.48589451	0.00562062	-0.01173507	-0.00358879
-2089278.24597653	4878604.49474115	3525962.49115324	0.00028419	-0.01277462	-0.01336836
-2089278.25054719	4878604.48131949	3525962.47068875	-0.00379537	-0.01151141	-0.01127821
-2089278.25996149	4878604.47439932	3525962.46867008	-0.00719306	0.01825081	-0.01383015
-2089278.26559069	4878604.51770962	3525962.46724907	-0.00162344	0.01534472	-0.01335350
-2089278.25578042	4878604.52281430	3525962.46403159	-0.00212885	0.01401031	-0.00678056
-2089278.25808545	4878604.52841525	3525962.47409458	-0.00450032	0.00787239	0.00116554
-2089278.25756903	4878604.51983362	3525962.49411410	0.00679582	-0.00106985	0.00600794
-2089278.23992354	4878604.50519801	3525962.50395303	0.00586766	0.00102912	0.00787327
-2089278.23919781	4878604.50553989	3525962.51052056	0.01926031	-0.01789619	0.00389154
-2089278.21777468	4878604.47427125	3525962.50833325	0.00652661	-0.01384984	-0.00329194

图 10.39　组合导航结果

§10.10 CASM PIG-I 数据测试及分析

10.10.1 机载航空摄影测量 POS 数据实验结果与分析

中国测绘科学研究院四维远见有限公司提供的机载航空摄影测量 POS 数据，实验结果与分析如下。

(1)数据描述。

组合导航系统(国产硬件+IE)，IE 公司(Inertial Explore)解算并提供结果以供参考；

数据长度约为 2 h 40 min。

(2)平面轨迹与高程轨迹如图 10.40 和图 10.41 所示。

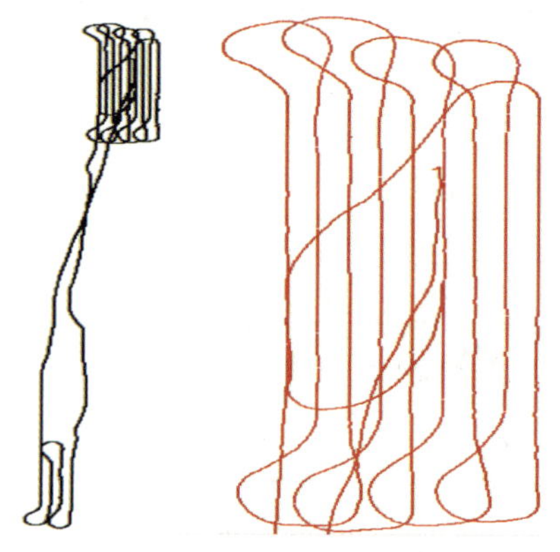

图 10.40 飞行平面轨迹

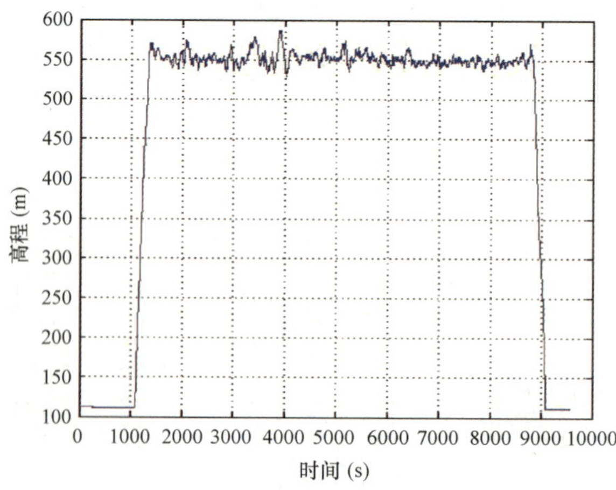

图 10.41 飞行高程轨迹

(3)PIG-I 定位结果与 IE 结果比较。

位置结果比较,如图 10.42 所示。

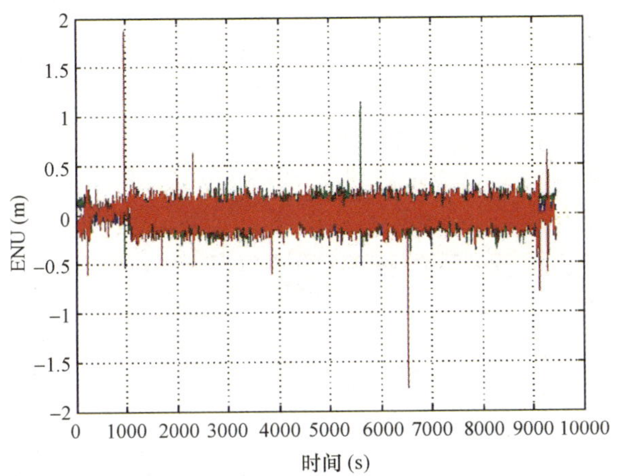

图 10.42　PIG-I 与 IE 位置结果比较

速度结果比较,如图 10.43 所示。

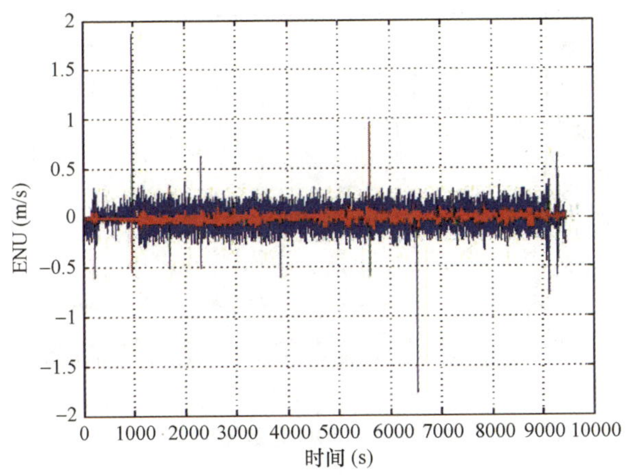

图 10.43　PIG-I 与 IE 速度结果比较

姿态结果比较,如图 10.44 及图 10.45 所示。

10.10.2　航空摄影测量数据实验结果与分析

中国测绘科学研究院中测新图有限公司的提供的航空摄影测量数据实验结果与分析。

(1)数据描述。

德国进口组合导航系统(软件+硬件)。

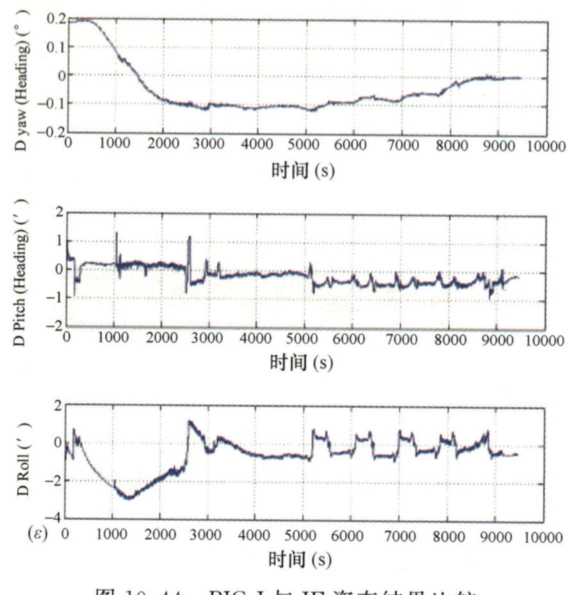

图 10.44　PIG-I 与 IE 姿态结果比较

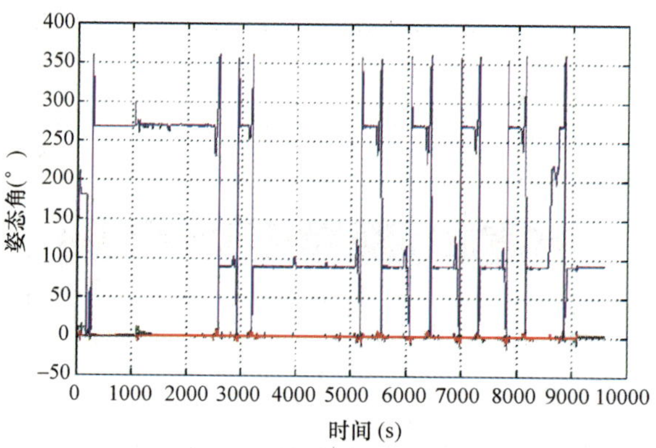

图 10.45　PIG-I 姿态结果

德国 IGI 公司的 IMU；Ashtech GPS 接收机；IGI 公司 AEROControl 解算并提供结果以供参考。

数据长度约为 5 h 20 min。

(2)平面轨迹与高程轨迹如图 10.46 及图 10.47 所示。

(3)PIG-I 结果与 AEROControl 结果比较：

位置结果比较如图 10.48 所示。速度结果比较如图 10.49 所示。姿态结果比较如图 10.50 及图 10.51 所示。

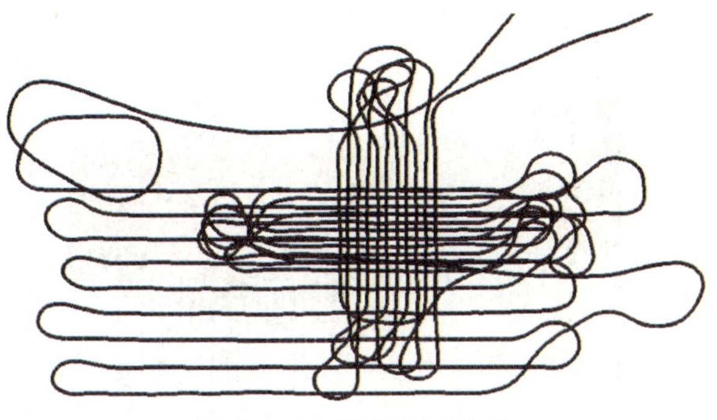

图 10.46　飞行平面轨迹

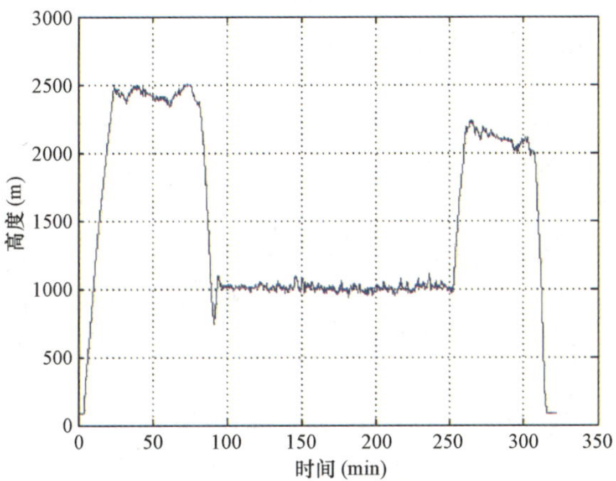

图 10.47　飞行高程轨迹

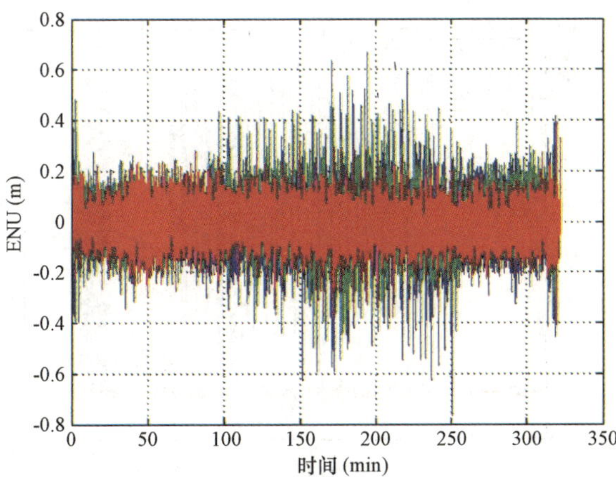

图 10.48　PIG-I 与 AEROControl 位置结果比较

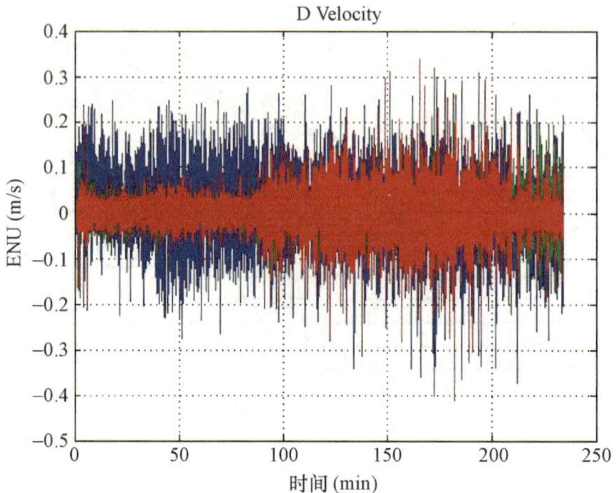

图 10.49 PIG-I 与 AEROControl 速度结果比较

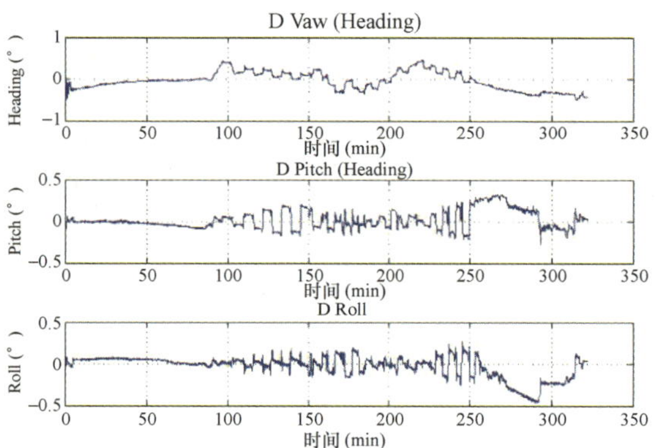

图 10.50 PIG-I 与 AEROControl 姿态结果比较

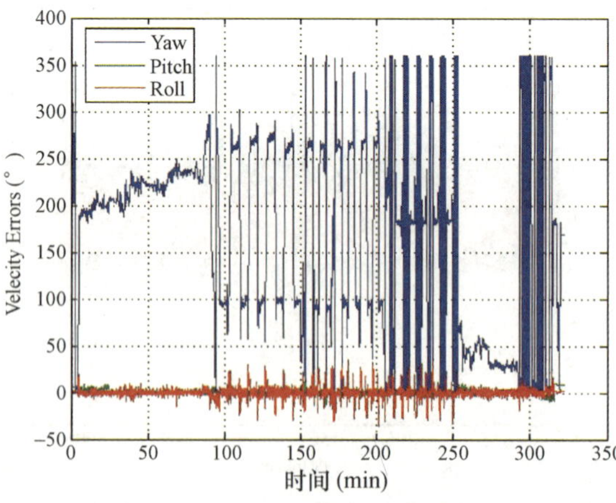

图 10.51 PIG-I 的姿态结果

§10.11　本章小结

本章§10.1至§10.5以笔者组织编写的 XHGNSS 动态定位、定速与定姿软件为例，详细介绍了该软件的总体设计思路、主要功能和特色、部分子函数的调用方法以及软件的实际数据解算效果和常见错误的处理办法。该软件除了具有一般 GPS 数据处理软件应有的单点定位、基线解算、网平差以及动态定位定速与定姿功能外，还采用了笔者最新理论研究成果，实现了自适应换站、综合法定速以及卫星钟差的实时预报等新功能。通过大量实测数据的检验，证明了该软件是一款精度高、操作强、抗差性好的 GNSS 数据处理软件。其动态定位、定速与定姿精度分别达到了：<5 cm，<1 cm/s，<0.01。可满足绝大多数动态定位用户的需求。目前我们正在对该软件进行进一步升级，升级版将新增三大功能：一是多卫星系统融合导航功能；二是卫星导航系统与惯性导航系统的数据融合处理功能；三是已与北京中数集思软件技术有限公司签订了合作协议，该公司将协助完成软件的图形化显示功能，从而增加解算结果的直观性。上述工作预计将在 2019 年年底完成，升级后的 XHGNSS 软件将会拥有更加广阔的应用市场前景，并为更多不同专业背景的用户提供更加专业的服务。

§10.6至§10.9以 CASM PIG-I 软件为例，详细介绍了软件的总体设计、主要函数、操作说明和数据测试及分析，该软件包含了 INS 初始自对准、纯惯性导航、GPS 定位与定速、GPS/INS 松组合导航四个功能，应用广泛。

第 11 章　结论与展望

§11.1　主要结论

本书围绕航空动态测量中载体测量平台的运动状态监测这一中心问题展开研究，涉及了机载动态定位中对流层延迟误差的处理、异常观测值的控制、GPS 卫星钟差的实时预报、长距离机载动态定位的参考站自适应更换、高精度 GPS 定速与定姿等关键技术问题，并应用上述理论研究成果研发了一套多功能 GNSS 数据处理软件，所做工作构成了一套较为完整的机载 GPS 动态定位、定速与定姿理论体系。其主要结论和贡献如下。

(1)对流层延迟误差随测站高程的变化非常快，当流动站与参考站的高差为 10 m 时，两者天顶方向的对流层延迟量差别将达 2～3 mm。而机载动态相对定位中，飞机的飞行高度一般都在几千米以上，因此很难通过差分的方式进行有效消除。为此本书提出了一种适合机载动态相对定位的对流层延迟误差消除方法——投影延拓法。实验结果表明：当流动站比参考站高几百米甚至几千米时，该方法获取的对流层延迟量精度始终保持在毫米级，不受测站高程的影响。其误差只与向上延拓时大气模型本身垂直方向上的分辨率相关。

(2)对流层延迟估计量与测站高程的估计量呈显著的负相关关系。当估计的对流层延迟量大于真实值时，估计的测站高程就会小于真实的高程；当估计的对流层延迟量小于真实值时，估计的测站高程就会大于真实的高程。因此，准确估计对流层延迟量对保证 GPS 高程方向上的精度十分关键。

(3)GPS 观测值中不可避免地会存在粗差，尤其是在机载 GPS 定位中，由于周围环境的复杂多变，异常观测数据出现更为频繁。目前，常用的粗差处理方法有两类：一是粗差探测，它通过构造检验统计量来对粗差进行判断和剔除，如均值漂移模型、多维粗差探测、拟准检定法、粗差探测的贝叶斯方法等；二是抗差估计，它通过等价权来对粗差观测值进行控制，以消除或减弱异常误差的影响，如 IGG3 方案、双因子等价权及等价方差-协方差函数等。这两种方法各有优缺点。粗差探测方法可在数据预处理阶段完成粗差剔除工作，但要准确选取粗差的判别标准并不容易。过于宽松的判别标准，会导致粗差不能被完全剔除。过于严格的判别标准，则可能导致有些历元的观测值太少，影响解的可靠性。抗差估计方法是与参数解算同步进行的，计算中需迭代计算等价权，因此对于海量观测数据处理会大大增加计算负担。因此,本书提出采用粗差探测与抗差估计相结合方式来处理机载动态定位中的粗差问题,即:在数据预处理阶段利用粗差探测方法来剔除大的粗差,在参数估计阶段利用抗差估计来控制小粗差的影响。实验结果表明:该方法不仅能有效抵御粗差的影响,而且能保证软件的解算速度。

(4)GPS 卫星钟的稳定性与每颗卫星所使用的卫星钟的种类密切相关,实验结果显示使用铷钟的卫星要比使用铯钟的卫星稳定。因此,利用简单的线性模型预报后 6 h 的卫星钟差,对于使用铷钟的卫星精度可优于 10^{-10} s,而对使用铯钟的卫星精度则在 10^{-9} s 左右。通过频谱分析实验发现:铯钟的卫星钟差呈现明显的周期性变化,因此可通过增加周期性改正函数来进行进一步模拟。基于上述分析,本书提出了采用非平稳时序模型来进行 GPS 卫星钟差的实时预报。实验结果显示:利用该模型实时预报后 6 h 的 GPS 卫星钟差,预报精度可优于 0.5 ns。

(5)单基线处理模式是 GPS 动态相对定位中最简单常用的一种解算模式。但在长距离机载动态定位中,载体飞行的距离过远,导致流动站与参考站间的共视卫星数减少,PDOP 值变大,定位精度下降甚至无解,因此单基线处理模式通常很难满足长距离动态定位的需求。更换较近的参考站为新参考站无疑是解决这些问题最直接有效的办法。目前,更换参考站后新双差模糊度的求解方法共有三种:一是重新初始化模糊度;二是根据原参考站与流动站间的双差模糊度和原参考站与新参考站间的双差模糊度的关系,直接求解新参考站与流动站间的双差模糊度;三是根据已知的卫星位置、流动站位置(由原参考站解得)及新参考站位置,求解新参考站与流动站间的双差模糊度。上述三种方法都均存在一定程度的缺点:对于第一种方法,重新初始化模糊度会导致换站前后解的不连续。第二种方法虽然避免了重新初始化模糊度,但引入了新旧参考站间的双差模糊度。新旧参考站间的距离较远,因此新旧参考站间双差模糊度的解算误差会较大。并且该误差会代入新参考站与流动站间的双差模糊度中,随着换站次数的增加,误差也会一直积累。第三种方法的实质是解的融合,当函数模型或随机模型存在误差时,它不如基于原始观测信息的融合方法严格。因此,本书提出了自适应换站算法,该方法在整个解算过程始终保持单基线的动态定位模式,当发现流动站与原参考站间的距离大于流动站与其他参考站间的距离时,自动更换周围最近的参考站作为新参考站;对换站前后的数据设置一定时间的重叠段,利用等价消参法将换站前后的数据进行严格的自适应融合,以保持整个解算过程的连续性。通过对实测机载数据的解算,证明了该方法不仅可以克服因载体飞行距离过远而导致的定位精度的下降,而且能够避免因换站所引起的前后解的不连续,计算结果表明该方法的定位精度约为 2 cm。

(6)中心差分法是数值微分中的一种常用方法。当函数具体表达形式未知时,它可利用离散点处的函数值直接求取相应点处的导数。目前在 GPS 定速中,常用三个点的一阶中心差分法来求取载波相位观测值的变化率。但当载体机动性较强时，该方法会产生较大的误差。本书从理论上分析了产生这一误差的主要原因，证明了当数据采样率一定时，增加中心差分法的点数可减少微分过程产生的截断误差，但同时会放大导出相位率的传播误差，因此最佳的点数应使截断误差和导出相位率的传播误差之和最小。实验结果显示：当采样率为 1 Hz，载体平均速度和加速度分别为 20 m/s 、0.2 m/s^2 时，九个点的一阶中心差分法定速精度最高。相对于三个点的一阶中心差分法，其定速精度提高了约 50%，且载体机动性越强，改进效果越明显。

(7)鉴于目前单独使用 GPS 载波相位观测值或多普勒观测值进行定速时，均存在一定程度缺陷，本书提出了一种综合利用上述两种观测值的 GPS 定速方法。该方法先将原始载波相位观测值通过九个点的一阶中心差分，得到载波相位观测值的变化率；通过法方程的叠加实现两类观测值的融合；利用严格的赫尔默特方差分量估计法对两类观测值进行定权；同时为抵御粗差的影响，采用双因子等价权方案迭代计算其等价权。实验结果显示：该方法不仅可以改善单独使用多普勒观测值时的定速精度，而且可以克服单独使用载波相位时受载体机动性影响较大的弊端，充分发挥了两者的优势，定速结果更加准确可靠。内部检验与外部比较的结果显示：综合法定速的精度可优于 1 cm/s。

(8)分析了目前常用三种 GPS 定姿方法的优缺点，指出了它们的共同缺陷：一是都不具有抗差性；二是对于运动载体而言，都没有充分利用运动模型的信息；三是当一些历元的实际观测值数少于必要观测数时，三种方法都会出现无解的情况。因此提出了一种基于抗差自适应卡尔曼滤波的 GPS 定姿方法。本书给出了该方法的具体计算方法和解算步骤，并利用实测的机载 GPS 数据检验了该方法的可行性。实验结果显示：该方法的实际定姿精度优于 0.01°。

(9)编写了大型科研 GPS 动态数据后处理软件 HALO_GPS，该软件已被成功地应用于多个航空重力测量项目，软件说明书被德国地学研究中心(GFZ)公开出版。组织研发了一套多功能的 GNSS 动态定位定速与定姿软件 XHGNSS，并取得了国家计算机软件著作权。利用大量的实测 GNSS 数据对该软件的稳定性、可靠性和解算精度进行了验证，如静态数据动态处理实验、天线移动实验、海上浮标实验、机载动态定位定速实验、车载动态定位定速定姿实验等。实验结果显示：该软件的动态定位精度优于 5 cm，定速精度优于 1 cm/s，定姿精度优于 0.01°，因而可以满足大多数机载动态测量用户的需求。

§11.2　研究展望

GNSS 动态数据处理是一个理论与应用并重的课题，涉及面非常广泛。本书仅围绕机载 GNSS 动态定位、定速与定姿的相关问题进行了研究，可以说是 GNSS 动态数据处理的冰山一角，即便是本书的研究主题，仍有许多问题需要进一步研究。

(1)机载动态定位中多路径效应的消除方法。本书对机载动态定位中的对流层延迟误差、粗差及卫星钟差进行了研究。而机载动态定位中的多路径效应也是一个重要的误差源。在地面进行 GPS 观测时产生的多路径效应可以利用其重复性进行有效的消除。而机载动态定位中，由于飞机处于高速运动状态，导致反射源不断发生变化，因此很难通过重复性效应进行有效消除。我们将充分利用已有大量实测机载 GNSS 数据，对机载动态定位中的多路径效应特性进行分析，构建相应的函数模型，并建立相应的消除方法。

(2)任意多个流动站和参考站的自适应换站方法。本书研究并发展了一种基于单基线处理模型的自适应换站方法，该方法始终保持单基线的处理模式，当流动站与参考站间的距离大于用户指定距离时，自动更换最近的参考站作为新参考站。为使该方法应用范围更加广泛，下一步我们将研究如何实现任意多个流动站和参考站的自适应换站方法。

(3)高维模糊度的降相关处理。整周模糊度的解算是 GNSS 数据处理中最关键的一步。利用多卫星导航系统进行组合导航，一方面可以增加可见卫星数、改善卫星的几何结构、提高定位的精度和可靠度；但另一方面随着卫星数的增加，待求整周模糊度参数也相应增加，这就导致模糊度的相关问题。因此我们将研究如何有效解决高维模糊度的降相关问题，建立相应的高维模糊度快速解算方法。

(4)多卫星导航系统的融合导航。目前世界各国都在努力发展自己的卫星导航系统，如美国的 GPS、俄罗斯的 GLONASS、中国的北斗二代、欧盟的 Galileo、日本的 QZSS、印度的 IRNSS，待这些卫星导航系统建成后，未来天空将会群星璀璨。卫星导航产业也由单一的 GPS 时代逐步转向多卫星系统融合导航时代。尽快研究多卫星系统融合导航的关键技术，并率先开发出相关的数据处理软件非常重要，因此这将是我们下一步工作的重点。目前我们正在研究如何利用多卫星系统数据进行不同卫星导航系统间误差的互验、互校与互补。

(5)卫星导航数据与惯性导航数据的融合处理。由于卫星导航系统和惯性导航系统的优缺点十分鲜明，并且两者具有明显的互补性，因此将两者进行组合导航一直是导航界的研究热点。许多专家学者也对此进行了大量的研究，并取得了诸多研究成果，但仍存在一些不足之处，特别是在数据的深度融合处理以及实时导航数据的质量控制方面，因此我们将对此进行进一步的补充和完善。

参考文献

蔡成林，于洪刚，韦照川，等，2017. 基于 Takagi-Sugeno 模糊神经网络模型的卫星钟差预报方法[J]. 天文学报(3)：111-124.

蔡宏翔，2000. GPS 接收机天线相位中心三维位置偏差野外测定方法[J]. 测绘技术装备，2(3)：23-25.

陈力平，方波，季成康，2002. 应用 GPS 技术改正 ADCP 测量误差[J]. 人民长江，33(1)：36-37.

陈金平，胡小工，唐成盼，等，2016. 北斗新一代试验卫星星钟及轨道精度初步分析[J]. 中国科学(物理学力学天文学)，46(11)：85-95.

陈武，胡丛玮，2001. 基于 GPS 基准网的 GPS 快速静态定位及动态定位方法[J]. 武汉大学学报(信息科学版)，26(6)：518-523.

陈希孺，1981. 数理统计引论[M]. 北京：科学出版社.

崔希璋，於宗俦，陶本藻，等，2001. 广义测量平差(新版)[M]. 武汉：武汉测绘科技大学出版社.

崔先强，焦文海，2005. 灰色系统模型在卫星钟差预报中的应用[J]. 武汉大学学报(信息科学版)，30(5)：447-450.

崔先强，杨元喜，高为广，2006. 多种有色噪声自适应滤波算法的比较[J]. 武汉大学学报(信息科学版)，31(8)：731-735.

戴水财，刘庆元，张学庄，等，2005. 一种 GPS 天线相位中心偏移量的测定与计算方法[J]. 矿山测量(1)：17-18.

戴吾蛟，2006. 基于经验模式分解的滤波去噪法及其在 GPS 多路径效应中的应用[J]. 测绘学报，35(4)：321-327.

戴吾蛟，2007. GPS 精密动态变形监测的数据处理方法研究[D]. 长沙：中南大学.

戴吾蛟，陈招华，梁铭，2009. 高差对 GPS 大地高测量精度的影响[J]. 大地测量与地球动力学，29(3)：80-83.

戴小蕾，2016. 基于平方根信息滤波的 GNSS 导航卫星实时精密定轨理论与方法[D]. 武汉：武汉大学.

戴志强，2016. GNSS 实时精密定位服务系统若干关键技术研究[D]. 武汉：武汉大学.

党亚民，秘金钟，成英燕，2007. 全球导航卫星系统原理与应用[M]. 北京：测绘出版社.

段志勇，袁信，2000. H_∞滤波在 GPS/INS 组合导航系统中的应用研究[J]. 南京航空航天大学学报，32(2)：189-193.

高为广，2010. GPS/INS 自适应组合导航算法研究[D]. 郑州：信息工程大学.

高玉平，2001. GPS 接收机天线相位中心偏差的检测[J]. 陕西天文台台刊，24(2)：121-126.

葛茂荣，葛胜杰，过静珺，1999. GPS 动态定位中机动随机模型分析[J]. 武汉大学学报(信息科学版)，24(3)：249-251.

葛茂荣,刘经南,1996. GPS定位中对流层折射估计研究[J]. 测绘学报,25(4):285-291.

耿涛,赵齐乐,刘经南,等,2007. 基于PANDA软件的实时精密单点定位研究[J]. 武汉大学学报(信息科学版),32(4):312-315.

龚真春,宋执环,2005. 嵌入式GPS/M1MS组合导航系统的设计与应用[J]. 计算机工程与应用(9):108-111.

归庆明,宫铁松,李国重,2006. 粗差探测的Bayesian方法[J]. 测绘学报,35(4):303-307.

郭金运,周玉华,2000. 矿区GPS测量控制网实践[J]. 勘察科学技术(3):52-55.

何海波,2002. 高精度GPS动态测量及质量控制[D]. 郑州:信息工程大学.

何海波,杨元喜,孙中苗,2002. 几种GPS测速方法的比较分析[J]. 测绘学报,31(3):217-221.

何秀凤,杨光,2004. 扩展区间KALMAN滤波器及其在GPS/INS组合导航中的应用[J]. 测绘学报,33(1):47-52.

胡丛玮,2000. GPS短基线模型与动态定位[J]. 测绘学报,29(3):282-285.

胡丛玮,刘大杰,2002. 基于方差分量估计原理的自适应卡尔曼滤波及其应用[J]. 测绘科学技术学报,19(1):15-18.

胡国荣,崔伟宏,2001. 组合GPS/GLONASS精密定位的观测值随机模型[J]. 遥感学报,5(2):95-99.

胡延锋,1995. 码分多址在卫星通信中的应用[J]. 微波与卫星通信(3):5-11.

胡志刚,2013. 北斗卫星导航系统性能评估理论与试验验证[D]. 武汉:武汉大学.

黄观文,2012. GNSS星载原子钟质量评价及精密钟差算法研究[D]. 西安:长安大学.

黄观文,崔博斌,张勤,等,2018. 附加周期和神经网络补偿的实时钟差预报模型[J]. 宇航学报,39(1):83-88.

黄俊华,陈文森,2009. 连续运行卫星定位综合服务系统建设与应用[M]. 北京:科学出版社.

黄维彬,1990. 近代平差理论及其应用[M]. 北京:解放军出版社.

黄维彬,1993. 测量平差的当代进展——近代测量平差[C]// 全国近代测量平差及其应用学术讨论会.

黄钰林,2008. 机载双基地SAR同步与成像处理研究[D]. 成都:电子科技大学.

黄智刚,2007. 无线电导航原理与系统[M]. 北京:北京航空航天大学出版社.

姜卫平,2017. 卫星导航定位基准站网的发展现状、机遇与挑战[J]. 测绘学报,46(10):1379-1388.

李博峰,2010. 混合整数GNSS函数模型及随机模型参数估计理论与方法[D]. 上海:同济大学.

李博峰,沈云中,2008. 顾及基线先验信息的GPS模糊度快速解算方法[J]. 测绘学报,37(4):413-417.

李博峰,沈云中,周泽波,2009. 中长基线三频GNSS模糊度的快速解算方法[J]. 测绘学报,38(4):296-301.

李成钢,黄丁发,邹乐韬,等,2007. GPS/VRS参考站网络的对流层误差建模技术研究[J]. 测绘科学,32(4):29-32.

李德仁,为铣金,2001. 摄影测量与遥感概论[M]. 北京:测绘出版社.

李浩军,王解先,陈俊平,等,2010. 基于GNSS网络的实时精密单点定位及精度分析[J]. 地球物理学报,53(6):1302-1307.
李健,吕志平,2007. 基于 CORS 的卫星定位在线服务系统[J]. 测绘通报(8):40-44.
李淑慧,2002. VC++6.0 环境下 GPS 接收机串口通信的实现[J]. 测绘地理信息(5):23-24.
李天文,2003. GPS 原理及应用[M]. 北京:科学出版社.
李小捷,2012. 弱信号环境下的 GNSS 信号捕获研究[D]. 西安:西安电子科技大学.
李跃华,蔺玉亭,张达,等. 2011. 钟差数据处理方法研究[C]//中国卫星导航学术年会电子文集.
李征航,2003. 利用 GPS 观测反演三峡地区对流层湿延迟的分布及变化[J]. 武汉大学学报(信息科学版)(4):393-396.
李征航,张小红,2009. 卫星导航定位新技术及高精度数据处理方法[M]. 武汉:武汉大学出版社.
梁开龙,张玉册,2002. 改进单台 GPS 接收机高精度定位方法[J]. 中国航海(2):25-27.
刘广军,陈金平,2001. 联邦滤波理论及其在 INS/GPS/RDSS 组合导航系统设计中的应用[J]. 全球定位系统,26(2):27-32.
刘基余,2008. GPS 卫星导航定位原理与方法[M]. 北京:科学出版社.
刘经南,陈俊勇,张燕平,等,1999. 广义差分 GPS 原理及方法[M]. 北京:测绘出版社.
刘经南,姚宜斌,施闯,2000. 基于等价方差-协方差阵的稳健最小二乘估计理论研究[J]. 测绘科学,25(3):15-18.
刘帅,贾小林,孙大伟,2017. GNSS 星载原子钟性能评估[J]. 武汉大学学报(信息科学版),42(2):277-284.
刘文建,2017. 北斗/GNSS 区域地基增强服务系统建立方法与实践[D]. 武汉:武汉大学.
柳景斌,王泽民,王海军,等,2008. 利用球冠谐分析方法和 GPS 数据建立中国区域电离层 TEC 模型[J]. 武汉大学学报(信息科学版),33(8):792-795,814.
柳响林,刘经南,王新洲,2003. 单历元 GPS 非差相对定位模型的研究[J]. 测绘通报(3):5-8.
罗海滨,何秀凤,2007. 用 GPS 改正 INSAR 大气延迟误差的研究[J]. 大地测量与地球动力学,27(3):35-38.
马云峰,2006. MSINS/GPS 组合导航系统及其数据融合技术研究[D]. 南京:东南大学.
毛悦,陈建鹏,戴伟,等,2011. 星载原子钟稳定性影响分析[J]. 武汉大学学报(信息科学版),36(10):1182-1186.
欧吉坤,1999. 粗差探测的拟准检定法[J]. 测绘学报,28(1):15-20.
欧吉坤,柴艳菊,袁运斌,2004. 自适应选权滤波[C]//大地测量与地球动力学进展.
秦永元,张洪钺,汪叔华,1998. 卡尔曼滤波与组合导航原理[M]. 西安:西北工业大学出版社.
邵占英,葛茂荣,1996. GPS 定位中对流层折射率随机误差模型的研究[J]. 地壳变形与地震,16(2):1-7.
施闯,刘经南,1998. 基于相关分析的抗差理论[J]. 武汉测绘科技大学学报,23(1):5-9.
施闯,楼益栋,宋伟伟,等,2009. 广域实时精密定位原型系统及初步结果[J]. 武汉大学学报(信息科学版),34(11):1271-1274.
石金峰,乔仰文,刘光宗,等,1993. V~TPV=min 的充分条件[J]. 辽宁工程技术大学学报(4):87-90.
宋力杰,杨元喜,1999. 均值漂移模型粗差探测法与 LEGE 法的比较[J]. 测绘学报,28(4):

295-300.

宋迎春,2006. 动态定位中的卡尔曼滤波研究[D]. 长沙:中南大学.

宋迎春,朱建军,陈正阳,2005. 动态定位的模型偏差检测与校正[J]. 测绘学报,34(4):294-299.

宋迎春,朱建军,陈正阳,2006. 动态定位中测量噪声时间相关的 Kalman 滤波[J]. 测绘学报,35(4):328-331.

孙红星,2004. 差分 GPS/INS 组合定位定姿及其在 MMS 中的应用[D]. 武汉:武汉大学.

孙中苗,2004. 航空重力测量理论、方法及应用研究[D]. 郑州:信息工程大学.

孙中苗,石磐,夏哲任,等,2004. 利用 GPS 和数字滤波技术确定航空重力测量中的垂直加速度[J]. 测绘学报,33(2):110-115.

陶本藻,姚宜斌,施闯,2004. 基于相关分析的粗差可区别性[J]. 武汉大学学报(信息科学版),29(10):881-884.

万德钧,房建成,1998. 惯性导航初始对准[M]. 南京:东南大学出版社.

王坚,张安兵,2017. 卫星定位原理与应用[M]. 北京:测绘出版社.

王潜心,陈正阳,龚佑兴,2010a. GPS 卫星钟差的特性与预报研究[J]. 测绘科学(2):36-39.

王潜心,陈正阳,唐利民,2009. 基于相对定位模型的 GPS-Galileo 组合定位研究[J]. 测绘科学(1):63-65.

王潜心,刘庆元,龚佑兴,2005. Galileo 组合观测值的研究[J]. 测绘工程,1(14):15-17.

王潜心,许国昌,陈正阳,2010b. 利用区域 GPS 网进行高海拔流动站的对流层延迟量内插[J]. 武汉大学学报(信息科学版),35(8):1405-1408.

王潜心,徐天河,龚佑兴,2011a. 利用中心差分法进行 GPS 定速时最佳点数的选取[J]. 武汉大学学报(信息科学版),37(3): 265-268.

王潜心,徐天河,许国昌,2011b. 粗差检测与抗差估计相结合的方法在动态相对定位中的应用[J]. 武汉大学学报(信息科学版)(4):476-480.

王潜心,徐天河,许国昌,2011c. 自适应换站算法及其在长距离机载动态相对定位中的应用[J]. 测绘学报(4):429-434.

王勇,柳林涛,许厚泽,等,2007. 利用 GPS 技术反演中国大陆水汽变化[J]. 武汉大学学报(信息科学版),32(2):152-155.

王宇谱,吕志平,王宁,2017. BDS 星载原子钟长期性能分析[J]. 测绘学报,46(2):157-169.

王泽民,柳景斌,2003. Galileo 卫星定位系统相位组合观测值的模型研究[J]. 武汉大学学报(信息科学版),28(6):723-727.

王泽民,柳景斌,伍岳,等,2006. 利用 Galileo 多个载波相位观测值解算整周模糊度的方法研究[J]. 测绘通报(12):1-4.

魏子卿,葛茂荣,1998. GPS 相对定位的数学模型[M]. 北京:测绘出版社.

吴富梅,杨元喜,2007. 基于高级 AR 模型的陀螺随机漂移模型[J]. 测绘学报,36(4):389-394.

吴云孙,姜卫平,姚宜斌,2010. GZCORS 网络在线增值服务系统的设计与实现[J]. 测绘地理信息,35(4):7-9.

伍岳,2005. 第二代导航卫星系统多频资料处理理论及应用[D]. 武汉:武汉大学.

席超,蔡成林,李思敏,等,2014. 基于 ARMA 模型的导航卫星钟差长期预报[J]. 天文学报,55

(1):78-89.

夏哲仁,石磐,孙中苗,等,2004. 航空重力测量系统 CHAGS[J]. 测绘学报,33(3):22-25.

项冬,2013. 高精度机载 INS/GPS 组合导航关键算法研究[D]. 北京:中国测绘科学研究院.

肖云,孙中苗,程广义,2000. 利用 GPS 多普勒观测值精确确定运动载体速度[J]. 武汉测绘科技大学学报,25(2):113-117.

肖云,夏哲任,2003. 利用相位率和多普勒确定载体速度的比较[J]. 武汉大学学报(信息科学版),28(5):581-584.

辛健,2016. 基于小波和谱分析的 GPS 精密卫星钟差预报研究[D]. 成都:西南交通大学.

熊永良,黄丁发,丁晓利,等,2006. 虚拟参考站技术中对流层误差建模方法研究[J]. 测绘学报,35(2):118-121.

熊永良,黄丁发,张献洲,等,2002. 基于整数可逆模糊度变换和概率计算的 GPS 动态数据处理快速算法[J]. 测绘学报,31(3):211-216.

徐天河,2005. 利用 CHAMP 卫星轨道和加速度计数据推求地球重力场模型[D]. 郑州:信息工程大学.

徐天河,贺凯飞,2008. 抗差估计在 CHAMP 重力场恢复中的应用[J]. 大地测量与地球动力学,28(2):81-85.

徐天河,贺凯飞,2009. 顾及系统误差的 GEO 卫星几何法定轨[J]. 大地测量与地球动力学,29(1):64-69.

徐天河,杨元喜,2000. 改进的 Sage 自适应滤波方法[J]. 测绘科学,25(3):22-22.

徐天河,杨元喜,2001. 坐标转换模型尺度参数的选择及其分析[J]. 解放军测绘研究所学报,21(1):28-32.

阳任贵,袁运斌,欧吉坤,2010. 相位实时差分技术应用于飞行器交会对接研究[J]. 中国科学 G 辑,40(5):651-657.

姚宜斌,刘经南,陶本藻,等,2006. 基于坐标模式的广义网平差模型研究[J]. 武汉大学学报(信息科学版),31(1): 16-18.

杨元喜,1991. 选权最小二乘抗差估计[J]. 测绘技术(6):6-10.

杨元喜,1993. 抗差估计原理及其应用[M]. 北京:八一出版社.

杨元喜,1994. 等价权原理——参数平差模型的抗差最小二乘解[J]. 测绘通报(6):33-35,29.

杨元喜,崔先强,2003. 动态定位有色噪声影响函数——以一阶 AR 模型为例[J]. 测绘学报,32(1):6-10.

杨元喜,何海波,徐天河,2001. 论动态自适应滤波[J]. 测绘学报,30(4):293-298.

杨元喜,宋力杰,徐天河,2002. 大地测量相关观测抗差估计理论[J]. 测绘学报,31(2):95-99.

杨元喜,张双成,高为广,2005. GPS 导航解算中几种非线性 Kalman 滤波的理论分析与比较[J]. 测绘工程,14(3):4-7.

杨元喜,曾安敏,2008. 大地测量数据融合模式及其分析[J]. 武汉大学学报(信息科学版),33(8):771-774.

叶世榕,2002. GPS 非差相位精密单点定位技术研究[D]. 武汉:武汉大学.

殷海涛,黄丁发,熊永良,等,2007. GPS 信号对流层延迟改正新模型研究[J]. 武汉大学学报(信息科学版),32(5):454-457.

应俊俊,刘根友,2009. 航空重力测量中利用 GPS 测定载体的速度和垂直加速度[J]. 大地测量与地球动力学,29(5):68-71.

喻国荣,刘经南,2003. 一个模糊度解算的新概念[J]. 长江科学院院报,20(5):48-50.

余学祥,吕伟才,柯福阳,等,2014. 煤矿开采沉陷自动化监测系统[M]. 北京:测绘出版社.

袁修孝,2001. GPS 辅助空间三角测量及其质量控制[D]. 武汉:武汉大学.

袁运斌,2002. 基于 GPS 的电离层监测及延迟改正模型理论与方法的研究[D]. 武汉:中国科学院测量与地球物理研究所.

袁运斌,欧吉坤,1999. 利用 GPS 研究电离层延迟及电子浓度变化规律[C]. 纪念中国测绘学会成立四十周年.

袁运斌,欧吉坤,2003. 利用 IGS 的 GPS 资料确定全球电离层 TEC 的初步结果与分析[J]. 自然科学进展,13(8):885-888.

袁运斌,欧吉坤,2005. 广义三角级数函数电离层延迟模型[J]. 自然科学进展,18(8):1015-1019.

岳晓奎,袁建平,2001. H∞滤波算法及其在 GPS/SINS 组合导航系统中的应用[J]. 航空学报,22(4):366-368.

张宝成,ODIJK D,2015. 一种能实现单频 PPP-RTK 的 GNSS 局域参考网数据处理算法[J]. 地球物理学报,58(7):2306-2319.

张国良,曾静,2008. 组合导航原理与技术[M]. 西安:西安交通大学出版社.

张继贤,杨明辉,黄国满,2004. 机载合成孔径雷达技术在地形测绘中的应用及其进展[J]. 测绘科学,29(12):7-11.

张金槐,1994. 关于自适应滤波技术的一些思考[J]. 国防科技大学学报(3):68-79.

张峻林,2015. 卫星导航增强技术[J]. 导航定位与授时,2(5):22-29.

张勤,李家权,2005. GPS 测量原理及应用[M]. 北京:科学出版社.

张双成,2005. GPS 导航解算中函数模型的研究及其应用[D]. 西安:长安大学.

张小红,李星星,郭斐,等,2010. 基于服务系统的实时精密单点定位技术及应用研究[J]. 地球物理学报,53(6):1308-1314.

章红平,朱文耀,彭军还,等,2005. 利用 GPS 分析电离层波动现象[J]. 科学通报,50(10):1032-1039.

章燕申,2005. 高精度导航系统[M]. 北京:中国宇航出版社.

赵长胜,陶本藻,2007. 有色噪声作用下的抗差卡尔曼滤波[J]. 武汉大学学报(信息科学版),32(10):880-882.

赵春梅,党亚民,张化疑,2007. Galileo 系统完备性指标 SISMA 的计算和分析[J]. 测绘学报(2):129-133.

赵春梅,欧吉坤,文援兰,2005a. 基于 Galileo 及 GPS-Galileo 组合系统的仿真分析[J]. 系统仿真学报,17(4):1008-1011.

赵春梅,欧吉坤,袁运斌,2005b. 基于单点定位模型的 Galileo 及 GPS-Galileo 组合系统的定位精度和可靠性的仿真分析[J]. 科学通报,50(8):1008-1011.

赵普,2010. 北斗二代卫星导航接收机共性技术研究[D]. 上海:复旦大学.

周东卫,2007. 虚拟参考站(VRS)技术的质量控制和完备性监测研究[D]. 成都:西南交通大学.

周江文,1987. 论介数[C]//拟稳平差论文集. 北京:测绘出版社:58-63.

周江文,1989. 经典误差理论及抗差估计[J]. 测绘学报,18(2):115-120.

周江文,1999. 系统误差的数学处理[J]. 测绘工程(2):1-4.

周佩元,杜兰,路余,等,2015. 多星定轨条件下北斗卫星钟差的周期性变化[J]. 测绘学报,44(12):1299-1306.

周泽波,沈云中,李博峰,2008. 双频GPS接收机钟差两种参数化方法的单历元解分析[J]. 测绘通报(9):13-15.

周忠谟,1997. GPS卫星测量原理与应用[M]. 北京:测绘出版社.

朱祥维,肖华,雍少为,等,2008. 卫星钟差预报的Kalman算法及其性能分析[J]. 宇航学报,29(3):965-970.

AFRAIMOVICH E, EUGENE L, KOSOGOROV A, 2000. The use of the international GPS network as the global detector (GLOBDET) simultaneously observing sudden ionospheric disturbances[J]. Earth,Planets and Space,52(11):1077-1082.

BOEHM J,NIELL A,TREGONING P,et al,2006. Global Mapping Function (GMF): A new empirical mapping function based on data from numerical weather model data[J]. Geophysical Research Letters,33.

BREAKIRON L A,2001. A Kalman filter timescale for atomic clocks and timescales [C]. Proceedings of the 33rd Annual Precise Time and Time Interval (PTIT) Systems and Applications Meeting(27-29): 431-443.

BROEDERBAUER V,2003,Results of modeling GPS satellite clocks [J]. Geoinformation,91(1):38-47.

BROEDERBAUER V,2007. Automated quasi-real time prediction of GNSS clock corrections [J]. Geoinformation,95(2):53-58.

BRUTON A M,GLENNIE C L,SCHWARZ K P,1999. Differentiation for high-precision GPS velocity and acceleration determination[J]. GPS Solution,2(4):7-21.

CHEN G,1998. GPS kinematic positioning for the airborne laser altimetry at Long Valley California [D]. PhD thesis,Massachusetts Institute of Technology,U. S. A..

CHEN J,GE M,GERD G,2008. Progress of the real-time GNSS software development at GFZ [R]. 2008 IGS Workshop,Miami Beach Florida USA.

COLLINS J P,1999. Assessment and development of a tropospheric delay model for aircraft rovers of the global positioning system[D]. M. Sc. E. Thesis,Department of Geodesy and Geomatics Engineering Technical Report No. 203, University of New Brunswick, Fredericton, New Brunswick,Canada.

COLLINS P, BISNATH S, LAHAYE F, et al, 2010. Undifferenced GPS ambiguity resolution using the decoupled clock model and ambiguity datum fixing[J]. Navigation,57(2):123-135.

DAI Z,STEFAN K,OTMAR L,2009. A MATLAB toolbox for attitude determination with GPS multi-antenna systems[J]. GPS Solution(13):241-248.

DENG C,TANG W,LIU J,et al,2014. Reliable single-epoch ambiguity resolution for short baselines using combined GPS/BeiDou system[J]. GPS Solutions,18(3):375-386.

DRAGERT H,JAMES T S,LAMBERT A,2000. Ocean loading corrections for continuous GPS: A case study at the Canadian coastal site Holberg[J]. Geophysical Research Letters,27(14):2045-2048.

FOESTE C,SCHEINERT M,2010. A platform for earth observations and geophysics[R]. Oberpaffenhofen: GeoForschungsZentrum.

GABOR M J,NEREM R S,1999. GPS carrier phase ambiguity resolution using satellite-satellite single differences[C]. In: Proceedings of the 12th International Technical Meeting of the Satellite Division of the Institute of Navigation. Nashville,TN:1569-1578.

GAO Y,2006. Precise point positioning and its challenges,aided-GNSS and signal tracking [J]. InsideGNSS,November/December: 16-21.

GAUTHIER L,MICHEL P,VENTURA-TRAVESET J,et al,2001. EGNOS: The first step in Europe's contribution to the global navigation satellite system[J]. ESA Bulletin(105):35-42.

GE M,CHEN J,DOUŠA J,et al,2011. Development of the GFZ real-time precise point positioning service[C]. In: EGU GeneralAssembly2011,Vienna,Austria.

GE M,GENDT G,ROTHACHER M,et al,2008. Resolution of GPS carrier-phase ambiguities in precise point positioning (PPP) with daily observations[J]. Journal of Geodesy, 82(7): 389-399.

GENDT G,REIGBER C,DICK G,2001. Near real-time water vapor estimation in a German GPS network: First results from the ground program of the HGF GASP project[J]. Physics and Chemistry of the Earth (A),26(6-8):413-416.

GENG J,TEFERLE F N,MENG X,et al,2011. Towards PPP-RTK:Ambiguity resolution in real-time precise point positioning[J]. Adv Space Res,47(10):1664-1673.

GENRICH J,BOCK Y,1992. Rapid resolution fo crustal motion at short ranges with the global positioning system[J]. Journal of Geophysics Research,93(B3):3261-3269.

HAN S,KWON J,JEKELI C,2001 Accurate absolute GPS positioning through satellite clock error estimation [J]. Journal of Geodesy,75(1):33-43.

HEISE S,WICKERT J,BEYERLE G,et al,2006. Global monitoring of tropospheric water vapor with GPS radio occultation aboard CHAMP[J]. Advance in Space Research, 12(37): 2222-2227.

HOFMANN W B, LICHTENEGGER H, COLLINS J, 2001. GPS: Theory and practice (fifth ed.) [M]. New York: Springer.

HOPFIELDH S, 1971. Tropospheric effect of electromagnetically measured range: Prediction form surface weather data[J]. Radio Science(6): 357-367.

HOWIND J, KUTTERER H, HECK B,1999. Impact of temporal correlations on GPS-derived relative point positions[J]. Journal of Geodesy,73(5):246-258.

HU G,OVSTEDAL O,FEATHERSTONE W E,et al,2008. Using the virtual reference stations concept for long-range airborne GPS kinematic positioning[J]. Survey Review, 40(307): 83-91.

HUANG G,CUI B,ZHANG Q,et al,2018. An improved predicted model for BDS ultra-rapid satellite clock offsets[J]. Remote Sensing,10(1):60.

HUANG G W,ZHANG Q,XU G C,2014. Real-time clock offset prediction with an improved model[J]. GPS Solutions,18(1):95-104.

HUBER P J,1964. Robust estimation of a location parameter[J]. Annals of Mathematic Statistics (35): 73-101.

JEKELI G,CARCIA R,1997. GPS phase accelerations for moving base vector gravimetry[J]. Journal of Geodesy(71):630-639.

KENNETH L,SENIOR J, RAY R,et al,2008. Characterization of periodic variations in the GPS satellite clocks[J]. GPS Solutions,12(3): 211-225.

KING R W,BOCK Y,2000. Documentation for the GAMIT GPS analysis software version 10. 03 [M]. Massachusetts Institute of Technology.

KOMJATHY A,LANGLEY R B,FRANTISEK V,1996. Assessment of two methods to provide ionospheric range error corrections for single-frequency GPS users[M]. GPS Trends in Precise Terrestrial,Airborne,and Spaceborne Applications. Springer Berlin Heidelberg.

KOSAKA M,1987. Evaluation method of polynomial models' prediction performance for random clock error[J]. Journal of Guidance Control & Dynamics,10(6):523-527.

LANGLEY R B,1997. GLONASS: Review and update[J]. GPS World:46-51.

LAURICHESSE D,MERCIER F,2007. Integer ambiguity resolution on undifferenced GPS phase measurements and its application to PPP[J]. Proceedings of International Technical Meeting of the Satellite Division of the Institute of Navigation:839-848.

LEICK A,2003. GPS satellite surveying (2nd ndition)[M]. Wiley:384-386.

LEICK A,2004. GPS satellite surveying (3rd edition) [M]. Publisher: J. Wiley & Sons.

LI X,GE M,ZHANG H,et al,2013. A method for improving uncalibrated phase delay estimation and ambiguity-fixing in real-time precise point positioning[J]. Journal of Geodesy, 87(5): 405-416.

LI X,ZHANG X,2011. Regional reference network augmented precise point positioning for instantaneous ambiguity resolution[J]. Journal of Geodesy,85(3):151-158.

LI Y,ZHANG K,ROBERTS C,et al,2004. On-the-fly GPS-based attitude determination using single- and double-differenced carrier phase measurements[J],GPS Solution(8):93-102.

MANGOUBI R S,APPLEBY B D,VERGHESE G C,1994. Robust estimation for discrete-time linear systems[C]. American Control Conference.

MANNUCCI A J,WILSON B D,YUAN D N,et al,1998. A global mapping technique for GPS-derived ionospheric total electron content measurements[J]. Radio Science,33(3):565-582.

MAO Y,WANG Q,HU C,et al,2018. Accuracy analysis of BDS-3 experiment satellite broadcast ephemeris[M]. China Satellite Navigation Conference (CSNC) 2018 Proceedings. Springer, Singapore.

MATHEWS J H, FINK K D, 2004. Numerical methods using matlab (4th edition) [M]. Prentice Hall: 323-342.

MENDES V B, COLLINS P, LANGLEY R B, 1995. The effect of tropospheric propagation delay errors in airborne GPS precision positioning[J]. Proceedings of ION GPS-95, the 8th International Technical Meeting of the Satellite Division of The Institute of Navigation, Palm Springs, Calif: 12-15.

MENDES V B, LANGLEY R B, 1998. Tropospheric zenith delay prediction accuracy for airborne GPS high-precision positioning[J]. Proceedings of ION 54th Annual Meeting, Denver, Colorado, June (1-3): 337-348.

MERTIKAS S P, RIZOS C, 1997. On-line detection of abrupt changes in the carrier-phase measurements of GPS[J]. Journal of Geodesy, 71(8): 469-482.

MICHITAKA K, 1987. Evaluation method of polynomial models' prediction performance for random clock error[J]. Journal of Guidance, Control and Dynamics, 10 (6): 523-534.

PENNA N, DODSON A, CHEN W, 2001. Assessment of EGNOS tropospheric correction model [J]. Journal of Navigation, 54(1): 37-55.

PRABHAKAR S. NAIDU, 1996. Modern spectrum analysis of time series [M]. Bangalore: CRS Press.

RYAN S, LACHAPELLE G, CANNON M E, 1997. DGPS kinematic carrier phase signal simulation analysis in the velocity domain[P]. Proceedings of ION GPS 97, Kansas City.

SAASTAMOINEN J, 1973. Contributions to the theory of atmospheric refraction, part Ⅱ refraction corrections in satellite geodesy[J]. Bulletin Geodesique(107): 13-34.

SANSSEN V, GE L, RIZOS C, 2003. Tropospheric delay corrections to differential InSAR results from GPS observations[P]. 6th International Symposium on SatNav, 22-25 Melbourne, Australia.

SANTERRE R, 1991. Impact of GPS satellite sky distribution[J]. Manuscripta Geodaetica(16): 28-53.

SCHAEFER U, LIEBSCH G, SCHIRMER U, et al, 2009. Alpin Aero2008-an airborne gravity campaign for improved geoid modelling in the Alps[P]. EGU-2009, Vienna, Austria: 19-24.

SCHUPLER B R, ALLSHOUSE R L, CLARK T A, 1994. Signal characteristics of GPS user antennas[J]. Navigation, 41(3): 276-296.

SCHWARZ K P, CANNON M E, WONG R V C, 1989. A comparison of GPS kinematic models for the determination of position and velocity along a trajectory[J]. Manuscripta Geodaetica, 14 (5): 345-353.

SHI J, CANNON M E, 1995. Critical error effets and analysis in carrier phase-based airborne GPS position over large areas[J]. Bulletin Geodesique(69): 261-273.

SINGLA P, SUBBARAO K, JUNKINS J L, 2006. Adaptive output feedback control for spacecraft rendezvous and docking under measurement uncertainty[J]. Journal of Guidance, Control, and Dynamics(29):892-915.

SYNDERGAARD S,1999. Retrieval analysis and methodologies in atmospheric limb sounding using the GNSS radio occultation technique[D]. Niels Bohr Institute for Astronomy,Physics and Geophysics,Faculty of Science,University of Copenhagen.

SZARMES M,RYAN S,LACHAPELLE G,1997. DGPS high accuracy aircraft velocity determination using doppler measurements[P]. Proceedings of the International Symposium on Kinematic Systems (KIS),Bannf,AB,Canada,June 4-6.

TAN B,YUAN Y,WEN M,et al,2016. Initial results of the precise orbit determination for the new-generation BeiDou satellites (BeiDou-3) Based on the iGMAS Network[J]. ISPRS International Journal of Geo-Information,5(11):196.

TANG W,LEI J,CUI J,et al,2016a. GNSS network RTK regional ionospheric modelling studies and performance analysis[J]. Journal of Navigation,69(1):211-224.

TANG W,LIU W,ZOU X,et al,2016b. Improved ambiguity resolution for URTK with dynamic atmosphere constraints[J]. Journal of Geodesy(90):1-11.

TEUNISSEN P J G,1995. The least-squares ambiguity decorrelation adjustment: A method for fast GPS integer ambiguity estimation[J]. Journal of Geodesy(70):65-82.

TEUNISSEN P J G,GIORGI G,BUIST P J,2011. Testing of a new sigle frequency GNSS carrier phase attitude determination method: Land, ship and aircraft experiment[J]. GPS Solution (15):15-28.

TEUNISSEN P J G, ODIJK D, ZHANG B, 2010. PPP-RTK: results of CORS network-based PPP with integer ambiguity resolution[J]. Journal of Aeronautics Astronautics & Aviation,42 (4):223-229.

TRALLI D M,DIXON T H,STEPHENS S A,1988. Effect of wet tropospheric path delays on estimation of geodetic baselines in the gulf of California using the global positioning system [J]. Journal of Geophysical Research,93(B6):6545.

TRALLI D M,TAJIMA F,1992. Variation of seismic slip in the gulf of California and the possible effect on geodetic measurements of pacific-north American plate motion[J]. Journal of Geophysical Research,97(B4):4903.

TROLLER M,GEIGER A,Brockmann E,2006. Tomographic determination of the spatial distribution of water vapor using GPS observations[J]. Advance in Space Research, 37(12): 2211-2217.

VOLKER S,GE L,CHRIS R,2003. Tropospheric delay corrections to differential InSAR results from GPS observations[P]. 6th International Symposium on SatNav, 22-25 Melbourne, Australia.

WACKERNAGEL H, 1998. Multivariate geostatistics: An introduction with applications[M]. Springer-Verlag:291-292.

WANG B,LOU Y,LIU J,et al,2015. Analysis of BDS satellite clocks in orbit[J]. GPS Solutions, 20(4):1-12.

WANG B, MIAO L, WANG S, et al, 2009. A constrained LAMBDA method for GPS attitude determination[J]. GPS Solution(13): 97-107.

WANG C H, LIOU Y A, YEH T K, 2008. Impact of surface meteorological measurements on GPS height determination[J]. Geophysical Research Letter(35): L23809.

WANG Q X, 2011. Integrated carrier phase and doppler observations of GPS and GLONASS for precise velocity determination[J]. Processing of ION-2011, USA, Portland, Oregon, Accepted.

WANG Q X, XU G, PETROVIC S, et al, 2011a, A regional tropospheric model for airborne GPS-applications[J]. Advances In Space Research.

WANG Q X, XU G C, WANG H, 2009. Real-time GPS satellite clock error prediction based on no-stationary time series model[P]. Europe Geosciences Union, General Assembly Vol. 11, EGU2009-5993-1, 19th-24th, April, Vienna, Austria.

WANG Q X, XU T H, 2011b. A GPS attitude determination method based on adaptive robust kalman filter[J], GPS Solution, Under Review.

WANG Q X, XU T H, 2011c. A precision acceleration determination method based on combining GPS carrier phase and Doppler[J]. Procedia Engineering, Accepted.

WANG Q X, XU T H, 2011d. Combing GPS carrier phase and doppler observations for precise velocity determination[J]. Science in China, 54(6): 1022-1028.

WANG Q X, XU T H, 2011e. GPS software development for use in long range airborne measurement: strategy, realization and results[P]. Geophysical Research Abstract, Europe Geosciences Union, General Assembly Vol. 13, EGU2011-11671, Vienna, Austria.

WANG Q X, XU T H, XU G C, 2010. HALO_GPS (high altitude and long range airborne GPS positioning software)-software user manual[R]. Scientific Technical Report, GeoForschung-sZentrum, Potsdam, Germany, ISSN: 1610-0956.

WANNINGER L, 1997. Real-time differential GPS error modeling in regional reference station networks[P]. Proc. 1997 IAG Symposium, 86-92, Rio de Janeiro, Brazil.

XU B, WANG Y, YAMG X H, et al, 2013. Navigation satellite clock error prediction based on functional network[J]. Neural Processing Letters, 38(2): 305-320.

XU G, 2000. A concept of precise kinematic positioning and flight-state monitoring from the AGMASCO practice[J]. Earth Planet Space(52): 831-835.

XU G, 2002. GPS data processing with equivalent observation equations[J]. GPS Solutions(6): 28-33.

XU G, 2006. GPS-theory, algorithms and applications, 2nd ed[M]. Springer: 56-57.

XU G, SCHWINTZER P, REIGHER C H, 1998. KSGSoft(kinematic static GPS software): Software user manual[R]. Potsdam: GeoForschungsZentrum, Germany.

XU T, YANG Y, 2003. An adaptive kalman filter based on sage windowing weights and variance components[J]. Journal of Navigation, 56(2): 231-240.

XU T, YANG Y X, 2005. Calibration for CHAMP accelerometer data based on crossover points of the satellite[J]. Geo-spatial Information Science, 8(3): 214-219.

XU X,LI M,LI W,et al,2018. Performance analysis of Beidou-2/Beidou-3e combined solution with emphasis on precise orbit determination and precise point positioning:[J]. Sensors,18(1).

YANG Y,1994. Robust estimation for dependent observations[J]. Manuscripta Geodaetica,19 (1): 10-17.

YANG Y,1999. Robust estimation of geodetic data transformation[J]. Journal of Geodesy,73 (5): 268-274.

YANG Y,CHENG M K,SHUM C K. et al,1999. Robust estimation of systematic errors of satellite laser ranger[J]. Journal of Geodesy,73(7): 345-349.

YANG Y,HE H,XU G,2001. Adaptively robust filtering for kinematic geodetic positioning[J]. Journal of Geodesy(15):109-116.

YANG Y,SONG L,XU T,2002. Robust estimator for correlated observations based on bifactor equivalent weights[J]. Journal of Geodesy,76(6): 353-358.

ZHANG J,ZHANG K F,2005. Real-time Doppler and Doppler rate derivation for dynamic applications[J]. Journal of Global Positioning Systems,4(1):95-105.

ZHANG S,QI L,2003. Time series analysis [M]. Peking: TsingHua University Press.

ZHANG X,LI X,GUO F,2011. Satellite clock estimation at 1 Hz for realtime kinematic PPP applications[J]. GPS Solution,15(4):315-324.

ZHANG X,WU M,LIU W,et al,2017. Initial assessment of the COMPASS/BeiDou-3: new-generation navigation signals[J]. Journal of Geodesy(1):1-16.

ZHENG Y,FENG Y,2005. Interpolating residual zenith tropospheric delays for improved regional area differential GPS positioning[P]. Proceedings of ION GPS-2005,179-188,Long Beach, California:12-13.

ZHENG Z,CHEN Y,YI Z,2007. A study on the prediction of GPS satellite clock bias with IGS ultra-rapid products-preliminary result[C]. FIG (International Federation of Surveyors) Hong Kong,1348.

ZHOU P,DU L,ZHANG Z,et al. 2014. Preliminary performance evaluation of Beidou spaceborne atomic clocks[M]. China Satellite Navigation Conference (CSNC) 2014 Proceedings: Volume Ⅲ. Springer Berlin Heidelberg.

ZHU J,SANTERRE R,CHANG X W,2005. A Bayesian method for linear,inequality-constrained adjustment and its application to GPS positioning[J]. Journal of Geodesy,78(9): 528-534.

ZUMBERGE J F,HEFLIN M B,JEFFERSON D C,et al,1997. Precise point positioning for the efficient and robust analysis of GPS data from large networks[J]. Journal of Geophysical Research Solid Earth,102(B3):5005-5017.